国家卫生和计划生育委员会“十三五”规划教材
全国高等中医药教育教材
供中药学、中药资源与开发、中药制药、制药工程、药学等专业用

制药工程

第2版

主　编　王　沛

副主编　王宝华　刘永忠　钟为慧　高　陆　王知斌

编　委（按姓氏笔画为序）

于　波（长春中医药大学）
王　沛（长春中医药大学）
王汝兴（承德医学院）
王知斌（黑龙江中医药大学）
王宝华（北京中医药大学）
王俊淞（长春市食品药品安全监测中心）
甘春丽（哈尔滨医科大学）
兰　卫（新疆医科大学）
礼　彤（沈阳药科大学）
刘永忠（江西中医药大学）
孙茂萱（吉林医药设计院有限公司）
李瑞海（辽宁中医药大学）
杨岩涛（湖南中医药大学）
吴　迪（黑龙江中医药大学佳木斯学院）
张兴德（南京中医药大学）
张丽丽（山西中医药大学）
岳丽丽（河南中医药大学）
庞　红（湖北中医药大学）
郑　琳（天津中医药大学）
赵　鹏（陕西中医药大学）
钟为慧（浙江工业大学药学院）
侯　洁（大连医科大学）
侯安国（云南中医药大学）
贺　敏（湘潭大学化工学院）
高　陆（修正药业集团股份有限公司）
郭　莹（浙江中医药大学）
滕　杨（佳木斯大学药学院）
魏　莉（上海中医药大学）

学术秘书　王　萌（修正药业集团股份有限公司）

人民卫生出版社

图书在版编目（CIP）数据

制药工程/王沛主编. —2版. —北京：人民卫生出版社，2018
ISBN 978-7-117-26602-4

Ⅰ. ①制…　Ⅱ. ①王…　Ⅲ. ①制药工业－化学工程－高等学校－教材　Ⅳ. ①TQ46

中国版本图书馆 CIP 数据核字（2018）第 127123 号

制 药 工 程
第 2 版

主　　编：王　沛
出版发行：人民卫生出版社（中继线 010-59780011）
地　　址：北京市朝阳区潘家园南里 19 号
邮　　编：100021
E - mail：pmph @ pmph.com
购书热线：010-59787592　010-59787584　010-65264830
印　　刷：保定市中画美凯印刷有限公司
经　　销：新华书店
开　　本：787 × 1092　1/16　印张：21
字　　数：484 千字
版　　次：2012 年 6 月第 1 版　2018 年 3 月第 2 版
2018 年 3 月第 2 版第 1 次印刷（总第 2 次印刷）
标准书号：ISBN 978-7-117-26602-4
定　　价：56.00 元

《制药工程》网络增值服务编委会

修订说明

为了更好地贯彻落实《国家中长期教育改革和发展规划纲要(2010-2020)》《医药卫生中长期人才发展规划(2011-2020)》《中医药发展战略规划纲要(2016-2030年)》和《国务院办公厅关于深化高等学校创新创业教育改革的实施意见》精神，做好新一轮全国高等中医药教育教材建设工作，人民卫生出版社在教育部、国家卫生和计划生育委员会、国家中医药管理局的领导下，在上一轮教材建设的基础上，组织和规划了全国高等中医药教育本科国家卫生和计划生育委员会"十三五"规划教材的编写和修订工作。

为做好新一轮教材的出版工作，人民卫生出版社在教育部高等中医学本科教学指导委员会和第二届全国高等中医药教育教材建设指导委员会的大力支持下，先后成立了第三届全国高等中医药教育教材建设指导委员会、首届全国高等中医药教育数字教材建设指导委员会和相应的教材评审委员会，以指导和组织教材的遴选、评审和修订工作，确保教材编写质量。

根据"十三五"期间高等中医药教育教学改革和高等中医药人才培养目标，在上述工作的基础上，人民卫生出版社规划、确定了中医学、针灸推拿学、中药学、中西医临床医学、护理学、康复治疗学6个专业139种国家卫生和计划生育委员会"十三五"规划教材。教材主编、副主编和编委的遴选按照公开、公平、公正的原则，在全国近50所高等院校4000余位专家和学者申报的基础上，近3000位申报者经教材建设指导委员会、教材评审委员会审定批准，聘任为主审、主编、副主编、编委。

本套教材的主要特色如下：

1. 定位准确，面向实际 教材的深度和广度符合各专业教学大纲的要求和特定学制、特定对象、特定层次的培养目标，紧扣教学活动和知识结构，以解决目前各院校教材使用中的突出问题为出发点和落脚点，对人才培养体系、课程体系、教材体系进行充分调研和论证，使之更加符合教改实际、适应中医药人才培养要求和市场需求。

2. 夯实基础，整体优化 以培养高素质、复合型、创新型中医药人才为宗旨，以体现中医药基本理论、基本知识、基本思维、基本技能为指导，对课程体系进行充分调研和认真分析，以科学严谨的治学态度，对教材体系进行科学设计、整体优化，教材编写综合考虑学科的分化、交叉，既要充分体现不同学科自身特点，又注意各学科之间有机衔接；确保理论体系完善，知识点结合完备，内容精练、完整，概念准确，切合教学实际。

3. 注重衔接，详略得当 严格界定本科教材与职业教育教材、研究生教材、毕业后教育教材的知识范畴，认真总结、详细讨论现阶段中医药本科各课程的知识和理论框架，使其在教材中得以凸显，既要相互联系，又要在编写思路、框架设计、内容取舍等方面有一定的区分度。

4. 注重传承，突出特色 本套教材是培养复合型、创新型中医药人才的重要工具，是中医药文明传承的重要载体，传统的中医药文化是国家软实力的重要体现。因此，教材既要反映原汁原味的中医药知识，培养学生的中医思维，又要使学生中西医学融会贯通，既要传承经典，又要创新发挥，体现本版教材"重传承、厚基础、强人文、宽应用"的特点。

5. **纸质数字，融合发展** 教材编写充分体现与时代融合、与现代科技融合、与现代医学融合的特色和理念，适度增加新进展、新技术、新方法，充分培养学生的探索精神、创新精神；同时，将移动互联、网络增值、慕课、翻转课堂等新的教学理念和教学技术、学习方式融入教材建设之中，开发多媒体教材、数字教材等新媒体形式教材。

6. **创新形式，提高效用** 教材仍将传承上版模块化编写的设计思路，同时图文并茂、版式精美；内容方面注重提高效用，将大量应用问题导入、案例教学、探究教学等教材编写理念，以提高学生的学习兴趣和学习效果。

7. **突出实用，注重技能** 增设技能教材、实验实训内容及相关栏目，适当增加实践教学学时数，增强学生综合运用所学知识的能力和动手能力，体现医学生早临床、多临床、反复临床的特点，使教师好教、学生好学、临床好用。

8. **立足精品，树立标准** 始终坚持中国特色的教材建设的机制和模式；编委会精心编写，出版社精心审校，全程全员坚持质量控制体系，把打造精品教材作为崇高的历史使命，严把各个环节质量关，力保教材的精品属性，通过教材建设推动和深化高等中医药教育教学改革，力争打造国内外高等中医药教育标准化教材。

9. **三点兼顾，有机结合** 以基本知识点作为主体内容，适度增加新进展、新技术、新方法，并与劳动部门颁发的职业资格证书或技能鉴定标准和国家医师资格考试有效衔接，使知识点、创新点、执业点三点结合；紧密联系临床和科研实际情况，避免理论与实践脱节、教学与临床脱节。

本轮教材的修订编写，教育部、国家卫生和计划生育委员会、国家中医药管理局有关领导和教育部全国高等学校本科中医学教学指导委员会、中药学教学指导委员会等相关专家给予了大力支持和指导，得到了全国各医药卫生院校和部分医院、科研机构领导、专家和教师的积极支持和参与，在此，对有关单位和个人表示衷心的感谢！希望各院校在教学使用中以及在探索课程体系、课程标准和教材建设与改革的进程中，及时提出宝贵意见或建议，以便不断修订和完善，为下一轮教材的修订工作奠定坚实的基础。

人民卫生出版社有限公司

2017年3月

全国高等中医药教育本科
国家卫生和计划生育委员会“十三五”规划教材
教材目录

中医学等专业

序号	教材名称	主编
1	中国传统文化(第2版)	臧守虎
2	大学语文(第3版)	李亚军　赵鸿君
3	中国医学史(第2版)	梁永宣
4	中国古代哲学(第2版)	崔瑞兰
5	中医文化学	张其成
6	医古文(第3版)	王兴伊　傅海燕
7	中医学导论(第2版)	石作荣
8	中医各家学说(第2版)	刘桂荣
9	*中医基础理论(第3版)	高思华　王　键
10	中医诊断学(第3版)	陈家旭　邹小娟
11	中药学(第3版)	唐德才　吴庆光
12	方剂学(第3版)	谢　鸣
13	*内经讲义(第3版)	贺　娟　苏　颖
14	*伤寒论讲义(第3版)	李赛美　李宇航
15	金匮要略讲义(第3版)	张　琦　林昌松
16	温病学(第3版)	谷晓红　冯全生
17	*针灸学(第3版)	赵吉平　李　瑛
18	*推拿学(第3版)	刘明军　孙武权
19	中医临床经典概要(第2版)	周春祥　蒋　健
20	*中医内科学(第3版)	薛博瑜　吴　伟
21	*中医外科学(第3版)	何清湖　秦国政
22	*中医妇科学(第3版)	罗颂平　刘燕峰
23	*中医儿科学(第3版)	韩新民　熊　磊
24	*中医眼科学(第2版)	段俊国
25	中医骨伤科学(第2版)	詹红生　何　伟
26	中医耳鼻咽喉科学(第2版)	阮　岩
27	中医急重症学(第2版)	刘清泉
28	中医养生康复学(第2版)	章文春　郭海英
29	中医英语	吴　青
30	医学统计学(第2版)	史周华
31	医学生物学(第2版)	高碧珍
32	生物化学(第3版)	郑晓珂
33	医用化学(第2版)	杨怀霞

序号	教材名称	主编姓名
34	正常人体解剖学(第2版)	申国明
35	生理学(第3版)	郭　健　杜　联
36	神经生理学(第2版)	赵铁建　郭　健
37	病理学(第2版)	马跃荣　苏　宁
38	组织学与胚胎学(第3版)	刘黎青
39	免疫学基础与病原生物学(第2版)	罗　晶　郝　钰
40	药理学(第3版)	廖端芳　周玖瑶
41	医学伦理学(第2版)	刘东梅
42	医学心理学(第2版)	孔军辉
43	诊断学基础(第2版)	成战鹰　王肖龙
44	影像学(第2版)	王芳军
45	循证医学(第2版)	刘建平
46	西医内科学(第2版)	钟　森　倪　伟
47	西医外科学(第2版)	王　广
48	医患沟通学(第2版)	余小萍
49	历代名医医案选读	胡方林　李成文
50	医学文献检索(第2版)	高巧林　章新友
51	科技论文写作(第2版)	李成文
52	中医药科研思路与方法(第2版)	胡鸿毅

中药学、中药资源与开发、中药制药等专业

序号	教材名称	主编姓名
53	高等数学(第2版)	杨　洁
54	解剖生理学(第2版)	邵水金　朱大诚
55	中医学基础(第2版)	何建成
56	无机化学(第2版)	刘幸平　吴巧凤
57	分析化学(第2版)	张　梅
58	仪器分析(第2版)	尹　华　王新宏
59	物理化学(第2版)	张小华　张师愚
60	有机化学(第2版)	赵　骏　康　威
61	医药数理统计(第2版)	李秀昌
62	中药文献检索(第2版)	章新友
63	医药拉丁语(第2版)	李　峰　巢建国
64	*药用植物学(第2版)	熊耀康　严铸云
65	中药药理学(第2版)	陆　茵　马越鸣
66	中药化学(第2版)	石任兵　邱　峰
67	中药药剂学(第2版)	李范珠　李永吉
68	中药炮制学(第2版)	吴　皓　李　飞
69	中药鉴定学(第2版)	王喜军
70	中药分析学(第2版)	贡济宇　张丽
71	制药工程(第2版)	王　沛
72	医药国际贸易实务	徐爱军
73	药事管理与法规(第2版)	谢　明　田　侃
74	中成药学(第2版)	杜守颖　崔　瑛
75	中药商品学(第3版)	张贵君
76	临床中药学(第2版)	王　建　张　冰
77	临床中药学理论与实践	张　冰

78	药品市场营销学(第2版)	汤少梁
79	中西药物配伍与合理应用	王 伟 朱全刚
80	中药资源学	裴 瑾
81	保健食品研究与开发	张 艺 贡济宇
82	波谱解析(第2版)	冯卫生

针灸推拿学等专业

序号	教材名称	主编姓名
83	*针灸医籍选读(第2版)	高希言
84	经络腧穴学(第2版)	许能贵 胡 玲
85	神经病学(第2版)	孙忠人 杨文明
86	实验针灸学(第2版)	余曙光 徐 斌
87	推拿手法学(第3版)	王之虹
88	*刺法灸法学(第2版)	方剑乔 吴焕淦
89	推拿功法学(第2版)	吕 明 顾一煌
90	针灸治疗学(第2版)	杜元灏 董勤
91	*推拿治疗学(第3版)	宋柏林 于天源
92	小儿推拿学(第2版)	廖品东
93	针刀刀法手法学	郭长青
94	针刀医学	张天民

中西医临床医学等专业

序号	教材名称	主编姓名
95	预防医学(第2版)	王泓午 魏高文
96	急救医学(第2版)	方邦江
97	中西医结合临床医学导论(第2版)	战丽彬 洪铭范
98	中西医全科医学导论(第2版)	郝微微 郭 栋
99	中西医结合内科学(第2版)	郭 姣
100	中西医结合外科学(第2版)	谭志健
101	中西医结合妇产科学(第2版)	连 方 吴效科
102	中西医结合儿科学(第2版)	肖 臻 常 克
103	中西医结合传染病学(第2版)	黄象安 高月求
104	健康管理(第2版)	张晓天
105	社区康复(第2版)	朱天民

护理学等专业

序号	教材名称	主编姓名
106	正常人体学(第2版)	孙红梅 包怡敏
107	医用化学与生物化学(第2版)	柯尊记
108	疾病学基础(第2版)	王 易
109	护理学导论(第2版)	杨巧菊
110	护理学基础(第2版)	马小琴
111	健康评估(第2版)	张雅丽
112	护理人文修养与沟通技术(第2版)	张翠娣
113	护理心理学(第2版)	李丽萍
114	中医护理学基础	孙秋华 陈莉军

115	中医临床护理学	胡　慧
116	内科护理学(第2版)	沈翠珍　高　静
117	外科护理学(第2版)	彭晓玲
118	妇产科护理学(第2版)	单伟颖
119	儿科护理学(第2版)	段红梅
120	*急救护理学(第2版)	许　虹
121	传染病护理学(第2版)	陈　璇
122	精神科护理学(第2版)	余雨枫
123	护理管理学(第2版)	胡艳宁
124	社区护理学(第2版)	张先庚
125	康复护理学(第2版)	陈锦秀
126	老年护理学	徐桂华
127	护理综合技能	陈　燕

康复治疗学等专业

序号	教材名称	主编姓名
128	局部解剖学(第2版)	张跃明　武煜明
129	运动医学(第2版)	王拥军　潘华山
130	神经定位诊断学(第2版)	张云云
131	中国传统康复技能(第2版)	李　丽　章文春
132	康复医学概论(第2版)	陈立典
133	康复评定学(第2版)	王　艳
134	物理治疗学(第2版)	张　宏　姜贵云
135	作业治疗学(第2版)	胡　军
136	言语治疗学(第2版)	万　萍
137	临床康复学(第2版)	张安仁　冯晓东
138	康复疗法学(第2版)	陈红霞
139	康复工程学(第2版)	刘夕东

注:①本套教材均配网络增值服务;②教材名称左上角标有*号者为“十二五”普通高等教育本科国家级规划教材。

第三届全国高等中医药教育教材
建设指导委员会名单

全国高等中医药教育本科
中药学专业教材评审委员会名单

前　言

制药工程是一门研究制药理论与实践的综合性学科，是一门为中药学、中药资源与开发、中药制药、制药工程、药学、药物制剂等专业开设的骨干专业课。制药工程作为骨干课程始于1998年教育部对我国本科教育专业目录的调整，历经二十余年的教学实践，使其不断成熟，已突显出其作为交叉综合性学科的强大优势。

制药工程所研究的内容包括制药工程项目的厂址选择与厂区布局、制药过程中的物料衡算与能源的消耗、制药过程中所涉及的单元操作技术、药品生产制造技术（涵盖了中药、化药、生物药物以及制药过程中的中试放大技术、中试放大操作条件的优化等）、制药过程的质量验证、产品质量监控体系、制药产品包装技术、制药辅助设施的设计、“三废”与环境保护、工程项目的概算与产品效益、制药安全生产（尤其是对操作者的人身安全及防护作了详尽的叙述）等。

制药工程是以制药理论为基础，运用工程学及相关学科理论和技术手段将制药的全过程——从制药项目的立项、选址到厂区设计布局；从制药产品的设计到产出成品；从物料衡算与能源的消耗到“三废”综合治理；从工程的预算到产品的效益逐次地展现给读者。

本书自2012年（“十二五”规划教材第一版）出版至今，曾经由国内近三十余所高等院校、相关医药设计院及制药企业使用，评价较高，本次修订为“十三五”规划，我们增聘了使用该书单位的专家、学者作为该书的修编编委，充分听取了使用单位的反馈建议，经过充分的研讨和论证，修改完善了编写方案，在原有章节的基础上增加了“制药工程项目的厂址选择与厂区布局”“制药用水的制备与质量控制”等章节，为满足专业教学大纲要求而努力，力求更系统、实用、新颖，以达到培养能适应规范化、规模化、现代化的医药制药工程所需要的高级人才的目的。

本书可供全国高等院校本科中药学、中药资源与开发、中药制药、制药工程、药学、药物制剂等专业教学使用，除此之外，与上述专业相关的本科专业的学生，以及制药企业的工程技术人员也可参考使用。

本教材在编写过程中得到了人民卫生出版社及各参编院校的大力支持，在此，我们深表感谢。由于水平所限，教材中可能存在一些不足之处，希望广大师生在使用中提出宝贵意见，我们将不断修订完善。

编者

2018年3月

目　录

第一章

绪　论

学习目的

通过本章的学习，了解制药工业的起源与发展，制药工业现状，现代制药工业的特点，尤其是我国制药工业的发展历程。在此背景下，明确制药工程这门课程的性质，所承担的任务，研究涉及的领域，要解决的问题。

学习要点

要结合实际来理解制药工程研究的领域，承担的任务，解决的问题。

制药工程是运用药学理论与具体制药企业的实际相结合来完成具体的筹建项目的策划设计，以实现药品规模化生产、质量监控等一系列理论与实践相结合的综合性学科。

制药工业是以药物研究与开发为基础，以药物的生产销售为核心的制造业。制药工业体系是随着19世纪80年代第二次工业革命之后的化学、医学、生物学、微生物学、工程学等学科的发展而逐步形成并发展起来的。其内容涵盖了化学制药、生物制药、天然药物制药等三大制药领域的原料药和制剂的制造。

随着社会的发展，人们越来越关注药品给人类自身健康及生活环境带来的积极的和不良的影响，自身保健、回归自然、环境保护的意识已成为人类生活的新的追求。

一、制药工业的起源与发展

劳动创造了人类、社会，同时也创造了医药。人类对药品的认识最早是从传统医药开始的，后来演变到从天然产物中分离、提取并纯化天然药物，进而逐步开发和建立了药物的工业化生产体系。现代制药工业最早起源于欧洲。从17世纪到18世纪中叶，西方的化学工业得到逐步发展，主要是近代化学研究得到了巨大发展并取得一系列成果，很多著名的化学家也是杰出的医生和药剂师，他们应用化学知识来分离、提取并纯化天然植物中的有效成分作为药物：如从鸦片中分离出吗啡，从金鸡纳树皮中分离出奎宁，从颠茄中分离出阿托品，从茶叶中分离出咖啡因等。19世纪初，化学家已经能够从植物中提取和浓缩有效成分，用于治疗目的。与此同时，制剂学也逐步发展为一门独立的学科。到19世纪末，随着化学工业和染料工业的兴起，化学制药工业初步形成。

医药的起源

自从有了人类就有人类的医疗活动。医药知识从开始起，便由生产所决定，医药知识是人类在生产劳动和疾病斗争的实践过程中积累起来的，随着生产力和生产工具的不断提高和改进，人类的医药知识也得到不断的发展与进步。根据考古发掘的文物资料推断，人类最初的疾病主要有龋齿、牙周病等口腔疾病，动物咬伤、击伤、刺伤及骨折等骨伤疾病，难产及新生儿夭折十分常见，食物中毒、肠胃病、皮肤病等也是常见疾病。在与这些疾病的斗争过程中，原始人创造了最初的医疗方法，这也就是医药的起源。

20世纪初，科学家们用同样的方法从生物体中分离出第一个作为药物使用的激素——肾上腺素；同时随着药用植物化学和有机合成化学的发展，科学家们开始根据药用植物有效成分的结构及其构效关系对其进行结构修饰以得到更有效的药物，从而促进了药物合成的发展。当时研究发现的许多药物在现在依然发挥着重要作用。如根据柳树叶中的水杨苷和某些植物挥发油中的水杨酸甲酯合成具有解热镇痛作用的阿司匹林（乙酰水杨酸）；根据毒扁豆碱合成的拟胆碱药新斯的明；根据吗啡合成具有镇痛作用的哌替啶和美沙酮等，这些合成药物成为近代药物的重要来源之一。

20世纪30年代见证了制药工业发展的黄金时期，随着化学工业的发展和化学治疗学的创立，药物的合成已经突破仿制和改造天然药物的范围，转向了完全的人工合成药物。这一时期，结核、白喉、肺炎等疾病首次被人类所治愈，合成维生素、磺胺类、抗生素、激素类、精神类、抗组胺类和新疫苗等研究取得了重大突破，并且其中许多药物形成了全新的药物类别。1940年青霉素的疗效得到肯定，β-内酰胺类抗生素得到飞速发展，各种类型的抗生素不断涌现，随着抗生素时代的到来，众多制药企业在全球范围内筛选上千份土壤样品以寻找具有抗菌活性的物质。链霉素、乙琥红霉素、四环素都是这一时期药物研究的成果。同时化学药物治疗的范围日益扩大，已不限于细菌感染所致的疾病。1940年，Woods和Fides抗代谢学说的建立，不仅阐明了抗菌药物的作用机制，也为寻找新药开拓了新的途径。例如，根据抗代谢学说发现了抗肿瘤药、利尿药和抗疟药等新药。

化学工业发展——吗啡的发现

1841年2月20日，德国化学家Friedrich Sertürner（1783.6.19-1841.2.20）去世，他于1806年在试图从鸦片中分离出其催眠成分的过程中首次成功制成了吗啡（Morphine），他用希腊神话中梦神墨菲斯（Morpheus）的名字命名了这种白色的晶体。现在，吗啡已经成为临床上最为常用的止痛和镇静药物（心脏科医生还经常用吗啡来治疗肺水肿），当然，其成瘾性带来的危害众所周知。

20世纪50年代，科学技术迅猛发展，为了满足测定甾体激素、抗生素等药物化学结构的要求，以分析化学为基础的新药研发的关键技术，如X-衍射技术，紫外光谱技术和红外光谱技术等得到了长足的进步，极大拓展了化学家的视野，提升了化学家

笔记

的能力。也使药物化学家们对药物分子结构与生物活性的关系有了更进一步的认识和了解，从而发现了第一个抗精神病药氯丙嗪，开创了药物治疗精神疾病的历史。新的检测方法也使人们可以识别出阻断特定生理过程的物质并将其应用于心脑血管疾病，如20世纪60年代的抗高血压类、β-受体阻断药；20世纪70、80年代的钙离子通道阻滞剂、血管紧张素转化酶抑制剂、降胆固醇类药物等，以及毒、副作用比较小的精神疾病类用药、抗抑郁药、抗组胺药和非甾体抗炎药、口服避孕药、抗肿瘤治疗药物、抗帕金森症和哮喘病用药等。

合成药物的发展——青霉素的发现

在科学史中，青霉素的发现是一个极“偶然”的故事。这个故事都印证科学发现中一个很经典的定律：机会总是为有准备的人准备的。弗莱明发现青霉素是一个偶然。但是正是他在这方面的研究和探索才铸就了这个偶然，也挽救了众多的生命。

青霉素发现以前，因为伤口细菌感染导致的伤口恶化，是困扰医学界一个很大的难题，这让即使手术成功的病人还是不得不承受着很大的生命危险。而金色葡萄球菌就是一种常见的病原菌。金色葡萄球菌有嗜肉菌之名。人的伤口感染之后极易引起感染，伤口恶化。而弗莱明从事的正是此方面的研究。

金色葡萄球菌耐盐度高，培养基为了保证菌种纯正会加入限制其他菌种生存的物质，金色葡萄球菌则是在培养基中加入高浓度食盐以防止其他杂菌生长。而这个发明首先是因为培养基而开始的：因为培养基没有加入高浓度食盐，并且没有盖上盖子与空气隔绝。不久之后培养基上长出了青霉，而一般说来，这样的培养基就已经没用了。这本来是一个工作的疏忽。这里要说到的是青霉素并不是指的青霉，虽然青霉素由青霉产生。青霉并不是一种神秘的物质，橘子变质就很容易长出青霉。所以培养基上长出青霉，本来是一件司空见惯的事情。但恰巧的是弗莱明这次没有司空见惯。他将培养基放在显微镜下观察，发现青霉生长的菌落，金色葡萄球菌都出现了死亡。他意识到青霉可以制造一种可以抑制葡萄球菌生长的物质。当然这就是青霉素。

但是说青霉素发现到此为止还是不完善的。因为任何一个事物都有从发现到实用的过程。青霉素在发现之初存在一个提纯的问题。后面的科学家（钱恩、弗罗里）进行了青霉素的提纯研究，让青霉素的抗菌能力达到了一个很有效的程度，青霉素的发现在世界大战之际，挽救了众多的生命。

20世纪70年代，“针对药物靶点设计药物分子”由理论变为事实。随着生物物理、生物化学等医学基础科学技术的发展，在合理药物设计中，选择与疾病相关的酶、激素、神经递质等底物作为靶点来寻找阻断起作用的先导化合物，利用构效关系理论修饰使之成为人体可以利用的药物制剂。相关的知识已经成为研究人体生物化学过程和生理过程的基础，人们对药理学的理解得到了极大的丰富。如从琥珀酰-L-脯氨酸衍生的血管紧张素转化酶抑制剂——卡托普利，从特非那丁代谢物中研究发现的抗组胺药都是此方面的例子。20世纪80年代初，诺氟沙星用于临床后，迅速掀起喹诺酮类抗菌药的研究热潮，相继合成了一系列抗菌药物，这类抗菌药物的问世，被认

笔记

为是合成抗菌药物发展史上的重要里程碑。20 世纪 80 年代至今，新试剂、新技术、新理论的应用，特别是生物技术的应用，使创新药物向疗效高、毒副作用小、剂量小的方向发展，对化学制药工业的发展产生了深远的影响。以 DNA 双螺旋结构为基础的现代分子生物学快速发展，基因表达、基因重组、信号转导等极大地推动了生物技术的发展，促进了人类对生命的认识。科学家利用近代生物技术，生产出具有更高活性和特异性的生物物质，进而分离、纯化获得具有针对性治疗作用的生物活性物质，产生了真正意义的生物药物。人们利用基因工程、细胞工程、发酵工程和酶工程等现代生物技术开发了单克隆抗体、重组蛋白质药物、反义药物、基因治疗药物和基因工程疫苗等。近年来，基因组学、蛋白质组学、系统生物学迅猛发展，生物芯片、生物信息学、组合化学、虚拟设计、高通量高内涵筛选等一系列新技术，以及材料技术、纳米技术等的发展在各个环节有力地推动了新药的研究与开发。生产出了以干扰素、白介素、促红细胞生长素（EPO，Erythropoietin）、单克隆抗体药物等生物技术药物为代表的新型药物。

二、现代制药工业的现状

制药工业发展到当代，随着制药理论的不断更新、新方法、新技术、新设备的不断涌现，制药工业也跨入了突飞猛进的时代。制药技术更加先进、机械化、自动化程度更高，计算机化学、组合化学、高通量筛选等先进的方法大大加速了新药的研发进程，数据库对候选药物结构筛选能够提供重要帮助。近十几年来。中枢神经系统用药、抗病毒及其感染药物、抗肿瘤药物的研究持续发展，抗癌药物市场也出现了大幅增长。现代药物制剂已经从第一代的常规剂型，如片剂、胶囊剂，历经第二代缓释制剂，第三代控释制剂，第四代靶向制剂，发展到现在的第五代时辰动力释药系统。制药学的发展使新剂型在临床应用中发挥高效、速效、延长作用时间和减少副作用的方向发展，并且使制备过程更加科学、方便。

生物技术制药在 20 世纪 80 年代早期就开始发挥作用，其对分子生物学、基因、基因组的研究很快引起了其他企业的重视与参与。现代基因组学、蛋白质组学、代谢组学的组学工程也带来了药物发展史上的革命。生物技术产业正处于快速发展时期，但仍然面临很多外界的影响，如道德伦理、技术和资本市场变动的问题以及生物仿制药的竞争。

生物技术制药

生物技术制药是指运用微生物学、生物学、医学、生物化学等的研究成果，从生物体、生物组织、细胞、体液等，综合利用微生物学、化学、生物化学、生物技术、药学等科学的原理和方法进行药物制造的技术。

生物制药技术作为一种高新技术，是 70 年代初伴随着 DNA 重组技术和淋巴细胞杂交瘤技术的发明和应用而诞生的。三十多年来，生物制药技术的飞速发展为医疗业、制药业的发展开辟了广阔的前景，极大地改善了人们的生活。因此，世界各国都把生物制药确定为 21 世纪科技发展的关键技术和新兴产业。

笔记

现在，世界生物制药技术的产业化已进入投资收获期，生物技术药品已应用和渗透到医药、保健食品和日化产品等各个领域，尤其在新药研究、开发、生产和改造传统制药工业中得到日益广泛的应用，生物制药产业已成为最活跃、进展最快的产业之一。

在中国，生物制药技术还比较落后。总的来说研发跟不上，生产上就是做发酵。大学毕业生就业比较难。建议读完本科后出国深造，回国后作为学术带头人，加速国内相关领域的发展。

2003年美国贝克莱大学J.Keasling成立了世界上第一家合成生物学系-基于系统生物学的基因工程，采用酵母细胞表达天然植物药青蒿素分子，实现工程微生物代谢工程制药。采用计算机辅助设计、人工合成基因、基因网络乃至基因组等技术，将细胞作为细胞工厂来进行重新设计，从而进入了合成生物技术制药时代，并将带来细胞制药厂的产业化，2007年英国皇家工程院士R.I.Kitney称"系统生物学与合成生物学偶合，将产生第3次工业革命"。

生物技术制药分为四大类：

(1) 应用重组DNA技术(包括基因工程技术、蛋白质工程技术)制造的基因重组多肽，蛋白质类治疗剂。

(2) 基因药物，如基因治疗剂，基因疫苗，反义药物和核酶等。

(3) 来自动物、植物和微生物的天然生物药物。

(4) 合成与部分合成的生物药物。

现代社会，具有朴素、自然特性的中医学的治疗理念正逐渐为世界所接受，中药行业的发展也受到国际社会越来越多的关注，许多国家和地区的政府机构越发重视中医药的应用，并着手立法管理与规范，世界卫生组织对传统医药特别是中医药在各国的应用与发展给予了越来越有力的推动；国际上一些大型医药企业对中医药表现出浓厚的兴趣，试图从中药里筛选和研制出先导化合物开发创新药物，以提高其在国际医药市场上的份额。中药与天然药物制药工业正以其成本低、疗效确切、毒副作用小、污染少等优势，在现代制药工业中发挥着越来越重要的作用。

医药产业是一个多学科先进技术和手段高度融合的高科技产业群体，涉及国民健康、社会稳定和经济发展，在国民经济中占有重要的地位。近60年来，世界制药工业一直以较快的速度持续稳定地发展。20世纪50和60年代均增长150%以上；70年代达到顶峰，为260%；80年代开始下降，但增长率仍达到8.5%；90年代保持了8%～10%的发展速度。1970年全球医药工业产值为217亿美元，到2002年猛增至4110亿美元，2005年全球医药市场规模达6020亿美元，2006年全球市场规模达6398亿美元，同比增长6.28%，2007年市场规模为6750亿美元，同比增长5.50%，2009年增长率为7.1%，2010年增长率为4.1%，2011年增长率为4.8%，据美国权威医药咨询机构(IMS)最新发布的全球医药市场发展预测称，2011至2015年增长率将在3%～6%的范围。

20世纪80年代，因世界经济不景气，制药业一度萎缩不振，90年代后又开始复苏。为了适应越来越激烈的医药市场竞争，企业集中化浪潮在全世界发展起来，以提高生产效率，保持市场优势，合理使用或配置资源。第一次并购浪潮发生于1989年，以BM公司和Squibb公司的合并为代表，前者拥有财力，后者有产品和市场优势，合

笔记

并后的BMS公司成为美国第一大制药企业，世界第三大医药企业。第二次并购浪潮发生于1994—1996年，英国的Glaxo公司兼并美国Wellcome公司，仍为世界第一大医药企业，瑞士的两家公司合并成了Novartis公司，为世界第二大医药企业。2000年美国辉瑞制药与沃纳-兰伯特，并购金额850亿美元；同年英国葛兰素•威康与美国的史克•比彻姆，并购金额760亿美元，将辉瑞挤下宝座。2002年辉瑞以600亿美元收购法玛西亚药厂，成为全球第一大制药公司。2004年法国赛诺菲以638.1亿美元收购安万特，这次收购也缔造出全球第三大制药公司。2006年德国拜耳以213亿美元收购德国第三大制药厂先灵制药。2006年德国默克以133亿美元收购瑞士第一大生物科技公司雪兰诺，默克集团因此成为欧洲最大的制药企业。2006年强生以166亿美元收购辉瑞消费保健品部门。2007年英国阿斯利康以156亿美元收购美国生物制药公司Med Immune（MEDI）。目前全球药业市场集中度提高的趋势有所加强，并购愈演愈烈。2008年《财富》杂志500强中有11家是制药企业，其中排名第一的强生公司在其中位列第107名，销售额达611亿美元，前20家制药企业的市场集中度至少达50%以上。始于20世纪90年代的兼并与重组浪潮，通过强强联合，优势互补，实现了生产与营销的集中。实现了集团化和一体化，使各大公司度过了经济萧条，重新焕发出勃勃生机。

三、现代制药工业的特点

现代制药工业的发展离不开化学、药学、中药学、生物学（微生物学）、医学、工程学等各学科的支撑。各学科理论知识的不断完善和新工艺、新技术、新原料、新设备的应用，促进了现代制药工业的持续发展。早期的制药生产是手工作坊和工厂手工业，随着科学技术的不断发展，从早期的化学结构与药物活性的相关性、合成化学到现代的基因组学、分子诊断学等理论的研究，分析方法与仪器的不断改进，以及各种现代化的仪器、仪表、电子技术和自控设备的出现，现代化的制药工业已经成为一项具有系统科学理论指导，可采用现代化设备，有效组织生产的大型现代化工业体系。

现代化的设备具有大型化、高速化、精密化、电子化、自动化的特点，性能更高级、技术更综合、结构更复杂、作业更连续、工作更可靠。电脑技术在制剂设备、生产管理广泛应用，电脑控制压片机早已产业化，电脑控制的真空乳化器使得操作复杂、重现性差的乳化操作变成简单、可靠。电脑、机器人控制的无人工厂已在日本、美国、德国出现。现代制药工业已完全实现了生产规模化、连续化和自动化。

现代制药工业涉及化学制药、生物制药、天然药物制药三大制药领域的原料药和制剂的制造，生产技术复杂，剂型多，品种全，并实现了产品的质量标准化管理。制药行业生产技术复杂，反应单元操作多，如发酵、提取、精制、过滤、浓缩、精馏、结晶和干燥等；反应条件比较苛刻，常需高温、高压、高真空、超低温等。此外，所需用水、汽和溶媒的量也大，能耗也高，回收和再利用以及三废治理都给操作带来了技术的复杂性和多样性。所以现代制药工业形成了：①高度的科学性和技术性；②分工细致明确、质量标准规范；③生产过程复杂、品种繁多；④生产过程的连续性；⑤高投入、高产出等特点。

笔记

四、我国制药工业的发展历程

我国是一个发展中国家，人口众多，有着广阔的医药市场。我国现代制药工业起源于20世纪50年代，相对较晚，但通过不断的努力，我国制药工业50年间形成了强大的药品生产能力，满足了公众基本用药的需求，取得巨大进步。20世纪80年代以来，我国制药业在引入市场机制、引进国外先进技术、加快新药研制和推广等方面卓有成效，医药工业发展迅速，医药工业总产值由1978年的66亿元增加到2000年的1834亿元。进入21世纪，制药工业的发展保持了快速增长。《2015年度中国医药市场发展蓝皮书》指出，在过去的十年中，我国七大类医药工业总产值保持快速增长，在“十一五”期间复合增长率达到23.31%，进入“十二五”，仍然保持快速增长势头，到2014年已增加至25 798亿元，复合年增长率为15.70%。2009年宏观经济虽然遭受了国际金融危机的冲击，但我国新医改方案的出台推行了整个医药产业变局，市场扩容、新上市产品的增加、药品终端需求活跃以及新一轮投资热潮等众多有利因素保证了中国医药工业总产值仍保持了19.9%的增长率。我国化学原料药工业在“十一五”期间，由于受外贸出口整体滑坡，医药原料药外需大幅萎缩的影响，复合增长率由“十五”期间的19.11%降至17.21%，进入“十二五”，外贸出口萎缩仍在持续，2014年达4484亿元，同比增长13.40%。由于医药内需保持稳定，我国化学制剂工业在“十一五”期间保持增长势头，复合增长率上升至23.31%，进入“十二五”，增速放缓，2014年达6666亿元，同比增长12.40%。受国家实施中药现代化等因素拉动，我国的中成药工业取得了长足的进展，“十一五”期间的复合年增长率为20.79%。进入“十二五”初期，增速有所提高，最高峰2011年增长34.73%，到了2014年则下滑至17.10%，完成总产值6141亿元。生物制剂行业是我国医药工业快速发展的生力军，“十一五”期间的复合年增长率为33.61%，进入“十二五”，增速放缓，2014年达2908亿元，同比增长仅18.00%。

目前中药药品零售终端主要大类重点品牌前10位有：感冒用药、抗生素、维生素、胃肠用药、心脑血管用药、止咳化痰用药、皮肤用药、降压用药、妇科用药、咽喉用药。

我国的制药企业占制药工业总数的70%左右。2004年7月1日，制药企业全部实施《生产质量管理规范》(GMP)，国家食品药品监督管理局在2004年底给出的统计数据表明，当时全国5071家药品生产企业中，3731家通过GMP认证，未通过认证1340家企业全部停产。先进的生产技术和设备促进的制药企业的进一步发展。目前，我国已能生产50多种剂型，3500多种规格的药品，在剂型、辅料、生产工艺和设备方面也取得了较大的进步。

中国医药行业是一个被长期看好的行业，中国医药行业快速发展，市场规模由2011年的7431亿元增长到2015年的12 207亿元，复合增长率为13.2%，快于该期间GDP8.7%的复合增长率。中商产业研究院发布的《2016—2020年中国医药行业投资战略研究咨询报告》指出，在“十三五”期间，我国医药行业将继续高速发展，2020年市场规模将会达到17 919亿元，2015—2020年，复合增长率为8%，依然会高于我国GDP的增长率。同时，由于人口结构老龄化、新医改“全民医保”以及国民综合支付能力的提高，我国有望在未来10年成为全球第二大药品市场。

笔记

五、制药工程专业教育的背景

医药工业是关系国计民生战略性产业，是世界医药经济强国激烈竞争的焦点，也是我国国民经济的重要组成部分，与人民群众的生命健康和生活质量等切身利益密切相关。IMS health 的数据分析预测，2012 年全球医药行业产值将达到 9000 亿美元，增长率将高于其他行业，而医药工业的发展是与制药工程的水平紧密相关。

医药工业与传统工业不同，是高投入、高产出、高风险、知识密集、专业化程度高的特殊产业。科学技术的发展使药物的发现、开发和制造过程产生了革命性的变革；GMP 的实施，人类基因组计划的完成，对药物的研发、生产、经营提出了更高更新的要求和标准；这使得原有的由药学、工程和管理等院系分别培养，掌握单一学科门类知识的人才已不能适应现代制药业对制药人才的需求。现代制药业需要掌握制药过程和产品双向定位，具有多种能力和交叉学科知识，了解密集工业信息，熟悉全球和本国政策法规的复合型制药工程师。他们将集成各种知识，有效地优化药物的开发和制造过程。在这样的背景下，制药工程技术专业人才成为当今社会的急需人才，而高素质的人才依赖于良好的人才培训和教育体系，制药工程技术教育也由此应运而生。

国际制药工程教育从 20 世纪 90 年代开始发展，在国内外都是一个新兴的专业，受各国国情的影响和社会发展的需要，国外的制药工程教育是先有研究生教育，而后有本科教育，因此从事本科制药工程教育的高校较少。1995 年，受美国科学基金（NSF，National Science Foundation）资助，新泽西州立大学 Rutgers 分校（State University of New Jersey，Rutgers）首先开展了制药工程研究生教育，标志着制药工程教育的开端，随后，密歇根大学、哥伦比亚大学等高校也相继设立了制药工程研究生教育计划，1998 年加州大学 Fullerton 分校设立了本科教育计划。另外，还有部分高校已把制药工程作为课程纳入了其教学计划，如美国南佛罗里达大学化学工程系、阿拉巴马大学化学工程系、普度大学生物医学工程系、佐治亚大学分校工程系、伊利诺斯技术学院化学与环境工程系，均把制药工程作为课程纳入其教学计划。除美国外，加拿大、英国和德国、日本和印度等国家的部分高校也相继设立了制药工程教育专业。我国的制药工程专业名称正式出现在教育部的本科专业目录是 1998 年。根据国家教委教高[1996]14 号文件，《工科本科专业目录的研究和修订》课题组对当时的工科本科专业进行了较大调整，调整后，有近 1/2 的工科专业被合并或撤销，同时也新设了一些与科学技术和社会经济发展密切相关的专业，制药工程专业就是其中之一。原来专业很多的化工大类，改名为化工与制药大类，仅设置化学工程与工艺和制药工程两个专业。从 1999 年起，全国正式开始招收制药工程本科生。尽管制药工程专业在名称上是新的，但实际上从学科发展来看它是化学、药学及工程学等相关专业的延续，也是我国科学技术发展到一定程度的必然产物。

六、制药工程研究的任务与内容

制药工程研究的任务是制药项目如何组织、规划并实现该药的工业化生产，最终建成一个质量优良、科技含量高、劳动生产率高、环保达标、确保安全运行的药物生产企业。

制药工程研究的内容是完成由实验室产品向工业化产品的转化，把新药的研究成果转化为制药企业建设的计划并付诸实施。运用制药工程的理念将实验室的药物生产工艺逐级地由中试放大到规模化大生产的相应条件，在选择中设计出最合理、最经济的生产流程，根据产品的档次，筛选出合适的装备，设计出各级各类的参数，同时选择厂址、建造厂房、布置车间、配备各级各类的生产设施，质量监控条件，检验、化验设备，自动化仪表控制设备，以及其他公用工程设备，最终使该制药企业得以按预定的设计期望顺利投入生产。这一过程即是制药工程的全过程。

课堂互动

结合教材所给材料，鼓励学生就制药工业的起源与发展、当今现状、特点及存在的问题，展开讨论，明确制药工程要研究的问题所在，调动学生的学习积极性。

学习小结

1. 学习内容

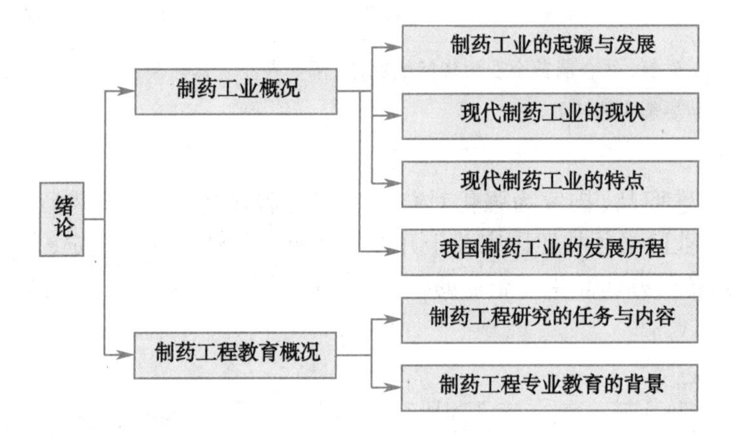

2. 学习方法

通过对制药工业的起源与发展、制药工业现状、现代制药工业特点的了解，尤其是对我国制药工业发展历程的讨论。运用撰写综述的方法达到明确《制药工程》这门课程的性质和所承担的任务，以及该课程要解决的问题的目的。

（王汝兴　王　沛）

复习思考题

1. 写一篇制药工业的起源与发展的综述（要求在3000～5000字左右）。
2. 查找资料，以实例阐述制药工业现状及特点（要求在3000～5000字左右）。
3. 谈谈你对制药工程这门课程的感受，你打算怎么学习。

第二章

厂址选择与厂区布局

学习目的

通过本章的学习，掌握制药企业厂区建设的基本构建原则，熟悉制药企业厂区内基本组成，了解厂区建设的基本程序。在此背景下，明确制药工程这门课程的设置意义在于全面了解制药企业从建厂到生产的全过程，培养知识全面的药学人才。

学习要点

通过课堂讲解，结合制药企业的实际情况，了解制药企业建厂到投产期间，制药工程所承担的任务和要解决的问题。

药品是特殊商品，国家为强化对药品生产的监督管理，确保药品安全有效，开办药品生产企业除必须按照国家关于开办生产企业的法律法规规定，履行报批程序外，还必须具备开办药品生产企业的条件。同时对企业的选址和厂区布局也提出了要求。

第一节　制药工业工程项目设计的基本程序

制药企业建设的全过程可分为三个阶段：设计前期工作阶段、设计中期工作阶段和设计后期工作阶段（设计后服务阶段）。每个阶段有各自不同的工作，但各阶段之间是相互联系的，逐步推进，层层深入的关系。

一、设计前期工作阶段

设计前期工作阶段又称为投资前时期。该阶段主要是根据国民经济和医药工业发展的需要，规划欲建制药企业项目厂址设置地区、药物生产类别、整体工程项目总投资以及资金各项分配、年计划产量、原辅料来源、生产工艺技术方案、药品生产设备以及其他材料的供应、其他配套辅助设施设备等。做好技术和经济分析工作，以选择最佳方案，确保项目建设顺利进行和取得最佳经济效益。设计前期工作文件主要包括项目建议书（或申请书）及主管部门批复文件、可行性研究报告和设计任务书。

笔记

知识链接

可行性研究

可行性研究是设计前期工作的核心，其研究报告是国家主管部门对工程项目进行评估和决策的依据。可行性研究的任务是根据国民经济发展的长远规划、地区发展规划和行业发展规划的要求，结合自然和资源条件，对工程项目的技术性、经济性和工程可实施性，进行全面调查、分析和论证，做出是否合理可行的科学评价。对工程项目进行可行性研究可以实现工程项目投资决策的科学化和民主化，减少和避免投资决策的失误，保证工程项目的顺利实施和建设投资的经济效益。

项目建议书经国家主管部门批准后，即可由上级主管部门组织或委托设计、咨询单位，进行可行性研究。若项目可行，则选择最佳方案，编制可行性研究报告，为国家主管部门对工程项目进行评估和决策提供可靠依据。我国规定所有利用外资、技术引进和设备进口项目，都必须在可行性研究报告经过审查和批准后，才能与外商正式签约；大型工程、重大技术改造等工程项目，都要进行可行性研究；有条件的其他工程项目，也要进行可行性研究。

设计前期的工作中，在投资决策前，通过项目建议书设计项目建设的轮廓设想，提出项目建设的必要性和初步可能性，为开展可行性研究提供依据。这一阶段的工作受到建设单位足够的重视，甚至认为这一阶段是决定投资命运的环节。设计前期工作的每个阶段均需要有相关主管部门的审查和批准。

在设计前期工作阶段，预建厂区厂址考察与选择对药厂未来规划具有深远的意义，需要做好对预建厂区规划设计和整体调研工作。厂址选择的程序一般包括调研、实地勘察和编制厂址选择报告三个阶段。

1. 调研阶段　调研阶段包括组织准备和技术调研阶段两部分。

（1）组织准备阶段：首先组成选址工作组，选址工作组成员的专业配备应视工程项目的性质和内容不同而有所侧重。一般由勘察、设计、城市建设，环境保护、交通运输，水文地质等单位的人员以及当地有关部门的人员共同组成。

（2）技术调研阶段：选址工作人员要编制厂址选择指标和收集资料提纲。选厂指标包括总投资、占地面积、建筑面积、职工总数、原材料及能源消耗、协作关系、环保设施和施工条件等。收集资料提纲包括地形、地势、地质、水文、气象、地震、资源、动力、交通运输、给排水、公用设施和施工条件等。在此基础上，对拟建项目进行初步的分析研究，确定工厂组成，估算厂区外形和占地面积，绘制出总平面布置示意图，并在图中注明各部分的特点和要求，作为选择厂址的初步指标。

2. 实地勘察阶段　实地勘察是厂址选择的关键环节，其目的是按照厂址选择指标，深入现场调查研究，收集相关资料，确定若干个具备建厂条件的厂址方案，以供比较。

实地勘察的重点是按照准备阶段编制的收集资料提纲收集相关资料，并按照厂址的选择指标分析建厂的可行性和现实性。在现场调查中，不仅要收集厂址的地形、地势、地质、水文、气象、面积等自然条件，而且要收集厂址周围的环境状况，动力资源、交通运输、给排水、公用设施等技术经济条件。收集资料是否齐全、准确，直接关系到厂址方案的比较结果。

3. 研究讨论、编制报告阶段　编制厂址选择报告是厂址选择工作的最后阶段。根据准备阶段和现场调查阶段所取得的资料，对可选的几个厂址方案进行综合分析

和比较，权衡利弊，提出选址工作组对厂址的推荐方案，编制出厂址选择报告，报上级批准机关审批。

二、设计中期工作阶段

设计中期工作阶段是通过各种技术手段把项目的可行性研究报告与设计任务书的构思和设想以各种可见材料呈现出来。一般按工程项目的重要性和技术的复杂性将设计中期工作阶段分为一段设计、两段设计或三段设计。各段设计详情见表 2-1:

表 2-1　设计中期阶段分段

设计分段	设计内容	设计对象
一段设计	项目施工图设计	技术简单、规模较小的工厂或个别车间，经主管部门同意
二段设计	初步设计→项目施工图设计	技术成熟的中、小型项目
三段设计	初步设计→扩初设计→项目施工图设计	重大工程、技术比较新颖和复杂的项目

以上设计分段一般按照实际工程要求进行选择，在我国对新建制药企业目前多采用两段设计。

1. 初步设计　初步设计进行研究时必须有已批准的可行性研究报告、必要的基础资料和技术资料。设计单位在接受建设单位直接委托项目或投标项目中标后，对建设单位提出的可行性研究报告发现有重大不合理问题时，会同建设单位，一同提出解决办法，报上级有关部门批准后，编制设计任务书，然后进行初步设计。

（1）初步设计的任务：初步设计是根据设计任务书，全面分析设计对象，在技术上、经济上设计最符合要求的方案，从而确定项目工程总体设计、车间装备设计原则、设计标准、设计方案和重大技术问题，编制出初步设计说明书等文件与工程项目总概算。如全厂组成、厂区总图布置、工艺流程、产品生产操作规程、水、电、汽、冷的供应来源与供应、工艺设备及仪表的选型等。初步设计和总概算完成后，应该组织专家进行可行性论证，即设计中审，再报送上级主管部门审查批准。初步设计和总概算为确定建设工程总投资、编制企业资产投资计划、组织主要设备选型和订购、施工图设计等提供科学决策依据。

（2）初步设计的深度：初步设计的深度应满足的要求包括主管部门及建设业主审批的立项内容；土地征用范围；基建投资的控制；设计方案的比较选择和确定；主要机械设备的定购；编制施工图设计，施工准备。

（3）设计文件：设计文件有初步设计文件和内容初步设计文件，具体包括初步设计说明书、初步设计施工图纸及设计表格、概算书和设计技术条件等。设计文件内容主要包括项目概况的设计依据、设计指导思想和设计构思、产品方案及设计规摸、生产工艺流程、厂区布置、物料衡算、热量衡算、生产设备选型、产品生产原材料、公用系统消耗、工艺过程自动化控制、生产设备布置、土建、水电气公用工程、原材料及成品运输与储存、环境保护、消防安全、车间定员、工程概算及财务评价等。

（4）初步设计的工作流程：制药企业工程设计属于工业性工程设计，在整个设计过程中涉及直接为产品工艺专业、建筑工程专业、公用工程专业和工程经济专业。在设计中，多以产品工艺专业为主导，产品工艺专业设计人员按照建设项目的工艺要

笔记

求，向非工艺各专业（相关专业）提供设计条件，各非工艺各专业按产品工艺专提供的要求进行设计。因此，产品工艺专业设计人员不但要熟悉制药工艺，还要熟悉各相关专业设计要求，在设计中起副主导和协调作用。

2. 项目施工图设计　项目施工图设计是根据经批准的初步（扩大）设计文件，绘制建设施工图纸，编写文字说明书和工程预算书，为建设工程施工提供依据和服务。此阶段最终形成的文件有详细的施工图纸、施工文字说明、主要原材料汇总表及总工程量。

（1）施工图设计：施工图设计深度应满足各种生产设备的安装尺寸、材料的订购、非标准设备的制作、工程预算的编制、土建及安装工程的要求。

（2）施工图内容：施工图内容由文字说明、表格和图纸三部分组成，包括：图纸设计说明、设备一览表、设备安装及设备地脚螺栓表、管道及管道特性表、隔热材料表、防腐材料表、综合材料表、设备管口方位表、管架表、管道及仪表流程图、设备平面布置图以及管道布置图等。

三、设计后期服务工作阶段

设计完成后，设计人员对项目建设进行施工技术交底，在土建过程中亲临现场指导施工、配合解决施工中存在的设计问题，参与设备安装、调试、试运转和工程验收，直至项目正常运营。

施工过程中凡涉及方案问题、标准问题和安全问题的变动，都必须首先与设计部门协商，待取得一致意见后，方可变动。因为项目建设的设计方案是经过可行性研究阶段、初步设计阶段和施工图设计阶段研究所确定的，施工中任意改动，势必会影响到竣工后的验收和使用要求；设计标准的变动会涉及项目建设是否合乎GMP及其他有关规范的要求和项目投资的增减；安全方面的问题更是至关重要，其中不仅包括厂房、设施与设备结构的安全问题，而且也包括洁净厂房设计中建筑、暖通、给排水和电气专业所采取的一系列安全措施。因此都不得随意变动。

整个设计工程的验收是在建设单位的组织下，以设计单位为主，施工单位共同参加进行。

附：制药企业工程项目设计的基本程序

制药工程项目从设想到交付施工、投产整个过程的基本工作程序如图2-1所示。此工作程序分为设计

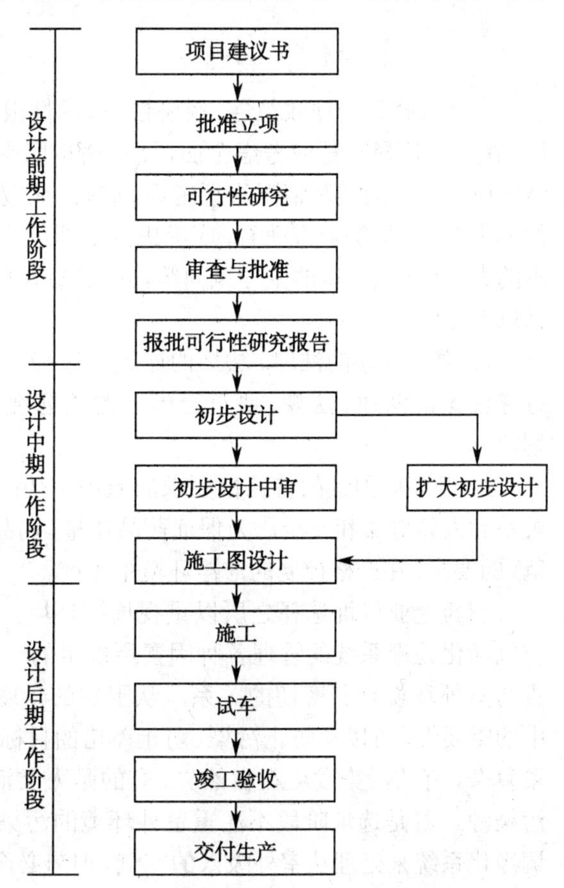

图2-1　制药工程项目设计基本程序

前期，设计中期和设计后期三个阶段，这三个阶段是互相联系的，不同的阶段所要进行的工作不同，而且是步步深入的。

第二节　厂址选择

药品生产企业应有与生产品种和规模相适应的足够面积和空间的生产建筑、辅助建筑和设施。厂房与设施是药品生产企业实施《药品生产质量管理规范》(GMP，Good Manufacturing Practice)的基础，也是开办药品生产企业的一个先决的条件，可以说是硬件中的关键部分。

厂址选择是在拟建地区范围内，根据拟建制药项目所必须具备的条件，结合制药工业的特点，进行调查和勘测，并进行多方案比较，提出推荐方案，编制厂址选择报告，经上级主管部门批准后，即可确定厂址的具体位置。

厂址选择是制药企业筹建的前提，是基本建设前期工作的重要环节。厂址选择涉及许多部门，是一项政策性和科学性很强的综合性工作。在厂址选择时，必须采取科学、慎重的态度，认真调查研究，确定适宜的厂址。厂址选择是否合理，不仅关系到该项制药企业筹建项目的建设速度、建设投资和建设质量，而且关系到项目建成后的经济效益、社会效益和环境效益，并对国家和地区的工业布局和城市规划有着深远的影响。

一、厂址选择的基本原则

厂址选择是一项政策性、经济性、技术性很强的综合性工作。对于不同类型的药厂，在厂址选择时都应考虑全面，要严格按照国家的相关规定和规范要求执行，同时结合所建药厂的实际情况进行考察、调研、比较、分析论证，从整体上看，要考虑今后的未来发展；从综合方面看，应考虑到地理位置，地质状况，水源及清洁污染情况，周围的大气环境，常年的主导风向等，最终选择理想的厂址。一般选择药厂厂址时应遵循以下原则。

1. 遵守国家的法律、法规的原则　选择厂址时，要贯彻执行国家的方针、政策，遵守国家的法律、法规，要符合国家的长远规划、国土开发整治规划和城镇发展规划等。

2. 对环境因素的特殊性要求的原则　药品是一种特殊的商品，其质量好坏直接关系到人体健康和安全。为保证药品质量，药品生产必须符合《药品生产质量管理规范》的要求，在严格控制的洁净环境中生产。

制药企业厂址选择之所以重视周围环境，主要是由于大气污染对厂房的影响和空气净化处理系统的管理各种因素所决定的。制药厂房中车间的空气洁净度合格与否与室外环境有着密切的关系。从卫生的角度来认识厂址中环境因素在实施GMP中的重要性，可以从防止污染、防止差错的目标要素上来理解。室外的大气污染的因素复杂，有的污染发生在自然界，有的是人类活动的产物；有固定污染源，也有流动污染源。若是选址阶段不注重室外环境的污染因素，虽然事后可以依靠洁净室的空调净化系统来处理从室外吸入的空气，但势必会加重过滤装置的负担，并为此而付出额外的设备投资、长期维护管理费用和能源消耗。若是室外环境好，就能相应地减少净化设施的费用，所以一定要在选择厂址中注意环境的情况。

（1）对大气质量的要求：制药企业宜选址在周围环境较洁净且绿化较好，厂址周围应有良好的卫生环境，大气中含尘、含菌浓度低、无有害气体、粉尘等污染源，自然环境好的区域，不宜选在多风沙的地区和严重灰尘、烟气、腐蚀性气体污染的工业区，通常选在大气质量为二类的地区。大气质量分类见表2-2，不同区域的大气含尘浓度见表2-3：

表2-2　大气环境空气污染物允许浓度限制（mg/m^3）

污染物名称	取值时间	一级标准	二级标准	三级标准
总悬浮微粒	日平均数	0.15	0.30	0.50
	任何一次数	0.30	1.00	1.50
飘尘	日平均数	0.05	0.15	0.25
	任何一次数	0.15	0.50	0.70
二氧化硫	日平均数	0.05	0.15	0.25
	任何一次数	0.15	0.50	0.70
氮氧化物	日平均数	0.05	0.10	0.15
	任何一次数	0.10	0.15	0.30
一氧化碳	日平均数	4.00	4.00	6.00
	任何一次数	10.00	10.00	20.00
光化学氧化剂（O_3）	一小时平均	0.12	0.16	0.20

表2-3　不同区域的大气含尘浓度表

场所	质量浓度/（mg/m^3）	≥0.5μm粉尘计数浓度/（个/m^3）
田野	0.01～0.1	（4～8）×10^7
城市郊区	0.05～0.3	（8～20）×10^7
城市中心	0.1～0.35	（15～35）×10^7

表2-2中，通常一类为国家自然保护区、风景游览区、名胜古迹和疗养地；二类为城市规划的居民区、商业交通居民混合区、文化区和广大农村；三类为大气污染程度比较严重的城镇和工业区及城市交通枢纽干线等地区。

表2-3表示不同区域尘埃浓度的差别，对药厂选择具有指导意义。制药厂厂址选在农村、市郊等含尘浓度较低的二类大气质量区域较为合理。同时注意周围几公里以内无污染排放源，水质未受污染，大气降尘量少，特别要避开大气中的二氧化硫、飘尘和降尘浓度大的化工区。

（2）尽量远离因人为因素产生严重空气污染、水质污染、振动或噪声干扰的区域：如高人口密度区、工厂、铁路、公路、机场、码头、堆场等人流、物流比较密集的区域产生的空气污染、振动或噪声干扰等。对于有洁净度要求的厂房新风口与市政交通主干道之间距离不得小于50m。

（3）对长年季风风速、风向、频率的要求：掌握全年的主导风向和夏季的主导风向的资料，对夏季可以开窗的生产车间，常以夏季主导风向来考虑车间厂房的相互位置，但对质量要求高的注射剂、无菌制剂车间应以全年主导风向来考虑，对全年主导

笔记

风向来说，尽管工业区应设在城镇常年主导风向的下风向，但考虑到药品生产对环境的特殊要求，药厂厂址应设在工业区的上风位置，同时还应考虑目前和可预见的市政规划，是否会使工厂四周环境发生不利变化。

（4）考虑建筑物的方位、形状的要求：保证车间有良好的天然采光和自然通风，避免西晒，同时要考虑将空调设施布置于朝北车间内；由于厂址对药厂环境的影响具有先天性，因此，选择厂址时必须充分考虑药厂对环境因素的特殊要求。

（5）交通便利、通讯方便：制药企业处于原料购买和成品的输送频繁交换中，应考虑减少运行费用问题。因此，制药企业尽量不要远离原料来源和用户，降低企业的运行成本，提高市场竞争力。

3. 考虑环境保护和综合利用的原则　保护生态环境是我国的一项基本国策，对药品生产企业来讲，选址时应注意当地的自然环境条件，对药厂投产后给环境可能造成的影响作出预评价，并得到当地环保部门的许可，应避开粉尘、烟气、有害有毒气体的地方，也要远离霉菌和花粉的传播源。另一方面，药厂生产过程中产生的"三废"要进行综合治理，不得造成环境污染。从排放的废弃物中回收有价值的资源，开展综合利用，是保护环境的一个积极措施。

4. 节约用地、长远发展的原则　我国是一个人口众多的国家，人均可耕地面积远远低于世界平均水平。因此，选择厂址时，要正确协调处理好生产与生态的平衡、工业与农业的平衡、生产与生活的平衡、近期与远期的平衡等关系，从实际出发，统筹兼顾。要尽量利用荒地、坡地及低产地，少占或不占良田、林地。厂区的面积、形状和其他条件既要满足生产工艺合理布局的要求，又要留有一定的发展余地。

5. 满足水源供应原则　制药工厂生产过程中需要消耗大量水，制药工业用水一般分为工艺用水和非工艺用水两大类。工艺用水是指饮用水（自来水）、纯水（蒸馏水、去离子水等）和注射用水。非工艺用水主要为自来水或水质较好的井水，主要用于冷却、加热、产生蒸汽、消防、洗涤（如洗浴、清理卫生间、清洗工作服等），需要有充足的水源。

制药工业用水对水质有一定的要求，水是药品生产中保证药品质量的关键因素。因此，药厂选择水源时，既要选择有充足的水量保证生产要求，又要经当地水质部门进行水质分析，达到饮用水标准方可采用。同时，还要考虑厂址的地下水位不能过高，给、排水设施，管网设施，距供水主干线距离等均应考虑其能否满足工业化大生产的需要。

6. 满足能源供应　制药企业所需能源主要为电力和燃料，要满足设计生产能力的要求。在选择厂址时，应考虑建在电力供应充足和邻近燃料供应的地点，有利于满足生产负荷、降低产品生产成本和提高经济效益。

7. 其他工程设施　通讯设施（括电线、电缆等通讯设备）是否与现代高科技技术对接；煤气管线是否达到生产需求容量。

以上是厂址选择的一些基本原则。实际上，要选择一个理想的厂址是非常困难的，应根据厂址的具体特点和要求，抓主要矛盾。首先满足对药厂的生存和发展有重要影响的要求，然后再尽可能满足其他要求，选择适宜的厂址。

二、厂址选择报告

厂址选择报告一般由工程项目的主管部门会同建设单位和设计单位共同编制，

其主要内容如下。

1. 概述　说明选址的目的与依据、选址工作组成员及其工作过程。

2. 主要技术经济指标　根据工程项目的类型、工艺技术特点和要求等情况，列出选择厂址应具有的主要技术经济指标，如项目总投资、占地面积、建筑面积、职工总数、原材料和能源消耗、协作关系、环保设施和施工条件等。

3. 厂址条件　根据准备阶段和现场调查阶段收集的资料，按照厂址选择指标，确定若干个具备建厂条件的厂址，分别说明其地理位置、地形、地势、地质、水文、气象、面积等自然条件以及土地征用及拆迁、原材料供应、动力资源、交通运输、给排水、环保工程和公用设施等技术经济条件。

4. 厂址方案比较　根据厂址选择的基本原则，对拟定的若干个厂址选择方案进行综合分析和比较，提出厂址的推荐方案，并对存在的问题提出建议。

厂址方案比较侧重于厂址的自然条件、建设费用和经营费用三个主要方面的综合分析和比较。其中自然条件的比较应包括对厂址的位置、面积、地形、地势、地质、水文、气象、交通运输、公用工程、协作关系、移民和拆迁等因素的比较；建设费用的比较应包括土地补偿和拆迁费用、土石方工程量以及给水、排水、动力工程等设施建设费用的比较；经营费用的比较应包括原料、燃料和产品的运输费用、污染物的治理费用以及给水、排水、动力等费用的比较。

5. 厂址方案推荐　对各厂址方案的优劣进行综合论证，并结合当地政府及有关部门对厂址选择的意见，提出选址工作组对厂址选择的推荐方案。

6. 结论和建议　论述推荐方案的优缺点，并对存在的问题提出建议。最后，对厂址选择做出初步的结论意见。

7. 主要附件　包括各试选厂址的区域位置图和地形图；各试选厂址的地质、水文、气象、地震等调查资料；各试选厂址的总平面布置示意图；各试选厂址的环境资料及工程项目对环境的影响评价报告；各试选厂址的有关协议文件、证明材料和厂址讨论会议纪要等。

三、厂址选择报告的审批

大、中型工程项目，如编制设计任务书时已经选定了厂址，则有关厂址选择报告的内容可与设计任务书一起上报审批。在设计任务书批准后选址的大型工程项目厂址选择报告需经国家城乡建设环境保护部门审批。中、小型工程项目，应按项目的隶属关系，由国家主管部门或省、直辖市、自治区审批。

第三节　厂区布局

厂区布局设计是在主管部门批准的既定厂址和工业企业总体规划的基础上，按照生产工艺流程及安全、运输等要求，经济合理地确定厂区内所有建筑物、构筑物（如水塔、酒精回收蒸馏塔等）、道路、运输、工程管线等设施的平面及立面布置关系。

一、厂区布局设计的意义

制药企业实施 GMP 是一项系统工程，涉及设计、施工、管理、监督等方方面面，

对其中的每一个环节，都有国家法令、法规的约束，必须按律而行。而工程设计作为实施GMP的第一步，其重要地位和作用更不容忽视。设计是一门涉及科学、技术、经济和国家方针政策等多方面因素的综合性的应用技术。制药企业厂区平面布局设计要综合工艺、通风、土建、水、电、动力、自动控制、设备等专业的要求，是各专业之间的有机结合，是整个工程的灵魂。设计是药品生产形成的前期工作，因此，需要进行论证确认。设计时应主要围绕药品生产工艺流程，遵守《药品生产质量管理规范》中有关对硬件的要求的规定。

"药品质量是设计和生产出来的"原则是科学原理，也是人们在进行药品生产的实践中总结出来的并深刻认识的客观规律。制药企业应该像对主要物料供应商质量体系评估一样，对医药工程设计单位进行市场调研，选择好医药工程设计单位，并在设计过程中集思广益，把重点放在设计方案的优化、技术先进性的确定、主要设备的选择上。

厂区平面布局设计是工程设计的一个重要组成部分，其方案是否合理直接关系到工程设计的质量和建设投资的效果。总平面布置的科学性、规范性、经济合理性，对于工程施工会有很大的影响。科学合理的总平面布置可以大大减少建筑工程量，节省建筑投资，加快建设速度，为企业创造良好的生产环境，提供良好的生产组织经营条件。总平面设计不协调、不完善，不仅会使工程项目的总体布局紊乱、不合理，建设投资增加，而且项目建成后还会带来生产、生活和管理上的问题，甚至影响产品质量和企业的经营效益。

厂区平面布局设计不仅要与GMP认证结合起来，更主要的是要把"认证通过"与"生产优质高效的药品"的最终目标结合起来。在厂区平面布局设计方面，应该把握住"合理、先进、经济"三原则，也就是设计方案要科学合理，能有效地防止污染和交叉污染；采用的药品生产技术要先进；而投资费用要经济节约，降低生产成本。

二、厂区布置设计依据

厂址确定后，需要根据企业产品的品种、规模工艺流程及有关技术要求，进行综合、缜密地考虑，解决厂区内建筑物和构筑物的平面和竖向上对应位置，布局设计时，要依据国家方针政策等的要求，主要的布置依据如下。

1. 政府部门下发、批复的与建设项目有关的一系列政策性、管理性文体。

2. 厂址设计建筑工程项目基础资料。包括厂址地貌、工程地质分析、水文地质、气象条件及给排水、供电等有关资料。

3. 预建地厂区规划、建筑设计要求。

4. 预建项目所在地区控制性详细规划。

三、厂区划分

我国GMP第八条指出："药品生产企业必须有整洁的生产环境；厂区的地面、路面及运输等不应对药品的生产造成污染；生产、行政、生活和辅助区的总体布局应合理，不得互相妨碍。"根据这条规定，药品生产企业应将厂区按建筑物的使用性质进行归类分区布置，即使老厂规划改造时也应这样做。

厂区可按不同的方式划分，可按照区域功能分为生产区、行政办公区、辅助区、

动力区、仓储区、绿化区等。也可按所属关系分为生产区、辅助生产区、公用系统区、行政管理区及生活区。为了便于厂区及整体布置设计，多数企业布置时采用后一种分类方式。

1. 生产区 厂区的中心和主体区域，是成品或半成品的生产车间。主要有原料药生产车间、制剂生产车间等。生产车间可以是多品种共用，也可以为单一产品专用车间。生产车间通常由若干建（构）筑物（厂房）组成。根据工厂的生产情况可将其中的1～2个主体车间作为厂区布置的中心。

2. 辅助生产及公用系统区 协助生产车间完成正常生产任务及维持全厂各部门的正常运转的部门所占据的区域，一般围绕生产车间布置，主要包括仓库、机修、电工、供水、仪表、供电、锅炉、冷冻、空气压缩等车间或设施。

3. 行政管理区 由行政办公区、汽车库、食堂、传达室等建（构）筑物组成。

4. 生活区 由职工宿舍、绿化美化等建（构）筑物和设施组成，是体现企业文化的重要部分。

四、厂区设计原则

每个城镇或区域一般都有一个总体发展规划，对该城镇或区域的工业、农业、交通运输、服务业等进行合理布局和安排。对于制药生产企业在布局时同样应该区域内总体发展规划，应按照上述各组成的管理系统和生产功能划分的区域，结合厂区的地形，地址、气象、卫生、安全防火、施工等要求，进行制药企业厂区总体平面布置设计，具体原则如下。

1. 生产车间符合生产种类、工艺流程合理布局原则 一般在厂区中心布置主要生产区，将辅助区围绕其进行布置。

（1）生产产品性质相类似或工艺流程相联系车间要靠近或集中布置。生产厂房包括一般厂房和有空气洁净度级别要求的洁净厂房，一般厂房按一般工业生产条件和工艺要求，洁净厂房按《药品生产质量管理规范》的要求。按照所生产的原料药性质、生产工艺流程，制剂种类的异同确定生产车间生产品种，设计各车间布局位置。

（2）生产厂房布置时应考虑品种类型、工艺特点和生产时的交叉污染，合理布置。交叉污染是指通过人流、工具传送、物料传输和空气流动等途径，将不同品种药品的成分互相干扰、污染，或是因人、工器具、物料、空气等不恰当的流向，让洁净级别低的生产区的污染物传入洁净级别高的生产区，造成交叉污染。

预防污染是厂房规划设计的重点。药品 GMP 的核心就是预防生产中药品的污染、交叉污染、混批、混杂，制药企业的洁净厂房必须以微粒和微生物两者为主要控制对象，这是由药品及其生产的特殊性所决定，设计与生产都要坚持控制污染的主要原则：

a. 生产β-内酰胺结构类药品的厂房与其他厂房严格分开；

b. 生产青霉素类药品的厂房不得与生产其他药品的厂房安排在同一建筑物内；

c. 避孕药品、激素类、抗肿瘤类化学药品的生产也应使用专用设备，厂房应装有防尘及捕尘设施，空调系统的排气应经净化处理；

d. 生产用菌毒种与非生产用菌毒种、生产用细胞与非生产用细胞、强毒与弱毒、死毒与活毒、脱毒前与脱毒后的制品和活疫苗、人血液制品、预防制品等的加工或灌

装不得同时在同一厂房内进行，其贮存要严格分开；

e. 药材的前处理、提取、浓缩（蒸发）以及动物脏器、组织的洗涤或处理等生产操作，不得与其制剂生产使用同一厂房；

f. 实验动物房与其他区域严格分开。动物房应设于僻静处，并有专用的排污与空调设施。动物房的设量应符合现行国家标准《实验动物环境及设施》GB/T 14925 等有关规定。

（3）生产区应有足够的平面和空间，并且要考虑与邻近操作的适合程度与通讯联络。有足够的地方合理安放设备和材料，使能有条理地进行工作，从而防止不同药品的中间体之间发生混杂，防止由其他药品或其他物质带来的交叉污染，并防止遗漏任何生产或控制事故的发生。除了生产工艺所需房间外，还要合理考虑以下房间的面积，以免出现错误。存放待检原料、半成品室的面积；中间体化验室的面积；设备清洗室的面积；清洁工具间的面积；原辅料的加工、处理面积；存放待处理的不合格的原材料、半成品的面积。

2. 布局遵循"三协调"原则　即人流物流协调，工艺流程协调，洁净级别协调。洁净厂房宜布置在厂区内环境清洁、人流物流不穿越或少穿越的地段，与市政交通干道的间距宜大于100m。车间、仓库等建（构）筑物应尽可能按照生产工艺流程的顺序进行布置，将人流和物流通道分开，并尽量缩短物料的传送路线，避免与人流路线的交叉。同时，应合理设计厂内的运输系统，努力创造优良的运输条件和效益。

3. 厂区道路、交通布置原则　道路既是振动源和噪声源，又是主要的污染源。道路尘埃的水平扩散，是总体设计中研究洁净厂房与道路相互位置关系时必须考虑的一个重要方面。道路不仅与风速、路面结构、路旁绿化和自然条件有关，而且与车型、车速和车流量有关。

（1）在进行厂区总体平面设计时，企业的正面应面向城镇交通干道方向布置，正面的建（构）筑物应与城镇的规划建筑群整体保持协调。厂区内占地面积较大的主厂房一般应布置在中心地带，其他建（构）筑物可合理配置在其周围。

（2）运输量大的车间、仓库、堆场等布置在货运出入口及主干道附近，避免人流、货流交叉污染。

（3）对有洁净度要求的厂房的药厂进行总平面设计时，设计人员应对全厂的人流和物流分布情况进行全面的分析和预测，合理规划和布置人流和物流通道，并尽可能避免不同物流之间以及物流与人流之间的交叉往返，无关人员或物料不得穿越洁净区，以免影响洁净区的洁净环境。洁净厂房不宜布置在主干道两侧，要合理设计洁净厂房周围道路的宽度和转弯半径，限制重型车辆驶入，路面要采用沥青、混凝土等不易起尘的材料构筑，露土地面要用耐寒草皮覆盖或种植不产生花絮花粉的树木。

（4）厂区与外部环境之间以及厂内不同区域之间，可以设置若干个大门，至少应设两个以上，如正门、侧门和后门等，工厂大门及生活区应与主厂房相适应，以方便职工上下班。人流大门的设置，主要用于生产和管理人员出入厂区或厂内的不同区域。物流大门的设置，主要用于厂区与外部环境之间以及厂内不同区域之间的物流输送。

4. 充分利用厂址的自然条件　总平面设计应充分利用厂址的地形、地貌、地质等自然条件，因地制宜，紧凑布置，提高土地的利用率。若厂址位置的地形坡度较大，

可采用阶梯式布置，这样既能减少平整场地的土方量，又能缩短车间之间的距离。当地形地质受到限制时，应采取相应的施工措施，既不能降低总平面设计的质量，也不能留下隐患，否则长期会影响生产经营。

5. 考虑企业所在地的主导风向　总平面设计应充分考虑地区的主导风向对药厂环境质量的影响，办公室、质检室、食堂、仓库等行政、生活辅助区应布置在厂前区，并处于全年主导风向的上风侧或全年最小风向频率的下风侧。有洁净厂房的药厂，洁净厂房必须布置在全年主导风向的上风处，原料药生产区应布置在全年主导风向的下风侧，以减少有害气体和粉尘的影响。工厂烟囱是典型的灰尘污染源，对厂区空气质量有很大影响，不仅要处理好洁净厂房与烟囱之间的风向位置关系，还要考虑原料药厂房、办公、检验生活区域位置关系，而且在厂区允许情况下，要保持与烟囱有足够的距离。

风向频率是指在一定时间内，某种风向出现的次数占所有观察次数的百分比，用下式表示：

$$\text{风向频率}=\frac{\text{某风向出现次数}}{\text{各风向出现总次数}}\times 100\% \tag{2-1}$$

6. 动力设施、三废处理、锅炉房布置原则　动力设施应靠近负荷量大的生产区，对于变电所的位置还应考虑电力线引入厂区的便利；三废处理、锅炉房等产生污染的区域应置于厂区边缘及常年风向的下风向。

7. 考虑防火防爆、注意防振防噪音、确保安全　工厂建、构（筑）物的相对位置初步确定以后，就要进一步确定建筑物的间距。决定建筑物的因素主要有防火、防爆、防毒、防尘等防护要求和通风、采光等卫生要求，还有地形、地质条件、交通运输、管线等综合要求。

8. 全面考虑远期和近期建设、应留有发展余地　总平面设计要考虑企业的发展要求，留有一定的发展余地，以近期为主。分期建设的工程，总平面设计应一次完成，且要考虑前期工程与后续工程的衔接，然后分期建设。

总的来说，制药企业必须有整洁的生产环境，生产区的地面、路面及运输不应对药品生产造成污染；厂房设计要求合理，并达到生产所要求的质量标准；还应考虑到生产扩大的拓展可能性和变换产品的机动灵活性。总之要做到：环境无污染，厂区要整洁；区间不妨碍，发展有余地。

五、厂区总体设计的内容

厂区总体设计的内容繁杂，涉及的知识面很广，影响因素很多，矛盾也错综复杂，因此在进行厂区总体设计时，设计人员要善于听取和集中各方面的意见，充分掌握厂址的自然条件、生产工艺特点、运输要求、安全和卫生指标、施工条件以及城镇规划等相关资料，按照厂区总体设计的基本原则和要求，对各种方案进行认真的分析和比较，力求获得最佳设计效果。工程项目的厂区总体设计一般包括以下内容。

1. 平面布置设计　平面布置设计是总平面设计的核心内容，其任务是结合生产工艺流程特点和厂址的自然条件，合理确定厂址范围内的建（构）筑物、道路、管线、绿化等设施的平面位置。

2. 立面布置设计　立面布置设计是总平面设计的一个重要组成部分，其任务是

结合生产工艺流程特点和厂址的自然条件，合理确定厂址范围内的建（构）筑物、道路、管线、绿化等设施的立面位置。

3. 运输设计　根据生产要求、运输特点和厂内的人流、物流分布情况，合理规划和布置厂址范围内的交通运输路线和设施。

厂区内道路的人流、物流分开对保持厂区清洁卫生关系很大。药品生产所用的原辅料、包装材料、燃料等很多，成品、废渣还要运出厂外，运输相当频繁。假如人流物流不清，灰尘可以通过人流带到车间；物流若不设计在离车间较远的地方，对车间污染就很大。洁净厂房周围道路要宽敞，能通过消防车辆；道路应选用整体性好、发尘少的覆面材料。

4. 管线布置设计　制药企业在进行管线敷设时，有多种方式可供选择，常采用的主要有直埋地下敷设、地沟敷设和架空敷设三种方式。

（1）直埋地下敷设：适宜于有电缆线、压力管线、自流管线等，特别对有防冻要求的管线多采用此方式，施工简单。埋设顺序一般从建筑物基础外缘向道路由浅至深埋没，埋设深度与防冻、防压有关，水平间距根据施工、检修及管线间的影响、腐蚀、安全等决定。但检修不便，占地较多。采用直埋地下敷设方式的工程有电力通讯信、电缆、热力管道、压缩空气管道、煤气管道、上水管道、污水管道、雨水管道等。

（2）地沟敷设：地沟敷设管路隐蔽，对管线具有保护作用，管线检修方便，不占用空间位置，在厂区内进行管线设计时，只要投资成本许可，应以地沟敷设为宜。但地沟的修建费用高、投资较大；空间密闭，不适用于敷设有腐蚀性和有爆炸性介质的管路，水位高的地区不宜采用。地沟一般分为三种，即通行地沟、不通行地沟、和半通行地沟。通行地沟即人可站立在其中进行管路安装、检修的地沟，内高最小不应低于1.8m，宽度不小于0.6m。不通行地沟即人不能站在其中进行管路安装、检修的地构，沟内一般净高为0.7～1.2m，绝大部分设有可开启式的盖板。半通行地沟即内高介于可通行和不通行之间的地沟，内高一般小于1.6m。在进行地沟敷设时应满足：沟底纵向坡度应不小于2%，必要时需设置排水沟和排水管，接入公用排水系统，用于因管路泄漏介质或地面渗水等液体的排除；穿越道路时，对于通行地沟和半通行地沟，穿越道路部分可采用不用开启式盖板，但不宜直接用盖板充当路面。对于不通行地沟，穿越道路部分必须采用可开启盖板，盖板应具有道路最大荷载能力；地沟主干线设计时应尽量沿道路走向单边敷设，转向角以90°为宜，并尽量做到以最短距离实现最佳功能。

（3）架空敷设是指将管线架空于管线支架或管廊上：管线采用架空敷设方式维修方便、投资较少。按高度可分为高、中、低三种支架，2～2.5m为低支架，2.5～3m为中支架，1.5～6m为高支架。

根据生产工艺流程及各类工程管线的特点，确定各类物流、电气仪表、采暖通风等管线的平面和立面位置。在管线布置时应注意以下几点：①应使管线之间、管线与建筑物之间在总图布置上相协调；②管线布置应短捷、顺直、适当集中，并与建筑物、道路的辅线相平行；③主干管线应布置在主要使用建（构）筑物及支管较多的一边；④管线布置尽量减少管道与管道、管道与道路的交叉，不可避免时，应成直角交叉；⑤管道跨越路面时，离路面应有足够的垂直距离，一般应大于4.5m；⑥地下管道不宜重叠埋设，保持一定的检修距离；⑦在可以避免管线间相互影响时，尽可能将几种管

笔记

线同沟或同架敷设，减小占用空间。

5. 绿化设计　由于药品生产对环境的特殊要求，药厂的绿化设计就显得更为重要。随着制药工业的发展和GMP在制药工业中的普遍实施，绿化设计在药厂总平面设计中的重要性越来越显著。

绿化有滞尘、吸收有害气体与抑菌、美化环境三个作用。因此符合GMP要求的制药厂都有比较高的绿化率。绿化设计是总平面设计的一个重要组成部分，应在总平面设计时统一考虑。绿化设计的主要内容包括绿化方式选择、绿化区平面布置设计等。

要保持厂区清洁卫生，首要的一条要求就是生产区内及周围应无露土地面。这可通过草坪绿化以及其他一些手段来实现。一般来说，洁净厂房周围均有大片的草坪和常绿树木。有的药厂一进厂门就是绿化区，几十米后才有建筑物，在绿化方面，应以种植草皮为主；选用的树种，宜常绿，不产生花絮、绒毛及粉尘，也不要种植观赏花木、高大乔木。以免花粉对大气造成污染，个别过敏体质的人很可能导致过敏。

水面也有吸尘作用。水面的存在既能美化环境，还可以起到提供消防水源的作用。有些制药厂选址在湖边或河流边，或者建造人工喷水池，就是这个道理。

没有绿化，或者暂时不能绿化又无水面的地表，一定要采取适当措施来避免地面露土。例如，覆盖人工树皮或鹅卵石等。而道路应尽量采用不易起尘的柏油路面，或者混凝土路面。目的都是减少尘土的污染。

6. 土建设计　土建设计的通则，车间底层的室内标高，不论是多层或单层，应高出室外地坪0.5～1.5m。如有地下室，可充分利用，将冷热管、动力设备、冷库等优先布置在地下室内。新建厂房的层高一般为2.8～3.5m，技术夹层净高1.2～2.2m，仓库层高4.5～6.0m，一般办公室、值班室高度为2.6～3.2m。

土建过程中，为充分利用厂区面积，药品生产企业的建筑物面积应达到一定要求。GMP对制药企业各部分建(构)筑物的分配比例作出常规要求，常规要求如下：建筑物占厂区总面积的15%，其中生产车间占建筑总面积的30%；库房占总建筑面积的30%；管理及服务部门占总建筑面积的15%，其他占总建筑面积的10%。

厂房层数的考虑根据投资较省、工期较快、能耗较少、工艺路线紧凑等要求，以建造单层大框架大面积的厂房为好。其优点是，①大跨度的厂房，柱子减少，分隔房间灵活、紧凑，节省面积；②外墙面积较少，能耗少，受外界污染也少；③车间布局可按工艺流程布置得合理紧凑，生产过程中交叉污染的机会也少；④投资省、上马快，尤其对地质条件较差的地方，可使基础投资减少；⑤设置安装方便；⑥物料、半成品及成品的输送，有利于采用机械化运输。

多层厂房虽然存在一些不足，例如：有效面积少(因楼梯、电梯、人员净化设施占去不少面积)、技术夹层复杂、建筑载荷高、造价相对高，但是这种设计安排也不是绝对的，常常有片剂车间设计成二至三层的例子，这主要考虑利用位差解决物料的输送问题，从而可节省运输能耗，并减少粉尘。

土建设计应注意的问题，地面构造重点要解决一个基层防潮的性能问题。地面防潮，对在地下水位较高的地段建造厂房特别重要。地下水的渗透能破坏地面面层材料的黏结。解决隔潮的措施有两种：一是在地面混凝土基层下设置膜式隔气层；一是采用架空地面，这种地面形式对今后车间局部改造时改动下水管道时较方便。

7. 特殊房间的设计要求　特殊房间主要包括：实验动物房的设计、称量室的设

笔记

计、取样间的设计，按照规范要求设计。

8. 厂房防虫等设施的设计　我国《药品生产质量管理规范》第十条规定："厂房应有防止昆虫和其他动物进入的设施"。昆虫及其他动物的侵扰是造成药品生产中污染和交叉污染的一个重要因素。具体的防范措施是，纱门纱窗（与外界大气直接接触的门窗），门口设置灭虫灯、草坪周围设置灭虫灯，厂房建筑外设置隔离带，入门处外侧设置空气幕等。

（1）灭虫灯：主要为黑光灯，诱虫入网，达到灭虫目的。

（2）隔离带：在建筑物外墙之外约 3m 宽内可铺成水泥路面，并设置几十厘米深与宽的水泥排水沟，内置砂层和卵石层，适时可喷洒药液。

（3）空气幕：在车间入门处外侧安装空气幕，并投入运转。做到"先开空气幕、后开门"和"先关门、后关空气幕"。也可在空气幕下安挂轻柔的条状膜片，随风飘动，防虫效果较好。也可以建立一个规程，使用经过批准的药物，以达到防止昆虫和其他动物干扰的目的，达到防止污染和交叉污染的目的。

在制药企业所在地区的生态环境中，有哪些可能干扰药厂环境的昆虫及其他动物，可以请教生物学专家及防疫专家，在实践中黑光灯诱杀昆虫的标本，应予记录，并可供研究。仓库等建筑物内，可设置"电猫"，以及其他的防鼠措施。

9. 仓库的安排　根据工艺流程，在仓库与车间之间设置输送原辅料的进口及输送成品的出口，使之运输距离最短。要注意到洁净厂房使用的原辅料、包装材料及成品待验仓库宜与洁净厂房布置在一起，有一定的面积。若生产品种较多，可将仓库设于中央通道一侧，使之方便地将原辅料分别送至各生产区及接受各生产区的成品，多层厂房一般将仓库设在底层，或紧贴多层建筑的单层厂房内。

10. 物料的贮存　物料贮存场所应设置能确保与其洁净级别相适应的温度、湿度和洁净度控制的设施。不仅洁净级别分区，而且物料也应分区，原辅料、半成品和成品以及包装材料的贮存区也应明显，待验品、合格和不合格品应有足够的面积存放，并严格分开。贮存区与生产区的距离要尽量缩短，以减少途中污染。

实际上，总体规划的厂区布置是整个车间设计的总纲，十分重要，必须要在一定程度上给生产管理、质量管理和检验等带来方便和保证。

六、厂区总体设计的技术经济指标

根据厂区总体设计的依据和原则，有时可以得到几种不同的布置方案。为保证厂区总体设计的质量，必须对各种方案进行全面的分析和比较，其中的一项重要内容就是对各种方案的技术经济指标进行分析和比较。总设计的技术经济指标包括全厂占地面积、堆场及作业场占地面积、建（构）筑物占地面积、建筑系数、道路长度及占地面积、绿地面积及绿地率、围墙长度、厂区利用系数和土方工程量等。其中比较重要的指标有建筑系数、厂区利用系数、土方工程量等。

1. 建筑系数　建筑系数可按式（2-2）计算：

$$\text{建筑系数}=\frac{\text{建（构）筑物占地面积}+\text{堆场、作业场占地面积}}{\text{全厂占地面积}}\times 100\% \qquad (2\text{-}2)$$

建筑系数反映了厂址范围内的建筑密度。建筑系数过小，不但占地多，而且会增加道路、管线等的费用；但建筑系数也不能过大，否则会影响安全、卫生及改造等。

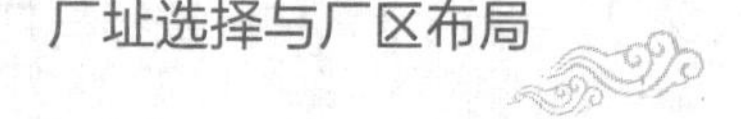

制药企业的建筑系数一般可取25%～30%。

2. 厂区利用系数 建筑系数尚不能完全反映厂区土地的利用情况，而厂区利用系数则能全面反映厂区的场地利用是否合理。厂区利用系数可按式（2-3）计算：

$$厂区利用系数=\frac{建（构）筑物、堆场、作业场、道路、管线的总占地面积}{全厂占地面积}\times 100\% \quad (2-3)$$

厂区利用系数是反映厂区场地有效利用率高低的指标。制药企业的厂区利用系数一般60%～70%

3. 土方工程量 如果厂址的地形凹凸不平或自然坡度太大，则需要对场地进行平整。平整场地所需的土方工程量越大，则施工费用就越高。因此，要现场测量挖土填石所需的土方工程量，尽量少挖少填、并保持挖填土石方量的平衡，以减少土石方的运出量和运入量，从而加快施工进度，减少施工费用。

4. 绿地率 由于药品生产对环境的特殊要求，保证一定的绿地率是药厂总平面设计中不可缺少的重要技术经济指标。厂区绿地率可按式（2-4）计算：

$$绿地率=\frac{厂区集中绿地面积+建（构）筑物与道路网及围墙之间的绿地面积}{全厂占地面积}\times 100\% \quad (2-4)$$

七、厂区平面布置图实例分析

在总体布局上应注意各部门的比例适当，如：占地面积、建筑面积、生产用房面积、辅助用房面积、仓贮用房面积、露土和不露土面积等。还应合理地确定建筑物之间的距离。建筑物之间的防火间距与生产类别及建筑物的耐火等级有关，不同的生产类别及建筑物的不同耐火等级，其防火间距不同。危险品仓库应置偏僻地带。实验动物房应与其他区域严格分开，其设计建造应符合国家有关规定。

对厂区进行区域划分后，即可根据各区域的建（构）筑物组成和性质特点进行总平面布置。图2-2为某药厂的总平面布置示意图。厂址所在位置的全年主导风向为西北风，此药厂以生产原料药和制剂为主，因此，将原药车间和制剂车间布置在一期工程的中间位置，并处于主导风向的上风向。辅助车间建筑布置在生产车间的一侧，并尽量靠近生产车间，同时考虑整个厂区未来规划，设置在合理的位置。原料仓库宜靠近原料药车间布置，成品仓库宜靠近原料药车间和制剂车间布置，以缩短物料的运输路线。全厂分别设有物流出入口、人流出入口，人流、物流路线互不交叉。厂区绿化设计按GMP的要求，以不产生花粉和花絮的乔木和耐寒草皮为主，在各建筑物与道路间均设置绿化带，保证厂区环境绿化，起到减尘、减噪、防火和美化的作用。厂区主要道路的宽度为10m，次要道路的宽度为4m或7m，均采用水泥路面，以减少发尘量。产尘较大的锅炉房及烟囱布置在厂区的边缘，并远离主要生产车间，常年风向不会影响烟尘对厂区产生污染。污水处理站因其产生的气体味道较大，污染厂区空气，因此，将其布置在厂区的最边缘，远离其他建筑物，并不受常年风向影响。预留地设置在厂区的后侧，用于企业未来开发新产品车间，布置时应不影响一期整体工程建设，不影响厂区美观，一般建成绿化地。

建设项目工程验收合格后，制药企业才能提出《药品生产许可证》的申请，并需试生产一段时间后才能申请药品GMP认证。

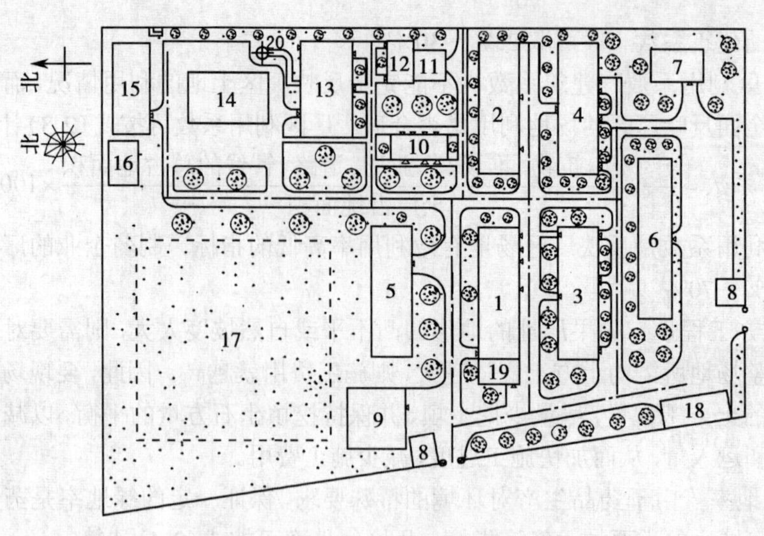

图 2-2　药厂的总平面布置示意图

1- 原药一；2- 原药二；3- 制剂；4- 仓库；5- 原料仓库；6- 综合办公室；7- 车库；8- 门卫；9- 桶装原料场；10- 变电所；11- 循环水池；12- 循环水泵房；13- 锅炉房；14- 储煤场；15- 污水处理站；16- 事故池；17- 预留地；18 车棚；19- 冷冻房；20- 烟囱

平面图示例展示。图 2-3 为某药厂洁净区的平面布置图：

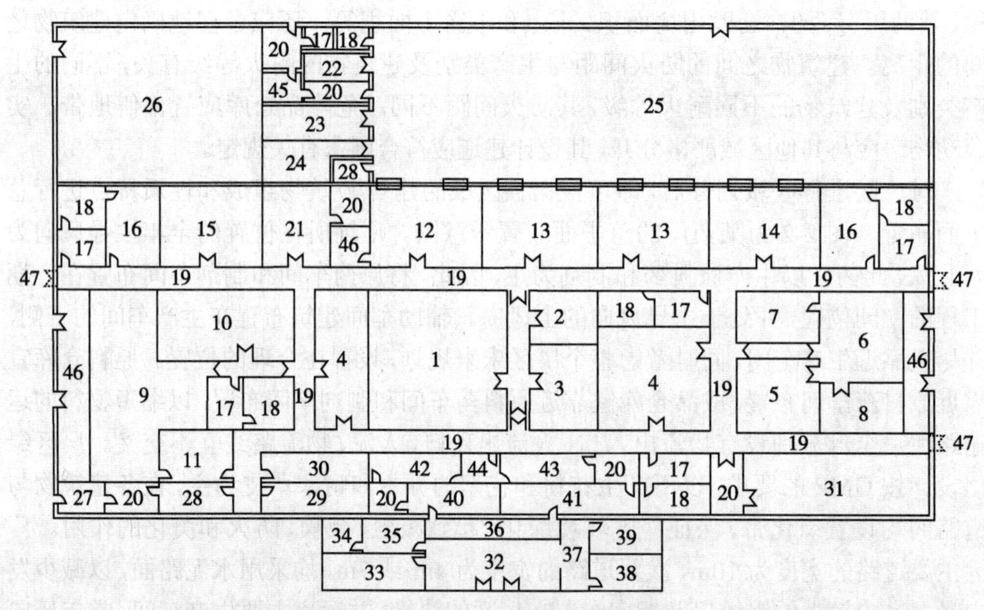

图 2-3　某厂洁净区平面布置图实例

1- 胶囊填充间；2- 空心胶囊间；3- 胶囊抛光间；4- 中转站；5- 压片间；6- 包衣间；7，11- 配浆间；8- 凉片间；9- 制粒干燥间；10- 制粒总混间；12- 颗粒分装间；13 铝塑内包间；14- 塑内包间；15- 中捡间；16- 容器干燥暂存间；17- 容器洗涤间；18- 容器暂存间；19- 洁净走廊；20- 缓冲间；21- 内包材存放间；22- 外包材存放间；23- 标签打印间；24- 标签存放间；25- 包装间；26- 空调净化室；27- 外清间；28- 物料暂存间；29- 称量间；30- 粉碎间；31- 机修间；32- 门厅；33- 办公室；34- 洗衣间；35- 整衣间；36- 更鞋柜；37- 洗手间；38- 男厕；39- 女厕；40- 男脱外衣间；41- 女脱外衣间；42- 男更；43- 女更；44- 消毒间；45- 更衣间；46- 除尘间；47- 玻璃安全门

第四节　生产车间布置

车间布置设计的目的是对厂房配置和设备排布作出合理的安排。车间布置设计是车间工艺设计最重要环节之一，也是工艺专业向其他工艺专业提供实施车间设计的基础资料之一。不合理的车间布置，会使基建工程造价提高，施工安装不顺畅，可能会给建成投产带来不可预知的问题。因此，车间布置设计时应遵守设计程序，按照布置设计的基本要求，进行周密详细的考虑。

生产车间一般由生产部分、生产辅助部分和行政部分组成，生产部分按照洁净级别可分为一般生产区和洁净区。生产车间布置时应满足各区域的布置要求。

一、洁净区布局的要求与内容

洁净区工艺布局应符合药品的生产工艺流程以及药品生产工艺对空气洁净度等级的要求，应根据工艺设备的安装和维修、管线布置、气流类型以及空调系统等各种设备和技术措施的要求综合考虑。

1. 洁净区内布局应防止人流和物流之间的交叉污染，并应符合下列基本要求：

（1）应分别设置人员和物料进出生产区域的出入口。对在生产过程中易造成污染的物料应设置专用出入口。

（2）应分别设置人员和物料进入洁净区前的净化用室和设施。

（3）洁净区内工艺设备和设施的设置，应符合生产工艺要求，生产和储存的区域不得用作非本区域内工作人员的通道。

（4）输送人员和物料的电梯宜分开设置。电梯不应设置在医药洁净室内，需设置在医药洁净区的电梯，应采取确保医药洁净空气洁净度等级要求的措施。

（5）洁净区内物料传递路线宜短。

2. 洁净区内应设置与生产规模相适应的原辅物料、半成品和成品存放区域。存放区域应设置待验区、合格品区和不合格区，并用不同颜色区分三个区域，红色表示不合格区，绿色表示合格区，黄色表示待检区，以免混淆物料。

3. 生产区应有足够的面积和空间。例如设置原辅料暂存间，中间体中转站，中间体化验室，洁具室，工具清洗间，工器具存放间等功能室区，高度以人员操作适宜为准，一般在2.7m左右，以保证设备安置、物料器具存放、操作方便等。

4. 在满足工艺流程的前提下，洁净区内各种固定设施的布置，应根据空调系统的要求综合协调，应符合下列要求：

（1）在满足生产工艺和噪声级别要求的前提下，空气洁净度等级要求高的洁净室宜靠近空气调节机房布置，空气洁净度等级相同的工序和操作室可以集中布置。

（2）不同洁净度等级的洁净室宜按洁净度等级的高低由里及外布置。

（3）不同空气洁净度等级洁净室之间人员和物料的出入应有防止交叉污染措施，如设置缓冲间、传递窗等。洁净区内相邻房间之间的静压差不小于5Pa，洁净区与室外相连的静压差应小于10Pa。

5. 更衣室、浴室和厕所的设置不得对洁净区产生不良影响。

6. 洁净区内应设置防止老鼠、昆虫和其他动物进入的设施。

7. 洁净区内布置应便于清洁，尽量无死角。洁净室得内表面应平整光滑、无裂缝、接口严密、无颗粒脱落物，耐受清洗和消毒；墙壁与地面的交界处应制成弧形或采取其他措施，以减少灰尘积累，便于清洁。

知识拓展

洁净区地面

地面是制药厂洁净是维护结构中最受重视的部分之一，在其地面材料的选型中，除了满足地面的共同要求外，亦应考虑地面的发尘量和施工难易程度以及成本等。一般对洁净区地面的要求是良好的耐磨性能；可以抵抗酸碱液和药液的侵蚀，且材料本身无污染；防滑、抗静电；二次施工简便，地面可无接缝加工；清洗、维护方便。其中地面的耐磨性是主要要求，这也是基于减少地面发尘量的需要。制药厂洁净车间常用地面有双层地面、水磨石地面、涂料地面、卷材板材地面、耐酸瓷板地面、玻璃钢地面。在上述的地面中，因为施工、密封性、产尘、成本等原因，水磨石地面是我国药厂实施GMP改造前使用最多的。随着GMP实施地推进，水磨石地面被认为易产尘，施工难度大，质量不易控制，且不够“现代化”，逐渐被涂料自流平地面代替。涂料地面有施工速度快、耐腐蚀、不产尘、平整性好、种类多等优点，可以根据实际需要选择涂料的种类。例如有耐酸碱要求的地面，可以用聚氨酯、环氧树脂、过氯乙烯、乙烯、氯化橡胶、氯丁橡胶等涂料。有耐油要求的地面，可用环氧树脂、过氯乙烯、醇酸、硝基等涂料。因此，涂料地面成为现在制药厂洁净间建造首选的地面材料。

8. 洁净区内安装的水池、地漏不得对药品产生污染，应有防止不洁空气等物质进入的设施。

9. 洁净区设置安全门，设置在洁净走廊与非洁净区接触的隔离墙上，一般为封闭式玻璃门，旁边悬挂皮锤。

10. 洁净区回风处必要时应有防尘及捕尘设施，以防止回风污染环境。

11. 动物房应与其他区域严格分开。

二、生产辅助用室的布置要求

生产辅助用室主要包括取样室、称量室、备料室、清洗室、容器具存放室、质量控制监控室等，布置时应按各自的要求设计。

1. 取样室布置　取样室宜设置在物料暂存区，取样环境的洁净级别应与被取样物料的医用级别要求一致。无菌物料取样室应为无菌洁净室，并设置相应的物料和人员净化用室。

2. 称量室布置　称量室主要用于完成原料药生产的称取和制剂原辅料的称取，宜靠近生产区或在生产区内设置，其空气洁净度级别应与生产区一致。

3. 备料室布置　备料室主要用于储备各种待生产的原辅料，其以设置在生产区内靠近称量室布置为宜，其空气洁净度等级同称量室一致。

4. 清洗室及容器具存放室布置　清洗室主要用于清洗清洁工具和容器具，容器具存放室用于存储清洁工具和容器具，它们的设置要求应满足：①空气洁净度A级、B级医药洁净室（区）的容器及工器具宜在本区域以外清洗，其清洗室的洁净度级别不应低于C级；②在洁净区内清洗的设备、容器及工器具，其清洗室的空气洁净度级

笔记

别应与该洁净区相同；③容器、工器具洗涤后应干燥，存放在与其使用室相同的空气洁净度级别的存放室。无菌洁净室的容器和工器具洗涤后应及时灭菌，灭菌后应存放在无菌存放室。

5. 质量控制实验室的布置　检验室、中药标本室、留样观察室以及其他各类实验室应与药品生产区分开设置；阳性对照、无菌检查、微生物限度检查和抗生素微生物检定等实验室，以及放射性同位素检定室等应分开设置；无菌检查室、微生物限度检查实验室应为无菌洁净室，其空气洁净度等级不应低于B级，并应设置相应的人员净化和物料净化设施。抗生素微生物检定实验室和放射性同位素检定室的空气洁净度级别不宜低于C级；原料药中间产品质量检验对生产环境有影响时，其检验室不应设置在该生产区内。

6. 为满足生产药品的卫生要求，防止产品、原料药、半成品和包装材料的交叉污染，并留有足够的操作空间，车间需要进行隔断处理。常见需要隔断的情形有：生产的火灾危险性分类为甲、乙类与非甲、乙类生产区之间或有防火分隔要求时；药品生产工艺有分隔要求时；生产联系少，且经常不同时使用的两个生产区之间；一般生产区和洁净区之间等。

三、一般生产区布置要求

一般生产区主要是原料药粗品的生产，包括化学、生物原料药粗品的生产、中药提取等。GMP对一般生产区要求相对洁净区宽松得多，厂房的布置也没有洁净区复杂。一般生产区由生产区域、称量间、物料暂存间（仓储区）、工具清洁区等组成。布置原则如下：

1. 一般生产区厂房必须将人流、物流分开设置，各区域合理布局，不可相互干扰，以免发生差错。

2. 生产区域　是一般生产区的主体部分，设计时以生产区域为中心进行布置。此区域主要是设备配置区域，布置要求有：按照生产工艺流程布置设备相互间的位置或相邻操作室，相邻岗位操作相邻布置，以减少物料的运转距离；厂房应具有防昆虫、防鼠、防尘设施；西药一般按照工艺流程布置各岗位设备位置及相互关联的关系，中药以操作单元分配操作室；设备、管线的布置和设备的安放，要从防止产品污染、便于操作、清洁方面考虑，设备之间多以管道连接，管道布置也是生产区重点设计的内容，按照生产区管线布置要求布置。

3. 称量间和物料暂存间　称量间位置设置较灵活，可以设在仓库附近，物料暂存间附近，也可设在生产区内，在一般生产区，称量间多设在生产区内，方便物料称量和生产投料；物料暂存间一般设在生产区域附近，临近物料通道，将从仓库领取的物料存放在此处，生产时直接从此处领取物料进行称量。

4. 工具清洁区　一般布置在生产区内，便于生产工具清洁，不得妨碍生产操作。此区域专门负责车间生产工具清洁消毒工作，一般生产区对工具无菌要求较差，保证工具无原辅料残留，地面无积水，室内通风良好即可。

课堂互动

结合教材和有关法规和规范，带动学生就制药企业选址、厂区布局、车间布局等原则与内容，谈谈我国现在制药企业建厂时，实际情况与“法规”和“规范”要求的差异。结合实际，讨论如何更好的发挥“法规”和“规范”的要求。

学习小结

1. 学习内容

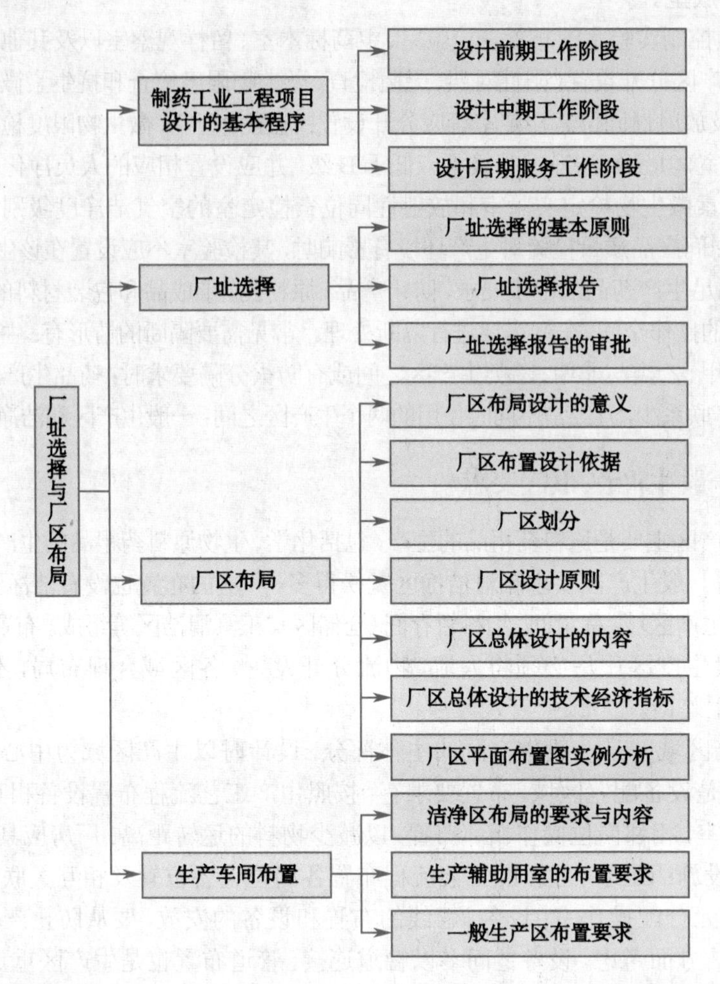

2. 学习方法

通过对制药工程项目设计基本程序、厂址选择原则、厂区布置原则和车间布置原则的学习，结合制药企业实际建厂施工过程，即把握药厂建设的设计细节，有描述企业建设的宏观程序，运用完成基建设计论文形式，充分展现《制药工程》这门课程所承载的教学任务和应用型人才培养目标。

（吴　迪　王　沛）

复习思考题

1. 制药企业建设的全过程可分为哪几个阶段？

2. 厂址选择的程序一般包括哪几个阶段？

3. 在我国对新建制药企业目前多采用哪种分段设计？

4. 为什么施工中凡涉及方案问题、标准问题和安全问题的变动时，必须首先与设计部门协商方可变动？

5. 简述药厂厂址选择的原则。

6. 厂址方案比较侧重于哪些方面的比较与分析？

7. 药厂厂区划分时，一般分为哪几个区域？设计时以哪个区域为中心？各区域内容？

8. 简述厂区布局设计的意义。

9. 简述厂区总体设计的内容。

10. 简述洁净区布局的要求。

笔记

第三章

制药过程的能耗与物耗

学习目的

通过本章的学习，使学生明确物料与能量消耗设计在制药工程中的地位，并熟悉其衡算方程式的应用。了解能源的家族成员，进而掌握燃料型能源、电能、水蒸气、压缩空气、真空的消耗情况。同时还需在制药工程设计中的各个环节中重视节约和合理利用能源。

学习要点

结合实例来熟悉物料与热量衡算方程式及其应用，并掌握各种常规能源的消耗计算方法。

在制药工程设计中，物料消耗与能量消耗的设计是进行经济评价、节能分析的重要依据，是工程设计的基础。物料衡算是制药物耗与能耗设计中最基本的内容之一，也是一项重要的技术经济指标。例如，设计或研究一个制药过程，或对某制药生产过程进行分析，只有在物料衡算的基础上，才能算出物质之间交换的能量，才能了解能量的分布情况。因此，制药的物料消耗与能量设计是进行制药工艺设计、制药设备设计、制药过程优化等的可靠依据，关系到制药工程设计的成败。

第一节　制药的物料消耗

物料衡算是利用质量守恒定律，对制药过程中的各物料进行分析和定量计算，以确定物料的数量、组成和相互比例关系，并确定它们在变化过程中相互转移或转化的定量关系。

制药的物料衡算有两种情况，一种是针对已有的生产工艺或生产设备，利用已测定的数据，算出不能直接测定的物料量。用此计算结果，对制药过程实际生产状况进行分析和控制。这是操作人员天天会遇到的问题，例如，生产过程中为什么会出现反常情况，怎么才能降低物耗；另一种是设计新产品的工艺流程或改造生产设备，根据制药工程设计任务，先作出物料衡算，再作出能量衡算，从而确定制药生产设备尺寸及整个工艺流程。这主要是医药工程技术人员的任务，所以进行设备的改造和工艺流程的设计都离不开物料衡算。

笔记

一、制药物料衡算式

制药物料衡算的理论依据是质量守恒定律，即在一个孤立物系中，不论物质发生任何变化，它的质量始终不变。质量守恒定律是对总质量而言的，它既不是一种组分的质量，也不是指体系的总摩尔数。

（一）制药过程的类型

对制药过程作物料衡算或能量衡算时，必须先了解制药过程的类型。制药过程的类型按照其操作方式不同可以分为间歇操作和连续操作；按照其操作条件不同可以分为稳定状态操作和不稳定状态操作；按照其有无化学反应过程可以分为无化学反应的物理过程和有化学反应的化学过程；按照其物料衡算范围不同可以分为单元操作（或单个设备）和全流程（包括各个单元操作的全套装置）。

1. 间歇操作　在制药过程初始时，原料一次性加入设备内，然后进行反应或其他操作，直到操作完成后，物料一次性从设备中排出，即是间歇操作。在整个制药过程操作时间内，间歇操作再无物料进出，设备内各部分的组成与条件随时间而不断变化。

例如，硫酸软骨素的制备操作，把95%乙醇加入到提取后的滤液中，经过搅拌沉淀析出，即得产品。这种用有机溶剂沉淀的方法来进行分离的操作，在生物制药中经常会用到，是典型的间歇操作。

间歇操作过程适用于生产规模较小、产品品种多以及品种常变化的制药过程。间歇操作过程的特点是操作简便，但是每批次生产都需增加进料、出料等辅助生产时间，并且劳动强度大，产品质量不够稳定。

2. 连续操作　在整个制药过程期间，原料不断稳定地加入设备内，同时产品不断地从设备中排出，设备的进料和出料（产品）是连续的，即是连续操作。在整个制药过程操作时间内，设备内各部分的组成与条件不随时间而变化。

例如，枸橼酸铋钾的喷雾干燥过程，就需要连续向干燥器内输送空气，同时湿物料又从反方向不断地通过干燥器。连续操作过程适用于规模性的制药生产过程。连续操作过程的特点是设备利用率较高，操作条件稳定，产品质量较为稳定。

3. 稳定状态操作　在整个制药过程期间，如果操作条件（如温度、压力等）不随时间而变化，只是制药设备内不同点有差别，这种过程即是稳定状态操作（或称稳定过程）。

4. 不稳定状态操作　在整个制药过程期间，如果操作条件（如温度、压力等）随时间而不断变化，这种过程即是不稳定状态操作（或称不稳定过程）。

5. 物理过程　在整个制药过程期间，物料没有发生化学反应，只有相态和浓度的变化，这种过程即是物理过程。制药工艺中的过滤、粉碎、混合等单元操作过程即是物理过程。

6. 化学过程　在整个制药过程期间，物料由于化学反应，形成新的化学键，从而形成新的物质，这种过程即是化学过程。在化学过程的物料衡算中，经常会用到化学元素和组分平衡等方法。

（二）制药物料衡算式

制药物料衡算是研究某一个制药体系内进出的物料量及组成的变化。制药体系

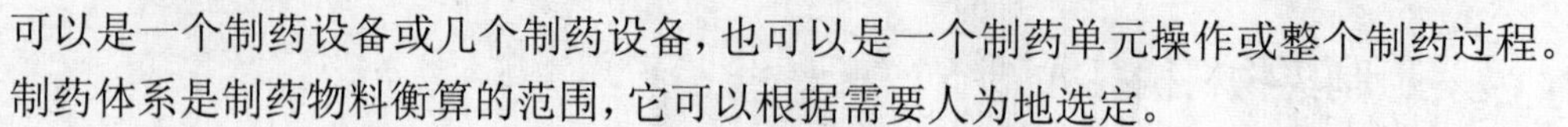

可以是一个制药设备或几个制药设备，也可以是一个制药单元操作或整个制药过程。制药体系是制药物料衡算的范围，它可以根据需要人为地选定。

对于任何一个制药体系，物料衡算的平衡关系式可以表示为式(3-1)：

$$\begin{bmatrix}\text{输入的}\\\text{物料量}\end{bmatrix}-\begin{bmatrix}\text{输出的}\\\text{物料量}\end{bmatrix}-\begin{bmatrix}\text{反应消耗}\\\text{的物料量}\end{bmatrix}+\begin{bmatrix}\text{反应生成}\\\text{的物料量}\end{bmatrix}=\begin{bmatrix}\text{积累的}\\\text{物料量}\end{bmatrix} \tag{3-1}$$

1. 不稳定过程物料衡算式　“积累的物料量”是表示制药体系内物料随时间而变化时所增加或减少的量。例如，某一储罐进料量为40kg/h，出料量为38kg/h，则此储罐内的物料量是以2kg/h速度增加。此时，该储罐处于不稳定状态，制药体系内“积累的物料量”一项不等于零，可应用式(3-1)作不稳定过程的物料衡算。当积累项为正值时，表示物料量增加；当积累项为负值时，表示物料量减少。

2. 稳定过程物料衡算式　如果制药体系内不积累物料。如上述储罐，若进出的物料量相等，则该储罐内维持原来的物料量，即达到稳定状态。这样制药体系内“积累的物料量”一项等于零，稳定过程的物料衡算的平衡关系式可以表示为式(3-2)：

$$\begin{bmatrix}\text{输入的}\\\text{物料量}\end{bmatrix}-\begin{bmatrix}\text{输出的}\\\text{物料量}\end{bmatrix}-\begin{bmatrix}\text{反应消耗}\\\text{的物料量}\end{bmatrix}+\begin{bmatrix}\text{反应生成}\\\text{的物料量}\end{bmatrix}=0 \tag{3-2}$$

如果制药体系是一个没有化学反应的物理过程，则反应消耗的物料量和反应生成的物料量均为零。

对于不稳定状态的物理过程，物料衡算的平衡关系式可以表示为式(3-3)：

$$\begin{bmatrix}\text{输入的}\\\text{物料量}\end{bmatrix}-\begin{bmatrix}\text{输出的}\\\text{物料量}\end{bmatrix}=\begin{bmatrix}\text{积累的}\\\text{物料量}\end{bmatrix} \tag{3-3}$$

对于稳定状态的物理过程，物料衡算的平衡关系式可以表示为式(3-4)：

$$\begin{bmatrix}\text{输入的}\\\text{物料量}\end{bmatrix}-\begin{bmatrix}\text{输出的}\\\text{物料量}\end{bmatrix}=0 \tag{3-4}$$

二、制药物料衡算的基本方法

为了能顺利地解题，在进行制药物料衡算时，需掌握必要的解题方法，并且依照一定的解题过程和步骤进行，这样才能得到准确的计算结果。

（一）物料流程简图

进行制药物料衡算时，首先应该根据已知的条件画出流程简图。流程图中用简单的方框表示制药过程中的设备，用带箭头的线条表示各个物料流的途径和流向，并标示出各个物料流的变量。

例3-1：空气与含有89%(mol%) CH_4 和11%(mol%) C_2H_6 的天然气在混合器内混合，得到的混合气体含 CH_4 7%(mol%)。试问混合100mol天然气时，应加入多少空气，得到的混合气量是多少？

根据已知条件画物料流程简图，如图3-1。

通过画物料流程简图，可以将各物料流的已知变量和未知变量清楚地标记在简图上，帮助分析，有助于列出制药物料衡算式。

笔记

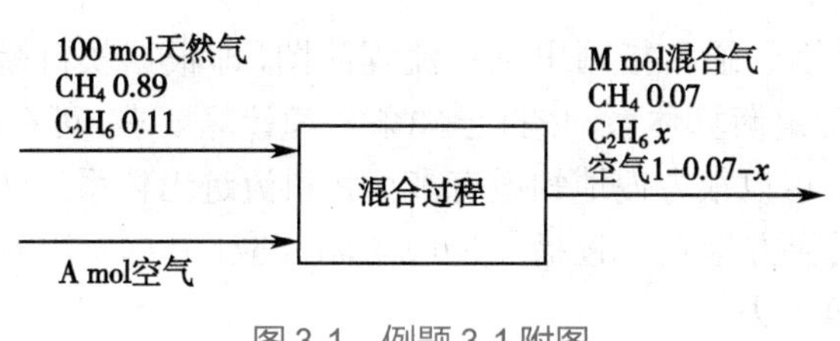

图 3-1 例题 3-1 附图

（二）计算基准

在进行制药物料衡算和能量衡算时，计算基准的选择至关重要。从理论上讲，选择任何一种计算基准，都能得到正确的答案。但计算基准如果选择适合，会使物料衡算过程得到简化。在制药物料衡算中，根据制药过程的特点选择的计算基准大致有以下几种：

1. 时间基准　以单位时间，如 1 天、1 小时等的投料量或产品产量作为计算基准，如 kg/h。

2. 质量基准　选取原料或产品的单位质量作为计算基准，如 1kg、1kmol 的原料作为计算基准。

3. 体积基准　在对气体物料进行物料衡算时，应把实际状况下的体积换算为标准状况下的体积。这样就排除了温度、压力变化带来的影响，还可直接换算成物质的量。气体混合物中，各组分的体积分数与摩尔分数在数值上是相等的。

4. 干湿基准　制药生产中的物料均含有一定的水分，需要考虑是否计算水分问题。如果不把水分计算在内称为干基，反之为湿基。如使用压缩空气进行有氧发酵，空气组成为 21%（体积）的氧，79%（体积）的氮，这是以干基为基准的；如考虑水分，则空气组分的体积含量就发生变化了。

对于不同制药过程，采用什么基准恰当，需要依据具体情况而定。在选择计算基准时，应注意以下几点：

第一应该选择已知变量数最多的物料流作为计算基准。如某一制药体系，反应物的组成只知其主要成分，但产物的组成是已知的，故选用产物的质量或体积作为计算基准。

第二对于连续流动体系，通常选择时间作为计算基准。对于间歇体系，可选用加入设备的批量作为计算基准，对于处理量大的情况，可先选一个方便的数量（如 1000 千克或 10 吨等）进行计算，再换算为实际的需要量。

第三对于液、固相体系，通常选择质量作为计算基准。

第四对于气体物料，如其环境条件确定，可选择体积作为计算基准。

（三）物料衡算步骤

在进行制药物料衡算时，建议采用以下步骤计算，可避免出现错误。同时还可以培养逻辑思维，训练解题方法，有助于今后解决复杂的问题。

1. 收集、整理计算数据　收集时应注意资料的可靠性及适用范围，所收集的数据应统一使用国际单位制。计算数据包括设计任务数据，即生产规模、生产时间、工艺技术经济指标等；物性数据，即指密度、浓度、相平衡常数等；工艺参数，指温度、压力、流量、原料配比等。

笔记

2. 确定衡算范围　通常指画出物料流程简图，即根据物料衡算对象的情况，画出物料流程简图；确定衡算体系，依据已知条件和计算要求，可在流程图中用虚线表示体系的边界，从而可以很方便地知道有多少物料流进出体系。

3. 列出化学反应方程式　包括主反应与副反应，并标示出有用的分子量，若无化学反应，此步则可免去。

4. 选择合适的计算基准　计算基准的选择至关重要，它直接影响计算过程的繁简程度。计算基准在过程中要始终保持一致。如要变更计算基准，必须加以说明，并注意结果的换算关系。选取适合的计算基准，并在流程简图中标明。

5. 列出物料衡算式、求解　依据物料衡算体系的实际情况，列出所有独立的物料衡算方程式。当未知变量个数等于方程式个数时，可以使用代数法求解。当未知变量个数多于方程式个数时，可采用试差法等较复杂的方法来求解。在求解单元操作的简单问题时，也可不列物料衡算方程式而采用算术法直接求解。

6. 整理计算结果　将物料衡算的计算结果列成输入 - 输出物料衡算表（如表 3-1）。当进行工艺设计时，还需将结果在流程简图中标示出来。

表 3-1　输入 - 输出物料衡算表

进料量			出料量		
输入物料（名称）	输入物料（质量 /kg）	输入物料（含量 /%）	输出物料（名称）	输出物料（质量 /kg）	输出物料（含量 /%）

实例分析

实例：制备富氧湿空气，需要把空气、纯氧和水通入到蒸发室内，水在蒸发室内汽化。离开蒸发室的气体经分析测得其含有 1.5%（mol%）的水。当水的流量是 $0.0012m^3/h$ 时，纯氧的流量（kmol/h）为空气流量（kmol/h）的五分之一，计算未知量及组成。

解析：设　Q——空气流量，kmol/h；　$0.2Q$——纯氧流量，kmol/h；

W——水的流量，kmol/h；　F——富氧湿空气流量，kmol/h；

x——富氧湿空气中含氧量，摩尔分数。

1. 画出物料流程简图

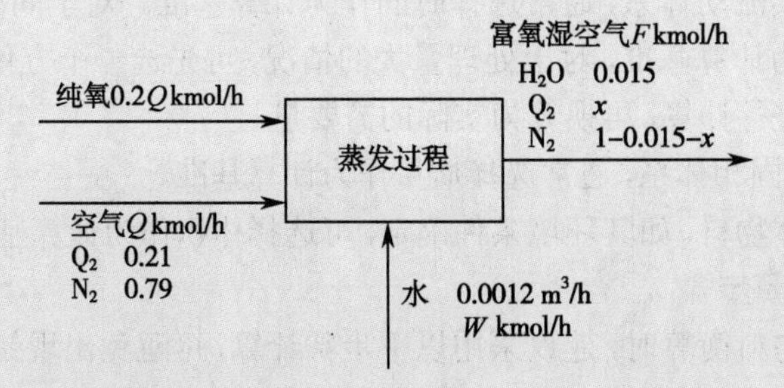

2. 选择基准　水的流量 $0.0012m^3/h$

3. 列物料衡算式　水的流量是 $0.0012m^3/h$，水的密度是 $1000kg/m^3$

所以
$$W = 0.0012 \times 1000 \times \frac{1}{18} = 0.0667\ (\text{kmol/h})$$

水的衡算　　$W=F\times0.015=0.0667$（kmol/h）　　(1)

总物料的衡算式　　$0.2Q+Q+W=F$　　(2)

氮气的衡算式　　$Q\times0.79=F(1-0.015-x)$　　(3)

解(1)、(2)、(3)求得　　$F=4.447$（kmol/h）

$Q=3.650$（kmol/h）

$x=0.337$

答：所制备的富氧湿空气的流量为4.447kmol/h，其中含氧量为33.7%（mol%），所需空气的流量为3.650kmol/h。

第二节　制药的能量消耗

在制药生产过程中，物理过程和化学反应过程都与能量有关。能量消耗是工艺过程、设备设计、操作水平是否合理的主要衡量指标之一，它是一项重要的经济指标。

制药的能量衡算有两种情况，一种是针对使用中的生产设备，利用已测定的一些能量，算出另外难以直接测定的能量。用此计算结果，对制药生产过程中的设备能量利用情况进行分析。另一种是在设计新的生产设备时，根据已知的物理量，求出未知的物理量和需要加入或移出的能量。

在讨论能量之前，先讨论一些与能量衡算有关的物理量，确定能量计算的方法，讨论如何利用能量的传递和转化，以保证工艺条件，用于实际问题。

一、制药能量的形式

能量衡算的依据是能量守恒定律，也就是要计算进入体系的能量和离开体系的能量及体系内积累的能量，这需要分清不同的能量形式。

1. 动能　运动着的物体具有动能。对于快速运动的体系，动能是十分重要的。但制药生产流速通常不高，动能有时候可以忽略。如果物料进出体系时速度非常高，如喷嘴出来的喷射流，动能就很大。

2. 位能　物体自某一基准面升高到一定距离后而具有的能量称为位能。多数反应过程是在地表或接近地表进行的，所以体系本身及进出的物料都不会有很大的位能。

3. 内能　内能是由于分子运动和分子间作用力而具有的能量，它是指物体除宏观的动能和位能之外所具有的能量。内能是状态函数，无法计算内能的绝对值，只能计算其差值或相对于某个参考态的内能。

二、与能量衡算有关的重要物理量

不同温度的两物体相接触或靠近后，热量会从温度高的物体向温度低的物体流动，由于温度差存在而引起交换的能量，称为热量。所以，热量是一种传递过程中的能量形式。

笔记

在制药生产中常见的有体积功、流动功及机械功。功和热量是能量传递的两种不同形式，它们不是物系的性质。功是力与位移的乘积。

对于理想气体，焓只是温度的函数，与压力、容积无关。焓和内能都是热力学中的状态函数，只与状态有关，与路径无关。功与热量没有这种性质，它们的大小与路径有关。

三、制药能量衡算的基本方法

能量衡算的依据是能量守恒定律，即能量衡算的平衡方程式可以表示为式(3-5)：

$$\begin{bmatrix}\text{输入的}\\\text{能量}\end{bmatrix}-\begin{bmatrix}\text{输出的}\\\text{能量}\end{bmatrix}=\begin{bmatrix}\text{积累的}\\\text{能量}\end{bmatrix} \tag{3-5}$$

在制药生产过程中，热量是最常用的能量表现形式，因此制药生产中的能量衡算主要是热量衡算，所以主要介绍热量衡算。

热量衡算的目的是，通过对输入热量和输出热量的计算来确定以下问题：①对原有的设备，利用已知的测定数据，计算出另外一些很难或不能够直接测定的热量，由此对设备作出能量上的分析，如该设备的热利用和热损失情况。通过热量衡算可分析生产中热量利用是否经济合理，以提高热量利用水平。② 根据已知的进出物料量及温度求未知物料量或温度，常用于计算设备的蒸汽用量或冷却水用量，为其他工程提供设计依据。

（一）热量衡算

1. 热量衡算式　对于无做功过程，并且动能和位能差可以忽略不计的设备（如换热器），在连续稳定流动状况下的热量衡算式为：

$$Q=\Delta H=H_2-H_1 \tag{3-6}$$

或

$$Q=\Delta U=U_2-U_1\text{（间歇过程）} \tag{3-7}$$

式中：Q——过程的热量；

H_2, U_2——离开设备的物料焓或内能；

H_1, U_1——进入设备的物料焓或内能。

热量衡算就是在指定的条件下计算输入和输出的物料焓差，从而确定传递过程的热量。

在实际生产过程中，不止一个的物料进出设备，因此式(3-6)可改写为：

$$\sum Q=\sum H_2-\sum H_1 \tag{3-8}$$

或

$$\sum Q=\sum U_2-\sum U_1 \tag{3-9}$$

式中：$\sum Q$——过程的热量之和；

$\sum H_2, \sum U_2$——离开设备的各物料焓或内能之和；

$\sum H_1, \sum U_1$——进入设备的各物料焓或内能之和。

2. 热量衡算的基本方法　在进行热量衡算时，由于实际生产过程的繁简程度不一，所以应遵循一定的原则和步骤来进行衡算，热量衡算其基本步骤为：

笔记

（1）确定衡算对象：首先需要明确热量衡算是分别作物料衡算和热量衡算，还是联算。还应该确定热量衡算是属于单个设备，还是多个设备组成的复杂反应过程。

（2）画热量衡算图：一般的热量衡算都是在物料衡算基础上进行的，所以必须先画出物料流程图。物料流程图通常是以单位时间为基准的，也可以原料的单位质量为基准。

在物料流程图上，标明各物料的量以及各物料与热量有关的变量（如温度、压力等）。这样有助于我们对问题的分析理解，也便于计算体系的确定。

（3）搜集数据资料：通过手册、文献以及生产实际数据中查阅各物料的热力学数据，如热容、焓值、化学反应热等，各物料的热力学数据一定要标注来源和基准态。若以上这些途径都得不到相关数据，也可通过计算或实验的方法得到所需数据。

（4）选择计算基准：选择适宜的计算基准，会简化整个计算过程，这里的计算基准是指基准态（相态）和数量基准。

基准态主要指基准温度。选定基准温度，也就是输入体系的热量和输出体系的热量具有同一基准，可选 0℃、25℃或其他值（如室温或进料温度）作为基准。鉴于手册、文献上查到的热力学数据大多为 25℃时的数据，故常选 25℃为基准温度。

数量基准是指从哪个量出发来计算热量，大多数的情况是在物料衡算基础上，以单位时间（如每小时）作为计算基准，或选用加入设备的批量（如每批次进料量）作为计算基准。

（5）列热量衡算式：根据式（3-6）或式（3-7）列出热量衡算式，然后求出式中的各种热量。

（6）列表并校核结果：当热量衡算结束后，将所得到的计算结果汇总成热量衡算表，并根据热量衡算式对结果进行校核。

3．热量衡算应注意的问题

（1）在确定热量衡算系统时，不能遗漏所涉及的热量和可能转化为热量的其他能量。但可忽略一些对热量衡算影响小的内容。

（2）在确定计算基准时，如果有相变化，必须确定相态基准，不能忽略相变热。

（3）在间歇操作时，由于各阶段操作条件不同，应分别进行热量衡算，求不同阶段的热量。

（4）在进行热量衡算时，需注意从手册中查得的数值的正负号。

（5）在相关条件下，物理量和能量参数有直接影响时，需要将物料衡算和热量衡算联合进行。

（二）例题

例 3-2：用两种不同温度的水做锅炉进水，已知它们的流量及温度为

A：1100kg/h，40℃

B：1900kg/h，70℃

锅炉压力：1.7×10^{6}Pa（绝对压力）

如出口的蒸汽是锅炉压力下的饱和蒸汽，试计算锅炉需要供应多少热量。

解：

1．画热量衡算图

2．作 H_2O 的物料衡算，可知出口的蒸汽流量为：1100+1900=3000（kg/h）。

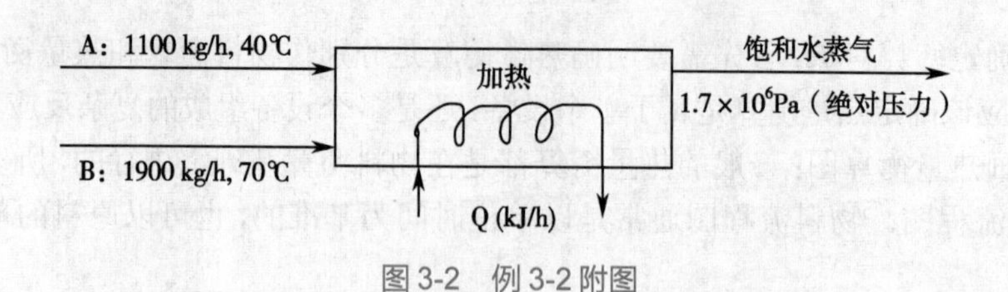

图 3-2　例 3-2 附图

3. 由饱和水蒸气表（附表 3-1）查得 40℃、70℃时的液态水及 $1.7×10^6$Pa 时的饱和水蒸气的焓值。H_A=167.47kJ/kg, H_B= 293.08kJ/kg, H_C= 2797.1kJ/kg

4. 列出热量衡算式并求解。

$Q=\Delta H=H_2-H_1=(3000×2797.1)-(1100×167.47+1900×293.08)=7\,560\,231$（kJ/h）

答：锅炉需要供应热量为每小时 76 502 31 千焦。

当物流中含有多个组分时，首先应分别确定各个组分的焓值，然后再代入热量衡算式中进行计算。如果气体或液体混合物的分子结构相似的，可以认定混合物中的各个组分的焓值与同温度同压力下纯物质的焓值相等。

第三节　制药过程中能源的消耗

在自然界中，能源就是指能够为人类提供某种形式能量（热能、电能等）的物质资源。能源家族成员众多，并且已经有更多的新型能源开始满足人类需求。通常，我们只是把能被人类所用并可获得有用的能量的能源作为能源来讨论。

一、燃料的消耗

凡是能用来燃烧而且取得的能量具有一定经济价值的物质都称为燃料。燃料型能源主要是以热能的形式来提供能源并加以利用。在目前和今后相当长的一段时期内，燃料型能源仍是人类的基本能源。除原子燃料外，一般燃料可分为固体燃料（煤等）、液体燃料（石油等）和气体燃料（天然气等）三大类。

（一）固体燃料

在常温下，物理状态为固体的并且能够为我们提供能量的物质被称为固体燃料。

1. 固体燃料的种类　固体燃料分为天然燃料和人造燃料，天然燃料有各种煤、木材以及植物的根茎叶等，人造燃料主要是焦炭、半焦与木炭。在这些固体燃料中，只有煤和焦炭被广泛的应用。

依据煤化程度及埋藏的年代的不同，我们将煤分为泥煤、褐煤、烟煤、无烟煤四类。煤化程度最低的是泥煤，有的泥煤中还隐约可见木质纤维。褐煤虽然是第二期植物炭化产物，但煤化程度仍然较低。烟煤具有重要的工业地位，是煤化程度较高的煤。煤化程度最高的是无烟煤，其通常用作动力和生活燃料。

2. 煤的组成　煤是含有碳、氢、氧、氮、硫等元素的固体混合物，其中还有无机矿物质（如硅、镁、钙等）和水分等。煤的结构复杂，是以芳香烃为主结构，具有烷基侧链。因此，以煤为原料，可以得到许多难得到的芳烃产品，如萘、蒽、菲、喹啉等。

煤的组成分为可燃成分与不燃成分两部分，其中可燃成分包括挥发分和固定碳，不燃成分主要包括水分和灰分。

笔记

3. 煤的特性　一是煤特性，是指煤的水分、灰分、挥发分、固定碳、元素含量、加工、输送及储存等有直接关系的特性；二是灰特性，是指煤灰的化学成分等有间接关系的特性。

知识拓展

1. 煤的氧化与自燃　煤与空气接触时会吸附氧气从而进行缓慢的氧化，氧化过程中会产生热量，内部温度就会增高，当达到着火温度时，煤就会燃烧，此即为煤的“自燃”。

2. 煤的黏结性和结焦性　煤的黏结性是指煤粒在隔绝空气受热时能否使其本身或无黏结能力的物质黏结成焦块的性质。煤的结焦性是指煤粒在隔绝空气受热后能否生成优质焦炭的性质。煤的黏结性和结焦性常用胶质层厚度和焦渣特征表示。

3. 煤的灰分软化温度和结渣性　通常将灰渣完全软化的温度称为软化温度，软化温度同熔点有一定关系。煤的结渣性是指煤在燃烧或气化过程中灰渣是否容易结块的性质。结渣性的强弱以结渣率表示，结渣率大的不利于燃烧及气化的进行。

（二）液体燃料

在常温下，物理状态为液体的并且能够为我们提供能量的物质被称为液体燃料。天然的液体燃料几乎全部来自于石油。

1. 液体燃料的种类

(1) 重油：虽然很多油品都可作为燃料，但从经济性与合理性的角度来看，以重油为好。按照80℃时运动黏度的不同，国产重油可分为20，60，100，200四个牌号。

(2) 残渣油：残渣油是国产标准规格以外的重油，石油炼制时的塔底残油，但是目前还有很多企业在使用这种油作为燃料。

(3) 轻柴油：为了降低成本，锅炉一般在点火启动时才采用轻柴油。

2. 液体燃料的性质

(1) 相对密度：液体燃料的相对密度随馏分不同而不同，相对密度越小，液体燃料中的水分和机械杂质越易沉淀，相对密度越大，则越难沉淀。

(2) 黏度：液体燃料的黏度随温度不同而不同，温度高液体燃料的黏度小，温度低则液体燃料的黏度增大。黏度是评价黏性液体燃料流动性的指标。为满足液体燃料储运的需要，通常需采用加热的方法降低其黏度。

(3) 闪点：闪点是衡量液体燃料均匀性的一个指标，用来判断液体燃料在储运过程中是否有汽油等轻质油料的混入，也是一个重要的安全指标。

(4) 凝固点：凝固点是衡量液体燃料流动性的重要指标。在低温下，液体燃料会失去流动性的原因之一是由于其中含蜡的缘故，故含蜡量少，凝固点低，含蜡量多，凝固点就高。因此，液体燃料在输送过程中，必须采取防凝措施。

（三）气体燃料

在常温下，物理状态为气体的并且能够为我们提供能量的物质被称为气体燃料。天然的气体燃料主要来自于天然气。

1. 气体燃料的种类　气体燃料分为天然燃料和人造燃料，天然燃料有天然气、石油气与矿井瓦斯气等，人造燃料主要是各种煤气和裂解气。在这些气体燃料中，广

泛应用的主要是天然气。

天然气是一种优良的气体燃料，其主要成分是甲烷，同时含有 C2－C4 的各种烷烃以及少量的硫化氢等气体，主要蕴藏在地层内。

石油气是随采油而从油井中得到的，产量也是很可观的，但需分离丙烷以上烷烃成分才能作为燃料。

从石油气中分离出来的丙烷以上烷烃成分称为气体汽油。气体汽油液化再分离，丙烷、丁烷则称液化石油气。液态的丙烷、丁烷常注入钢瓶储存供用，发热量很高，是优良的燃料。

2. 气体燃料的组成　在气体燃料中，主要成分是可燃的烃类气体和氢气以及不燃的二氧化碳和氮气，杂质成分是硫化氢、二硫化碳等。

在使用气体燃料时，需采取严格的措施来保障安全，因为气体燃料在使用过程中存在爆炸与中毒的危险。

（四）燃料的消耗

燃料的消耗可用式(3-10)来进行计算：

$$G=\frac{Q}{\eta Q_{P}} \tag{3-10}$$

式中：G—燃料的消耗量，kg 或 kg/h；

Q—传递给物料及设备的热量，kJ 或 kJ/h；

η—热效率，一般可取 0.3～0.5，锅炉可取 0.6～0.92；

Q_{P}—燃料的发热量，kJ/kg。

几种常用燃料的发热量如表 3-2 所示。

表 3-2　几种常用燃料的发热量

燃料名称	褐煤	烟煤	无烟煤	天然气
发热量(kJ/kg)	8400～14 600	14 600～33 500	14 600～29 300	33 500～37 700

二、电能的消耗

电能是一种清洁型能源(即对环境不会造成污染的能源)，也是二次能源，它是由一次能源经过加工转换而成的。

（一）电能计量

电能计量就是为了保证电能计量量值的准确统一，而由运行安全可靠的电能计量装置来确定电能量值的操作过程。

1. 电能计量装置　电能计量装置包括各种类型的电能表、计量用电压、电流互感器及其二次回路、电能计量柜(箱)等。电能计量装置应满足发电、供电、用电的准确计量的要求，是计量法规定的强制检定贸易结算的计量器具。

2. 计量方式

(1) 低压供电的客户，负荷电流为 60A 及以下时，电能计量装置接线宜采用直接接入式；负荷电流为 60A 以上时，宜采用经电流互感器接入式。

(2) 高压供电的客户，宜在高压侧计量；但对 10kV 供电且容量在 315kVA 及以

笔记

下、35kV 供电且容量在 500kVA 及以下的，高压侧计量确有困难时，可在低压侧计量，即采用高供低计方式。

(3) 有两条及以上线路分别来自不同电源点或有多个受电点的客户，应分别装设电能计量装置。

(4) 客户一个受电点内不同电价类别的用电，应分别装设电能计量装置。

(5) 有送、受电量的地方电网和有自备电厂的客户，应在并网点上装设送、受电电能计量装置。

（二）电能的消耗

电能的消耗可用式(3-11)来进行计算：

$$E = \frac{Q}{3600\eta_D} \tag{3-11}$$

式中：E—电能的消耗量，kWh（1kWh=3600kJ）；

η_D—电热装置的热效率，一般可取 0.85～0.95。

三、水蒸气的消耗

水广布与大自然中，并且有较好的热力学性质，价廉、易得、无毒、无污染，所以水蒸气作为一种常用的热交换介质是非常理想的。

（一）水蒸气的状态

水蒸气是水从液态转变成气态时的气体，从微观上来说，就是液体水分子尝试去摆脱分子间的作用力（比如氢键）的现象。

1. 湿饱和蒸汽（湿蒸汽）　最常见的湿蒸汽产生形式是从锅炉中所产生的。锅炉中生产出的蒸汽夹带有没完全蒸发的水分子，因而是潮湿的蒸汽，最好的锅炉生产出的蒸汽一般也有 3%～5% 的湿度。由于水是以接近饱和状态的情况下蒸发的，因此水都是以雾气和漂浮的小水滴形式存在的，它会夹杂在上升的蒸汽之中。

2. 饱和蒸汽　全部水均汽化成为蒸汽，温度等于该压力下的饱和温度，其含热量高。

3. 过热蒸汽　蒸汽在超过了湿蒸汽和饱和蒸汽的温度下继续加热，就会产生过热蒸汽。它具有比饱和蒸汽更高的温度和潜热。

（二）水蒸气的消耗

制药生产中，水蒸气被广泛地用作热源，通常有直接加热和间接加热两种形式。蒸汽直接加热是指产品在加热过程中直接与蒸汽接触。蒸汽间接加热是指产品在加热的过程中不与蒸汽直接接触，其优点在于加热过程中产生的冷凝水不会影响到产品。

1. 间接蒸汽加热时水蒸气的消耗量　若以 0℃为基准温度，间接蒸汽加热时水蒸气的消耗量可用式(3-12)计算：

$$W = \frac{Q}{(H - c_p t)\eta} \tag{3-12}$$

式中：W—水蒸气的消耗量，kg 或 kg/h；

H—蒸汽的焓，kJ/kg；

c_p—冷凝水的定压比热，kJ/(kg·℃)；

t—冷凝水的温度,℃;

η—热效率,保温设备可取0.97～0.98,不保温设备可取0.93～0.95。

2. 直接蒸汽加热时水蒸气的消耗量　若以0℃为基准温度,直接蒸汽加热时水蒸气的消耗量可用式(3-13)计算:

$$W=\frac{Q}{(H-c_{\mathrm{p}}t_{\mathrm{k}})\eta} \tag{3-13}$$

式中:t_{K}—被加热液体的最终温度(℃)。

四、压缩空气的消耗

压缩空气在输送物料、液体搅拌等制药工艺中被广泛使用。压缩空气的消耗量,在一般情况下,都要折算成常压下的空气体积。

(一)用压缩空气输送液体物料时的消耗量

1. 若将设备中的液体物料一次性全部压完时,所消耗的压缩空气的量可用式(3-14)来进行计算:

$$V_a=\frac{V_{\mathrm{R}}P}{1.01\times10^5} \tag{3-14}$$

式中:Va——一次操作所消耗的压缩空气体积,m^3;

V_{R}—设备容积,m^3;

P—压缩空气在设备内所需的压强,Pa。

2. 若将设备中的液体物料部分压出时,所消耗的压缩空气的量可用式(3-15)来进行计算:

$$V_a=\frac{V_{\mathrm{R}}(1-\phi)+V_1}{1.01\times10^5}P \tag{3-15}$$

式中:Φ—设备的装料系数;

V_1—每次压送的液体体积,m^3。

(二)用压缩空气搅拌液体时的消耗量

以常压下的空气体积计,一次操作消耗的压缩空气消耗量可用式(3-16)来进行计算:

$$V_{\mathrm{a}}=\frac{kA\tau P}{1.01\times10^5} \tag{3-16}$$

式中:k— 搅拌系数,缓和搅拌取24,中等强度搅拌取48,强烈搅拌取60;

A— 被搅拌液体的横截面积,m^2;

τ— 一次搅拌所需的时间,h。

五、真空抽气量的消耗

在制药生产过程中的物料输送、滤过、蒸发等操作经常会使用到真空。真空即是指压强低于一个标准大气压的稀薄气体的特殊空间状态。真空的消耗量,在一般情况下,都用抽气量来表示,即单位时间内由真空泵直接从真空系统抽出的气体的体积数。

(一)输送液体物料时的消耗量

用真空输送液体物料时的消耗量可用式(3-17)来进行计算:

$$V_a = V_R \times \ln \frac{1.01\times10^5}{P_K} \tag{3-17}$$

式中：V_a —一次操作所消耗的抽气量，m^3；

V_R —设备容积，m^3；

P_K—设备中的剩余压强，Pa。

（二）真空过滤时的消耗量

用真空过滤时的消耗量可用式（3-18）来进行计算：

$$V_a=CF\tau \tag{3-18}$$

式中：C—经验常数，可取 15～18；

F—真空过滤器的过滤面积，m^2；

τ—次抽滤操作持续的时间，h。

（三）真空蒸发时的消耗量

在真空蒸发操作中，空气和不凝性气体会在冷凝器内积聚，导致冷凝器的传热系数减小。所以，必须把空气和不凝性气体从冷凝器中抽走。

1．当采用间壁式冷凝器时，每小时必须从冷凝器抽走的空气量可用式（3-19）来进行计算：

$$G_h = 2.5\times10^{-5} D_h + 0.01D_h \approx 0.01D_h \tag{3-19}$$

式中：G_h—从冷凝器抽走的空气量，kg/h；

D_h—进入冷凝器的蒸汽量，kg/h。

2．当采用直接混合式冷凝器时，每小时必须从冷凝器抽走的空气量可用式（3-20）来进行计算：

$$G_h = 2.5\times10^{-5}(D_h + W_h) + 0.01D_h \tag{3-20}$$

式中：W_h—进入冷凝器的冷却水量，kg/h。

第四节　合理用能设计

节约和合理用能是提高经济增长的一条十分重要的途径，国家已将能源立法放在更加重要的位置，加强制度的管理，使其在我国逐步进入法制化轨道。

在新建、扩建和改建的医药工程项目中，医药工业企业应该贯彻节约和合理利用能源的原则。

我国能源的基本情况

我国目前能源的总体形势是：产量迅速提高，已进入世界前列，但供应仍然短缺，能源持续紧张。造成我国能源供应短缺紧张局面的原因很多，首先，我国地域广阔，人口众多，因经济建设和生产的发展，人民生活水平的提高，能源的需求量越来越大。其次，只看到我国能源资源的丰富，而未充分注意到能源生产发展速度还赶不上生产的发展，而且能源技术落后，开发能源也需要时间。第三，存在着严重的浪费现象。

目前我国解决能源问题的主要途径应该是：① 继续开发常规能源，努力提高能源产量；② 加强对新能源的科学技术研究和开发利用；③ 节约使用能源，减少能源的消耗，避免能源的浪费。

笔记

一、合理用能原则

医药工业企业设计的各个环节均需重视节约和合理利用能源。在可行性研究报告和初步设计的文件中，必须有相应的篇章来论述该项目是如何对能源进行合理利用和节约的。

对医药工业企业采用的能源有一定要求。首先，应依据工艺要求，结合当地的能源情况，因地制宜地选用适宜能源。其次，供热应优先选择地区热电站集中供热作为热源。最后，生产过程中产生的反应热及其他余热，应根据其能量品位的不同分别用于生产本身或并入全厂的供热系统加以利用。企业的集中供热系统应采用热水作为热媒，充分利用工厂内部的低品位余热作为热源。

医药工业企业在进行自动控制与测量仪表设计时，除满足一般生产外，还应该依据节能要求，配置各种适合的监控、调节、检测及计量等仪表装置。

二、制药工艺方面

医药工业企业的工艺设计、工艺路线和主要环节的技术方案选择，都应在满足GMP的要求条件下，进行节能论证。除应考虑市场的需求和发展的趋势外，产品方案还应该慎重考虑与能量消耗有直接联系的经济规模。

在工艺流程的设计中，首先应进行的是物料衡算和能量衡算，然后按照能量的品位高低不同来分级利用各种能量，以达到能量综合利用的目的。在确保符合安全规范的条件下，应使平面布置有利于各生产装置之间热能和位能的充分利用。工艺流程还要尽可能减少热 - 冷 - 热或湿 - 干 - 湿的反复过程。

在选择工艺路线时，应进行能量消耗的比较，选择合理的工艺操作条件、生产能力和操作规程。再根据工艺需求，确定介质的合理工艺参数，配置合理的公用系统。

对几种工艺路线和设计方案进行比较时，必须把能源消耗量作为一项重要的比较内容。在其他条件相仿的情况下，优先选取能耗低的工艺路线和设计方案，若不能选取能耗低的设计方案，需要详细说明理由及能量消耗的变化情况。

三、制药生产装置

在医药工业企业选用新增设备时，应采用国家推荐的节能产品，禁止采用国家规定淘汰的低效率、高能耗的产品。如果设计中的原有设备是国家规定的淘汰产品，均应更新改造。在医药工业企业引进国外设备时，必须对其技术条件、经济效益和能耗水平进行综合评价，其能量的消耗不得高于国内先进指标。

生产装置的选型必须符合技术先进、经济合理的原则，主要设备应是经过鉴定或生产实践证明是可靠的设备，符合高效省能的原则。根据工艺要求，合理地确定主要耗能设备的数量、规格和用能参数。

为了减少动力损耗（热损失、冷损失、阻力损失、泄漏损失等）和运输能耗，设备布局应该合理，尽量减少管道、电缆的长度，缩短物料运送距离。

反应设备的设计，应采用先进的反应器，合理确定反应配方，充分利用反应热，合理选择反应器的供热、冷却方式和介质。分馏、吸收、萃取、蒸发等设备的设计，应采用新型塔盘和高效填料，利用废液余热预热进塔物料，选择最佳回流比。干燥设备

笔记

的设计，应根据不同药品的性能，选择相应传热形式和高效低耗的干燥设备，干燥介质为热空气时应利用废气余热预热待加热空气。传热设备的设计，应合理选择热端和冷端的温差，控制传热介质的流速、按能量品位合理利用冷却或加热介质，采用新型、高效的换热设备，其传热面积预留系应适度，对换热器清洗的设计应采用先进技术。

四、热力系统

医药工业企业需要新建独立热源时，应将节能效益作为选择方案的重要因素，进行多方案的技术经济比较，以确定最佳供热方案。

设计供热系统，应对工程项目中的总能需求综合平衡，根据工厂的动力和热力要求，选择合理的蒸汽参数，如条件允许的情况下，通常选择新蒸汽，以使系统获得较为经济的副产动力。

锅炉燃烧设备选型，必须符合所定燃料品种的要求，应用新型高效节能锅炉。蒸汽锅炉用软化水或脱盐水装置的设计，应结合工艺生产的用水要求以及蒸汽凝结水回收情况，做好全厂软化水或脱盐水量的平衡，统一确定生产规模和给水方案。锅炉给水设计应保证给水质量、排污率符合有关标准的规定。

蒸汽凝结水应充分回收，对利用蒸汽间接加热的生产设备，其凝结水回收率不得低于 60%。对可能被污染的凝结水，有回收价值的应设置水质监测及净化予以回收，确实不能回收的，应设法利用其余热。

热力管网与用热设备应有良好的保温，保温材料应强度高、质量轻、导热系数小、不得使用泡沫混凝土、草绳等导热系数超过规定的材料。室外管道应采取行之有效的防雨、防雪、防潮的保护层，不得以水泥作抹面作保护层，推荐采用玻璃钢、铝皮和镀锌铁皮作保护层。管道配件如阀门，同样应加以保温，为便于检修，应设计可拆卸的保温罩。

五、电力系统

工厂供电系统的设计，应在确保工厂的安全、稳定、连续供电的前提下，重视系统的节能优化。

根据技术经济比较，选用较高的供配电电压，减少变压层次和变电设备重复容量，对大容量用电设备，应选用较高电压等级的电动机，采用供电电压直降配电。

变压器的选择，除应满足工厂负荷数量、负荷等级及电动机自启动要求外，还应对变压器的运行效率进行比较，使选用的变压器运行损耗少、效益高。

推广节电措施，额定容量在 60A 以上容量连续运行的交流接触器，可安装无声节电器。直流电机宜采取斩波调速。根据负载性质，合理选择电机容量，对经常处于轻载运行的电机，宜采用变极调速。对空载率大于 50% 的电动机、电焊机，应设置空载断电装置。应严格控制选用电热设备，如必须选用时，600℃以下者应采用远红外加热设备。

照明用电，宜采用效率较高的新光源。集中控制的照明系统，应安装定时的或光控的自动装置。照明要求较高的场所，宜采用混合照明，非三班生产的系统，可安装照明专用变压器供电。采用气体放电灯照明，应在适当的位置进行无功补偿。照明

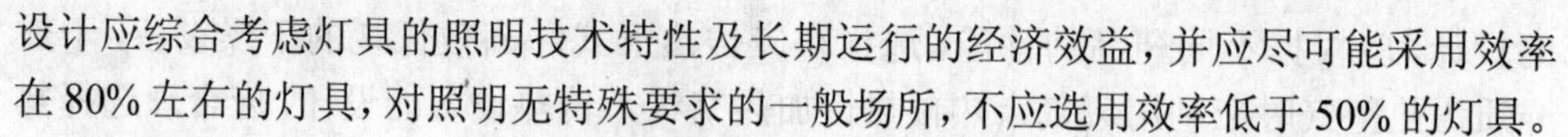

设计应综合考虑灯具的照明技术特性及长期运行的经济效益，并应尽可能采用效率在80%左右的灯具，对照明无特殊要求的一般场所，不应选用效率低于50%的灯具。

应按生产和生活分开的要求设置电力计量仪表。工厂用电应按产品、部门分别计量的要求装表。装机容量100kW以上的设备应单独装表计量。

六、给、排水系统

医药工业企业给排水系统的设计，应最大限度地减少取水、净化与输水能耗，根据对用水的合理要求，结合当地水资源的具体条件，从全局出发，节约用水，改善水质，提高循环和重复利用率，在降低能耗、提高经济效益的前提下通过技术经济比较，综合考虑确定。

供水水质必须按照国家标准的规定进行设计，该扩建工程，对原有企业供水设施，亦应按上述规范要求给予改造，使之能按规范操作运行。

当水源含泥沙量较大时，净水构筑物应靠近取水泵站，应选用效益高、能耗低的净化工艺的构筑物，尽量降低沉淀池和澄清池排泥的含水率，必要时回收滤池冲洗用水，减少自用水量。

车间及各工序的用水量按工艺的合理要求确定，给、用水系统的管路、水泵、冷却设备、储水设备、计量仪表、水处理设施等均应按国家有关规范和产品标准的要求设计，供水管网设计中，对个别用户需要进行局部升压时，应进行水力计算，在满足其他用户工艺用水要求的情况下，宜采用串联加压供水。

连续运转且有流量调节要求的输水泵，通过技术经济比较，可根据配套电机情况，采用液力耦合器，变频调速，可控硅串级调速节能。水泵需并联工作的，应力求各泵的额定工作参数相同，并要给出水泵并联的管路工作特性曲线，取其最佳工作点，确定可以并联的台数。

纯水的制备方法，优先选用节能型的制水设备和工艺，按照不同用途对水质的要求分别选用反渗透-离子交换组合纯水装置、电渗析、离子交换、多效蒸馏水器等设备加以制备。优先选用就地回收水质达到要求的蒸汽凝水代替纯水制备。注意纯水回收，经过适当处理反复利用。高纯度水使用后水质仍能满足使用一般纯水要求的，可以设计成串级套用。尽可能采用重复用水系统，一水多用，串级使用。

工艺过程中中间冷却用水，应采用循环冷却系统，以减少新水用量。循环水系统可采取单独循环或多组合循环，以满足不同工艺的需求。循环冷却应选用高效节能低噪装置，减少水损。给水、循环水应根据工艺要求进行设计，采用先进的物理或化学水质处理方法，进行水质处理，保证水质稳定。

企业产生的废水，从经济合理的原则出发，进行处理回用，节省用水，减少排放。

七、空气系统

医药工业企业中的压缩空气系统，大都用于为制药所需的无菌条件提供洁净空气。压缩空气供气能力，应对所有用气设备及用气量进行认真核实。空压机的工作参数应按工艺要求进行设计。对于两种或两种以上压力的压缩空气用户，其供气系统一般应按不同压力分别选用空压机分别供应用户，不宜采用全面提高公用压力的方式设置系统，也不宜以高压系统节流供低压系统使用。

笔记

空压系统装置的配置，应兼顾最大用量和最小用量之间调节的可能性，空气压缩机应带有负荷调节器，防止局部停产检修期因供气量无法调节造成放空浪费。

空压机选型时，在工作参数相同条件下，应优选比功率低、无油润滑、后处理工作量少、机械效率高的机组。

空压机房尽可能设计位于负荷中心，缩小供气与用户之间的压力差，经济选择输气管道流速，以减少输送损失和空压机的运行压力，空压机的吸入口，应避开多尘埃、有毒气体、湿度大、温度高的环境，选用性能可靠阻力小的空气滤清设备，提高空气清洁度，并减少压缩机进口压力损失。

寒冷地区的压缩空气站，设置压缩空气后冷却器和脱水装置，防止冻结阻塞。对于压缩空气有温、湿度要求时，还应根据当地的环境条件，选择合适材料，进行管道保温。生产工艺对空气湿度有要求时，对空气后冷设计，应充分考虑选择露点温度的经济性。

八、制冷系统

应根据生产工艺，空调系统对温度等级的要求来确定不同温度等级的制冷系统。用冷负荷的确定，应对所用冷设备用冷量进行认真核实，其冷量按最大负荷计算后，应计入同时系数。

企业有稳定的蒸汽、废气等热源，且所需的冷媒温度高于7℃时，应尽量采用蒸汽（包括废气）为能源的双效溴化锂制冷装置。

同一工况应尽可能选用同一型号的冷冻机，并要考虑因季节温度变化引起冷负荷的变化，冷冻机、水泵的选型及其台数要与气温变化相匹配。配套的电机应与运行工况适配。

冷凝器和蒸发器尽可能采用封闭式热交换器，提高热效率。主机和冷凝器、蒸发器之间的管网设计，应选择合适的工质流速和管线长度。系统中应配置性能良好的油分离器，以减少热交换器壁形成的油膜和热阻。

载冷工质应采用经过处理的软水，蓄冷槽和输冷管线应有良好的保冷措施，保冷材料应采用导热系小、质量轻的材料，并满足长期使用和美观的要求。洁净空调送风机和风管也有隔热措施。

频繁交替用热、用冷的设备，应分别设置换热器，而不宜共用一个换热器。

学习小结

1. 学习内容

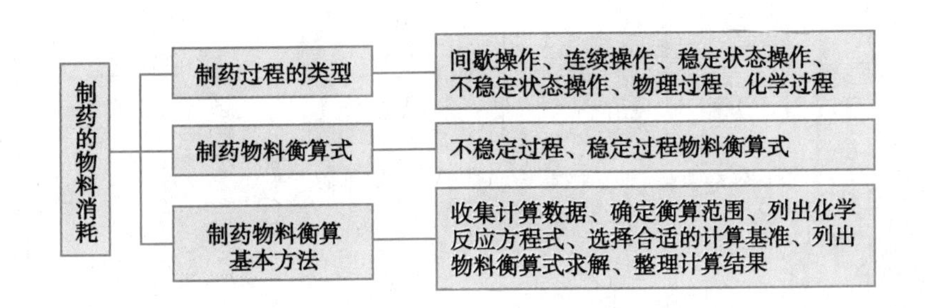

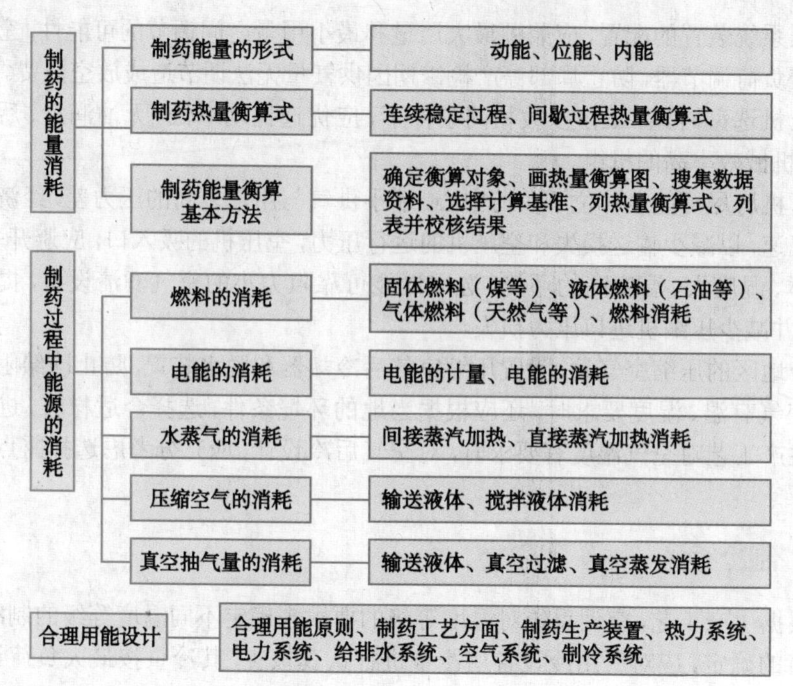

2. 学习方法

建议学生在掌握和理解基础理论的基础上，认真体会教材中所列举的制药过程物料与热量衡算实例，尤其是对制药工程设计中的合理用能的讨论，更加明确物料消耗与能量消耗设计的经济评价、节能分析等环节。

（于 波 刘永忠）

复习思考题

1. 在进行物料衡算时，如何选择计算基准？
2. 在进行热量衡算时，如何选择计算基准？
3. 热量衡算应注意的问题有哪些？
4. 对医药工业企业采用的能源有什么要求？

第四章

中药制药单元操作技术

学习目的

通过本章的学习掌握中药原料药的前处理、中药提取、分离纯化以及提取液的后处理技术。

学习要点

系统掌握药制过程中的中药制药单元操作技术及原理，尤其是各单元操作具体方法及注意事项。

中药制药单元操作主要是以天然药，诸如植物、动物和矿物药物作为原料，选用适当的处理方法将其中的有效成分提取出来，或直接将提取物作为原料，或加入某些赋形剂后作为制剂原料，然后做成各种剂型。

中药制药单元操作一般包括天然药原料的预处理、有效成分提取、分离、精制、浓缩、干燥等过程，最后做成一定的制剂。

第一节　原料药的前处理

药材质量直接影响有效成分含量和药物疗效，药材品种、产地、生态环境、栽培技术、加工方法不同，其中的有效成分及其含量也不同。为了保证中药饮片、提取物、成分、制剂的质量，使其质量具有可控性，应首先从源头上依据法定标准，对于无法定标准者按照自行制定的标准对原料进行鉴定和检验。药材、中药饮片的法定标准为国家药品标准和地方标准或炮制规范，提取物、有效成分的法定标准仅为国家药品标准。

对于多来源的药材，应固定品种，尤其是对于品种不同而质量差异较大的药材，必须固定其品种，并且提供品种选用的依据；对于质量随产地、采收期等变化较大的药材，应固定产地、注意采收期等。

大部分中药在加工成成药之前，均需经过各种不同的加工处理过程，即中药的前处理过程，主要包含了药材的净制、软化、切片、干燥、炮制、粉碎等过程。

一、药材的净制

中药材常含有泥沙、杂质、非药用部位等，且中药材来源广泛、种类繁多，同一来

源的药材药用部位多样，因此在药材炮制、调配或制剂之前常需要进行净制。

（一）净制的含义

药材的净制也即净选加工，是指药材在炮制、调配或制剂之前，为满足用药要求，去除杂质和非药用部位，选取药用部位的初步加工过程。药材的净制是对药材的修剪治削，令其洁净，符合药用标准，又称之为“净选”“修治”。

（二）净制的目的

药材净制的主要目的是：去除杂质，弃去非药用部分，达到一定的标准，保证用药剂量准确；按照药材大小、粗细分档归类，便于控制浸润软化时的湿润度，便于切制和炮炙；通过修治加工成一定的药用标准，便于处方调配。

（三）净制的方法

药材的净制主要包括杂质的去除和非药用部位的去除。杂质的去除主要包括挑选、筛选、风选、漂洗、压榨等；非药用部位的去除主要包括去芦头、去残根、去心、去核、去瓤、去枝梗、去皮壳、去附毛、去头尾足翅皮残肉等。

1. 杂质的去除

（1）挑选：挑选是指用手或夹子等工具，拣出混在药材中的杂质、变质品及按大小对药材进行分档的操作。如乳香、没药等常含有木屑；藿香、紫苏等叶类药材常含有枯枝、腐叶及杂草；枸杞子、百合等常含有霉变品；杏仁、桃仁等常含有泛油品；大黄需大小、粗细分开等。

（2）筛选：根据药材和杂质的性状、大小等不同，选用不同规格的筛子筛除夹杂的泥沙、杂质，或分开不同大小药材的过程。常用于果实种子类药材、花类药材、块茎类药材的筛选。

（3）风选：根据药物和杂质的轻重差异，借助风力将杂质与药材分开的操作。如用簸箕通过扬簸或用风车通过扇风去除杂质。常用于种子果实类药材和花叶类药材的净制。

（4）漂洗：是将药材通过洗涤或水漂去除杂质或毒性成分的一种方法。如莱菔子、牡蛎等药材常附着泥沙或其他不洁物，昆布、海藻等表面常附着盐分，可采用洗涤的方法；酸枣仁的核壳和核仁相对密度不同，可采用水漂洗去除核壳。漂洗要控制好时间，避免因药材在水中停留过久有效成分流失而疗效减弱，而对于有毒药材又须长时间浸漂减毒。

（5）压榨：主要适用于种子类药材的净制，这类药材常含大量无效或有毒的油脂，可将其包裹在棉纸中，通过压榨吸去部分油脂而达到降低毒性提高药材质量的目的。如巴豆通过压榨后降低毒（烈）性。

2. 非药用部位的去除

（1）去芦头：对于人参、丹参、防风、南沙参、桔梗、甘草、黄芪等根及根茎类药材，需要去除残留的残茎、叶茎、根茎等部位，即去芦头。

（2）去残根：对于马鞭草、石斛、黄连、香附、茵陈等药材，需要去除残留于药用部位上的主根、支根、须根。主根、支根干燥后装袋撞或揉搓去掉。

（3）去心：心一般指某些根皮类药材的木质部和某些种子药材的胚芽。通常认为根皮类药材的木质的心部不含有有效成分，且占相当大的质量，应予以去除。如牡丹皮、地骨皮、白鲜皮、五加皮、巴戟天、远志等药材多在产地加工时趁鲜去心。莲子润

笔记

软剖开取心，分作不同药用部位。

（4）去核：山茱萸、山楂、乌梅、大枣等药材的种子为非药用部位，应予去核。如山茱萸常在产地趁鲜挤去核，山楂常在产地鲜加工时对剖或切片，然后筛去脱落的核。其余多润软后剥去。

（5）去瓤：陈皮、青皮、化橘红、瓜蒌皮等药用为果皮的药材，均须挖去内瓤。因瓤中不含有效成分，且易生霉，故应去除。

（6）去枝梗：对于果实、花、叶类药材的果柄、花柄、叶柄、嫩枝及枯枝等非药用部位，常通过筛选、风选、挑选、剪切等方法去除，即去枝梗。如五味子、吴茱萸、连翘、小茴香、女贞子、菊花、款冬花、辛夷、桑叶、侧柏叶等。

（7）去皮壳：皮壳主要包括栓皮、表皮、果皮和种皮，多为非药用部位，应予去除。树皮类药材如肉桂、杜仲、黄柏、厚朴等需去栓皮，如用刀刮去栓皮；根及根茎类药材如沙参、党参、桔梗、知母、天冬、半夏、黄芩等多趁鲜或制、或刮、或撞、或踩去表皮；果实类药材如银杏、草果、益智仁等需去果皮，如砸破去皮壳；种子类药材如苦杏仁、桃仁、白扁豆等需单去种皮。

（8）去附毛：附毛通常是指某些药材表面或内部附生的绒毛，属非药用部位，且易刺激咽喉引起咳嗽，应予以去除。如枇杷叶、石韦可用毛刷刷去毛；鹿茸可直接利用利器或酒精灯燎焦后刮去毛；骨碎补、狗脊可通过砂炒毛焦，或装入布袋内，加入带棱石块撞击去毛，或用脱毛机去毛；金樱子果实内的绒毛多趁鲜对剖挖去毛核。

（9）去头尾足翅皮残肉：对于某些昆虫或动物类药材，需去头、尾、足、翅、皮、残肉，以去除非药用部位或有毒部分。如蕲蛇、乌梢蛇可通过酒浸或蒸，切去头、尾、骨；龟甲、鳖甲可通过浸泡或蒸，刮去皮膜、残肉；蛤蚧可采用酒浸或蒸，切去头、足、刮去鳞片；斑蝥、红娘子等去头、足、翅。

课堂讨论

药材净制的目的主要是去除非药用部位或毒性部分，对于芦头、残根、枝梗这几种非药用部位，如果含有有效成分，是否也要弃之不用？

二、药材的软化

药材通过净制后，只有少数药材可以直接进行鲜切或干切，大多数药材还需进行适当的软化处理才能切片。药材软化的方法主要有常水软化和特殊软化两类。

（一）常水软化法

是用冷水软化药材的操作，目的是使药材通过吸收水分达到质地柔软易切制的目的。主要有淋法、洗法、泡法、润法四种操作方法，前三种方法还有清洁药材的作用。

1. 淋法　是用水喷洒药材的方法，一般喷洒2～4次，稍润后即行切制。该方法主要适用于气味芳香、质地疏松、有效成分易溶于水的药材的软化。如荆芥、薄荷、紫苏、藿香、佩兰、细辛、益母草、枇杷叶、荷叶、淫羊藿等。

2. 洗法　是用清水洗涤药材的方法。操作时将药材投入清水中快速淘洗后及时

捞出，稍润后即行切制。该方法主要适用于质地松软、水分容易浸入的药材的软化处理。如陈皮、白鲜皮、五加皮、牡丹皮、瓜蒌、忍冬藤、络石藤、龙胆、羌活、独活、南沙参、百部、防风等。

3. 泡法　是将药材用清水浸泡一定时间使其吸收适量水分的方法。操作时先将药材洗净，然后注入清水淹没药材，一般浸透至六七成时捞出、润软，即可切制。该方法主要适用于质地坚硬、水分较难渗入的药材，如川芎、大黄、苍术、白术、三棱、莪术、白芍等。使用该方法时需遵循“少泡多润”的原则，既能使药材充分软化，又不会使有效成分流失。

4. 润法　是促使渍水药材的外部水分徐徐渗入药材内部使之软化的方法。经过淋法、洗法、泡法处理的药材，多要经过润法处理方能达到切制要求。操作时将以上方法处理后的药材置于容器内或堆积于润药台上，以物遮盖或配合晒、晾处理，至药材润至柔软适中即行切制。大多药材一次即可润软，对于质地坚硬或体积粗大的药材往往需要采用复润法，反复操作直至润透。

（二）特殊软化法

主要适用于不宜用常水软化处理的药材。

1. 湿热软化　主要适用于质地坚硬、经加热处理有利于保存有效成分的药材，如红参、木瓜、黄芩等，需用蒸、煮法进行软化。

2. 干热软化　主要适用于胶类药材的软化。

3. 酒处理软化　对于鹿茸、蕲蛇、乌梢蛇等动物类药材，用水难以软化，且易变质，需用酒处理进行软化切制。

药材软化的新技术

1. 吸湿回润法　是将药材放置在潮湿地面的席子上，使药材吸潮变软，然后再进行切片的方法。主要适用于牛膝、当归等含油脂或糖分较多的药材的软化处理。

2. 热气软化法　是将药材经过热开水焯或者蒸汽蒸等处理，通过使热水或蒸汽渗透药材组织内部，以加速药材软化的方法。该法可避免水处理软化过程中易出现的发霉现象，主要适用于有效成分对热稳定的药材的软化。另外，对于黄芩、杏仁等药材，加热可破坏能分解有效成分的酶，从而使药材能够长期保存。

3. 真空加温软化法　是利用真空和加热共同促进软化过程的方法。一方面，采用减压设备造成真空状态，另一方面，通入热蒸汽，使药材在负压的条件下更好地吸收热蒸汽，以加速药材的软化过程。

4. 减压冷浸软化法　是采用减压设备将药材间隙中存在的气体抽出，使软化水在负压的作用下迅速进入药材组织内部，以加速药材的软化过程。

5. 加压冷浸软化法　是把药材和水装入耐压容器中，通过加压设备将水压入药材组织内部。

三、饮片切制

饮片切制是指将修治过的净药材经浸润、软化，切成片、丝、段、块的炮制方法。

根据药材的质地，按照“质坚宜薄”“质松宜厚”的原则，切制成适宜的饮片，以利于有效成分溶出；同时增大了饮片与溶剂的接触面积，提高有效成分的溶出率；且便于炮炙时控制火候，有利于受热均匀，以及与辅料的均匀接触和吸收；另外，切制以后便于调配、贮存、鉴别等。

（一）饮片的含义

饮片是根据中医辨证论治及调剂、制剂等的需要，将中药材进行各种炮制加工后的成品。饮片加工的形状、厚薄、大小主要是根据药材的特征及调配需要而定。饮片的加工方法很多，但以切制为主。

（二）饮片的类型

饮片加工的类型主要是根据药材的质地软硬、松实、形状、断面特征及调配需要而定。主要有横片、直片、斜片、丝、块（丁）、段（节、咀）、团卷、颗粒、粉、绒等。长条形、断片特征明显的药材及球形果实、种子类药材多切横片，如白芍、白芷、枳实、槟榔等；形体肥大、组织致密、色泽鲜艳的药材，为了突出其鉴别特征，常切直片，如山药、天花粉、苏木、木香等；对于长条形、纤维重或粉性强的药材多切斜片，如黄芪、甘草、桂枝、苏梗等；对于一些叶类和皮类药材，多切丝，如枇杷叶、荷叶、黄柏、五加皮、陈皮等；对于葛根、神曲、阿胶等多切块（丁）类饮片；对于全草类和形态细长的药材，以及含黏液质重不易切片的药材多切段，如荆芥、薄荷、佩兰、麻黄、天冬、巴戟天等；对于质泡体大的药材常挽卷成一定质量的团卷，如竹茹、大腹皮等；对于矿物、贝壳类药材常碾成粗粉，如石膏、牡蛎、龙骨等。

（三）饮片的切制工艺

饮片的切制方法主要有切、镑、刨、锉、劈、捣、碾、挽卷、拌等。切可通过手工和机器进行操作；镑是将药材镑成极薄片的操作工艺，主要适用于动物角质类或木质类药材，如羚羊角、水牛角、苏木、降香等；刨是用刨刀将药材刨成刨花样薄片的操作，主要适用于木质类药材；锉是用钢锉把药材锉为粉末的过程，主要适用于质地坚硬的贵重药材；劈是用斧类工具将药材劈砍成块或不规则厚片的操作，主要适用于木质类药材；捣是用铜质、铁质、或木质的杵棒，在冲钵内将药材锤打成碎粒的操作工艺，主要适用于矿物类、贝壳类及一些体质坚硬的植物类药材。碾法也主要适用于矿物药；挽卷主要适用于纤维重、质地轻泡的药材。

四、饮片的干燥

饮片的干燥是采用合适的方法去除饮片中水分的过程。药材切成饮片后，为了便于贮存、保存药效，必须对饮片及时干燥和包装，以免影响药材质量。

饮片的干燥方法主要有自然干燥、人工干燥两种。自然干燥主要适用于含挥发性成分较多、气味芳香、色泽鲜艳、受日光照射易走油和变色的药材，以保持饮片的形、色、气、味等俱全，保证药效的充分发挥；人工干燥不受气候和温度的影响，与自然干燥相比，能缩短干燥时间。人工干燥的温度和时间应根据药材的性质而定。如薄荷、荆芥等芳香类药材干燥时温度不宜过高，以防香味走散；山药、浙贝母等粉质类药材干燥时须随切随晒或低温烘焙；当归、川芎等油质类药材极易起油不宜烘焙，而宜日晒或低温干燥。

笔记

自然干燥主要是通过日光晒干或置阴凉通风处阴干，自然条件的变化是否会对其中的有效成分含量产生影响，如何尽量避免对药材质量的影响？

五、炮制加工

中药主要来源于自然界的植物、动物和矿物，根据中医理论这些天然药物或质地坚硬、粗大、或含有杂质、泥沙、或含有毒性成分等，所以要经过加工炮制才能应用。

（一）炮制加工的目的

不同的中药原料，成分各异，作用、疗效、毒性等也就不尽相同，所以在临床使用前我们有必要对其进行处理，减毒或增效等等，即谓之曰“炮制”。炮制加工的目的通常如下。

1. 通过炮制可降低或消除药物的毒性、副作用，保证临床用药安全，如草乌可通过蒸制、煮制、加辅料制等方法降低其毒性；

2. 改变或缓和药物性能，中药常通过炒制、麸制、蜜炙制等方法缓和药性。如麻黄生用辛散解表，蜜炙后缓和辛散作用，增强止咳平喘作用；

3. 可通过炮制后提高药物溶出率，并使溶出药物易于吸收而增强疗效，如种子类药物经爆炒炮制后使其表面硬壳破裂，便于有效成分溶出。或通过辅料和药物协同起效而增强疗效。

另外，可通过炮制改变或增强药物作用部位，便于调剂、贮藏、保存药效和便于服用等。

（二）炮制加工的主要方法

中药炮制的主要目的是提高药材质量，保证临床用药安全有效。药材品种繁多，各种药材的炮制目的不同，炮制方法各异。

1. 炒制　指将修治洁净的药材或切制后的生片置炒药锅内，用不同火力持续加热，并不断翻炒至一定程度。通过炒制可达到增强药效、缓和或改变药性、降低毒性、减少刺激性、矫臭矫味、便于贮存和制剂等目的。

根据是否加入辅料和所加辅料的不同，常分为清炒、麸炒、米炒、土炒、盐炒、药炒等。

2. 炙制　指将修治洁净的药材或经切制的生片与蜜、酒等液体辅料共置炒药锅内，文火加热拌炒使辅料逐渐渗入药材组织内的炮制方法。药材组织吸收液体辅料并经加热炒制后，其性味归经、功效、理化性质等均能发生某些变化，主要起到降低毒性、抑制偏性、增强疗效、矫臭矫味、以及使药效成分易于溶出等作用。

根据所用辅料不同，炙制可分为蜜炙、酒炙、醋炙、盐炙、姜炙等方法。

3. 烫制　是将药物与油砂、蛤粉或滑石粉等固体辅料共置炒药锅内，用文武火加热，药物借助于油砂等中间传热体均匀受到200～300℃较恒定温度的急速炮炙，而变得泡松、酥脆的炮制方法。

烫制所用的温度高于炒制，低于煅制温度，先武火后用文火，炒制速度快，由于中间体的存在使受热均匀，温度恒定。根据所用中间体不同，可将烫制分为砂烫、粉

笔记

烫，根据临床需求和药物性质选用合适的中间体。

经烫制可使药物变得疏松、酥脆，易于粉碎和煎出有效成分，如砂烫龟板、鳖甲等；并可矫味、除去黏性，如蛤粉烫阿胶；对于金毛狗脊、骨碎补等可通过烫制去毛以减少刺激性；还可经烫制去针锋以解毒，如滑石粉烫刺猬皮、砂烫马钱子等。

4. 煨制　是指将药物用湿面或湿草纸包裹后，置于加热的滑石粉或砂中；或将药物直接置于加热的麦麸中；或将药物层层裹纸加热的炮制方法。其特点主要是药物的四周都有均匀适度的热量。

根据所用辅料不同，可将煨制法分为面裹法、纸裹法、麸皮煨、滑石粉煨等多种方法，但至今沿用的药物不多。

5. 蒸制　是将经修治或切制的药材、饮片单独或拌入辅料，然后置于特制蒸药容器内隔水加热，利用水蒸气将药物蒸熟、蒸黑或蒸软的炮制方法。其中不加辅料者称为清蒸，加辅料者称为加辅料蒸。

蒸制后可改变药物的性能，扩大用药范围，如生地蒸制后药性由寒转温，具有补血功用；有些药物经蒸制可减少副作用，增强疗效，如何首乌经蒸制后，减弱滑肠副作用，增强补肝肾的作用。

6. 煮制　将修治洁净的药物单独或加辅料置于制药锅内，加适量饮用水同煮的炮制方法。药材经煮制后可清除或降低药物毒性，如川乌经甘草黑豆煮制后可显著降低其毒性；有些药材经辅料煮制后，可改善药性，并借助于辅料的协同作用，增强其疗效，如醋煮制元胡。

以上为常用的炮制方法，除此之外，还有煅制、制炭、制霜、制曲等炮制方法，根据临床用药需要和药物的性质，选择合适的炮制方法。

课堂互动

根据以前所学过的相关专业知识，从药材内在物质基础改变的角度分析一下炮制的目的，结合工业化生产谈谈中药炮制对产品质量的影响。

六、粉碎

粉碎是借助于机械力的作用将大块固体物料碎裂成规定细度的操作过程。是中药前处理过程中的必要环节。药材经粉碎可增加其表面积，加速有效成分的浸出，促进溶解与吸收，提高生物利用度，并且便于调剂和服用，为多种剂型的制备奠定基础。

（一）粉碎原理

固体药物在外加机械力的作用下，一定程度上破坏了物质分子间的内聚力，从而使药物从大颗粒变成了小颗粒，表面积增大。粉碎也就是将机械能转化成表面能的过程。

药物粉碎后表面积增大，从而引起表面能的增加，所以已粉碎的粉末处于不稳定状态，有重新结聚的倾向，故中药厂多采用部分药料混合后再粉碎，通过将一种药物掺入到另一种药物中而使分子内聚力减小，降低粉末表面自由能而减少粉末的重新结聚。

笔记

（二）粉碎方法

根据中药不同来源与性质，粉碎可采用单独粉碎、混合粉碎、干法粉碎和湿法粉碎等方法。药物性质是影响粉碎效率的主要因素，也是选择粉碎方法的重要依据。如对于富含糖分、具有一定黏性的药材，可采用传统粉碎方法，如串料法；对含脂肪油较多的药材，可用串油法；对珍珠、朱砂等可采用"水飞法"；对热可塑性的物料可采用低温粉碎方法等。

1. 干法粉碎　是将干燥药材直接粉碎的方法。药材应先采用晒干、阴干、烘干等方法充分干燥，使水分降低到一定限度（一般应少于5%），再进行粉碎。根据药材特性可采用混合粉碎、单独粉碎或特殊处理后混合粉碎等粉碎方法。

（1）混合粉碎：是将处方中性质和硬度相似的中药经过适当处理后，全部或部分药物掺合在一起共同粉碎。复方制剂中的多数药材均采用此法粉碎，可克服单独粉碎中粉末易再结聚的问题，且粉碎与混合操作同时进行，效率较高。根据药物的性质和粉碎方式的不同，有串料粉碎、串油粉碎和蒸罐粉碎。

（2）单独粉碎：是将一味中药单独进行粉碎的方法，以便用于各种制剂中。本法适用于：贵重细料药如冰片、麝香、牛黄、羚羊角等；毒性药如马钱子、轻粉等；刺激性药如蟾酥；氧化性或还原性强的药物，如火硝、硫磺、雄黄等；树脂树胶类药，如乳香、没药等。除此之外，还有制剂中需单独提取的药物、质地坚硬而不便与余药一同粉碎的药，如三七、代赭石等。

2. 湿法粉碎　是将药料中加入适量水或其他液体与之一起进行研磨粉碎的方法。"水飞法"和"加液研磨法"均属湿法粉碎。水或其他液体小分子渗入药物颗粒裂隙，使其分子间引力减少而利于粉碎。对于较强刺激性和毒性的药物，可避免粉碎时的粉尘飞扬。

湿法粉碎主要包括水飞法和加液研磨法。水飞法是指将非水溶性药料先打成碎块，置于研钵中，加入适量水，用杵棒用力研磨至药料被研细，及时将含有部分细粉的混悬液倾出，余下的再加水反复研磨，直至全部药料被研磨成细粉。合并混悬液，将沉降得到的细粉取出干燥，即得极细粉。如朱砂、炉甘石、珍珠、滑石粉等。加液研磨法是将药料先放入研钵中，加入少量液体后进行研磨，直至药料被研细为止。如研磨樟脑、冰片、薄荷脑等药时，常加入少量乙醇。

3. 低温粉碎　低温时物料脆性增加，易于粉碎。低温粉碎适用于在常温下较难粉碎的物料，软化点低的物料，熔点低及具有热可塑性的物料，如树脂、树胶、干浸膏等。另外，对于富含糖分、具有一定黏性的中药也可采用低温粉碎。粉碎时将物料冷却，迅速通过粉碎机粉碎，或将物料与干冰或液化氮气混合后再进行粉碎。

4. 超细粉碎　超细粉碎是一项具有广泛应用前景的粉碎技术。一般粉碎方法可将原料药材粉碎至200目左右（75μm），而超细粉碎可将原料药材进行细胞级粉碎。粉碎体粒径为1～100nm的称为纳米粉体；粒径为0.1～1μm的称为亚微米粉体；粒径大于1μm的称为微米粉体。在该细度条件下，一般药材细胞的破壁率≥95%。超细粉碎不仅适合于不同质地的药材，而且可使药材成分的溶出迅速完全，起效更快。与以往的纯机械粉碎方法完全不同，超微细粉化技术采用超音速气流粉碎、冷浆粉碎等方法，粉碎过程中不产生局部过热，且在低温下进行，粉碎速度快，因而最大程度地保留了中药生物活性物质及各种营养成分，提高药效。

笔记

第二节　中药提取技术

中药提取是指采用合适的方法使中药中含有的有效成分从固相向液相转移的质量传递过程。分离中药有效成分，首先要进行提取，采用合适的溶剂和方法，将所需的有效成分尽可能完全地从中药中提取出来，并且要尽可能避免或减少杂质的溶出，才能达到目的。中药提取是中药制剂生产过程中的关键环节之一，提取技术的优劣将直接影响药品的质量。常用的提取方法有：煎煮法、浸渍法、渗漉法、回流法、水蒸气蒸馏法、超临界流体萃取法等。提取方法的选择直接影响有效成分的提取和分离。下面我们就顺次作以介绍。

一、浸提溶剂与浸提过程

提取溶剂选择的是否合适直接决定了提取效果的优劣，溶剂的选择要满足对有效成分具有较高的溶解度，同时要具有一定的选择性，即高效溶解有效成分的同时，尽可能避免或减少其他成分的溶出。

（一）常用的提取溶剂

1. 水　水作溶剂经济易得，极性大，溶解范围广。药材中的生物碱盐类、苷类、苦味质、有机酸盐、鞣质、蛋白质、糖、树胶、色素、多糖类（果胶、黏液质、菊糖、淀粉等），以及酶和少量的挥发油都能被水浸出。其缺点是浸出范围广，选择性差，容易浸出大量无效成分，给制剂滤过带来困难，制剂色泽欠佳、易于霉变，不易贮存。而且也能引起某些有效成分的水解，或促进某些化学变化。

2. 亲水性有机溶剂　一般指的是与水能混溶的有机溶剂，如乙醇、甲醇、丙酮等。其中以乙醇最为常用。

乙醇为半极性溶剂，溶解性能介于极性溶剂与非极性溶剂之间。既可溶解水溶性成分（蛋白质、黏液质、果胶、淀粉除外），又能溶解某些非极性成分。且能与水以任意比例混溶，不同浓度的乙醇可溶解不同的成分。采用乙醇作为溶剂有很多优点，如与水相比用量较少，提取时间短，蒸发浓缩耗能少，溶出的水溶性杂质少，提取液不易发霉变质，与其他有机溶剂相比毒性小等优点。基于上述优点，所以乙醇是用得最为广泛的有机溶剂之一。

甲醇与乙醇性质相似，也可与水互溶，但具有毒性，使其在药品、食品等工业化生产中的应用受到一定的限制。

丙酮是一种良好的脱脂、脱水溶剂，与乙醇和甲醇类似，也可与水任意互溶。常用于新鲜药材脱水或脱脂，但具有一定毒性。

以上溶剂均具有挥发性、易燃性，生产中应注意安全防护。

3. 非极性有机溶剂　一般指的是不能与水互溶的有机溶剂，如乙酸乙酯、乙醚、石油醚、苯等。这类溶剂挥发性较大，多有毒性、价格较贵，较难渗透到组织内部，特别是含较多水分的药材，这类溶剂很难浸出其中的有效成分。少用于中药原料的提取，一般仅用于提纯精制有效成分。

除了上述提取溶剂外，为了提高有效成分的溶解度，减少杂质溶出，提高提取效果，常要加入一些辅助剂，如酸、碱、表面活性剂等。如加酸可促进生物碱的浸出，并

笔记

可使有机酸游离，然后用有机溶剂提取；碱可与一些有效成分成盐而增加溶解度和稳定性；表面活性剂可降低药材和溶剂间的界面张力，促进药材的润湿和成分的提取。

（二）溶剂的选择

溶剂的选择主要是根据被提取有效成分的溶解性，所用的溶剂应对所要提取的有效成分具有较高的溶解度，而对于其他成分溶解度较小。主要取决于溶剂的性质和有效成分的性质，也即"相似相溶"的原理，也即被提取的成分的极性和溶剂的极性相当，极性成分容易溶解在极性溶剂中，而非极性成分容易溶解在非极性溶剂中，这是选择合适提取溶剂的重要依据之一。

常用溶剂的亲水性强弱：石油醚 < 二硫化碳 < 四氯化碳 < 三氯乙烷 < 苯 < 二氯乙烷 < 氯仿 < 乙醚 < 乙酸乙酯 < 丙酮 < 乙醇 < 甲醇 < 乙腈 < 水 < 吡啶 < 乙酸

溶剂的选择除了与被提取成分极性相似，即对被提取成分的溶解度大，而对杂质溶解度小的条件外，提取溶剂还要满足化学惰性，即不与中药成分发生化学反应，溶剂要价廉易得、无毒、使用安全等。溶剂选择适当与否直接关系到提取效果是否理想。

（三）中药浸提过程

中药的浸提过程是采用适当的溶剂和方法使中药中所含的有效成分溶出的操作，通常包括浸润与渗透、解吸与溶解、浸出成分扩散等几个阶段。对于无细胞结构的矿物药和树脂类药材，其成分可直接溶解于溶剂中；对于粉碎的药材，细胞壁破碎，其中的成分可被溶出、胶溶或洗脱下来。而对于细胞结构完好的动植物中药来说，细胞内成分溶出需要经过一个浸提过程。

1. 浸润与渗透　药材的浸润取决于药材与溶剂间的附着力与溶剂分子间内聚力的大小，若药材与溶剂间的附着力大于溶剂间的内聚力，药材则能被浸润；反过来，若药材与溶剂间的附着力小于溶剂间的内聚力，则不易被浸润。所以应选择合适的溶剂，使其与药材表面具有较好的附着力，这样溶剂就容易润湿药材而渗透到药材组织内部，由于多数药材含有较多的极性基团，所以与常用的浸提溶剂（水、乙醇）具有较好的亲和性，所以可以被水和乙醇等极性溶剂润湿。

溶剂润湿药材后，会逐渐渗入药材组织内部，该过程不仅与药材和溶剂性质有关，还和药材的质地、药材粒度及浸提压力等有关。通常中药质地疏松、粒度小、加压提取或加入表面活性剂时，溶剂比较容易渗入到药材中。

2. 解吸与溶解阶段　中药成分溶解到溶剂之前，必须首先克服细胞中各种成分之间或成分与细胞壁之间的亲和力，这样才可能使其中的成分以分子、离子、胶体粒子等形式分散于溶剂中，这种作用称为解吸。

溶剂渗透到细胞内以后，提取溶剂借助毛细管和细胞间隙进入细胞组织中，与解吸的成分相接触，首先解除这种吸附作用，从而使成分转入溶剂中，接着就是溶解阶段。但成分能否被溶剂溶解，主要与成分的结构和溶剂的性质相关，遵循"相似相溶"原则。

解吸与溶解的速度主要取决于溶剂对成分亲和力的大小，因此，选择合适的溶剂有助于加快这一过程。此外，加热浸提或加入辅助溶剂（酸、碱、甘油、表面活性剂等）有助于有效成分的解吸和溶解。

3. 扩散和置换　随着溶剂不断解吸和溶解中药成分，细胞内溶液浓度明显提高，

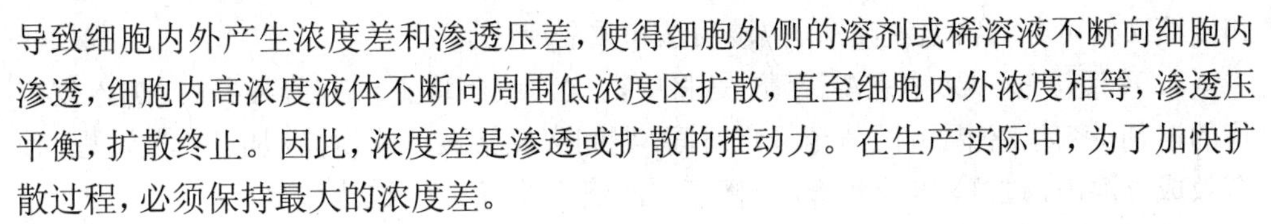

导致细胞内外产生浓度差和渗透压差，使得细胞外侧的溶剂或稀溶液不断向细胞内渗透，细胞内高浓度液体不断向周围低浓度区扩散，直至细胞内外浓度相等，渗透压平衡，扩散终止。因此，浓度差是渗透或扩散的推动力。在生产实际中，为了加快扩散过程，必须保持最大的浓度差。

（四）影响浸提的因素

中药提取是一个多因素综合作用的过程，首先溶剂和中药相接触，在浸泡过程中，中药成分逐渐溶解，并借助于浓度差的作用扩散到溶剂中直到平衡。在这一过程中，提取溶剂、中药的粉碎度、提取时间、提取温度等因素都能影响提取效果，实际操作中，要通过工艺优化筛选合适的提取工艺条件。

影响浸提效果的因素有很多，同一因素的不同状态对浸提效果影响很大，如不同的溶剂、不同的粉碎度等，应如何选择各种因素的合适状态？

二、常用的中药提取方法

中药提取有效成分的常用方法有浸渍法、煎煮法、渗漉法、水蒸气蒸馏法、回流提取法等。近年来，新技术、新方法不断应用于中药提取过程，具有提取效率高、杂质少等特点，有着广阔的应用前景，如超临界流体萃取、超声波提取、微波辅助提取、半仿生提取等。应根据药材性质、溶剂性质、剂型要求和生产实际等选择合适的提取方法。

（一）煎煮法

煎煮法是用水作为浸提溶剂，按照一定质量比加入，将经预处理的药材加热煮沸一定时间，将中药中所含有效成分提取出的一种常用方法。一般加水比为 8～12 倍，冷水浸泡一定时间，有利于有效成分的溶出，然后煎煮 2～3 次，收集滤液，经浓缩、纯化等步骤，按要求制成各种制剂。

该法主要适用于有效成分能溶于水，且对温度和水较稳定的药材的提取，除了用于制备汤剂外，也是制备其他剂型的基本方法之一。煎煮法用溶解范围广泛的水作为溶剂，所以在提取有效成分的同时，大量水溶性杂质及少量脂溶性杂质也被同时提取出来，不利于后续的分离纯化处理。特别是提取出有些成分极易霉变，需要及时处理。但煎煮法符合中医传统用药习惯，因而对于有效成分尚不清楚的中药或方剂的研究，通常采用煎煮法进行提取。

（二）浸渍法

浸渍法是中药提取中非常简便、常用的一种方法。通常在常温下，用定量溶剂浸泡药材一定时间，以提取中药有效成分。浸渍法所需要时间较长，用水作溶剂易发生霉变，所以常选用不同浓度的乙醇作为浸渍溶剂，故浸提过程应密闭以防止溶剂挥发。

浸渍法主要适用于有效成分遇热易分解的药材，以及含大量淀粉、果胶、黏液质的药材和新鲜、易于膨胀或糊化、价格低廉的药材。由于该过程为静止状态，溶剂利用率低。浸渍法操作简单，但溶剂用量大，提取时间长，提取效率低。按照提取温度

笔记

和浸渍次数可分为常温浸渍法、热浸渍法和重浸渍法。

1. 冷浸渍法　又称室温浸渍，是将中药饮片或碎块置于有盖容器内，加入规定量的溶剂，密闭，室温下浸渍至规定时间，期间应经常振荡或搅拌，加速扩散过程，使有效成分溶出，过滤，压榨药渣，压榨液与滤液合并，静置，过滤即得。

常用该法制备药酒，酊剂，浸提液浓缩后可进一步制备流浸膏、浸膏、片剂、颗粒剂等。

2. 热浸渍法　为了加速浸渍过程，缩短浸提时间，常借助于水浴或蒸气加热，在40～60℃进行的浸渍操作。

3. 重浸渍法　在浸渍法的操作过程中，当扩散达到平衡时，药渣中会吸附一部分药液，常通过压榨或多次浸渍以减少由于药渣吸附所造成的成分损失。具体操作可将溶剂分成几份，用第一份溶剂浸渍后，滤过，药渣再用第二份溶剂浸渍，如此重复2～3次，合并浸渍液即得。该法可大大减少浸出成分的损失，提高浸提效果。浸渍法常用的设备为浸渍器和压榨器。

（三）渗漉法

浸渍法属于静态提取过程，而渗漉法是动态浸出有效成分的提取方法。是将药材粗粉置于渗漉器内，不断加入新鲜溶剂，溶剂渗入药材细胞溶解大量可溶性成分，浸出液的浓度增大，密度增大而向下移动，渗漉液不断地从渗漉器下部流出，直接收集渗漉液。由于上层溶剂不断置换位置而形成良好的浓度差，溶出剂利用率高，有效成分浸出较完全，效果优于静态的浸渍法，且溶剂用量相对较少。与浸渍法相似，渗漉过程所需时间也较长，故也不宜用水作溶剂，通常也是选用不同浓度的乙醇作为渗漉溶剂。

该法主要适用于有效成分含量较低的药材提取。但新鲜且易膨胀的药材、无组织结构的药材，不宜选用本法。

（四）回流法

回流法是采用乙醇等易挥发的有机溶剂作为提取溶剂，加热条件下，挥发性溶剂馏出，冷凝后重复流回浸出器中再次浸提药材，周而复始，直至有效成分回流提取完全的方法。回流法可分为回流热浸法和回流冷浸法。

1. 回流热浸法　实验室操作是将药材饮片或粗粉装入圆底烧瓶内，药材装量为烧瓶容量的20%～50%，添加溶剂至浸没药材表面约1～2cm，瓶口连接冷凝装置，水浴加热，回流浸提至规定时间，滤过，药渣加入新溶剂回流2～3次，合并滤液，回收溶剂，即得浓缩液。大量生产中多采用连续回流提取。

2. 回流冷浸法　也即实验室中的索氏提取法。利用溶剂回流虹吸的原理，使药材粉末不断地被纯的溶剂所浸提，既可节约溶剂，又可提高浸提效率。提取少量药粉可用索氏提取，大量生产中多采用循环回流冷浸装置。

回流法与渗漉法相比，回流过程中由于溶剂能循环使用，所以溶剂用量相对较少，提取效率较高。但由于连续加热，故不适于受热易破坏的药材成分的浸出。两种回流方法相比，回流热浸法的溶剂只能循环使用，不能不断更新，提取效率低。为了提高浸出效率，往往需要更换新溶剂提取2～3次，溶剂用量较多；而冷浸法的溶剂既可以循环使用，又可以不断更新，故溶剂用量较少，浸提更完全。

（五）水蒸气蒸馏法

根据Dolton分压定律，理想气体混合物的总压力为各组分分压之和。当分压总

和等于外界大气压时，混合液体就开始沸腾。互不相溶的液体混合物的沸点低于每一物质单独存在时的沸点。因此，在不溶于水的有机物质中通入水蒸气时，该有机物质可在低于其沸点、等于或低于 100℃的温度下蒸馏出来。该法主要适用于具有挥发性、能随水蒸气蒸馏的中药有效成分的提取。这些成分不溶或难溶于水、与水不发生反应、能随水蒸气蒸馏而不会被破坏，如芳香性及具有挥发性成分的药材的提取、麻黄碱等小分子生物碱、牡丹酚等小分子酚类物质的提取等。此类成分的沸点多高于 100℃，在 100℃附近存在一定的蒸气压，与水一起加热时，其产生的蒸气压和水产生的蒸气压的总和为 1 个大气压时，液体开始沸腾，挥发性成分随水蒸气一并蒸出，收集蒸馏液。

由于水的沸点为 100℃，温度较高，所以该法不适于有效成分易氧化或分解的药材的提取。在实际操作中，为了提高蒸馏液的纯度或浓度，常需要进行重蒸馏，但蒸馏次数不宜过多，以防止挥发油中某些成分被氧化或分解。

（六）超临界流体萃取

超临界流体萃取法是利用超临界流体（supercritical fluid，SCF）作为提取溶剂，将中药中的有效成分提取出来的方法。超临界流体是指温度和压力略超过或靠近临界温度（T_c）和临界压力（P_c），介于气体和液体之间的流体，可以从固体或液体中提取出高沸点或热敏性的成分。

1822 年法国医生 Cagniard 首次发现物质的临界现象。1879 年，英国化学家 J. B. Hannay 和 Hogarth 就曾报道超临界流体对液体和固体物质具有显著的溶解能力。20 世纪 50 年代，美国科学家 Todd 和 Elain 从理论上提出了超临界流体萃取分离的可能性。1962 年，德国科学家 K. Zosel 掌握了超临界流体作为分离介质的规律性，后来超临界流体萃取便开始兴起。20 世纪 80 年代才开始引入我国，1991 年才将该技术应用在中药提取中。

1. 原理及特点　超临界流体萃取的原理主要是由于超临界流体的特殊性，同时具有气体和液体的一些特点，黏度和扩散系数类似于气体，而密度和溶解度类似液体。在超临界流体区，压力和温度的微小改变都会引起流体密度的大幅改变，而流体密度越大，物质溶解度越大，所以可通过温度或压力的改变而实现萃取和分离的过程。

由于超临界流体的特殊性能，使其在医药、化工、食品等方面得到广泛的应用。由于二氧化碳本身无毒、无腐蚀性、临界温度和临界压力较低、价廉易得、可循环使用，因而成为超临界流体萃取技术中最常用的萃取剂，常称为超临界 CO_2 萃取。

与传统提取方法相比，超临界流体萃取主要具有以下特点：①临界温度低，可有效防止热敏性成分和高沸点成分在提取过程中被破坏；②全程不用有机溶剂，无有机溶剂残留，对环境无污染；③工艺优越、质量稳定可控，药理临床效果好；④超临界二氧化碳流体可抗氧化、灭菌，有助于保证和提高产品质量；⑤可通过压力的改变或加入夹带剂来改变流体的极性；⑥萃取能力强，提取效率高，几乎能将所要提取的成分完全提取；⑦提取时间快，生产周期短。一般提取 10 分钟便有有效成分分离析出，2～4 小时即可提取完全。同时，不需要浓缩，即使加入夹带剂，也可以分离除去或只需用简单的浓缩。

笔记

夹带剂

在超临界流体萃取中，常在纯流体中加入少量的与目的产物亲和力较强的组分，该组分可提高超临界流体对目的产物的溶解度和选择性，称之为夹带剂，有时也称改性剂或共溶剂。夹带剂可分为非极性夹带剂和极性夹带剂两种，夹带剂可以是液体，也可以是固态化合物。

夹带剂对超临界流体的溶解度和选择性的影响主要体现在两个方面：一是影响溶剂的密度；二是影响溶质与夹带剂分子之间的相互作用，如范德华力、氢键或其他分子作用力等。除此之外，在临界点附件，温度和压力的变化对溶质溶解度的影响比较敏感。加入夹带剂可在一定程度上增加溶质溶解度对温度和压力的敏感程度。

夹带剂的用量一般不超过流体的15%，常用的夹带剂有甲醇、水、丙酮、乙醇、笨、甲苯、二氯甲烷、四氯化碳等。

2. 工艺过程　超临界流体萃取主要有三种工艺流程：等温法、等压法、吸附法。

等温法是依靠压力改变进行萃取分离的过程，在一定温度下，萃取溶质后的超临界流体经减压，密度减小，物质的溶解度降低，从而和萃取剂分离，萃取剂经压缩后返回萃取器循环使用。

等压法是依靠温度的改变进行萃取分离的过程。在一定压力下，萃取溶质后的超临界流体经加热升温后，密度减小，物质的溶解度降低，和萃取剂得到分离，萃取剂冷却压缩后返回萃取器循环使用。

吸附法是在恒温恒压下萃取，然后借助于吸附剂进行分离的操作。经萃取后的溶质进入分离器中，被吸附剂吸附而与萃取剂分离，萃取剂经压缩后返回萃取器中循环使用。

这三种工艺流程中，等温法和等压法多用于产品精制，而吸附法多用于杂质的去除。实际操作过程中，压力比温度便于调节，所以等温法比等压法更为常用。

3. 主要应用　超临界萃取技术由于自身独特的优势，广泛应用于药品、食品、化妆品等行业。在中药成分提取中的应用日益增多，主要有以下几个方面：

（1）挥发油和萜类成分的提取：常用于提取挥发油的方法主要有水蒸气蒸馏法、压榨法、有机溶剂法等，以水蒸气蒸馏法最为常用，但在加热过程中易破坏热不稳定成分。超临界流体萃取可在较低温度下进行操作，避免热敏性成分的破坏，且溶解性好，收率较高，产品质量好，提取速度快。如肉桂中挥发油的提取，得率比水蒸气蒸馏法高出约100%，桂皮醛含量高出17%；对辛夷精油的提取率比水蒸气蒸馏法高58%，且所得到的精油的香气、品质等优于水蒸气蒸馏法。

（2）生物碱类成分的提取：超临界流体萃取在生物碱提取中的应用较早，利用超临界流体从咖啡豆中脱出咖啡因，并进行规模化产业化生产。利用超临界流体萃取生物碱类成分，一般要先对药材进行碱化处理，使得以盐形式存在的生物碱类成分游离出来，使其极性降低，从而易于被非极性的超临界二氧化碳萃取出来；或通过加入有机溶剂浸润药材，破裂植物细胞壁，使得超临界二氧化碳易于渗透到细胞中，提高萃取效率；除此之外，也可通过加入夹带剂或表面活性剂提高生物碱在超临界二氧化碳中的溶解度。

笔记

（3）黄酮类化合物的提取：超临界萃取对于黄酮类成分的提取是一种有效的方法，可以实现萃取分离一步完成，操作时间短，萃取效率高。如灯盏花黄酮的提取，与水提醇沉法比较，提取率和纯度都有所提高，提取时间缩短；另外，在银杏叶、甘草、杜仲叶、刺五加、槐花等的提取中都有应用。

（4）香豆素和木脂素的提取：游离的小分子香豆素和木脂素，可直接用超临界二氧化碳萃取；但对于大分子量或强极性的成分，有时需要加入夹带剂。如采用超临界流体萃取白芷中的香豆素，所得固体物的纯度高于醇回流提取法。

（5）醌类成分的提取：醌类成分多具有较大极性，所以采用超临界二氧化碳提取时压力较高，常需加入夹带剂。与传统提取法相比，超临界流体萃取虎杖中大黄素的提取率较高；采用该法提取丹参中的醌类成分，萃取率可高达 98.9%，为工业化生产提供了技术参数。

除此之外，还可用于糖、苷及萜类的提取分离。总之，超临界流体萃取技术在中药提取分离中的应用越来越广泛，不仅可用于单一成分的提取，还可用于中药复方制剂的提取，可除去或减少粗提物中的有机溶剂、农药、重金属残留，并可与其他单元操作联合使用，成为一种高效、便捷的分离手段。

（七）半仿生提取法

口服药物的吸收会受到人体消化系统的生理状态、药物理化性质等多种因素的影响，药物只有被人体吸收、代谢和利用，才能表现出理想的药效。半仿生提取法是为经消化系统给药的中药制剂设计的一种新的提取工艺。

该法将整体药物研究法与分子药物研究法相结合，从生物药剂学角度，模拟口服给药过程及药物在胃肠道的转运原理，分别用接近胃和肠道酸碱性的水溶液提取，即先用一定酸度的水提取，然后用一定碱度的水提取的方法，用一种或几种有效成分或总浸出物和（或）主要药理作用作为考察指标，筛选合适的提取工艺。

该方法模拟人体消化道的生理条件，所以称为半仿生。其考虑的是综合成分的作用，目的是提取指标成分含量高的活性混合物。该法不仅能体现中医临床用药综合作用的特点，而且符合药物经胃肠道转运吸收的原理。相关研究数据表明，该法提取效果优于传统提取法。

如对麻黄进行饮片颗粒化提取工艺研究的结果表明，以麻黄总生物碱、麻黄碱、浸膏得率为考察指标，半仿生提取法显著优于水提取法。

（八）超声波提取法

超声波提取法是近年来应用到中药有效成分提取的一种较成熟的技术手段。超声波是指频率为 20kHz～50MHz 左右的声波，属于一种机械波，需要能量载体 - 介质来传播。超声波在溶剂和样品之间产生声波空穴化作用，导致溶液内气泡形成、增长以及爆破压缩，进而使固体样品分散，增加样品与萃取溶剂间的接触面积，提高目标物从固相转移到液相的速率。

超声波提取区别于传统水提法，其无需高温，且可常压提取，提取效率较高，适用性广，溶剂选择范围广，且有一定的杀菌作用等。但超声波提取时噪声较大，要注意防护。由于该技术放大影响因素多、大规模提取效率不高，所以目前仅用于实验室规模。

（九）微波提取法

微波属于电磁波的一种，其波长在 1mm～1m，频率在 300MHz～300kMHz，介于

红外线和无线电波之间，微波的量子能级属于范德华力的范畴。微波与物质发生相互作用时，仅改变物质分子的运动状态，不改变其内部结构。微波提取也即微波辅助提取，是利用微波和传统的溶剂提取法相结合后形成的一种新的提取分离方法。

微波进入物料后，物料吸收微波，并将其转化为热能，使得微波的场强和功率不断衰减。不同物料对微波的吸收衰减能力不同，主要是由物料的介电特性决定的。衰减状态决定微波对物料的穿透能力大小。微波能在极短的时间内完成提取过程，主要是由于微波的热效应。在萃取体系中，水、蛋白质、脂肪、碳水化合物等都属于电介质。水分子由于其特殊结构，成为微波作用下引起物料发热的主要成分。

传统的热提取过程中，热能首先传递给溶剂，再由溶剂扩散进入物料，溶解有效成分后再从物料中扩散出来，传热与传质方向相反，需要大量时间。而微波加热属于内部加热，直接作用于物料分子而使整个物料同时被加热，传热与传质方向相同，可大大缩短时间。

与传统提取方法相比，微波提取具有很多特点，如：快速高效，提取可在较短时间完成；加热均匀，有效保护有效成分；对极性分子选择性强，提高纯度；增大难溶性物质的溶解度；溶剂选择范围广，用量少，回收率高；可破碎细胞，加速物质的溶出；热效率高，节约能源，安全可控。

基于以上优点，微波已广泛应用于中药成分的提取，如黄酮、生物碱、多糖、苷类等多种成分的提取，具有广阔的应用前景。但在大规模生产中如何降低微波的污染，加强安全防护需要进一步深入研究。

（十）酶提取技术

中药成分复杂，对于植物药来说，其中的有效成分是植物在生长期经过一系列新陈代谢后所形成的，多存在于细胞壁内，而植物细胞的细胞壁主要由纤维素构成，约占 1/3～1/2，另外还有半纤维素和果胶质。其存在不仅会影响到植物细胞中活性成分的浸出，而且也会影响制剂的稳定性和澄明度。

传统的提取方法存在提取温度高、提取率低、成本高、有效成分损失大等缺点。为了有效地提取中药成分，必须破坏细胞壁、细胞间结构和细胞内的其他成分。为了提高疗效，必须尽可能多地提取有效成分，并减少杂质的溶出。酶法提取条件温和、选择性强，可选择性降解植物细胞壁，促进有效成分的溶出；也可选择性地降解淀粉、果胶、蛋白质等杂质，提高提取物的纯度和疗效。

目前，中药有效成分提取中应用较多的是纤维素酶，可以将细胞壁降解，使有效成分破壁而出。如采用纤维素酶酶解提取银杏总黄酮的工艺研究结果表明，与传统的乙醇提取工艺相比，银杏总黄酮得率提高了 18.92%；葛粉中异黄酮的提取中，将葛根渣的酶法预处理与乙醇抽提相结合，可使异黄酮提取率明显提高。

第三节　常用分离纯化技术

中药经不同方法浸提后，浸提液中除了有效成分外，常含有多种可溶性及不溶性的杂质。不溶性杂质可通过沉降或过滤将固体和液体分离，浸提液得到澄清。对于其中的可溶性杂质，还要采用其他一些分离纯化手段将其去除，同时保留其中的有效成分，提高有效成分的纯度，为制剂提供合格的原料或半成品。如沉淀法、透析法、

萃取、分馏、大孔吸附树脂、离子交换树脂、凝胶色谱、膜分离技术等。

一、沉淀法

沉淀法是在中药提取液中加入某些试剂使产生沉淀而达到分离目的的方法。根据所加入的沉淀剂的不同，可分为酸碱沉淀法、有机溶剂沉淀法、铅盐沉淀法、盐析法等。

1. 酸碱沉淀法　酸碱沉淀法是根据酸性成分（碱性成分）与碱（酸）反应生成盐而溶于水，再加入酸（碱），游离酸（碱）溶解度降低，形成沉淀，从而与其他成分分离的方法。如对于碱性成分的分离纯化，可先采用酸水浸提，浸提液碱化后采用有机溶剂萃取，再用酸水反萃取，碱性成分重新转移到酸水中，将该酸水碱化使该碱性成分游离，溶解度降低，形成沉淀而与其他成分分离。

2. 有机溶剂沉淀法（水提醇沉法）　该法是采用水作为浸提溶剂来提取中药中的有效成分，然后利用有效成分和杂质在水和醇中溶解度的差异，通过加入乙醇使杂质发生沉淀而去除的一种纯化方法。该法是中药提取中常用的纯化方法，常用于中药口服液、颗粒剂等制剂的初步纯化操作单元，广泛地用于中药有效成分的初步纯化。

其基本原理主要是利用中药中的有效成分多易溶于水和乙醇的性质，而水提液中的蛋白质、多糖、树胶、黏液质等成分易溶于水，而不溶于乙醇，所以可先通过水浸提，浓缩，然后加入乙醇到一定浓度，使不溶性成分沉淀除去，达到与有效成分分离的目的。一般来讲，当含醇量达到50%～60%时，可去除淀粉等杂质；含醇量达到75%，除了鞣质、水溶性色素等成分外，其他大部分杂质都可去除；当含醇量达到80%，几乎可除去全部蛋白质、多糖、无机盐类成分，同时保留了既可溶于水又可溶于醇的成分，如黄酮、生物碱、苷类、有机酸、氨基酸等。

加入乙醇时应注意将乙醇慢慢加入到浓缩液中，并且要边加边搅拌，使含醇量逐步增加，减少由于局部乙醇浓度过高而使杂质将有效成分包裹一起沉淀，进而造成有效成分损失。通过水提醇沉，可对中药浸提液进行初步的纯化，提高有效成分纯度，降低服用量，提高制剂的澄明度和稳定性。

在以往的研究中，多糖和蛋白质都是作为杂质而除去的，随着对中药研究的不断深入，发现这类成分也具有很多的药理活性，所以也可采用水提醇沉法来制备这类多糖和蛋白质类成分。

水提醇沉法具有操作简单等优点，但在长期应用过程中也发现了很多问题，如乙醇用量较大、操作周期较长、成本高、有效成分会有不同程度损失、回收乙醇后浸膏黏性大等。在使用这个方法之前要充分考虑到这些问题。

3. 醇提水沉法　该法是采用适宜浓度的乙醇提取中药中的有效成分，再用水去除提取液中杂质的方法。

采用乙醇提取时，由于蛋白质、多糖、树胶、黏液质等成分不易溶于乙醇，所以不易被提出，而油脂、树脂、色素等成分由于可溶于乙醇而被提出。将醇提液回收乙醇后，加水、搅拌、静置冷藏后，这些成分可发生沉淀，可通过过滤去除。该方法主要适用于蛋白质、多糖、黏液质等含量较多，且有效成分在醇中和水中溶解度较大的中药的提取。

4. 盐析法　是指在待处理的料液中加入大量无机盐，使其中的蛋白质等高分子

笔记

物质溶解度降低而沉淀析出，从而与体系中的其他成分得到分离的一种方法。主要用于有效成分为蛋白质类成分的药物的分离纯化，既能使蛋白质发生沉淀而分离，并且不使其变性。

少量盐离子的存在可减弱蛋白质分子间的作用力，促使其溶解，也即盐溶作用。而在高浓度盐的作用下，中和蛋白质表面电荷和使蛋白质胶体水化层脱水，从而易于凝聚发生沉淀。常用的盐主要有硫酸铵、硫酸钠、氯化钠等，其中硫酸铵由于其盐析能力强、饱和溶液浓度大、溶解度受温度影响小、且不易引起蛋白质变性等特点而最为常用。盐离子强度、pH、蛋白质浓度和性质、以及温度等都可影响盐析过程。在盐析过程中，滤液和沉淀均混入了盐离子，所以在盐析结束后，要采用透析法或离子交换法进行脱盐处理。

5. 铅盐沉淀法　是根据中性醋酸铅或碱式醋酸铅能与多种药物成分形成难溶性铅盐或是配合物沉淀的原理，使其与其他成分得到分离的纯化方法。能与中性醋酸铅生成沉淀的主要是含有羟基及邻二酚羟基的酚酸类成分，如有机酸、氨基酸、黏液质、蛋白质、酸性树脂、树胶、酸性皂苷、香豆素、鞣质、部分黄酮苷、蒽醌苷和一些色素（花色苷）等。碱式醋酸铅的沉淀范围更广，除了上面的成分外，还可沉淀某些中性的大分子物质，如中性皂苷、糖类、某些异黄酮类和弱碱性生物碱等。

主要操作过程为：将提取液先加入醋酸铅水溶液，静置，滤出沉淀，然后将沉淀悬浮在新溶剂中，通入硫化氢气体，使铅离子生成不溶性的硫化铅沉淀而除去。该方法脱铅彻底，但脱铅后的溶液偏酸性，对于酸不稳定性成分要特别注意。同时必须通入空气或二氧化碳气体驱除溶液中剩余的硫化氢。另外，呈胶体状态的硫化铅胶体沉淀可吸附部分有效成分而造成一定的损失。

此外，还可利用明胶或蛋白质溶液沉淀鞣质；利用胆甾醇与甾体皂苷生成难溶性分子复合物而自醇中析出；生物碱沉淀剂与生物碱产生沉淀等。沉淀法的使用关键是要选择合适的沉淀剂，选择何种沉淀剂主要取决于有效成分和杂质的性质。

二、透析

是利用小分子物质在溶液中可透过半透膜，而大分子物质不能透过半透膜的性质，借以分离纯化有效成分的方法。通过透析，可将蛋白质、多糖、多肽等大分子物质和无机盐、单糖、双糖等小分子物质得以分离，大分子物质截留在半透膜内，而小分子成分透过半透膜进入膜外的溶液中，从而加以分离精制。

三、萃取

利用混合物中各组分在互不相溶的两相中溶解度（分配系数）的不同而达到分离的方法。是常用的分离纯化手段。其主要操作过程主要包括三个步骤：首先是将萃取剂和样品溶液充分混合，由于某些组分在萃取剂中的溶解度高于其在样品溶液中的溶解度，所以这些组分将从样品溶液中向萃取剂中扩散，直至达到分配平衡，从而使得这些组分与样品溶液中的其他组分分离。

1. 有机溶剂萃取　是传统意义上的有机溶剂和水溶液间的萃取。首先将有机溶剂和水相（待处理的料液相）充分混合，待分离的组分在有机相中的溶解度大于水相的溶解度，所以这些成分将从水相转移到有机溶剂相，从而和水相中的其他组分分

笔记

离。萃取的基本原理是利用极性相似的物质容易溶解在极性相似的溶剂中，从而进行分离纯化的操作。

工业常用的萃取方式有单级萃取、多级错流萃取和多级逆流萃取，其中逆流萃取由于溶剂用量少，产品收率高而应用最为广泛。常用的设备有筛板塔等。

除此之外，近些年来，一些新型的萃取技术成为研究的热点，如反胶束萃取、双水相萃取、液膜萃取等。这些新型的萃取技术是传统有机溶剂萃取的有效补充。

2. 反胶束萃取　反胶束是将表面活性剂加入有机溶剂中所自发形成的一种聚集体，形成一个极性的核心，可避免蛋白质等与有机溶剂接触而变性。反胶束萃取也属于有机溶剂和水之间的萃取，所不同的是产物是从水相转移到有机相中的反胶束微水相的过程，所以可保留蛋白质类成分的活性。

3. 双水相萃取　双水相萃取是利用高分子聚合物的不相溶性，当聚合物达到一定浓度时，可形成两相，两相中水均占有较大的比例，所以称为双水相萃取。和反胶束萃取类似，双水相萃取也可保留蛋白质类成分的活性，并且不存在相分离。

4. 液膜萃取　是以液膜为分离介质，以浓度差为推动力的分离过程。液膜是悬浮在液体中的很薄的一层乳液微粒，将两个互不相溶的溶液分开，物质在浓度差的作用下通过渗透而达到分离。液膜分离技术具有良好的选择性、定向性、分离效率高，而且能起到浓缩、净化和分离的目的，目前广泛应用于制药、食品、生物制品等工业中，如采用液膜分离萃取有机酸、氨基酸、抗生素等。

知识链接

连续逆流萃(提)取

连续逆流萃(提)取(continuous countercurrent extraction，CCE)技术，是工业生产中应用较为广泛的萃取技术之一，在连续逆流萃取过程中，药材与萃取剂在设备内接触并呈逆向流动，整个过程连续进行，故称连续逆流萃(提)取。是针对单级萃取中存在的萃取效率低、传质推动力小，多级错流萃取中存在的有效成分浓度低、溶剂用量大等问题而产生的。在连续逆流萃取过程中，在逆流萃取的任意一个截面上，药材中有效成分的浓度与萃取剂中有效成分的浓度差都最大，也即传质推动力最大，从而可达到理想的萃取效果。药材和萃取剂的接触方式有逐级式和微分式，分别称为多级逆流提取和微分逆流提取，相应的设备为罐式逆流提取设备和连续逆流提取设备。

四、分馏法

分馏法是利用中药中各组分沸点不同进行分离纯化的方法。通常情况下，液体混合物沸点相差100℃以上，可采用反复蒸馏法达到分离纯化的目的。若沸点相差在25℃以下，则需要采用分馏柱分离。沸点越接近，所需要的分馏装置越精细。在中药有效成分研究中，常用于挥发油成分和一些生物碱类成分的分离。采用分馏法分离挥发油中各组分时，为了避免挥发油受热破坏，常在减压条件下分馏。

五、大孔树脂吸附法

大孔树脂吸附法是借助于由于范德华力或氢键作用而产生的吸附力，以及由于

大孔吸附树脂本身的多孔性网状结构所产生的分子筛作用，而进行分离纯化有效成分的方法。是将中药提取液流经大孔吸附树脂，其中的有效成分进行氢键吸附，然后采用合适洗脱剂洗脱除去杂质的一种纯化方法。

大孔吸附树脂具有操作简便、树脂再生容易、可重复操作、产品质量稳定、可选择性吸附、方便洗脱等方面的优势，在中药化学成分的分离纯化、中药复方制剂的纯化、制备等方面都显示出了独特的作用，广泛用于天然产物的分离和富集，如生物碱、黄酮、多糖、三萜等化合物的分离和精制。

大孔吸附树脂使用前首先必须进行预处理，采用高浓度乙醇湿法装柱，用乙醇流动清洗，直至流出的乙醇液与水混合不呈现白色浑浊，然后用蒸馏水洗去乙醇；将样品溶液流经大孔吸附树脂柱，使其中的有效成分充分吸附；然后各类成分吸附作用的强弱，选择不同的洗脱液，或不同浓度的同一种溶剂，对各类成分进行粗分。一般是先用适量水洗去单糖、鞣质、多糖等极性物质，然后采用浓度梯度的乙醇洗脱；为了保证树脂的正常吸附，一段时间后必须要采用 1mol/L NaOH（或 HCl）等进行树脂的再生。

六、离子交换法

离子交换树脂是一种不溶性的高分子多元酸或多元碱，其分子具有游离型交换基团，可与水溶液中的阳离子或阴离子发生交换作用。其基本原理是当待处理的料液经过离子交换树脂时，其中的正离子或负离子可与树脂的游离基团交换而吸附在树脂上。根据这一原理，可分离天然产物中含有游离离子基团的化合物，如有机酸、生物碱、氨基酸等，与不含游离离子基团的中性化合物进行分离。

依据被交换基团的不同，离子交换树脂可分为酸性阳离子交换树脂和碱性阴离子交换树脂两类，使用前均需进行一定的预处理。离子交换树脂操作简单，连续化生产程度高，在中药提取分离中应用广泛，广泛用于有机酸、生物碱、酚类、氨基酸、肽类等成分的分离，如采用阳离子交换树脂分离生物碱类成分，采用阴离子交换树脂分离有机酸和酚类成分，对于两性化合物如氨基酸，阳离子和阴离子交换树脂都可以用。

七、凝胶色谱法

凝胶色谱法是利用分子筛原理分离物质的一种方法。凝胶是一种具有网状结构的球形颗粒，在水中可膨胀的高分子化合物。凝胶用水膨胀后装柱，加入待分离的样品，洗脱，大分子物质由于不能通过网孔进入凝胶颗粒内部，所以随溶剂在颗粒间移动，而先被洗脱；小分子物质由于可自由进入凝胶颗粒内部，流速减慢，后被洗脱。在凝胶网孔分子筛的作用下，混合物将按照分子量大小先后流出，从而得到分离。

常用的凝胶是葡聚糖凝胶（Sephadex G）和羟丙基葡聚糖凝胶（Sephadex LH-20）。可用于黄酮、生物碱、有机酸、香豆素等多种成分的分离纯化。

第四节　提取液的浓缩

中药经适宜的溶剂浸提后，所得到的浸提液体积相对较大，有效成分浓度较低，若直接进行纯化处理，往往需要消耗大量的试剂、原料来富集有效成分，所以一般要

笔记

经浓缩处理，缩小浸提液的体积，便于保存和进一步的精制。

一、蒸发

蒸发就是通过加热使溶剂汽化，并不断地排除所产生蒸汽，从而提高溶质浓度的单元操作，属于浓缩方法的一种。需要热能的不断供给和蒸汽的不断除去，中药制药工业中常采用水蒸气作为热源以供给热能，称为加热蒸汽，而蒸发所产生的蒸汽称为二次蒸汽，蒸汽的除去常用冷凝法或用惰性气体带走。其目的是使溶液中的溶剂通过汽化除去而和溶质分离，所以要求溶剂具有挥发性，溶质不具有挥发性。

1. 常压蒸发　是指液料在一个大气压下进行蒸发，可用敞口设备进行操作。与减压蒸发相比，液体表面压力较大，所以蒸发所需温度较高，液面黏度大，易产生结膜现象而不利于蒸发，通过搅拌可提高蒸发强度。常压蒸发温度较高、耗时较长，成分易被破坏。多采用倾倒式夹层锅进行蒸发浓缩。

2. 减压蒸发　是在低于 1 个大气压下进行的蒸发浓缩操作，常将料液置于密闭容器内，通过加热并抽真空，降低内部压力，使料液沸点降低，而进行蒸发的操作。减压蒸发具有以下特点：由于沸点降低，可在较低温度、较短时间加热，可避免热敏性成分的分解；传热温度差增大，蒸发效率得到提高；不断排除蒸汽而利于蒸发顺利进行；由于沸点降低，可充分利用低压蒸汽或废弃蒸汽加热而节约能源；溶剂可回收等。减压蒸发的操作设备主要有减压蒸馏器、真空浓缩罐、管式蒸发器等。

3. 薄膜蒸发　汽化表面积是影响蒸发速度的重要因素，增加汽化表面可加速蒸发过程的进行。薄膜蒸发是使料液在蒸发过程中形成薄膜和泡沫，使汽化表面增加，促进蒸发进行的一种方法。多是利用料液剧烈沸腾时产生的大量泡沫，以泡沫内外表面为蒸发面进行蒸发。主要有以下特点：蒸发面积大、速度快、时间短；不受液体静压和过热的影响，避免成分被破坏；可在常压、减压下连续操作；溶剂可回收等。

薄膜蒸发的操作设备主要有升膜式蒸发器、降膜式蒸发器、刮板式薄膜蒸发器、离心式薄膜蒸发器等。

4. 多效蒸发　在中药生产过程，常常需要蒸发大量的水分，必然消耗大量的加热蒸汽和冷凝用水。为了减少加热蒸汽和冷凝用水的消耗量，常将多个蒸发器串联在一起，将前效所产生的二次蒸汽引入后效蒸发器作为加热蒸汽，称为多效蒸发。在这一过程中，二次蒸汽得到了充分利用。所以多效蒸发是一种可节约能源，并可提高蒸发效率的高效浓缩方法。

其主要操作过程为：抽真空，当各效的真空度达到 −0.06MPa 时，即可开启进料阀，当料液进入第一效蒸发器第一个视镜的 1/2 时，关闭进料阀，然后开启加热蒸汽阀，料液体积不断减少，应及时补充料液至第一视镜的 1/2 处。浓缩到一定程度后，收集三个蒸发室中的浓缩液，继续浓缩至规定密度。

多效蒸发装置中效数越多，温度损失也越大，并且根据中药浓缩液容易起泡、易跑料、易结垢等特点，在中药实际生产中常采用外加热式三效浓缩罐，根据加料方式不同，将其分为顺流加料法、逆流加料法、平流加料法和错流加料法。选用和设计蒸发设备应考虑以下几个方面：尽量保证较大的传热系数；适合溶液的性质；尽量减少温差损失；减慢传热面上污垢生成的速度；方便清洗；可排出蒸发过程析出的晶体；可完善分离液沫等。

笔记

二、膜分离技术

膜分离技术是用天然的或人工合成的具有选择透过性的高分子薄膜，在外界能量或化学位差的推动下，对产物分离、分级、提纯和浓缩的方法。推动力主要有压力差、浓度差、电位差等。根据膜孔径大小不同，可分为微滤、超滤、反渗透，主要是借助于筛分作用进行分离，除此之外还有电渗析，除了依靠筛分作用外，主要是依靠电位差的作用。微滤膜主要用于菌体、细胞和病毒的分离；超滤膜主要用于蛋白质、多肽、多糖的回收和浓缩，以及病毒的分离；反渗透膜主要用于盐、氨基酸、糖的浓缩和淡水的制造；透析法主要用于脱盐和除去变性剂；电渗主要用于脱盐、氨基酸和有机酸的分离。根据药材中有效成分和杂质的分子量大小，选择合适的膜，就可以实现有效成分的分离纯化，效果主要取决于膜材质、亲和性、荷电性、孔径、待处理药液的浓度、黏度、pH、溶质分子、以及工艺条件等因素。

膜分离技术不涉及相变，能耗低，条件温和，操作简便，自动化程度高，是一种效率较高的分离手段，特别适用于热敏性物质的分离。但膜表面易发生污染，其耐药性、耐热性、耐溶剂能力、耐机械力等都是有限的，因此常将膜分离技术与其他分离过程联合使用。膜分离技术浓缩属于非热浓缩的新工艺和新技术，主要包括：反渗透、膜蒸馏等。

1. 反渗透法　是在压力的推动下，使溶液中的溶剂（通常是水）透过反渗透膜，而其他组分留在反渗透膜内，从而使料液增浓的一种膜分离技术。

反渗透浓缩在室温下进行，能耗低，且可避免蒸发过程中热敏性成分的破坏，且自动化程度高，操作简单，不污染环境。目前，反渗透技术越来越多地应用于果汁、中药提取液等的浓缩过程。但采用反渗透浓缩的浓缩倍数较小，因为随着浓缩液浓度的增加，其渗透压增加，同时由于浓差极化现象的存在也使得膜表面的渗透压更高，当达到一定值时，所需的操作压力很高，浓缩将无法继续进行。所以，很难把浓缩液一步浓缩到蒸发浓缩所能达到的浓度。

2. 膜蒸馏　膜蒸馏是20世纪80年代新发展的一种是以疏水性微孔膜两侧由于温差而引起的水蒸气压力差为传质推动力的膜浓缩过程。同其他膜分离方式相比，膜蒸馏可以在低温常压下得到更高的分离能力以及更少的膜堵塞，在浓缩热敏性和高渗透压的溶液时，具有广阔的应用前景。近年来，膜蒸馏的研究成果逐渐在牛奶、果汁、咖啡等溶液的浓缩中应用。中药提取液的膜蒸馏研究刚刚开始。鲜益母草提取液的真空膜蒸馏浓缩研究表明，益母草提取液从3%浓缩到10%的过程中，透过液中没有发现益母草的有效成分。对于膜蒸馏，待浓缩液一侧没有外加压力作用，浓差极化可以忽略。但是，膜蒸馏时膜的通量不稳定，在长期使用某一膜组件后，堵塞无法解决。

3. 超滤法　以压力差为推动力，能除去0.001～0.02μm及以上的大分子和颗粒，能同时浓缩和分离大分子或胶体物质的一种膜分离技术，超滤技术主要的处理对象为大分子物质。超滤可在常温下操作，避免了蒸发过程中热敏性成分的破坏，且由于该过程不出现溶剂的相态变化，从而可大大节省能源。超滤膜分离技术广泛用于含有小分子溶质的生物大分子（如蛋白质、核酸、酶等）的浓缩、分离和纯化。

笔记

第五节　半成品的干燥

在中药制药过程中，干燥往往是成品加工的重要单元操作。中药提取液经蒸发等操作后得到的浓缩液，经干燥才可以得到固体物质，便于进一步的制剂加工。中药产品的吸水性很强，一般要求含水量在5%以下，因此要及时地将产品封闭包装。

干燥通常是指利用热能或其他方式除去含湿物料中所含的水分，获得干燥物品的单元操作。在中药制剂原辅料、半成品和成品的生产过程中，大多用到干燥技术。如新鲜药材经干燥后便于粉碎、贮藏；中药提取液经喷雾干燥后可得到疏松的干燥粉末等。干燥效果的好坏对制剂工艺和产品质量都有很大影响。

干燥过程主要包括三个阶段：预热阶段、恒速阶段和降速阶段。在恒速干燥阶段，物料温度低，干燥速率最大。在降速干燥阶段，干燥速率主要与物料因素有关，为物料内部扩散控制阶段，干燥的速率逐渐减小。

干燥效果的好坏，直接影响到中药的内在质量。所以应根据被干燥物料的形状、性质、对干燥产品的要求等，选择合适的干燥工艺与方法。在制药工业中常用的干燥方法主要有烘干法、减压干燥法、喷雾干燥法、沸腾干燥、冷冻干燥法、红外线干燥法、微波干燥法等。

一、常压干燥

常压干燥是指在常压下利用干热空气使含湿物料中的水分汽化而干燥的方法。该法简单、容易操作，但干燥时间较长，易使某些成分受到破坏，且干燥后的产品板结而较难粉碎。该法主要适用于热稳定性药物的干燥。中药稠浸膏、丸剂、颗粒剂等多采用此法干燥。

1. 烘干　该法属于静态干燥，干燥速率较慢。水分从物料内部慢慢地向表面扩散，然后汽化蒸发。而温度不能升高得太快，否则表面水分的蒸发速度远远大于水分从物料内部扩散到表面的速度，导致物料表面黏性增加，甚至出现熔化结壳，阻碍物料内部水分的扩散和蒸发，从而形成假干燥的现象。而对于新鲜药材及中药饮片的干燥，温度一般不超过80℃，对于含挥发性成分及热敏性成分的药材，温度宜控制在60℃左右。常用的设备有烘箱和烘房。

2. 鼓式干燥　又称滚筒式干燥或薄膜干燥。是将湿物料涂布于被加热的金属转鼓上，利用热传导方法提供水分汽化所需的热量，使物料干燥的方法。此法料层较薄，蒸发面积较大，可明显缩短干燥时间，避免或减少成分受热被破坏。该法属于动态干燥，可连续操作。干燥后的产品呈薄片状，易于粉碎。主要可用于中药浸膏、黏稠液体等的干燥和膜剂的制备。

3. 带式干燥法　是将湿物料平铺在帆布、金属丝网等传送带上，利用热气流或红外线等加热蒸发水汽而干燥物料的一种方法。本法主要用于中药材饮片、易结块的物料、茶剂等湿固体物料的干燥。

二、减压干燥

减压干燥法又称真空干燥。是在密闭的容器中抽真空，同时进行加热干燥的方

法。该法干燥温度较低，速度较快，减少因物料与空气接触而产生的氧化变质或污染，所得产品呈松脆海绵状而易于粉碎。但减压干燥属于静态干燥，为间歇操作，生产能力小，劳动强度大。该法主要适用于稠膏、热敏性、高温易氧化、排出的气体有使用价值、有燃烧性、或有毒害等物料的干燥。而挥发性液体可以回收利用。

三、流化干燥

流化干燥是利用热空气流使湿的物料呈流化态，热空气在湿颗粒间通过，在动态过程中进行热交换，水汽被带走而使物料得到干燥的一种方法。

1. 喷雾干燥法　是利用雾化器将物料喷射成雾状的小液滴，在一定流速的热气流中进行热交换，料液中的水分快速蒸发而得到干燥的一种方法。相对密度为1.1～1.2的料液可进行喷雾干燥，干燥效果取决于雾化器所喷射的雾滴的大小。同时，干燥过程中雾滴表面有水饱和，雾滴温度与热空气湿球的温度大致相等，约50℃左右，同时该法为瞬间干燥，所以该法特别适合于热敏性物料的干燥；除此之外，该法所得到的产品质量好，且为疏松细粉，溶解性能好；操作流程管道化，符合GMP的要求，是中药制药过程中常用的干燥方法，如常将喷雾干燥后的干粉用于胶囊剂、片剂及颗粒剂等剂型的制备。

2. 沸腾干燥　又称为流化床干燥。是利用热空气流使湿的物料颗粒悬浮，呈流化态，似“沸腾状”，热空气在湿颗粒间通过，在动态过程中进行热交换，水汽被带走而使物料得到干燥的一种方法。该法气流阻力较小，物料的磨损较轻，热量利用率较高；干燥速度较快，产品质量好，劳动强度小，但沸腾干燥热量消耗较大，设备的清扫比较困难。主要适用于湿粒性物料，如颗粒剂、片剂湿颗粒和水丸等的干燥，特别是大规模生产的流水线作业。

四、冷冻干燥

冷冻干燥法又称升华干燥。是先将待干燥的液体物料冷冻成固体，在低温减压条件下，使固态的冰直接升华为水蒸气，从而使物料得到干燥的一种方法。冷冻干燥过程主要包括冻结、升华、再干燥三个阶段。主要适用于热敏性物料的干燥，如血清、血浆、抗生素等生物制品的干燥；干燥后的产品疏松多孔，易于溶解，产品质量好；且含水量低，便于长期贮存。但冷冻干燥设备投资较大，生产成本较高。

五、红外线干燥

红外线干燥法是利用红外线辐射器所产生的电磁波被含水物料吸收后，直接转化为热能，使物料中的水分受热汽化而得到干燥的一种方法。具有干燥速度快、热效率高、且物料内部与表面同时吸收红外线而使物料受热均匀、成品质量好等特点，但电耗较大。主要适用于热敏性物料的干燥，尤其适用于中药的固体粉末、湿颗粒、以及水丸等薄料层、多孔性物料的干燥。

六、微波干燥

微波干燥法是指物料中的水分在高频（915MHz和2450MHz）电磁场中反复极化，不断快速转动并发生剧烈碰撞和摩擦而生热，使物料被加热而得到干燥。该法干

笔记

燥时间短，减少对有效成分的破坏，干燥后的产物保留着原有的色香味和组织结构，微波干燥的同时还兼有杀虫和灭菌的作用。主要用于饮片、散剂、水丸、蜜丸等的干燥。但微波干燥设备投资较大，成本较高，且微波对人体有不良影响，应特别注意微波的防护。

学习小结

1. 学习内容

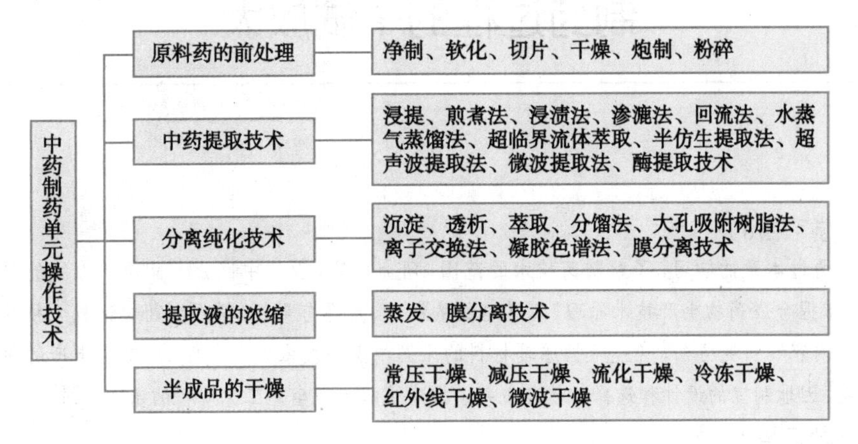

2. 学习方法

本章主要以中药产品加工顺序为主要思路，通过介绍中药从原料药的预处理、提取、分离、纯化、浓缩、干燥等工序中所用到的各种技术手段，设计课堂讨论环节，启发学生思考，充分发挥学生的主体作用，使学生综合掌握中药从原料到产品的基本过程，并使专业知识更加系统化。

（郭　莹　王　沛）

复习思考题

1. 研究中药提取有何理论意义？
2. 中药从原料药到加工成成品主要包括哪些单元操作技术？
3. 在选择中药提取方法时，应考虑有效成分的哪些理化特性？

第五章

制药过程的中试放大

学习目的

通过本章的学习，了解制药技术的范围、研究内容，熟悉中试放大操作条件的优化方法，掌握合成药物生产技术原理、工艺路线的设计、选择与更新，掌握制药中试放大技术的研究内容和研究方法，应能根据原辅材料的来源情况与技术设备条件，从工业生产的角度出发，因地制宜的设计和选择工艺路线并掌握中试放大和生产工艺规程的基本要求。

学习要点

了解制药技术的范围、研究内容，了解制药中试放大技术的前提条件、必要性和研究任务；熟悉制药中试放大操作的方法、具体操作及其适用场合；掌握制药中试放大操作优化的方法及其具体应用。

药物制备过程是一个综合的过程，从药物制备技术发展历程来看，是一个从实验室到规模生产的过程。然而规模生产绝不是简单的放大过程，其中存在着某些必然的联系和制药机理的客观规律。

第一节 制药技术

制药工业是知识密集型的高技术产业。不断改进现有产品的生产工艺和研究开发医药新产品是当今各国制药企业在竞争中求生存和发展的基本条件。制药工业一方面要为创新药物积极研究和开发易于组织生产、成本低廉、操作安全、不污染环境的生产工艺；另一方面要为已经投产的药物，尤其是产量大、应用面广的大品种，研究和开发出更先进的技术路线和生产工艺。

一、制药技术的含义及内容

从药物的使用与制备技术发展上看，制药技术应包括化学合成药物、生化药物和中药药物三个方面。近年来，随着生化药物在临床上应用的越来越多，化学合成药物的生物改造，抗生素药物的化学修饰，制药技术的内容也越来越丰富，各类药物之间的关联越来越大。而由于新技术、新方法的使用，各类新药也不断涌出，三方面药物的制备技术可以自成体系，但相互又有无法分割的联系。

（一）制药技术的含义

化学制药技术是研究、设计和选用最安全、最经济、最简洁的化学合成药物工业生产途径的一门科学，同时也是研究、选用适宜的中间体和确定优质、高产的合成路线、工艺原理以及工业化大生产过程，实现制药生产过程最优化的一门科学。

化学合成药物生产的主要特点有：品种多，更新快，生产工艺复杂；生产所需要的原辅材料种类繁多，但产量一般不大且产品质量要求严格；生产过程多为间歇化生产方式；制药过程中的原辅材料及中间体多见易燃、易爆、有毒性的物质；生产过程产生三废较多，并且成分也较复杂，对环境的影响较大。

（二）制药技术的内容

制药技术是综合应用无机化学、有机化学、分析化学、物理化学、药物化学、生物化学、药物合成、制药工程原理及设备等知识研究药物生产过程的学科，它与化学工程有着密切的联系，也与其他分支如染料、农药、香料的化学及生产工艺相互渗透；同时又与医学、生物学等密不可分。

药物生产工艺的研究可分为实验室工艺研究和中试放大研究两个先后相互联系的阶段。如果是仿制已知的、不受专利保护的药物，必须要对所遴选的药物进行周密的调查研究。其目的是选择适合国情、经济合理的药物及其工艺路线；对该药的药理作用、临床疗效、药物剂型、剂量，已有的合成路线和市场需求预测等进行充分调研并写出调研报告。对创新药物的研究开发，则应对药理研究、临床评价、潜在市场等做出分析总结。在进行认真的论证后，才能进行制药工艺路线的设计、选择或革新，以及技术条件研究等各种方案的审议。

实验室工艺研究（小试工艺研究或小试）包括考察工艺条件，设备与材质的要求，劳动保护，安全生产技术，三废的防治，综合利用及对原辅材料消耗和成本等初步估算。在实验室工艺研究中，要求初步了解各步反应规律并不断对所获得的数据进行分析、优化、整理，进一步写出实验室工艺研究总结，为中试放大研究做好技术准备。

中试放大研究（中试放大或中试）是确定药物生产技术的最后环节；即把实验室研究中所确定的工艺路线和工艺条件进行工业化生产的考察、优化，为生产车间的设计、施工安装、“三废”处理、中间体监控、制定产物质量要求和工艺操作规程等提供数据和资料。

工业化生产工艺研究是在中试放大研究的基础上，进一步制定或修订工艺规程、工艺验证，产品的安全生产及有效验证，并在生产过程中不断完善和改进工艺，提高企业效益和市场竞争力。

二、制药工艺路线设计

药物工艺路线是具有工业生产价值的合成途径，称为药物的工艺路线或技术路线。理想的药物工艺路线应该是：①化学合成途径简洁，即原辅材料转化为药物的路线要简短；②所需的原辅材料品种少且易得，并有足够数量的供应；③中间体容易提纯，质量符合要求，最好是多步反应连续操作；④反应在易于控制的条件下进行，如安全、无毒；⑤设备条件要求不苛刻；⑥“三废”少且易于治理；⑦操作简便，经分离、纯化易达到药用标准；⑧收率最佳、成本最低、经济效益最好。

药物工艺路线设计的意义在于：①有生物活性和医疗价值的天然药物，由于它们

笔记

在动植物体内含量甚微，不能满足要求，在许多情况下需要进行人工合成或半合成。②根据现代医药科学理论找出具有临床应用价值的药物，必须及时申请专利和进行合成与工艺路线设计研究，以便新药审批获得新药证书后，能够尽快进入规模生产。③引进的或正在生产的药物，由于生产条件或原辅材料变换或改变药品质量，都需要在工艺路线上改进与革新。因此，药物的工艺路线的设计和选择是非常重要的，它将直接关系到药品的质量。

药物合成工艺路线设计属于有机合成化学中的一个分支，从使用的原料来分，有机合成可分为全合成和半合成两类：半合成是由具有一定基本结构的天然产物经化学结构改造和物理处理过程制得复杂化合物的过程。全合成是以化学结构简单的化工产品为起始原料，经过一系列化学反应和物理处理过程制得复杂化合物的过程。与此相应，合成路线的设计策略也分为两类：由原料而定的合成策略和由产物而定的合成策略。合成路线设计的基本方法有：追溯求源法、分子对称性法、模拟类推法、类型反应法等。

追溯求源法：从药物分子的化学结构出发，将其化学合成过程一步一步逆向推导进行寻源的思考方法，又称倒推法或逆向合成分析。研究药物分子的化学结构，首先考虑哪些官能团可以通过官能团化或官能团转换可以得到；在确定分子的基本骨架后，寻找其最后一个结合点作为第一次切断的部位，考虑这个切断所得到的合成子可能是哪种合成等价物，经过什么反应可以构建这个键；在对合成等价物进行新的剖析，继续切断，如此反复追溯求源直到最简单的化合物，即起始原料为止。起始原料应该是方便易得、价格合理的化工原料或天然化合物。最后是各步反应的合理排列与完整合成路线的确立。

分子对称法：对某些药物或者中间体进行结构剖析时，常发现存在分子对称性，对于这一类具有分子对称性的化合物往往可由两个相同的分子经化学合成反应制得，或可以在同一步反应中将分子的相同部分同时构建起来。分子对称法也是药物合成工艺路线设计中可采用的方法。

模拟类推法：对化学结构复杂、合成路线设计困难的药物，可模拟类似化合物的合成方法进行合成路线设计。从初步的设想开始，通过文献调研，改进他人尚不完善的概念和方法来进行药物工艺路线设计。在应用模拟类推法设计药物合成工艺路线时，还必须注意与已有方法对比，注意比较类似化学结构、化学活性的差异。该法的要点在于适当的类比和对有关化学反应的了解。

类型反应法：利用常见的典型有机化学反应与合成方法进行合成路线设计的方法。类型反应法既包括各类化学结构的有机合成通法，又包括官能团的形成、转换或保护等合成反应。对于有明显结构特征和官能团的化合物，可采用这种方法。

第二节　中试放大

中试放大（又叫中间试验）是组织生产过程中必不可少的组成环节，通过中试放大可以得到先进、合理的生产工艺；获得较确切的消耗定额，为物料衡算及经济、有效的生产管理创造条件。中试放大的目的是验证、复审和完善实验室（又称小试）研究确定的最佳反应条件及研究选定的工业化生产设备结构、材质、安装和车间布置等，为正式生产提供设计数据以及物料和能量消耗等。同时，也为临床试验和其他更深入的药理研究提供一定数量的药品。中试放大与制订生产工艺规程是互相衔接、不可分割的两个部分。

放大效应

利用小型设备进行化工过程实验得出的研究结果，在相同的操作条件下与大型生产装置得出的结果往往有很大差别。有关这些差别的影响称为放大效应。其原因是小型设备中的温度、浓度、物料停留时间分布与大型设备中的不同。因此，放大效应的核心就是设备放大，而在此过程中的设备放大是一个难度较大而且迫切需要解决的问题。

一、中试放大的研究内容

中试放大（中间试验）是对由小试确定的工艺路线的实践审查。是小试到工业生产必不可少的环节，是模型化生产操作规程的过渡，是要确保按操作规程能始终如一地生产出预定质量标准的产品。中试放大阶段是进一步研究在一定规模的装置中各步化学反应条件的变化规律，并解决实验室中所不能解决或发现的问题。虽然化学反应的本质不会因实验生产的不同而改变，但各步化学反应的最佳反应工艺条件，则可能随实验规模和设备等外部条件的不同而改变。

中试生产是从实验室过渡到工业生产必有可少的重要环节，是二者之间的桥梁。中试生产是小试的扩大，是工业生产的缩影，应在工厂或专门的中试车间进行。中试放大过程不仅要考察产品质量、经济效益，而且要考察工人劳动强度。中试放大阶段对车间布置、车间面积、安全生产、设备投资、生产成本等也必须进行审慎的分析比较，最后审定工艺操作方法、工序的划分和安排等。

（一）中试放大的前提条件

进行中试放大的研究工作必须具备以下前提条件：产品的合成路线及操作条件已确定；小试的工艺考察已完成，小试工艺应达到收率稳定，质量可靠；对成品的精制、结晶、分离、干燥的方法及要求已确定；小试的3～5批稳定性试验说明该小试工艺可行、稳定；必要的材质腐蚀性试验已经完成；已进行物料衡算、能量衡算及所需成本、三废排放量的计算；已提出工艺生产过程中的注意事项及安全问题；已建立原料、中间体、产品的质控方法和质量标准。

（二）中试放大的必要性

因实验室研究主要进行原理性试验等基础研究，具有研究性强、规模小、涉及影响因素少，过程简单且精度较高等特点。实际的生产过程则规模大、涉及影响因素多、过程复杂，精度相对较低，外部条件的影响较大，并且其影响往往是多因素的共同作用，因此，实验室生产与工业化大生产差别很大，难以直接照搬实验室的研究成果，必须通过中试放大环节验证放大的模型和采用的技术措施，才能再放大到工业化的生产装置。

中试的必要性具体体现在以下几点：只有通过中试过程才能获得关于物料循环、堆积以及设备的运行等数据；只有通过中试过程，在中试装置上才能获得传递过程的

数据；只有在中试的装置上，才能获得一定量的工业产品进行产品的试验研究；只有通过中试装置来检验过程模型的等效性，并考验模型能否经受较长时间连续稳定的运行。

（三）中试放大的研究任务

中试放大的目的主要在于进一步考察工艺本身优劣及生产设备的选型，在中试过程中积累数据，为工业化生产提供必要基础，中试放大需完成的研究任务主要有以下几方面，在实践中可以根据不同情况，分清主次，有计划有组织地进行：

1. 工艺路线与单元反应操作方法的最后确定　一般小试工艺研究已基本确定生产过程的工艺路线和操作方法，中试放大阶段主要是在放大的设备上以小试结果为基础进一步考察，确定具体适应工业生产过程的操作和条件，若小试阶段确定的工艺路线和操作条件在中试放大过程中出现了难以克服的困难，即工程因素对生产结果造成了较大影响，中试生产达不到预期目的时，就需对实验室工艺进行一些变更以适应放大生产的要求。

2. 设备的选择　化学制药过程多为间歇过程，设备及其材质完全由各步反应的特性所决定，设备型式主要由反应类型决定，设备的材料则受制于所用物料的性质。在中试过程中需要对所选择的工艺路线中的各步反应的特点进行分析以确定各步反应所需要的设备类型及设备材料。

3. 搅拌的研究　中试过程中对搅拌的研究应包含搅拌器型式及搅拌速率的选择，药物合成过程中的反应多为非均相反应，且一般反应热效应较大，在实验室研究阶段，因物料量较少、体积小，故较容易达到较好的搅拌效果，传热与传质的问题表现的不明显，但在放大后，则必须考虑搅拌器的型式及搅拌速率对反应的影响规律，根据物料性质和反应过程特点进行考察，选择合适的搅拌器并确定适宜搅拌速率。

4. 工艺流程与操作方法的确定　中试放大过程处理的物料量较小试研究有大幅增加，故中试放大时应考虑缩短工序，简化操作，采用新技术、新工艺以提高生产效率，在物料输送及加料过程中应尽量降低劳动强度，通过中试放大最终确定生产工艺流程和操作方法。

5. 反应条件的进一步研究　中试放大阶段还需对小试获得的优化反应条件进行进一步的研究，因在小试阶段获得的最佳反应条件不一定完全符合中试放大生产过程，故还需就其中的主要影响因素，尤其受工程因素影响较大的反应条件等进行深入研究，例如对于放热反应中的加料速度、搅拌速率、传热面积、传热系数等一系列因素均要进行深入研究，以获得其在中试放大过程中的变化规律，以寻求更合适的工艺条件。

6. 进行物料衡算及消耗定额等各类计算及操作规程、质量标准的制定　中试放大过程中，确定各步的工艺条件和操作方法后，要再次进行物料衡算，确定生产过程中所需要的物料消耗定额（即生产 1kg 成品所需要的各种原料量）和原料成本等，同时进一步掌握各步反应的原料消耗情况和反应收率，从中寻找影响收率的关键因素，设法提高生产过程收率和生产效率，同时要考虑副产物的回收和利用，以提高生产过程附加值。并修改或制定原料与中间体的质量标准。另外，在物料衡算过程中还需考虑在中试放大过程因物料量的增加而暴露出来的“三废”问题，应对各步物料进行规划，研究“三废”的来源、排放量，提出回收利用及三废处理的措施等。

天然药物有效单体的实验研究，小试研究和中试生产基本与合成药物相似，只是用提取、分离、纯化等工序代替各步化学合成反应。在完成中试放大阶段的研究任务以后，在中试研究所编制的中试研究总结报告的基础上，进行基建设计，制订定型设备的选购计划，对于非定型设备需要进行设计、制造，然后按照工程设计的施工图进行生产车间的厂房建筑和相关设备的安装，在全部生产设备和辅助设施安装完成以后，进行试生产，稳定运行一段时间后即可制订生产工艺规程交付正式生产。

（四）建立中试装置的基本原则

中试装置的建立需要考虑其规模以及完整性，下面分别予以介绍。

1. 中试装置的规模　不同中试放大方法所需要的装置规模不一样，对传统靠经验逐级放大的方法，为保证工业装置的可靠性，希望中试规模大一些。现代由于计算机技术的发展，大多数运转条件间的相互影响可以在较小规模的模型试验中研究透彻，因此中试装置有向小规模方向发展的趋势。中试规模越小，则投资越少，建造越快，操作安全且操作费用较低，但中试规模过小则不便于过程参数的调节，尤其是需要中试生产提供部分供临床试验用的产品时，要有一定的规模。

综上所述，中试装置规模大小取决于数学模型的性质和反应器等关键设备所需要的条件。

2. 中试装置的完整性　传统的中试装置就是一套小型的生产装置，所需要的投资较大，试验过程中人力物力的消耗也较大，试验时间较长。

随着现代开发技术理论，中试装置不再需要完全模拟工业生产的全部过程，对于内在机理了解比较透彻，有把握放大的过程，可以在完善基础研究以后，不经过中试，直接放大到工业化生产装置。

对于以下几种情况下的制药生产过程，则必须进行全流程中试：需要在小试的基础上对整个工艺过程进行综合研究；需要提供一定批量的样品供临床试验使用；物料循环对生产的影响无法预测，并且对整个生产过程影响巨大。

二、中试放大的研究方法

制药过程涉及复杂的反应过程，除化学反应规律外，还涉及过程传递因素。除少数机理清晰的可采用数学模型外，多数过程尚未掌握其复杂内在本质和机理，还要采用经验放大的方法和部分解析等方法。

对于其中涉及分离过程的理论比较成熟，在取得可靠的数据后，可以采用现有数学模型直接放大到工业装置。

在制药放大技术中，常用方法有立足于经验，不需要对过程本质机理及内在规律有深刻理解，完全依赖于试验结果的逐级经验放大法、立足于对过程的深刻理解，在此基础上对过程进行适当简化或做出一些合理假设，在对过程能定量理解的基础上综合得出数学模型用于放大的数学模型放大法、以相似论和因次论为基础，以试验考察为主导的相似模拟放大法及理论分析与试验探索相结合，以化学工程和有关工艺学科理论为指导进行试验研究的部分解析放大法等。

（一）逐级经验放大法

逐级经验放大法是从实验室规模的小试开始，进行规模稍大的模型试验和规模再大一些的中间试验，经逐级放大的模型试验研究，最后将制药过程放大到工业规模

笔记

生产装置的一种放大方法。采用这种方法所进行的每一级放大都必须建立相应的模型装置，详细观察记录模型试验中发生的各种现象和结果。每一级放大设计的依据主要是前一级试验取得的研究结果和数据，放大过程完全依赖于经验，所以每一级放大的倍数不大，一般在五十倍以内，且以反应结果的好坏评选最佳型式，再逐级放大观察反应结果，还需对前一级的参数作必要修正，使其处于最佳状态。逐级经验放大法长期被广泛采用，放大过程相对较可靠，但其缺点明显：开发周期长，人力、物力消耗均较大。

1. 放大方法　逐级经验放大法是通过试验取得设备选型、条件优化和设备放大的信息和结论，合理选择设备，确定优化工艺条件，将设备放大到工业生产的规模。一般按照设备选型、优化工艺条件和反应器放大的步骤进行。其中设备选型通常是在小试阶段进行。采用不同型式和结构的小型装置，在实验室对所开发的反应过程进行研究，试验过程中主要考察设备的结构和型式对反应转化率和选择性的影响，即通常所说的"结构变量试验"，从试验结果优劣来确定设备型式；在设备选型试验完成后，就在所选定的小型试验设备中进行工艺条件的优化试验，该阶段主要是考察各种工艺条件对反应转化率和选择性的影响，并筛选出最优的工艺条件。因为在试验中是改变工艺操作条件，观察指标的变化，故又被称"操作变量试验"；在此方法中，反应器放大研究是采用建立模型装置的方式进行逐级放大的，每放大一级都必须重复前一级试验确定的条件，考察放大效应，并取得设备放大的有关判据或是数据，该阶段重点在于考察反应器的几何尺寸改变后对反应转化率和选择性的影响，故又被称为"几何变量试验"。

通过上述三种独立变量试验，基本上可以取得化学制药过程开发所需的设备型式、优化工艺条件及放大设计的判据和数据，为建立生产装置提供可靠的依据。

2. 特点　逐级经验放大法的特征在于以下几点：

(1) 只综合考察输入变量与输出结果之间的关系，把整个过程看成一个"黑箱"，不能深入研究过程的内在规律，不能直接查明影响试验结果的原因；在逐级经验放大法所进行的设备选型、工艺条件优化和反应器放大试验所考察的是结构变量、操作变量和几何变量这些外部输入条件和试验结果之间的关系，是一种综合考察的方法，试验结果不能反映过程的内在规律。

反应进行的过程非常复杂，反应结果除受反应动力学和热力学等内在规律的影响以外，还受设备内部物料的流动与混合及传热、传质等外界条件的影响，其影响因素多且复杂，而该放大方法只考察输入变量与反应结果之间的关系，很难查明哪些因素是反应结果的主要影响因素及各种因素对反应结果的影响程度。因此在进行反应器放大研究的过程中，一旦结果改变，则无法查明变化产生的原因，往往将之统统归咎于"放大效应"，试验过程中，只能根据现象进行分析，凭经验来调整变量再进行试验，以此来减少放大效应。所以这种方法虽然不需要对过程内部机理的深刻了解，但是对于经验的依赖性过强。

(2) 试验步骤是人为规定的，并非科学合理的研究程序，难免产生前后试验结果相互矛盾现象的出现。对于制药过程来说，其结构变量、操作变量和几何变量三种变量之间是相互联系、相互影响和制约的，但是在逐级经验放大法的研究过程中，人为地将试验分成了结构变量试验 - 操作变量试验 - 几何变量试验的三个阶段，并没有考

笔记

虑三者之间的相互影响和相互联系，人为地割裂了三者之间的关系，因此有可能会造成前后试验结果相矛盾的现象。

例如在逐级经验放大法进行试验的过程中，经常会发现在小试中所确定的最优工艺条件，在放大后需要进行调整和改动，我们通常把这些改变归结为“放大效应”的影响，其原因是因为在小试时各种工程因素的影响并不明显，但放大后变得非常显著，所以小试优化工艺放大后未必仍为最优。对这一缺陷通常采用限制其每一级放大的倍数来弥补。

（3）根据试验结果采用外推法放大，其结果不一定理想。因为在逐级经验放大法过程中，每一级放大都是根据前一级的试验结果进行外推设计的，外推法只适用于呈线性关系的过程，实际的过程规律多数不呈线性关系或只在很小的局部范围内呈近似的线性关系。对于非线性关系的过程用外推法进行放大必然会造成一定的偏差。为了提高采用外推法进行的放大过程结果的准确性，一般采用较小一些的放大倍数，也就是在较小的范围内进行外推，使之接近于外推法所适合的线性关系，但是采用较小的放大倍数所带来的问题就是需要增加模拟放大的级数，从而造成试验经费增加，开发的周期进一步增长。

基于逐级经验放大法的以上特点，目前在采用逐级经验放大法进行化工过程的开发与放大时，经常会运用化学工程的理论进行分析，应用已有的经验判断和解决工程问题，从而提高逐级经验放大法的准确性。

（二）数学模型放大法

数学模型放大法是在认识过程内部机理及特征、掌握了对象规律的基础上，运用理论分析并经合理简化和假设，建立能够用来描述过程内部机理和规律的数学模型，对其进行数学描述。再在计算机上进行综合，以等效标准建立设计模型，经过试验考核数学模型，验证其与实际的过程等效，并进行修正，则所建立的数学模型就可以直接应用于工业放大设计过程。这种方法的应用需要对过程的内部机理有深刻的认识，需要对过程有足够多的先验知识。

数学模型一般是一组能够描述过程动态规律的微分方程或代数方程，对数学模型的要求：既能较准确地描述过程动态规律，又要简单且便于应用。

在利用数学模型放大法进行中试放大过程中，首先要建立过程数学模型，而要建立模型，则必须首先掌握过程运行的动态规律，再找到描述这种规律的数学方法。找到能够描述过程动态特性的数学方法以后，关键环节就是要找到合适的简化方法，使之具有可运算性，便于对模型运算求解。作为工程放大的数学模型不一定要完全真实确切地反映过程内部的运行机理，只要能达到与实际过程“等效”即可，且描述过程特性的机理方程多数非常复杂且未知变量较多，故必须找到数学模型与实际过程等效的简化方法。另外数学模型的模拟目标不同，则其型式也不同，也即任何的数学模型都要有明确的模拟目标和限制范围，而带来这些限制的一般都是一些工程因素。例如：设备的热交换措施限制了模型的温度范围；物料的循环和分离决定了流动模型的形式，就限制了模型的浓度范围等等。

1. 放大方法　采用数学模型放大的方法进行化学制药的中试放大要进行以下几点研究：

（1）在实验室研究化学反应的特征：其任务是测定反应过程热力学和动力学的特

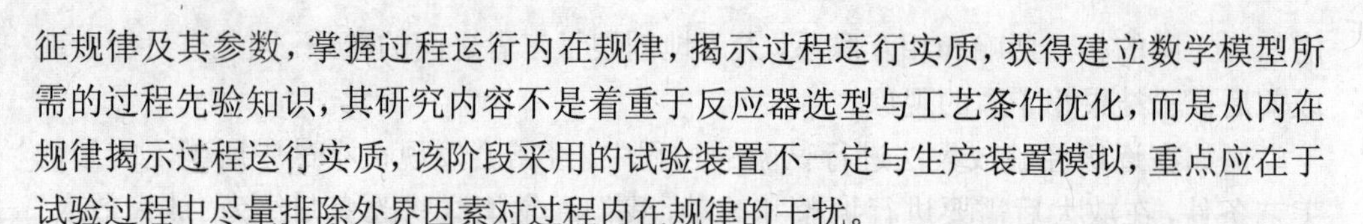

征规律及其参数，掌握过程运行内在规律，揭示过程运行实质，获得建立数学模型所需的过程先验知识，其研究内容不是着重于反应器选型与工艺条件优化，而是从内在规律揭示过程运行实质，该阶段采用的试验装置不一定与生产装置模拟，重点应在于试验过程中尽量排除外界因素对过程内在规律的干扰。

(2) 进行冷模试验研究传递过程的特征：所谓冷模试验即冷态模型试验，在没有化学反应的条件下，利用水、空气、砂子、瓷环等廉价的模拟物料进行试验以探明反应器传递过程规律。其目的是探明流体力学、化学反应和传质过程中流体阻力、流体分配的均匀程度、各种流体分配器的使用等情况。试验取得的数据和参数规律对真实的物料进行的反应器和传质设备（如精馏、萃取）的性能有较大参考和模拟价值，而大大节省费用和时间。

应用数学模型方法进行反应过程开发的出发点是将反应器内进行的过程分解为化学反应和传递过程，并且认为在反应器放大过程中，化学反应规律不会因设备尺寸而变化，设备尺寸主要影响流体流动、传热和传质等传递过程的规律。因此，用小型装置测得化学反应规律后，在大型装置中只需考察传递过程规律，不需进行化学反应，从而大大简化试验，大幅减少试验时间和费用。例如：在绝热式固定床反应器的开发中，需要考虑大型反应器中流体流动不均匀对反应结果的影响，通过小型试验认识化学反应规律后，即可用以确定流动不均匀程度的允许范围。而催化剂床层可能存在多大程度的不均匀及分布板应如何设计才能将气流分布不均匀程度限制在允许范围内，均可通过冷模试验予以认识。

该阶段研究的任务是考察设备内部物料的流动与混合以及传热传质等物理过程的规律，了解反应器的型式和结构对反应过程带来的影响；其理论基础在于反应器内进行的各种物理过程的规律是与反应器的型式和结构有关，当反应器的型式和结构相同时，不管反应器中进行何种反应，其物料流动与混合以及传热传质等过程的规律是相同的，即对反应过程的影响规律是相同的；此阶段所采用的试验装置应与生产装置相模拟，并且应该有一定的规模。

(3) 综合化学反应和传递过程特征，建立数学模型，预测工业反应器性能：了解这两方面特征并建立描述这两种特征规律的函数关系后，就可用数学方法将两种特征规律综合，建立反应器的数学模型，再通过试验来验证和修正模型。反应器的数学模型描述的是某一反应的动态规律，充分考虑了化学反应的内在规律和外界因素的影响，所以只要工业生产的化学反应和反应器的结构形式均与建立的数学模型相同，则模型就不会受到设备几何尺寸的影响和限制，可直接用于工业反应器的放大设计。还可利用计算机对反应器进行数学模拟计算，获得不同工艺条件下的反应结果，找到最优工艺条件，并且预测反应器的性能。

(4) 通过中间试验来检验数学模型的等效性：数学模型放大法能准确应用的关键在于数学模型的等效性，因此所建立的数学模型能否模拟实际的生产过程，需通过中间试验进行等效性检验。与实际生产过程等效的数学模型，可以用来预测工业反应器的性能，用于工业放大设计。

2. 特点　数学模型放大法的特征主要在于以下几点：

(1) 分解过程，分别考察各过程的内在规律：为加深对过程内在规律的认识，一般是将复杂的过程分解成几种过程，再对这几种过程详细研究。如前所述，在数学

笔记

模型放大法中，把反应过程分解成化学反应和传递两种过程进行研究，掌握化学反应规律和传递过程规律，知道其各自的独立性，其中化学反应不受设备型式和结构的影响，传递过程又只跟设备型式和结构有关。有了对反应过程动态规律的实质性了解，就能找到综合这两种规律建立数学模型的方法。

（2）对过程进行合理简化，寻求建立等效数学模型的途径，也就是真实的按照过程内在规律建立起来的数学模型。因为机理模型往往是非常复杂并且无法应用于实际的，而通过试验和理论分析，在了解过程实质的基础上，可以找到简化过程建立等效模型的途径。利用我们所掌握的一些概念和理论，就能够找到简化的途径，对化工过程进行合理的等效简化，如双膜理论、边界层理论等。

（3）进行建立模型和检验模型的试验：要建立一个可靠的数学模型，必须要进行一些试验来认知过程的一些内在机理，而在建立了数学模型以后，也需要进行一些试验来检验数学模型的等效性。

数学模型放大法对于中试放大过程可以实现高倍数放大，可以减少中间试验的次数，降低放大级数，有效的节约化学制药放大过程中的人力、物力消耗，但其主要问题在于要建立可靠的数学模型比较困难，也就是对过程内部运动机理的认知不够，对数学模型的简化和解析难以进行。

（三）相似模拟放大法

相似模拟放大法常指以相似论和因次论为基础的相似模拟放大法，多用于化工过程单元操作的模拟放大。该法仍是一种以试验考察为主导的经验开发方法，与逐级经验放大法相比较，主要是采用了因次分析的方法将各种影响过程的因素归纳成若干无因次准数，减少了过程研究的变量，简化了试验研究的内容，且由于相似准数具有保持过程相似的特征，因此也找到了相似放大的准则。

1. 放大方法　相似模拟放大法的研究主要是根据研究对象的特征确定无因次准数及准数方程，并以此为依据进行放大研究。其研究遵循以下过程：

（1）根据对过程的了解，确定影响过程的各种关键因素：此过程即对过程变量进行定性的分析考察，只需列举出过程的各影响因素，但一定要将所有的影响因素完全罗列，不能有遗漏，这些因素随过程不同而有改变，但多数是温度、压力、浓度、流速与物料的一系列特性参数等等。

（2）因次分析法导出相似准数：相似准数是由若干个物理量组合在一起的无因次数群。每一个准数都表示一种物理条件相似，例如，流体动力学过程中的流体动力相似的雷诺准数，传热过程传热相似的努塞尔特准数，表示物性的普兰特准数等。按照相似论，相似准数可由描述过程的各因素之间的函数式经过相似转换获得。任何物理系统内的各种物理量之间的关系，均可转变为相似准数间的关系。对于大小不同的同一物理系统，若保持了单值条件组合的各个准数的数值相等，则两系统内进行的过程相似。

（3）模型试验确定准数式中的未知系数：用因次分析法导出的相似准数方程只是一般的函数关系，其中的系数未知，要实现对具体开发过程的定量描述，可通过系统的模型试验来确定准数方程中的各系数。试验方法类似于逐级模拟放大法中的工艺条件试验，其目的也是用来考察变量间的外部关系。其实，从过程单值条件的函数关系过渡到准数函数关系的目的在于变量数目减少，试验工作随之简化。并且在准数

式中已经反映出了各单值条件之间的相互作用关系，其描述的过程规律也较单值条件函数式准确。

（4）运用准数方程进行放大设计：导出准数方程之后，按照相似理论，只要过程放大后的各个准数数值与模型试验中的准数数值相等，则大小两个系统必然相似，故可以据此进行放大设计。

2. 特点　相似模拟放大法是逐级经验模拟放大法的改进，其特点有如下几点：

（1）对于过程的研究仍然着眼于其外部联系，没有深入研究其内部规律：相似模拟放大法的准数方程是从单值因素的函数式衍生变化得到的，模型试验也只是考察了其外部输入变量与过程结果之间的关系，只不过此时外部输入变量整合成了准数，而至于过程如何进行的内部规律并未进行深入的研究，其对过程研究的主要思想和试验方法与逐级经验模拟放大法大体上仍是相同的。

（2）放大过程也是综合考察，未分解过程：相似模拟放大法的研究思想也是只注意了输入变量与过程结果之间的关系，这种考察方式属于综合考察。虽然从准数式中各个相似准数都表示其独自代表的过程的相似条件，但在试验考察的过程中并没有将其分解开来。

（3）在研究工作中运用了相似论和因次论作为指导：相似论和因次论是一种指导科学试验的研究方法，其最突出的特征在于能简化试验研究工作，从中找到放大准则，但所进行的简化只是在研究方法上的简化，而未对过程进行简化，故不需像数学模型放大法一样来验证等效与否的问题。

（4）采用了相似准则进行放大，从而避免了逐级经验放大外推的不可靠性：该方法进行放大的基础首先是模拟，也就是同一过程的大小两系统间应达到相似；相似准则则是保持大小两系统中各准数数值相等，满足这一条件，即可可靠的进行放大，不需要像逐级经验放大采用外推法按小系统的试验结果放大，也就不会由于规律的非线性关系引起外推误差，体现了该方法的科学性和可靠性。

（四）部分解析放大法

逐级经验放大法完全依赖于对过程的先验性知识，不需要对过程的内在机理、本质规律有很深刻透彻的了解，放大的依据完全来源于试验结果；数学模型放大法则完全依赖于对过程本质的深刻了解，在此基础上对过程进行合理简化和假设，在对过程定量理解的基础上综合建立模型，需要足够多的先验知识。事实上，大多数过程都较复杂，我们对过程本质机理有一定了解，但却无法达到能定量建立数学模型并进行求解的程度，单纯采用数学模型放大难度较大，而逐级经验放大人力物力消耗过多，某种程度上也浪费了我们对过程的了解，由此部分解析放大法就应运而生，结合理论分析与试验探索，用相关基础理论作为指导，不把过程完全看成“黑箱”，故可以结合数学模型放大法和逐级经验放大法的优势，克服二者的缺点，减少试验的盲目性，简化试验工作，提高试验效果。

1. 放大方法　制药反应工程理论的发展，揭示了放大效应的本质是设备放大，设备放大造成反应器内部不同的温度分布和浓度分布，反应结果主要取决于反应速率和反应选择性，选择性又决定于主副反应的反应速率，即反应结果主要受制于反应速率，反应速率是反应温度和浓度的函数，所以就由于设备的放大造成了浓度效应和温度效应，因此只要能保持相同的温度分布和浓度分布，反应结果就不会发生变化。

这种放大研究方法主要就着眼于各种反应器内的温度分布和浓度分布。

(1) 温度效应：温度是影响反应结果的重要因素，反应速率与温度呈指数关系，而与浓度呈幂级数关系，所以温度对反应结果的影响远大于浓度的影响，故在放大过程中更应引起重视。

温度效应体现出了反应对温度、温度分布和温度序列的特殊要求。所谓温度序列就是指在物料流动方向上所形成的温度分布，其对反应结果的影响显著。而温度序列的选择应接受反应工程理论的指导，同时温度分布和温度序列也会受到工程因素和工程手段的调整和影响。

(2) 浓度效应：按照化学反应工程的理论，尽管反应器形式多样，操作方式也各不相同，但只要反应器内物料浓度及其分布相同，则对反应过程具备相同的影响。物料的混合过程及返混的现象都会对反应结果造成影响，而其带来的影响取决于反应的特征，所以只要能够知道反应对浓度的要求，了解工程因素又是如何影响到反应区的物料浓度的，就可以在放大过程中做出正确的判断和决策。

2. 研究步骤　部分解析放大法的主要研究步骤归纳如下：

(1) 通过定性试验了解反应过程特征，在理论指导下，运用正确的试验方法，针对反应的特征规划试验，从而大幅度简化试验过程。

(2) 理论分析与试验结果相结合产生技术概念，利用理论分析，将相对复杂的试验研究课题转化为相对简单的验证课题。

(3) 检验所产生的技术概念，进一步完善技术方案，在没有进行反应动力学方程测定的情况下，做出一些假设进行理论分析，也可将放大工作置于反应工程的理论指导下，但所做的假设带来了一定不可靠性，因此需要进行试验来检验技术概念，用检验试验取代探索试验，简化了试验过程，且结果足够可靠。

(4) 获得放大设计所需的定量数据，如反应器结构尺寸和一些操作工艺参数条件。

3. 特点　部分解析放大法具备如下特点：

(1) 分解过程与综合分析相结合进行放大研究：用工程理论分析工程因素所带来的对反应过程的影响，通过试验来考察化学反应的特征，综合反应规律和传递规律来分析放大效应，形成技术概念，再通过试验对技术概念进行检验证明技术措施的可行性。

(2) 开发放大的主要依据来源于试验过程：通过定性试验来认识过程的特征；反应器的结构参数和优化操作工艺条件均是在工程理论的指导下，形成技术概念，然后通过试验验证的；放大过程的数据和判据也都是来源于试验过程的。

(3) 反应器的放大结果较可靠：借助了工程理论的指导，进行理论分析来考察各种因素对反应过程的影响，在试验验证反应的特征时也考虑到了反应过程的内在机理和联系，所采用的放大数据和放大依据来源于试验过程，比较可靠，从而使整个放大过程也比较可靠。

(五) 几种中试放大方法的比较

从以上对四种常用的中试放大方法的介绍可以看出，逐级经验放大法不需要对过程深刻了解，是出现最早的一种放大方法，简单易行，一切结论均来源于试验过程，比较可靠，虽然其过程复杂且大量重复，费用高，但至今仍在沿用。

笔记

对于数学模型放大法，从方法论的角度看，是从理论分析和逻辑推理中获得数学模型，可准确反映过程内在规律和外部影响因素的变化，开发放大时不必担心放大效应，可以大量节约人力物力和放大时间，是最为科学合理的放大方法。但应用这种方法，在建立数学模型时需深刻认识过程内在机理，而目前的科学水平还不足以支撑，所以至今单独采用数学模型法进行放大的实例并不多见。

部分解析放大法兼顾了前述两种方法的不足，虽然其在科学性上不如数学模型放大法，但却远远超过逐级经验放大法，在理论分析的指导下进行试验研究工作，提高了试验考察的准确性和针对性，缩短了开发周期，在对反应过程内部机理认识不够的情况下，向着数学模型法推进了一大步，在研究方法上完全摆脱了逐级经验放大纯经验的束缚，是开发放大研究者经常采用的一种方法。

相似放大法则是一种能够很好地适应于物理过程开发放大的方法，对于化学制药过程中的单元操作和设备的放大采用此法具有较大的优势，而对于化学反应过程则很难在达到物理相似的同时达到化学相似，所以应用受到了局限，但其是一种成熟的模拟放大方法，仍得到了广泛的应用和足够的重视。

知识链接

中试

中试，即中试生产阶段，是从实验室过渡到工业生产必不可少的重要环节，是二者之间的桥梁。中试生产是小试的扩大，是工业生产的缩影，应在工厂或专门的中试车间进行。是由于反应的放大效应和其他一些小试中难以碰到的问题，为了降低风险，小试到大生产就需要做中试。为大生产做好准备。投料量一般以公斤来计算。

第三节　中试放大操作条件的优化

传统的中试装置是生产、收集、关联数据的场所。放大主要是靠经验，小试 - 逐级中试 - 工业化生产，且每次放大的倍数均不宜过大，因此，希望中试的规模大一些，放大到生产装置时就可靠一些。对于每一级中试的操作条件均需进行优化，以获得最适合的生产操作条件。

一、中试放大操作条件优化的必要性

在中试放大研究过程中，由于反应场所、生产条件的改变，原来的优化条件就不再适应新的中试阶段的生产，因此必须在各中试阶段进行试验来探讨反应条件对产品收率和纯度之间的关系，通过研究来获得最佳工艺条件，作为下一级中试或者是工业化生产优化的基础。

在此过程中，必然要做大量试验，而试验次数增多会大幅提高成本，为了只做最少的试验就得到最好的结果，需根据科学原理，运用一定方法来安排实验点。通过少量试验的结果，迅速找出使某种指标最优的有关因素值的方法，称为试验最优化，简称为优选法。试验设计和优选法是以概率论和数理统计为理论基础来安排试验的一种应用技术，可分为试验设计、试验实施和试验结果分析三个阶段。

笔记

二、中试放大操作条件的优化方法

对于一个药物制备的中试放大过程，通常会有多个影响因素，合理的安排试验可达到获得更多试验信息、减少试验次数、缩短试验周期、节约试验费用的目的。对于中试放大操作过程利用试验设计来减少投资尤为重要。常用到的条件优化有单因素平行试验优选法、多因素正交试验优选法和均匀设计优选法几种。

（一）单因素平行试验优选法

所谓单因素试验，即在安排试验时只考虑一个对指标影响最大的因素，其他因素尽量保持不变，通过设立不同的考察因素平行的进行多个试验来优化反应条件的试验方法。单因素平行试验优选法的具体方法有以下几种：

1. 平分法　平分法是单因素试验中一种最简单最方便的方法。在应用时，只要因素抓得准，单因素试验也能解决许多问题。

如果在试验范围内，目标函数是单调的（连续或间断的），要找出满足一定条件的最优点可以用平分法。

当某一个主要试验因素确定之后，首先估计包含最优点的试验范围 $[a, b]$。若 x 表示试验点，考虑端点，则 $a \leqslant x \leqslant b$，如不考虑端点，则 $a<x<b$。在实际问题中 a 和 b 为具体数值。

如果每做一次试验，根据结果可以解决下次试验采用的方法，就可用平分法。

平分法的具体做法是：总是在试验范围的中点安排试验。

中点公式：
$$x=\frac{a+b}{2} \tag{5-1}$$

根据试验结果，确定下次试验的范围：

（1）如下次试验范围在高处（取值大些），就把此次试验点（中点）以下的一半试验范围划去。

（2）如果下次试验范围在低处（取值小些），就把此次试验点以上的一半试验范围划去。这样试验一次，试验范围缩小了一半。

（3）在余下的试验范围内，重复（1）或（2），即只在试验范围的中点做试验，根据结果划去试验范围的一半，直到列出一个满意的试验点或试验范围已足够小，再试下去结果无显著变化为止。

2. 0.618 法　0.618 法也称黄金分割法。试验中常遇到这样的情况，仅知道在试验范围内有一个最优点，再大些或再小些都差，而且距离最优点越远，试验效果越差，即可采用 0.618 法。该法适用于单峰函数。

其具体做法为：

首先也要估计包含最优点的试验范围 $[a, b]$，则第一个试验点为：
$$x_1=a+0.618(b-a) \tag{5-2}$$

第二个试验点为：
$$x_2=a+b-x_1 \tag{5-3}$$

若在第一个试验点的结果优于第二个试验点的结果，则舍去 (a, x_2)，余下的范围是 (x_2, b)，则可确定第三个试验点为 $x_3=x_2+b-x_1$，反之，若第二个试验点的结果优于第一个试验点的结果，则舍去 (x_1, b)，余下的范围是 (a, x_1)，则可确定第三个试验点为

$x_3=a+x_1-x_2$。

如果两个试验点结果一样，则应作具体分析，看最优点在哪一边，再决定取舍。一般可去掉（a, x_2）和（x_1, b），仅余下（x_2, x_1），然后把 x_2 当新的 a，x_1 当新的 b，按照式 5-2 和式 5-3，再安排两次试验即可。

无论何种情况，在新范围内，又有两次试验可比较。根据试验结果，再去掉一段或两段试验范围，在留下的范围中再找对称点，安排新的试验。这样重复进行，直到找到满意结果的试验点，或留下的试验范围已很小，再做下去试验结果差别不大，亦可终止。

3．分数法　分数法适用于试验要求预先给出试验总数（或者知道试验范围和精确度，这时试验总数就可以算出来）。在这种情况下，用分数法比 0.618 法方便，且同样适合单峰函数。

由菲波那契（Fibonacci）数列：

$$1, 1, 2, 3, 5, 8, 13, 21, 34, 55, 89, 144, 233, \cdots$$

用 F_0、F_1、F_2、…依次表示上述数串，有递推关系：

$$F_n=F_{n-1}+F_{n-2} \quad (n\geqslant 2)$$

当 $F_0=F_1=1$ 确定以后，则整个菲波那契数列随之确定。

由菲波那契（Fibonacci）数列可得分数数列：

$$1/2, 2/3, 3/5, 5/8, 8/13, 13/21, 21/34, 34/55, 55/89, 89/144, \cdots$$

用分数数列来安排试验点的方法称为分数优选法。

若所有可能的试验总数恰好是菲波那契数列中的某一个 F_{n-1}，此时选择的前两个试验点放在试验范围的 $\frac{F_{n-1}}{F_n}$ 和 $\frac{F_{n-2}}{F_n}$ 位置上，也就是先在试验范围中的第 F_{n-1} 和 F_{n-2} 两个点上做实验，根据试验结果，若第 F_{n-1} 点的试验结果较优，则舍去 F_{n-2} 以下的试验范围，反之，若 F_{n-2} 点的试验结果较好，则舍去 F_{n-1} 以上的试验范围，然后在留下的试验范围中重新编号，照前面的步骤重复进行，直到试验范围内没有应该要做的好点为止。

由此易知，用分数法安排试验，在 F_n-1 个可能的试验中，最多只需做 $n-1$ 个试验就能找到它们中最好的点，在试验过程中、如遇到一个已满足要求的好点，同样可以停下来、不再去做后面的试验。利用这种关系，根据可能比较的试验数，马上就可以确定实际要做的试验数，或者由于客观条件限制，能做的试验数。

如果所有可能的试验总数大于某一（F_n-1）而小于（$F_{n+1}-1$），此时只要在试验范围之外虚设几个试验点，凑成（$F_{n-1}-1$）个试验，就化成上述的情形，对于虚设点．并不真正做试验，直接判断其结果比其他点都坏，试验往下进行，显然这种虚设点，并不增加实际试验次数。

分数法与 0.618 法的区别只是用分数 $\frac{F_{n-1}}{F_n}$ 和 $\frac{F_{n-2}}{F_n}$ 代替 0.618 和 0.382 来确定试验点，以后的步骤相同，其实 0.618 法就是分数法在 n 趋向于无穷大时的一个特例。

4．抛物线法　如果实验结果能够进行定量处理，则可以运用抛物线法进行优选，其最大优点在于搜索方向，而且能够估计出最优点的位置，从而可以加快优选过程，减少试验次数。根据已得的三个试验数据，找到这三点的抛物线方程，然后再求解出该抛物线的极大值，并以此作为下次试验的根据，具体做法如下：

笔记

（1）在三个试验点x_1、x_2、x_3，且$x_1<x_2<x_3$，分别得到试验结果y_1、y_2、y_3，根据拉格朗日插值法，可以得到一个二次函数：

$$y=y_1\frac{(x-x_2)(x-x_3)}{(x_1-x_2)(x_1-x_3)}+y_2\frac{(x-x_3)(x-x_1)}{(x_2-x_3)(x_2-x_1)}+y_3\frac{(x-x_1)(x-x_2)}{(x_3-x_1)(x_3-x_2)} \tag{5-4}$$

此处，当$x=x_i$时，$y=y_i$（i=1，2，3）。该函数是一条抛物线。

（2）假设上述函数在x_4处取得最大值，此时：

$$x_4=\frac{1}{2}\frac{y_1(x_2^{\ 2}-x_3^{\ 2})+y_2(x_3^{\ 2}-x_1^{\ 2})+y_3(x_1^{\ 2}-x_2^{\ 2})}{y_1(x_2-x_3)+y_2(x_3-x_1)+y_3(x_1-x_2)} \tag{5-5}$$

（3）在$x=x_4$处做试验，得试验结果y_4。在x_4邻近再取两点，则根据这三点又可得到一条抛物线方程，如此继续下去，直到函数的极大点被找到为止。

抛物线法常用在0.618法或分数法取得一些数据的情况，这时能收到更好的效果。此外，建议做完0.618法或分数法的试验后，用最后三个数据按抛物线法求出，并计算这个抛物线在点处的数值，预先估计一下在点处的试验结果，然后将这个数值与已经试得的最佳值做比较作为是否在点处再做一次试验的依据。

目前，在化学制药的实验室工艺研究中对影响工艺水平的因素大多采用逐个单因素优选，也就是单因素平行试验优选法，最后再将各个优选因素集合，重复试验予以确认，这种方法在实验室研究较为常用。而药物合成反应和制药工程的影响因素多且复杂，只考虑这些对指标影响最大的因素，往往不能满足要求，尤其在中试放大过程中，原来影响不太显著的因素可能随着放大过程的进行变得显著，因此需要引入多因素试验问题的处理方法，在众多处理多因素试验问题的方法中，以正交试验优选和均匀设计优选法的理论较为成熟和常用。

（二）多因素正交试验优选法

多因素正交试验优选又称为正交设计或多因素优选设计，其理论研究起始于欧美，20世纪五十年代开始推广应用。其设计理念是在全面试验点中选择最有代表性的一些点进行试验，挑选的点在其范围内应具有“均匀分散”和“整齐可比”的特点。所谓“均匀分散”是指试验点应均匀地分布在试验范围内，使每一个试验点均有充分的代表性。“整齐可比”系指试验结果分析方便，较易分析各因素对目标函数的影响。正交设计利用数理统计原理安排实验，并按一定规律分析处理实验结果，故具有能够较快地找到工艺的最佳条件、可从诸多影响因素中判别出主要影响因素及影响因素间的相互影响情况等一系列优点。

正交试验实际统计分析方法大致分为两种：直观分析法（又称极差分析法）和方差分析法（又称统计分析法）。直观分析法简单易懂，实用性很强，已在各类生产优化过程中得到广泛的应用。方差分析是数理统计的基本方法之一，是在上世纪二十年代初，首先由英国统计学家费歇把它应用到农业上，经过几十年的发展，已广泛应用到科学研究中的许多领域，取得了良好的效果。它是工农业生产和科学研究分析试验的一种有效工具。在实际生产中，经常研究由于生产条件不同对试验结果有无显著影响的问题。

1．正交设计的基本术语和必要性　正交设计中常用术语有：指标、因子（或因素）和水平。其中：把试验设计要考虑的结果和评价准则称为“指标”，一般以y_i来表示第i次试验的指标值；把在试验过程中明确了条件，对试验结果和对评价指标可能产生影响的待考察因素称为“因子”或“因素”，一般以大写英文字母A、B、C等表示；

笔记

把每一个因子在试验过程中的具体条件称为“因子的水平”，简称为“水平”，一般以阿拉伯数字 1、2、3 等来表示，并记成相应因子英文字母的下标，如 A_1，B_2、C_3 等，水平既可以是具体的数值，也可以是高、低等相对值或是不同操作方式等。

正交设计的作用有以下几点：

（1）合理安排试验，减少实验次数，当因素越多时，这一优越性越突出；

（2）在众多影响因素中，分清因素主次，抓住主要矛盾；

（3）正交试验设计是掌握各影响因素与产品质量指标之间关系的有效手段，为生产过程的质量控制提供有利的条件；

（4）找出最优的设计参数和工艺条件；

（5）指出进一步试验方向。

正交设计除有一般试验设计所具有的意义外，还具有如下较特殊的意义：

（1）对因素的个数 NF 没有严格的限制，$NF \geq 1$；

（2）因素之间有、无交互作用均可利用此设计；

（3）可通过正交表进行综合比较，得出初步结论，也可通过方差分析得出具体结论，并可得出最优的生产条件；

（4）根据正交表和试验结果可估计出任一种水平组合下试验结果的理论值；

（5）利用正交表从多种水平组合中一下挑出具有代表性的试验点进行试验，不仅比全面试验大大减少了试验次数，而且通过综合分析，可以把好的试验点（即使不包括在正交表中）找出来；

（6）利用正交表的试验，可把实验室小规模试验结果原样拿到现场应用，即使其他因素改变，因素效应也能保持一贯；即使规模条件改变，其效应也能再现。

2. 正交表及表头设计　正交设计法的第一步是根据需要考察的因子数和欲研究水平，选取正交表。选取正交表的原则列举如下：

首先，应满足正交表的总自由度大于等于需要考虑的全部因素及其交互作用项的自由度之和，如果不做重复试验，$df_{总}=n-1$，这里 n 为正交表的行数；

其次，当表中各列都排满，且不想做重复试验时，只能用影响较小的一个或几个因素或交互作用项的均方来作为误差均方的估计值，显然对误差估计的精度不高。解决办法是选取稍大一号的正交表[如用 $L_{16}(2^{15})$ 取代 $L_8(2^7)$，适合水平数较少的场合]或在每个试验号下做 K 次重复试验（K≥2）（适合水平数较多的场合）；

第三，必须考虑不应使主效应与不可忽略的交互作用混杂，这是正交设计的关键所在。

3. 正交设计的步骤　进行正交试验设计一般有以下几步：

（1）明确试验目的，确定评价指标：在进行试验设计前，必须要首先明确本次试验所要解决的问题是什么即试验目的是什么。确定试验目的后，对试验结果如何衡量，即确定出试验评价指标。试验的评价指标可以是定量指标如收率、含量等，也可以是定性指标如色泽、口感等。一般为了便于分析试验结果，常按某种标准进行打分将定性指标数量化。

（2）挑选试验因素，确定试验水平：根据专业知识、以往的研究结论和经验，从众多影响试验指标的因素中，进行因果分析筛选出需要考察的试验因素。一般应首先考虑对试验指标影响大的因素、尚未考察过的因素或者是尚未完全掌握其规律的因素。

选定试验因素后，根据所掌握的信息资料和相关的知识，再确定每一个因素的水平，一般以 2～4 个水平为宜。对主要考察的试验因素，可将水平相应多取一些，但也不宜过多，一般不超过 6 个，否则会造成试验次数的激增。对于各因素的每一个水平之间的间距，应该根据专业知识和已经获得的资料信息，尽可能地把水平值取在理想区域。

（3）选正交表，进行表头设计：正交表选择是正交设计的最关键问题，正交表选的太小会造成试验因素安排不下，反之，试验次数相应增多则不经济。正交表的选择原则是在能够安排下试验因素和交互作用的前提下，尽可能选较小的正交表以减少试验次数。正交表选定后，就要进行表头设计，即将试验因素和交互作用合理地安排到所选正交表各列中去的过程。把各个因素依次或不依次放在正交表头的适当列上，又称为排表头。在正交表内安排也要遵循一定原则：对同水平正交表而言，每个因素占 1 列，2 因素交互作用占水平数减 1 列；忽略 3 因素以上的交互作用，从而在表头设计中，只表示出主效应和不可忽略的 2 因素交互作用（根据需要，也可以寻找能安排 3 因素以上交互作用的列）；2 因素交互作用应认为大致都有存在的可能性，应避免把它安排进与主效应相同的列。

正交表是一整套规则的设计表格，表示为 $L_m(r^n)$，其中 L 代表正交表，m 代表试验次数，r 表示水平数，n 为表格列数，就是可能安排的最多因素个数。在一个正交表中，各列的水平数也可不相等，这种称之为混合型正交表。正交表具有以下两个性质：每一列中，不同的数字出现的次数相等及任意两列中数字的排列方式齐全且均衡。也就是前面提到的“均匀分散性”和“整齐可比性”，简单讲，就是每一因素的每一水平与另一因素的每一水平各碰撞一次，也即正交性。

（4）明确试验方案，进行试验，得到结果：根据所选择的正交表以及表头设计，进行试验方案的安排，并根据试验方案进行试验，记录试验结果。

（5）对试验结果进行统计分析：试验结果的计算、分析工作对于正交试验设计极其重要，通过试验结果分析，可解决如下几个问题：首先可以分清各因素对指标影响的主次顺序，即分清哪个是主要因素，哪个是次要因素，哪个是影响很小的因素；其次可以找出优化的方案，即所考察的每个因素各取什么水平才能达到试验指标的要求；最后还可以分析因素与指标的关系，即当因素变化时，指标如何变化，找出指标随因素变化的规律和趋势，以指出进一步试验的方向。故在获得正交表中所有试验的结果以后，按统计学原理进行数据统计分析，从中找出各因素的各水平中使指标达到最佳的水平组合，作为最优参数；同时还可通过分析确定各因素对指标的重要性，也即影响程度及其对指标的影响是否显著。经上述一系列分析后，所进行试验的各因素水平对指标的影响情况都能够为试验人员所掌握，则可进行下一步的工作。

（6）进行验证试验，作进一步分析：按照最优参数的组合，追加试验进行验证，进一步分析是否获得了最优参数，考虑是否需要进一步追加试验。

4. 正交设计应注意的问题　在进行正交试验设计的过程中，要注意以下几个要点：

（1）关于挑因素：影响试验结果的原因或要素，称为因素。凡是对试验结果可能有较大影响的因素一个也不能漏掉，除事先能肯定作用很小的因素和交互作用不安排外，凡是可能起作用或情况不明以及意见有分歧的因素都值得考察。

（2）关于选水平：对质量因素，应选入的水平通常是早就定下来的，如要比较的品种有 3 种，该因素（即品种）的水平数只能取 3；对数量因素，选取水平数的灵活性

笔记

就大了，如温度、反应时间等，通常取2或3水平，只是在有特殊要求的场合，才考虑取4以上的水平。

（3）关于重复试验和重复取样　重复试验（各次试验样品不完全相同）和重复取样（各次试验样品完全相同）在概念上和数据处理时均有区别，使用时须慎重。除上面提到的场合要进行重复试验（或取样）外，当用动物作为受试对象时，也应考虑进行重复试验，这是由于动物的个体差异很大，通过重复试验，可使误差的估计更精确，试验结果更可靠。

（三）均匀设计优选法

均匀试验设计是由方开泰教授和数学家王元在1978年共同提出的，是数论方法中的“伪蒙特卡罗方法”的一个应用。将数论与多元统计相结合，在正交设计的基础上，创造出一种新的适用于多因素、多水平试验的均匀试验设计方法。构造一套均匀设计表，用来进行均匀试验设计。

利用正文设计安排的试验次数虽然比全面试验次数大大地减少了，但对多因素、多水平的试验来讲，其安排的试验次数仍过多。实际上，当要考察的多因素的水平数大于5时，正交试验设计就不太适合了，对于周期长、费用高的试验项目就更加不适用了。因此，人们迫切希望能产生一种试验次数更少的适合多因素、多水平试验的新设计方法。对任意两因素，正交设计为照顾“整齐可比”性必须进行全面试验，每个因素的水平必有重复. 这样在试验范围内试验点就做不到充分的“均匀分散”，试验点的数目就不能过少。故用正交表安排试验，均匀性受到了一定的限制；若在试验过程中舍弃“整齐可比”性、让试验点在其范围内完全满足“均匀性”的要求，在试验范围内充分均匀分散，可以大幅减少试验点的数目，也能达到试验目标要求的试验结果。这种单纯从“均匀分散性”出发的试验设计方法，就是均匀试验设计。

1. 均匀设计表及其使用表　均匀设计是一种规格化的表格，是均匀试验设计的基本工具。均匀设计表仿照正交表以$U_n(m^k)$表示。表中U是均匀设计表代号，n表示横行数即试验次数，m表示每纵列中的不同字码的个数，即每个因素的水平数，k表示纵列数，即该均匀设计表最多安排的因素数。表5-1是一张$U_7(7^6)$均匀设计表，可安排7个水平6个因素的试验，只做7次试验即可。表5-2也是一张均匀设计表。比较$U_7(7^6)$和$U_6(6^6)$可以看出，两表有一定的关系，即$U_6(6^6)$是将表$U_7(7^6)$的最后一行划去而成的。表5-1 $U_7(7^6)$称为水平数为奇数的均匀设计表，而表5-2 $U_6(6^6)$称为水平数为偶数的均匀设计表。

表5-1　$U_7(7^6)$

试验号＼列号	1	2	3	4	5	6
1	1	2	3	4	5	6
2	2	4	6	1	3	5
3	3	6	2	5	1	4
4	4	1	5	2	6	3
5	5	3	1	6	4	2
6	6	5	4	3	2	1
7	7	7	7	7	7	7

笔记

表 5-2　$U_6(6^6)$

试验号 \ 列号	1	2	3	4	5	6
1	1	2	3	4	5	6
2	2	4	6	1	3	5
3	3	6	2	5	1	4
4	4	1	5	2	6	3
5	5	3	1	6	4	2
6	6	5	4	3	2	1

均匀设计表任两列之间不是平等的。所以在均匀试验设计时应选择均匀性较好的列，按均匀设计表的使用表来进行表头设计。使用表可帮助我们在均匀试验设计时，选择合适的列来安排试验因素。表 5-3 所示的是 $U_7(7^6)$ 的使用表。由表知，在选择 $U_7(7^6)$ 进行均匀试验设计时，若只有两个因素，安排在第 1、3 列；若有 3 个因素，安排在第 1、2、3 列；若有 4 个因素，则分别安排在第 1、2、3、6 列；若有 5 个因素，则分别安排在第 1、2、3、4、6 列；最后，若有 6 个因素，则 6 列全安排。实际中使用的每个均匀设计表，都附带一个使用表，在均匀试验设计时，所选的因素只有按规定的列进行表头设计时，才能取得较好的效果。

表 5-3　$U_7(7^6)$的使用表

因素数	列					
2	1	3				
3	1	2	3			
4	1	2	3	6		
5	1	2	3	4	6	
6	1	2	3	4	5	6

2. 均匀设计表的特点　均匀设计表具有以下特点：

(1) 表中安排的因素及其水平的每个因素的每个水平只做一次试验，亦即每 1 列无水平重复数。

(2) 试验分点分布得比较均匀。

(3) 均匀设计表的试验次数与水平数相等，即 $n=m$，因而水平数和试验次数是等量增加，这和 $L_n(m^k)$ 型正交表大不相同。例如，水平数从 7 水平增加到 8 水平时，对于均匀试验设计，试验次数从 7 次增加到 8 次，但对于正交试验设计，则试验次数从 49 次增加到 64 次，按平方关系增加。均匀试验设计增加因素的水平，使试验工作量增加不多，这是均匀试验设计的最大优点。

(4) 均匀设计表中各列的字码次序不能随意改动，而只能依原来的次序进行平滑，即将原来的最后 1 个水平与第 1 个水平衔接起来，构成一个封闭圈，再从任一开始定为第 1 水平，按原方向或反方向排出第 1 水平、第 3 水平等。

3. 均匀试验设计的步骤　均匀试验设计的操作步骤按如下进行：

(1) 明确试验目的，确定试验指标；

（2）选择试验因素。根据专业知识和实际经验进行试验因素的选择，一般选择对试验指标影响较大的因素进行试验；

（3）确定因素水平。根据试验条件和以往的实践经验，首先确定各因素的取值范围，然后在此范围内设置适当的水平；

（4）选择均匀设计表，排布因素水平。根据因素数、水平数来选择合适的均匀设计表进行因素水平数据排布；

（5）明确试验方案，进行试验操作；

（6）试验结果分析。多采用回归分析方法对试验结果进行分析来发现优化的试验条件，也可采用直接观察法取最好的试验条件（不再进行数据分析处理）；

（7）优化条件的试验验证。通过回归分析方法计算得出的优化试验条件一般需要进行优化试验条件的实际试验验证（可进一步修正回归模型）；

（8）缩小试验范围进行更精确的试验，寻找更好的试验条件，直至达到试验目的为止。

学习小结

1. 学习内容

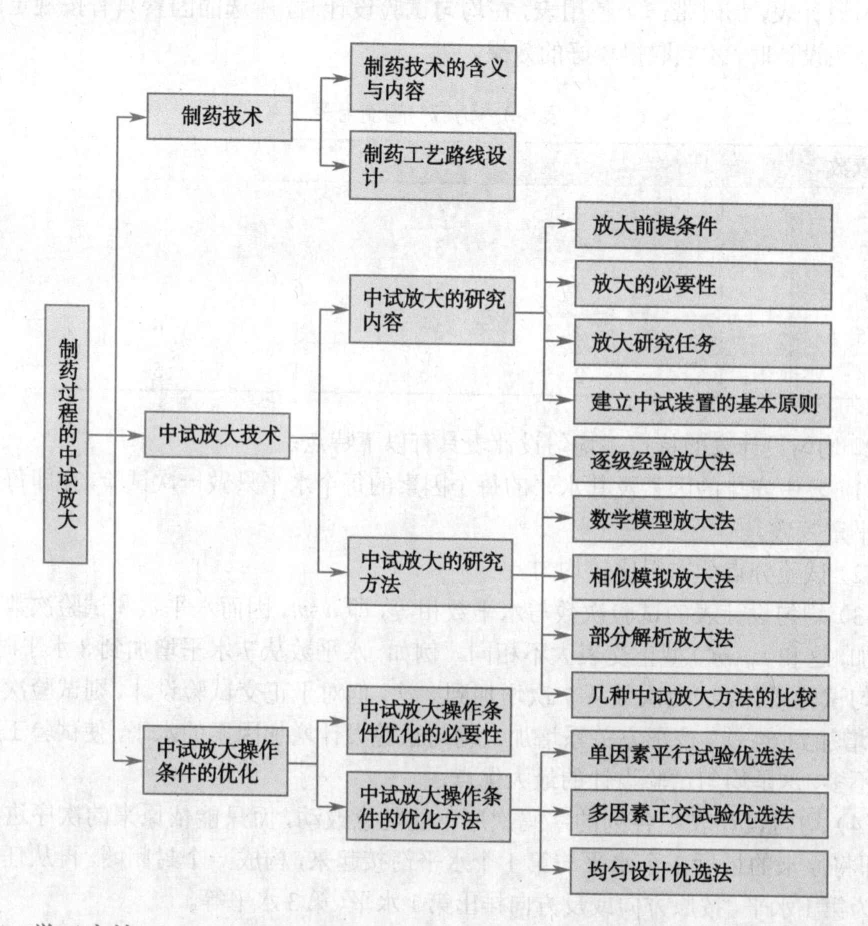

2. 学习方法

本章应在了解制药技术的范围及研究内容的基础上，通过掌握小试、中试到工业化大生产之间的关系，系统学习中试放大操作条件的优化方法、化学制药中试放大技术的研究内容和研究方法，学会从工业生产的角度出发，因地制宜的设计和选择工艺路线完成中试阶段的实验设计。

（杨岩涛　王知斌）

复习思考题

1. 药物工艺路线设计的意义是什么？
2. 理想的药物工艺路线应满足哪些条件？
3. 药物工艺路线设计的主要方法有哪些？
4. 简述中试必要性的具体体现。
5. 简述中试放大的目的及研究任务。
6. 简述逐级经验放大法的放大方法及其特点。
7. 请简单比较四种常用的中试放大方法。
8. 简述正交设计的作用。
9. 简述均匀设计表的特点。
10. 华北制药厂在生产青霉素过程中，为取得较好的技术经济效果，对青霉素球菌原材料配方，试运用均匀试验设计技术进行试验优化研究。

笔记

第六章

生物制药技术

学习目的

通过本章的学习使学生达到明确生物制药技术与生物药物的概念；掌握生物药物的特性、分类与生物制药的基本技术；同时了解生物制药的发展历史、发展概况及发展趋势，熟悉现代生物制药技术。

学习要点

重点了解生物药物的含义与发展，全面掌握生物药物的分类以及生物制药的技术，包括生物材料的选择、采集、预处理、分离、提取和纯化等制备技术。

生物制药技术作为一种高新技术，是20世纪70年代初伴随着脱氧核糖核酸(Deoxyribonucleic acid，DNA)重组技术和单克隆抗体技术的发明和应用而诞生的。40多年来，生物制药技术的飞速发展为医疗业、制药业的发展开辟了广阔的前景，极大地改善了人们的生活。因此，世界各国都把生物制药确定为21世纪科技发展的关键技术和新兴产业。

生物制药技术是利用生物体、生物组织、细胞和体液等，综合应用生物学与医学、生物化学与分子生物学、微生物学与免疫学、物理化学与工程学和药学的原理与方法进行药物制造的技术。

生物技术制药就是利用基因工程技术、细胞工程技术、微生物工程技术、酶工程技术、蛋白质工程技术、分子生物学技术等来研究和开发药物，生产多肽、蛋白质、激素和酶类药物以及疫苗、单克隆抗体和细胞因子类药物等，用来预防、治疗和诊断疾病的发生。生物技术药物新品种、新工艺的开发及产品的质量控制是生物技术制药研究的重要内容。

第一节　生物药物的含义与发展

广义的生物药物包括以动植物、微生物和海洋生物为原料制取的各种天然生物活性物质及人工合成或半合成的天然物质类似物，也包括应用生物工程技术（基因工程、细胞工程、酶工程、发酵工程及蛋白质工程）制造生产的新生物技术药物（new

biotech drug)。随着现代生物技术的快速发展，特别是基因工程药物、基因药物和单克隆抗体发展，生物药物的组成和品种得到了极大的扩充。

一、生物药物的含义

生物药物(biopharmaceutics)是指利用生物体、生物组织、细胞和体液等，综合应用生物学与医学、生物化学与分子生物学、微生物学与免疫学、物理化学与工程学和药学的原理与方法加工制造而成的一大类用于预防、治疗、诊断和康复保健的制品。

现代生物药物已形成了四大类型：①天然生物药物，即来自动物、植物、微生物和海洋生物的天然产物，包括天然生化药物(biochemical medicine)，微生物药物(microbial medicine)和海洋药物(marine medicine)；②基因工程药物，即应用基因工程和蛋白质工程技术制造的重组活性多肽、蛋白质类药物及其修饰物；③基因药物，即以基因物质(DNA 或 RNA)为基础，研究而成的基因治疗剂、基因疫苗、反义药物、干扰核酸和核酶等；④医学生物制品，包括预防用制品、治疗用制品和诊断用制品。

二、生物制药的发展简介

18 世纪，人们发现人体由细胞和蛋白质所组成，并且人体对致病微生物的袭击既敏感又能有效抵抗，在此基础上人们展开了以生物学为基础的生物制药的研究。

20 世纪 30 年代，胰岛素被大规模生产和广泛用于治疗糖尿病，20 世纪 40 年代开始工业化生产青霉素。生物制药工业从此蓬勃发展，相继成立了许多闻名世界的制药公司，如瑞士的化工企业 Ciba geigy、Welcome、Glaxo 等，它们制造了四环素、肾上腺皮质激素、口服避孕药、抗抑郁药等多种有效药物。1982 年，重组人胰岛素被投放市场，开创了生物技术制药工业的新门类。

(一)生物制药的发展

依照生物制药工业发展的技术特征，生物制药工业的发展过程大致可划分为三个阶段。

1. 传统生物制药发展阶段　人类利用生物药物治疗疾病有着悠久的历史。现代制药工程发展以前，来源于生物药物的草药学就已经为人类服务了上千年，从中国、印度和欧洲、南美洲的古文明中都可以看到它的身影。神农最早应用生物材料制成天然产品用作治疗剂，如用羊靥(包括甲状腺的头部肌肉)治疗甲状腺肿，用紫河车(胎盘)作强壮剂，用蟾酥治疗创伤，用羚羊角治脑卒中，用鸡内金治遗尿及消食健胃。早在公元前 597 年就有麴(曲)的使用记载。公元 4 世纪，葛洪所著的《肘后备急方》就有用海藻(含碘)酒治疗瘿病(地方性甲状腺肿)的记载。孙思邈(公元 581—682 年)首用羊肝(富含维生素 A)治疗“雀目”(一种眼疾)。沈括(公元 1031—1095 年)所著的《沈存中良方》中，用秋石(男性尿中的沉淀物)治疗类固醇缺乏症，其制备原理与 20 世纪 30 年代 Windaus 创立的类固醇分离方法近似。除此之外，明代李时珍在《本草纲目》中收载药物 1892 种，除植物药外，还有动物药 444 种(其中鱼类 63 种，兽类 123 种，鸟类 77 种，蚧类 45 种，昆虫百余种)，书中还记载了入药的人体代谢物、分泌物及排泄物等。可见，人类从生物材料分离活性物质用作治疗药物实为中国所创

笔记

始，在我国有着较为悠久的使用传统。

早期的生物制药多以动物脏器为原料加工制造，多为粗制剂，到了20世纪20年代，随着人们对动物脏器有效成分的逐步了解，盐析法、有机溶剂分级沉淀法、离心分离法等分离纯化技术开始应用于制药工业领域。纯化胰岛素、甲状腺素、多种必需氨基酸和必需脂肪酸制造工艺的成功开发，促使生物制药步入了工业化时代。

2. 近代生物制药发展阶段　1928年英国科学家弗莱明(Fleming)发现在青霉菌落周围细菌不能生长的现象，并把这个青霉菌分离出来培养，发现其培养液能抑制各种细菌生长，他把其中的活性成分命名为青霉素。到了1940年，英国的弗洛里(Florey)和钱恩(Chain)制出了干燥的青霉素制品，经过实验和临床试验证明，青霉素对革兰阳性菌所引起的疾病有卓越的疗效，因此开始了青霉素的大规模生产。Fleming发现青霉素对人们认识抗生素具有划时代的意义。

随着青霉素的成功开发生产利用，菌种选育、培养、诱变、提炼技术及其设备都取得了巨大发展，随后又发展了灭菌、发酵控制、补料等发酵新技术，发酵工程技术逐渐发展成近代生物制药工业基础技术。继Fleming发现青霉素后，1941年美国放线菌专家瓦克斯曼(Waksman)与同事从放线菌培养液中找到紫放线菌素，接着他又在1944年发现第一个用于临床的从放线菌产生的抗生素——链霉素，在此之后人们又发现了金霉素、红霉素等众多的抗生素。链霉素的发现标志着从微生物代谢物中寻找抗生素的黄金时代到来。

20世纪50～60年代，抗生素工业、氨基酸工业、酶制剂工业在近代生物制药工业中已占重要地位。60年代后期，生物分离工程技术和设备在生物制药工业中获得了广泛应用，离子交换、凝胶层析、膜分离、亲和层析、细胞培养技术及其相关设备为近代生物制药工业发展提供了强有力的技术支撑，使得胰岛素、前列腺素、尿激酶、链激酶、肝素钠等生物药物迅速占领了市场。

3. 现代生物制药发展阶段　1953年美国生物学家沃森(Watson)和英国生物学家克里克(Crick)提出了DNA的双螺旋结构，1966年人们破译了DNA三联体密码，随后证明了遗传的中心法则，1973年玻意尔(Boyer)和科恩(Cohen)建立了体外重组DNA的方法。1976年诞生了全球首家DNA重组技术新药研发公司——美国的Genetech公司，1982年欧洲首先批准DNA重组动物球虫病疫苗。1982年重组人胰岛素投放市场，1983年发明了聚合酶链式反应(polymerase chain reaction，PCR)技术，1985年美国食品药品管理局(FDA)批准了重组人生长激素，1987年人生长素、α-干扰素和乙肝疫苗相继上市，从而形成了一个以基因工程为主导，包括现代细胞工程、发酵工程、酶工程和组织工程为技术基础，生产抗生素、氨基酸和植物次生代谢产物的现代生物制药工业新领域。

目前各国制药公司正在加强研究新型的生物技术药物(如新型疫苗与治疗性人源性抗体)，用于新的适应证和开辟新市场。世界生物制药工业已进入自主创新、全面现代化的新时期。生物制药工业的发展是生物工程知识不断增长和技术不断进步的结果，其中生命科学基础理论的突破与生物技术的产业化为其高速、持续发展提供了坚强后盾。

笔记

（二）生物制药的发展概况

生物制药技术包含四个重要技术基础，即基因工程、细胞工程、微生物工程和酶工程技术，60%以上的技术成果应用于医药工业，现对各类技术发展概况作简要介绍。

1. 基因工程

（1）基因工程的诞生：基因工程的诞生和飞速发展得益于现代遗传学和生物化学成果的积累与运用。1973年，美国的Cohen和Boyer等人在体外构建出含有四环素和链霉素两个抗性基因的重组质粒分子，将其导入大肠杆菌后，该重组质粒得以稳定复制，并赋予宿主细胞相应的抗生素抗性，由此宣告了基因工程的诞生。Cohen和Boyer创立了基因工程的基本模型，被誉为基因工程之父。

（2）基因工程的定义：基因工程（genetic engineering）是指在基因水平上运用与工程设计类似的方法，按照人们的需要进行设计，然后按设计方案创建出具有某种新的性状的生物新品系，并使之稳定地遗传给后代。基因工程技术就是将外源性的基因插入载体，质粒、病毒或其他载体分子中，拼接后转入新的宿主细胞，构建成工程菌（或细胞），实现遗传物质的重组组合，并使目的基因在工程菌内进行复制和表达的技术，因此又称为重组DNA技术。

（3）基因工程制药的一般过程：基因工程药物的生产涉及DNA重组技术的产业化设计与应用，包括上游技术和下游技术两大组成部分。上游技术指的是外源基因重组，克隆后表达的设计与构建；而下游技术则包括含有重组外源基因的生物细胞（基因工程菌或细胞）的大规模培养、外源基因表达产物的分离纯化及产品质量控制等过程。主要包括以下步骤：①切：从供体细胞中分离出基因组DNA，用限制性核酸内切酶分别将外源DNA（包括外源基因和目的基因）和载体分子切开；②接：用DNA连接酶将含有目的基因的DNA片段接到载体分子上，形成重组的DNA分子；③转：将人工重组的DNA分子导入它们能正常复制的受体（宿主）细胞中；④增：短时间培养转化细胞，以扩增（amplification）DNA重组分子或使其整合到宿主细胞的基因组中；⑤检：筛选和鉴定转化细胞，获得使外源基因高效稳定表达的基因工程菌或细胞；⑥将基因工程菌发酵，收获有目的蛋白的发酵液，采用一系列分离纯化手段从发酵液中获得高纯度的目的产物；⑦对目的蛋白进行过滤除菌，某些要求更为严格的药物，还需要除热原等处理；⑧对目的蛋白进行制剂研究，并进行半成品或成品检测，对合格品进行包装。

（4）基因工程在医药工业中的应用：基因工程是生物技术的核心，基因工程药物是医药生物技术应用最成功的领域。目前已有近百种基因工程药物和疫苗研制成功，其中销售额较大的是促红细胞生成素、重组胰岛素、生长激素、干扰素、粒细胞集落刺激因子、粒细胞-巨噬细胞集落刺激因子等，每种药品的年销售额高达数亿美元甚至数十亿美元，获得了巨大的经济效益和社会效益。此外，有几百种基因工程药物、治疗技术及疫苗正处于临床验证的不同阶段。计算机辅助设计疫苗等新技术的应用使得新疫苗开发速度正在加快，抗艾滋病的疫苗正在进行临床试验，抗多种不同致病菌株感染多价疫苗研究亦获得了重大突破。

实例

哺乳动物细胞表达人促红细胞生产素

人促红细胞生成素(erythropoietin, EPO)产生于人的肾和胎儿的肝脏,它能刺激红系祖细胞分化发育成成熟的红细胞。早期,EPO主要从尿中提取,但随着重组DAN技术的发展,通过中国仓鼠卵细胞(CHO)表达EPO,临床上主要用于治疗肾衰竭、恶性肿瘤、艾滋病和化疗引起的贫血。其工艺过程如下:

1. EPO真核表达质粒的构建　用AvaⅡ和*Taq*Ⅰ分别切除原始克隆质粒pEPO上EPO cDNA5′和3′末端的非编码部分,Klenow酶补平后平端插入表达载体pCDS的*SalI*的位点。用^{32}P标记的EPO cDNA探针进行菌落原位杂交,对杂交阳性质粒进行酶切检定,酶切产物的电泳图谱表明得到了EPO cDNA插入方向正确的重组真核表达质粒pMGL4。

2. 重组表达质粒在CHO细胞　使用电穿孔法用pMGL4转染CHO细胞,将所得氨甲蝶呤(MTX)抗性克隆混合培养。在不同时期酶联免疫吸附测定(ELISA)检测玻璃细胞瓶中混合细胞24小时上清的人促红细胞生成素浓度,用^{3}H-TdR掺入法检测了CHO细胞分泌的EPO具有生物活性。

3. CHO基因工程细胞的培养　取冻存于细胞库中的CHO基因工程细胞株,复苏后经小方瓶、大方瓶至转瓶扩大培养后,接种到堆积床生物反应器,培养5~7天后开始用无血清培养基进行灌流培养。

4. 纯化　收集灌流培养液,经冷冻离心沉淀去除颗粒收集上清,然后灌流培养上清,经连续流冷冻离心除去细胞碎片后,直接上DEAE-离子交换柱,用含150mmol/LNaCl洗脱,收集EPO洗脱峰。将上述收集的EPO洗脱峰经10mmol/LTris-HCl(pH7.0)缓冲液平衡的Sephadex G-25柱脱盐后,上样到pH 7.0注射用水平衡的Source反相柱,先注射用水淋洗,再分别用20%、60%乙醇洗脱,收集60%乙醇洗脱峰,注射用水稀释后超滤浓缩。最后将超滤浓缩液上样于流动相为10mmol/L枸橼酸钠、100mmol/LNaCl的Sephacryl S-200柱,收集EPO活性峰。

2. 细胞工程

(1) 细胞工程的诞生:细胞工程是随着对细胞结构的深入认识和细胞遗传学的发展而发展起来的。20世纪50年代以后,随着电子显微镜、超离心、X光衍射新技术的应用,使人们有可能将亚细胞成分和大分子分离出来进行分析研究。DNA分子双螺旋结构的发现,奠定了细胞培养和细胞融合技术的理论基础。人们认识到,培养的动、植物细胞可以通过无性繁殖扩大群体数量同时还保持本身遗传性状一致;融合细胞通过容纳两种亲本细胞的基因载体(染色体)而具有亲本双方的优良性状。通过细胞融合技术发展起来的单克隆抗体技术取得了重大成就,该技术被誉为免疫学中的"革命"。

(2) 细胞工程的定义:细胞工程(cell engineering)是指以细胞为研究对象,运用细胞生物学、分子生物学等学科的原理与方法,按照人们的意志设计、改造细胞的某些遗传性状,从而培育出新的生物改良品种或通过细胞培养获得自然界中难以获得的珍贵产品的新兴生物技术。细胞是一切动、植物生命体的基本组成单位。细胞虽小,但却非常精密、复杂,并有着巨大的生产效率,可以生产出许许多多维持机体生

笔记

命所必需的产物。

（3）细胞工程的主要内容：细胞工程是从细胞结构的不同层次，也就是说从细胞整体水平、核质水平、染色体水平以及基因水平上来对细胞进行遗传操作的。细胞工程按照细胞来源不同，分为动物细胞工程与植物细胞工程。①动物细胞工程，它是利用生物技术和工程技术对动物细胞进行遗传操作，通过改变其结构和功能以达到制造出合乎人们需要的新型细胞和个体，以及大量培养细胞或动物本身，以期收获细胞或其代谢产物和可供利用的动物生产工艺。动物细胞培养技术是指首先在无菌条件下用消化酶将组织分散成单个细胞，再用培养基制成细胞悬液，使其在体外合适的条件下生长繁殖的技术。哺乳动物细胞是生产许多有着重要经济价值的医药产品的理想场所，它所产生的蛋白质能分泌到细胞外，具有完全正常的天然蛋白质的结构。因此用动物细胞工程所产生的产品，其分离纯化的程序比工程菌所产生的产品简单得多，且功效也可靠得多，故其研究和开发具有特别重要的理论意义和经济意义。②植物细胞工程是在细胞水平上对离体培养的器官、组织和细胞进行遗传操作，利用植物组织和细胞培养及其他遗传操作如基因工程等技术对植物进行修饰，实现农作物和经济植物的品种改良、快速繁殖及有用代谢产物的生物合成等，使之适合农业生产和医疗卫生的需要。植物细胞培养技术是使用植物细胞，利用特殊设计培养的发酵罐，培养经过细胞系筛选、条件优化的植物细胞，获得有经济价值的次生代谢产物，它们常常是药物。1983 年，日本首先利用紫草细胞培养工业化生产紫草素。由于培养中细胞变异以及培养条件的影响，可产生自然界不存在的新的药物，还可利用固定化植物细胞转化价廉的底物成价值高的药物。

3. 发酵工程

（1）发酵工程的定义：发酵工程将微生物学、生物化学和化学工程学的基本原理有机地结合，是一门利用微生物的生长和代谢活动来生产各种有用物质的工程技术，它以培养微生物为主，又称微生物工程。发酵工程是生物技术的重要组成部分，也是生物技术最先走向产业化的关键技术领域。

（2）发酵工程的内容：现代发酵工程不仅包括菌体生产和代谢产物的发酵生产，还包括微生物机能的利用。其主要内容涉及菌种的培养和选育，菌的代谢与调节，培养基灭菌，通气搅拌，溶解氧，发酵条件的优化，发酵过程各种参数与动力学，发酵反应器的设计和自动控制，产品的分离纯化和精制等。目前发酵的类型可以分为以下五种：微生物菌体发酵、微生物酶发酵、微生物代谢产物（包括初级代谢产物和次级代谢产物）发酵、微生物的转化发酵和生物工程细胞的发酵。

（3）发酵工程的特点：发酵工程能发展的如此迅速，主要因为微生物种类繁多、繁殖速度快、代谢能力强，容易通过人工诱变获得有益的突变株，而且微生物酶的种类很多，能催化各种生物化学反应。主要特点有：①发酵过程以生物体的自动调节方式进行，数十个反应过程能够像单一反应一样，在发酵设备中一次完成；②反应通常在常温常压下进行，条件温和，能耗少，设备较简单；③原料通常以糖蜜、淀粉等碳水化合物为主，可以是农副产品、工业废水或可再生资源（植物秸秆、木屑等）；④容易生产复杂的高分子化合物，能高度选择的在复杂化合物的特定部位进行氧化、还原、官能团引入等反应；⑤发酵过程中需要防止杂菌污染，设备需要进行严格地冲洗、灭

笔记

菌，空气需要过滤等。

(4) 发酵工程在医药工业中的应用：医药工业生产中，微生物筛选的野生菌或基因工程构件的工程菌，都需要经过发酵工程积累目的产物。发酵工程已广泛应用于抗生素生产，许多国家医用抗生素的用量约占临床用药的50%，我国抗生素的产值也占医药品总产值的20%左右，其中多数抗生素都是发酵产品，半合成抗生素生产所用的母核也是发酵产物，因而发酵工程应用于抗生素的生产也已成为一类很大的产业。此外，发酵工程也应用于基因工程。

4. 酶工程

(1) 酶工程的定义与由来：酶工程(enzyme engineering)是利用酶、细胞器或细胞所具有的特异催化功能，或对酶进行修饰改造，并借助生物反应器和工艺过程来生产人类所需产品的一项技术。酶是生物催化剂，所有的生物体在一定条件下都可以合成多种多样的酶，生物体内的各种生化反应，几乎都是在酶的催化作用下进行的。

早在几千年前，人类已经开始利用微生物酶制造食品和饮料。4000多年前，中国就已在酿酒、制酱等过程中，不自觉地利用了酶的催化作用。1926年，Sumner首次从刀豆提取液中分离得到脲酶结晶，证明它具有蛋白质的性质，提出酶的化学本质是蛋白质的观点。1969年，日本首次在工业上应用固定化氨基酰化酶从DL-氨基酸生产L-氨基酸。学者们开始用“酶工程”这个新名词来代表有效地利用酶的科学技术领域。

(2) 酶工程的主要内容：酶工程技术是酶学和工程学相互渗透结合、发展而形成的一门新的技术科学，是从应用的目的出发研究酶、应用酶的特异性催化功能，并通过工程化将相应原料转化成有用物质的技术。酶工程的主要内容包括：①酶的来源和生产：酶普遍存在于动物、植物和微生物中，可直接从生物体中分离提纯，也可以通过化学合成法来制得(仍在实验室阶段)。酶的生产方法可分为提取法、发酵法以及化学合成法。提取法是最早采用且沿用至今的方法。发酵法是20世纪50年代以来酶生产的主要方法，它是利用细胞，主要是微生物细胞的生命活动而获得人们所需的酶。工业生产上一般都以微生物为主要来源，目前被使用的千余种商品酶中，多数是微生物生产的。②酶的分离纯化：酶的提取和分离纯化是指将酶从细胞或培养基中取出再与杂质分开，而获得与使用目的要求相适应的有一定纯度的酶产品的过程。酶存在于不同生物的不同部位之中，种类繁多且性质各异，所用的分离纯化方法也不尽相同。同一种酶，也会因其来源与用途不同，而使其分离纯化的步骤不一样。医药所用的酶，特别是注射用酶及分析测试用酶，必须经过高度的纯化或制成晶体，绝对不能含有热原物质。从微生物细胞制备酶的流程一般包括破碎细胞、溶剂抽提、离心、过滤、浓缩、干燥等几个步骤，对某些纯度要求很高的酶则须经几种方法乃至多次反复处理。酶的分离纯化步骤越复杂，酶的收率越低，材料和动力消耗越大，成本就越高，因而在符合质量要求的前提下，应尽可能采用步骤简单、收率高、成本低的方法。③酶分子的改造：酶作为生物催化剂，具有催化效率高、专一性强和作用条件温和等显著优点，在工业、农业、医药和环保等方面已得到了越来越多的应用，但大规模应用酶和酶工艺的还为数不多。主要原因在于酶自身在应用中的一些缺点，比如，酶一旦离开生物细胞，离开其特定的作用环境条件，

笔记

常会变得不太稳定，不适合大量生产的需要；酶作用的最适 pH 条件一般在中性，但在工业应用中，由于底物及产物带来的影响，pH 常偏离中性范围，使酶难以发挥作用；在临床应用上，由于绝大多数的酶对人体而言都是外源蛋白质，具有抗原性，直接注入会引起人体的过敏反应。基于上述原因，人们希望通过分子修饰的方法改造酶，使其更能适应各方面的需要。改变酶特性有两种主要的方法，一是通过分子修饰的方法来改变已分离出来的天然酶的结构。二是应用酶分子修饰与基因工程相结合的蛋白质工程。通过基因定点突变技术，把酶分子修饰后的信息储存在 DNA 中，经过基因克隆和表达，就可以获得具有新的特性和功能的酶。近年来应用蛋白质工程改造酶的成功例子就是磷脂酶 A2 的修饰，修饰后的磷脂酶 A2 变得更耐酸，现广泛地用作食品乳化剂。④酶与细胞固定化：在酶的应用过程中，人们注意到酶有一些不足之处，不能满足其使用要求。例如，酶的稳定性较差，酶对热、强酸、强碱、有机溶剂等是不稳定的，酶通常是在水溶液中与底物作用，所以酶只能使用一次，同时酶蛋白在反应液中与产物在一起，也使产物的分离纯化较为复杂。为此，为了更好地发挥酶的消化功能，人们尝试了对酶分子进行修饰，即是通过各种方法，使酶分子结构发生某些改变，从而改变酶的某些特性和功能，以满足人们对酶使用的要求。其方法之一就是固定化酶的研究。所谓固定化酶，是指限制或固定于特定空间位置的酶，具体来说，是指经物理或化学方法处理，使酶变成不易随水流失，即运动受到限制，而又能发挥催化作用的酶制剂。制备固定化酶的过程称为酶的固定化。⑤生物反应器：生物反应器是指利用酶或生物体（如微生物）所具有的生物功能，在生物体外模拟生物反应而设计的装置。以酶为催化剂进行反应所需要的设备称为酶反应器（enzyme reactor），它可用于溶液酶，也可用于固定化酶。尽管酶工艺在近几十年来有了显著的进展，但是在已知的 2000 多种酶中已被利用的酶还是少数。固定化酶和固定化细胞能否应用到工业生产，在很大程度上还取决于酶反应器的设计和选用。性能优良的反应器，可大大提高生产效率。由于生物加工系统的主要支出是原料，如何使原料的转化率达到理想值，从而使最终提供的产品或服务的成本降到最低值，这就要在反应器的设计上花大力气。近几年来新型的多相反应器进展较快，例如可以利用脂肪酶的特点来合成具有重要医疗价值的大环内酯和光学聚酯。

（3）酶工程在医药工业中的广泛应用：人们将酶工程应用于药物生产，取得了令世人瞩目的成就。众所周知，青霉素广泛应用于治疗，但由于用得太多，一些病原菌对其产生了耐药性，本可杀菌的青霉素就变得没有多大效果。为了解决医学上的这个难题，许多科学家便努力寻找改造青霉素分子结构的方法。经过大量研究，人们终于合成了多达 2 万个青霉素分子的衍生物，并从中筛选出 20～30 种有临床疗效的半合成青霉素，这些半合成品具有耐酸、低毒、广谱杀菌的特点，称为半合成青霉素，它是通过中间体 6- 氨基青霉烷酸经化学合成而制取的。而这种中间体正是通过大肠杆菌的酶水解青霉素 G 而获得。现在，人们利用固定化青霉素酰化酶可大量制备 6- 氨基青霉烷酸。目前，人们正在积极改善酶反应的条件，拓宽酶的适应性，酶工程必将在 21 世纪的医药工业、化工工业等诸多领域起到越来越重要的作用。

笔记

实例

固定化酵母细胞生产1,6-二磷酸果糖

1,6-二磷酸果糖（FDP）是治疗急性心肌梗死、心肌缺血发作、休克急救的新药，采用酵母细胞固定化技术生产的工艺如下：

1. 酵母细胞固定化　1000L反应罐中，加入聚乙烯醇（PVA）40kg，悬浮于10倍水中。蒸气加热至95℃，搅拌至PVA溶解，冷却至室温。另称取酵母细胞100kg，加入100L底物溶液（含8%蔗糖，4%$NaH_2PO_4 \cdot 2H_2O$，4mmol/L$MgCl_2 \cdot 6H_2O$和4.5%甲苯），混合均匀后，倒入反应罐，搅拌20分钟后，从罐底放出，-15℃冷冻过夜，次日制成0.5cm×0.5cm×0.5cm方块备用。

2. 固定化酵母细胞活化　将切好的固定化酵母细胞转移至1000kg反应罐中，加入280L麦芽汁，30℃搅拌12小时，得活化的固定化酵母细胞。

3. 酵母提取液制备　称取10kg干面包酵母，加入底物溶液200L，30℃搅拌30小时，蒸汽加热至95℃后保温10分钟，离心过滤，收集滤液，即是酵母提取液。

4. 固定化酵母细胞转化FDP的批式反应　2000kg反应罐中，装入500kg固定化酵母细胞，再加入925L底物溶液，75L酵母提取液及2mg/ml氯丙嗪。30℃缓慢搅拌，反应12小时，每小时间隔取样测定反应液中FDP含量。

5. 阴离子交换树脂纯化FDP　阴离子交换树脂5根（30cm×220cm），用2mol/LNaOH和HCl处理后，去离子水洗至中性，加入FDP转化液，每根柱的上样量为100L左右，速率50L/h。用NaCl梯度洗脱，收集FDP馏分，硫酸蒽酮法检测洗脱情况。用4mol/LNaOH调至pH 7测定FDP含量。

6. FDP钙盐制备　计算出FDP总量后，以FDP：Ca=1：2摩尔比加入无水$CaCl_2$，搅拌均匀后加入不同量的药用乙醇，沉淀静置过夜，次日虹吸去上清，离心过滤，收集沉淀，再用浓乙醇洗涤4次，以去除氯离子。

7. 转型、冷冻　pH 3.0的0.4mol/L草酸溶液中，加入$FDPCa_2$盐，形成$FDPNa_3H$，抽滤，用1%活性炭脱色后超滤，冻干，即得FDP成品。

第二节　生物药物的分类

生物药物的种类繁多，可以按照其来源和制造方法、药物的化学本质和化学特性、生理功能和临床用途等不同方法进行分类。不过任何一种分类方法都会有不完善之处。通常是将三者结合进行综合分类，将生物药物分为四大类：①天然生物药物，即来自动物、植物、微生物和海洋生物的天然产物，包括天然生化药物，微生物药物；②基因工程药物，即应用基因工程和蛋白质工程技术制造的重组活性多肽、蛋白质及其修饰物；③基因药物，即以脱氧核糖核酸、核糖核酸（ribonucleic acid，RNA）为基础，研究而成的基因治疗剂、基因疫苗和核酶等；④医学生物制品。

一、天然生物药物

尽管可以用化学合成法生产一些天然活性物质，但仍然有许多生物药物还会从生物材料中提取、纯化获得或用生物转化法制取。同时，来自天然活性物质的生物药

笔记

物常常是创制新药的有效先导物，因此从动物、植物、微生物和海洋生物中发现、研究、生产的药物仍然是生物制药工业的重要领域。

（一）天然生化药物

天然生物药物是指从生物体（动物、植物和微生物）中获得的天然存在的生化活性物质，其有效成分和化学本质多数比较清楚，通常按其化学本质和药理作用分类命名。

1. 氨基酸类药物　包括氨基酸及其衍生物。氨基酸的使用可以是单一氨基酸，如谷氨酸用于肝昏迷、神经衰弱和癫痫等的治疗，胱氨酸用于抗过敏、肝炎及白细胞减少症的治疗；也可以使用复方氨基酸制剂如复方氨基酸注射液和要素膳，为重症病人提供营养。

2. 多肽类药物　主要有多肽激素和多肽细胞生长调节因子，如催产素、促皮质素（ACTH）和表皮生长因子（EGF）等。细胞生长因子在体内外对效应细胞的生长增殖和分化起调节作用。

3. 蛋白质类药物　包括单纯蛋白质（如人白蛋白、丙种球蛋白、胰岛素等）和结合蛋白类（如糖蛋白、脂蛋白、色蛋白等）。

4. 酶与辅酶类药物　主要有以下六类：①助消化酶类，如胃蛋白酶、胰酶和麦芽淀粉酶等；②消炎酶类，如溶菌酶、胰蛋白酶、木瓜蛋白酶等；③心脑血管疾病治疗酶，如尿激酶、弹性蛋白酶、纤溶酶等；④抗肿瘤酶类，天冬酰胺酶可治疗淋巴肉瘤和白血病，谷氨酰胺酶、蛋氨酸酶也有不同程度的抗肿瘤作用；⑤其他，如超氧化物歧化酶（SOD）用于治疗类风湿性关节炎和放射病等，青霉素酶可治疗青霉素过敏；⑥辅酶类药物，多种酶的辅酶或辅基成分具有医疗价值，如辅酶Ⅰ、辅酶Ⅱ等广泛用于肝病和冠心病的治疗。

5. 核酸类药物　主要包括：①具有天然结构的核酸类药物，包括RNA、DNA、核苷、核苷酸、多聚核苷酸等；②核酸类结构改造药物，如叠氮胸苷、阿糖腺苷、阿糖胞苷、聚肌胞等，它们是目前人类治疗病毒、肿瘤、艾滋病的重要药物。

6. 多糖类药物　多糖类药物的来源包括动物、植物、微生物和海洋生物，它们在抗凝、降血脂、抗肿瘤、增强免疫功能和抗衰老方面具有较强的药理作用，如肝素有很强的抗凝作用，小分子肝素有降血脂、防治冠心病的作用。硫酸软骨素A在降血脂、防治冠心病上有一定疗效。透明质酸具有健肤、抗皱、美容的作用。各种真菌多糖具有抗肿瘤，增强免疫力和抗辐射作用，主要有银耳多糖、蘑菇多糖、灵芝多糖等。

7. 脂类药物　主要包括五类：①磷脂类，如卵磷脂、脑磷脂可用于治疗神经衰弱、肝病和冠心病等；②多价不饱和脂肪酸和前列腺素，如亚油酸、亚麻酸、前列腺素等；③胆酸类，如去氧胆酸、猪去氧胆酸等；④固醇类，如胆固醇、麦角固醇和β-谷固醇等；⑤卟啉类，如血红素、胆红素、血卟啉等。

8. 组织制剂　动植物组织经加工处理制成符合药品标准的有效安全制剂称为组织制剂。这类制剂未经分离纯化，其有效成分不完全清楚，但在治疗上确有一定作用。常见的有后叶注射液、缩宫素制剂、骨肽注射液、脑活素、血活素及眼宁等。

（二）微生物药物

微生物药物是一类特异的天然有机化合物，包括微生物的初级代谢产物、次级代谢产物和微生物结构物质，还包括借助微生物转化（microbial transformation）产生的

用化学方法难以全合成的药物或中间体。

1. 抗生素类药物　抗生素是生物（微生物、植物、动物）在其生命活动中产生的，具有抗感染和抗肿瘤作用，在低浓度下能选择性地抑制多种生物功能的有机化学物质。还发现有杀虫、除草及抑制某些酶类的作用，有些抗生素还有特殊的药理活性，如强力霉素有镇咳作用，新霉素有降低胆固醇作用。根据化学结构抗生素可划分为：①β- 内酰胺类抗生素，包括青霉素类、头孢菌素类；②氨基糖苷类抗生素，如链霉素、庆大霉素等；③大环内酯类抗生素，如红霉素、麦迪霉素等；④四环类抗生素，如四环素、土霉素等；⑤多肽类抗生素，如多黏菌素、杆菌肽等；⑥多烯类抗生素，如制菌霉素、万古霉素等；⑦苯羟基胺类抗生素，包括氯霉素等；⑧蒽环类抗生素，包括氯红霉素、阿霉素等；⑨环桥类抗生素，包括利福平等；⑩其他抗生素，如磷霉素、创新霉素等。

2. 维生素类药物　由微生物发酵生产的维生素有维生素 B_2、维生素 B_{12}、β- 胡萝卜素、维生素 D 的前体、麦角醇和维生素 C 等。

3. 氨基酸类药物　用微生物野生菌株发酵生产的氨基酸有 4 种，L- 谷、L- 缬、L- 丙和 DL- 丙；采用营养缺陷型突变菌株发酵的氨基酸有 8 种，L- 赖、L- 苏、L- 缬、L- 亮、L- 脯、L- 鸟、L- 瓜和 L- 高丝；采用前体发酵的氨基酸有 5 种，L- 异亮、L- 色、L- 丝、L- 苏和 L- 苯丙。

4. 核苷酸类药物　用微生物由糖直接发酵制取的核苷酸及其衍生物，有：肌苷酸（5′-IMP）、腺苷酸（5′-AMP）、鸟苷酸（5′-GMP）、黄苷酸（5′-XMP）、肌苷、腺苷、鸟苷、黄苷、次黄嘌呤和腺嘌呤等；采用前体发酵法制取的有 5- 氟尿嘧啶脱氧核苷酸（5-FUMP）、二磷酸腺苷（ADP）、三磷酸腺苷（ATP）、CDF 胆碱等。

5. 酶与辅酶类药物　主要包括：①心血管疾病治疗酶。如链激酶、双链酶、纳豆激酶与葡激酶；②抗肿瘤酶。如 L- 天冬酰胺酶、核糖核酸酶；③辅酶类药物。如辅酶Ⅰ（NAD）、辅酶Ⅱ（NADP）、谷胱甘肽（GSH）、辅酶 A（CoASH）。

6. 酶抑制剂　由微生物来源的酶抑制剂主要有 β- 内酰胺酶抑制剂，其代表是克拉维酸（又称棒酸），它与青霉素类抗生素具有很好的协同作用；β- 羟基 -β- 甲基 - 戊二酰辅酶 A（HMG-CoA）还原酶抑制剂，如洛伐他丁、普伐他丁等，它们是重要的降血脂、降胆固醇、降血压药物；亮氨酸氨肽酶抑制剂，如苯丁亮氨酸，可用于抗肿瘤。

7. 免疫调节剂　包括免疫增强剂和免疫抑制剂。具有免疫增强作用的免疫调节剂如溶链菌制剂（picibanil，OK-432）；具有免疫抑作用的免疫调节剂如环孢菌素 A，环孢菌素 A 的发现大大增加了器官移植的成功率。

8. 受体拮抗剂　洋葱曲霉中得到的曲林菌素（Asperlin）是缩胆囊素（cholecystokinin，CCK）受体拮抗剂，它对受体的亲和力比丙谷胺大 300 倍，以它为先导物合成的 MR329 活力比曲林菌素强 1000 倍，由链霉菌产生的催产素受体拮抗剂 L-156373 是一环状六肽可能用于延缓早产。

此外，还可应用微生物转化法生产甾体激素衍生物，如进行羟基与酮基的转化，以及氢化与脱氢反应等，属于微生物转化生产的甾体激素如醋酸可的松、氢化可的松、醋酸泼尼松等。

（三）海洋生物药物

海洋生物药物，包括从海洋生物分离纯化的活性物质与通过海洋生物技术制造的海洋生物药物，按照其化学结构类型分类主要有多糖类、聚醚类、大环内酯、萜类、

笔记

生物碱、核苷、多肽、蛋白质、酶、甾醇类、苷类和不饱和脂肪酸等，已获得的新化合物以甾醇最多，其次是萜类，生物碱也有一定比例。

1. 多糖类　来自海洋动物和海洋微生物的多糖具有抗凝血、降血脂、抗病毒、抗肿瘤等作用。如琼脂多糖硫酸酯、角叉藻多糖硫酸酯和海带多糖硫酸酯具有抗凝血、降血脂和止血等作用。已在临床应用的有藻酸双酯钠（PSS）和（肾海康）FPS等药物。从红藻Shixymenia pacirica提取的多糖911具有抗艾滋病病毒作用。壳聚糖及其衍生物已广泛用作药物的缓释剂和药物吸收促进剂。

2. 聚醚类　来自海洋生物的聚醚类（polyethers）化合物多数是生物毒素，具有强烈生理活性。如扇贝毒素和海绵中分离的冈田酸（oadaic acid）和Norhalichondrin-A及Norhalichondrin-B，对白血病细胞和黑色素肿瘤细胞都有很强抑制作用。

3. 大环内酯类　来自海洋生物的大环内酯类化合物结构特殊，生理活性很强，引起广泛重视，如从苔藓虫分离的苔藓虫素bryostatin-x，其中bryostatin-1对白血病细胞P-388的ED_{50}为0.89μg/ml，已进入临床试验，bryostatin-4对Ps淋巴细胞病的ED_{50}为1.8×10^{-5}μg/ml，也已进入临床试验。还有从海鞘中获得的一种含噻唑基团的大环内酯patellazole-B对人口腔上皮癌（KB）细胞有较强抗肿瘤作用。从双鞭毛藻分离的抗肿瘤活性成分amphidinolide-A、B、C对白血病细胞有很强抑制活性，其中amphidinolide-B活性比丝裂霉素强1400倍。

4. 萜类　萜类（terpenes）是异戊二烯首尾相连的化合物。在海绵和海藻中含有的萜类化合物最为丰富，多数为倍半萜、二萜、二倍半萜，少数为三萜化合物。如海珊瑚中的前列腺素前体15R-PGA_2及其衍生物，从海藻中获得的萜类化合物，thyrsiferol、thwsiferyl 23-acetete和venustariol，都显示强烈的细胞毒活性，从我国南海海绵中发现的异臭椿三萜（isomalabaricane triterpene）rhabdastvellie Acid-A对人肺巨细胞（PG）癌抑制率大于50%，有望成为高效低毒的抗肿瘤新药。

5. 生物碱类　来自海洋生物的生物碱常具有特异化学结构和抗肿瘤、抗病毒活性，如从红藻中分离获得的吲哚生物碱，从海绵Pellina sp.分离得到的mancanfm-A有很强抗肿瘤活性，从海绵Mycale sp.中得到的mycalmide-A对RNA病毒抑制作用的T/C值>350%。

6. 多肽和蛋白质类　海洋环肽类化合物大部分来自海绵，多数具有抗肿瘤作用。从海鞘中获得三种环肽didemnin-A、B、C，其中didemnin-B抗肿瘤活性最强，对DNA疱疹病毒Ⅰ、Ⅱ抑制剂量为0.05μmol/L，对P388白血病和黑色素病小鼠T/C值分别为199%和160%，已进入Ⅲ期临床试验。还有从海绵分离出的含噻唑的环肽keramamide F和从海鞘分离出的cyclodidemnamide都有很强的抗癌活力。

7. 甾醇类　从海洋生物中分离的甾醇多为含不同支链和多羟基的甾醇，具有明显的降血脂、抗菌和抗肿瘤、抗病毒作用。如从我国南海分离的新胆甾醇具有强心活性；从海绵中获得的两种新的甾醇硫酸盐weinbersteml disulfate-A和B，具有抗白血病作用。一种从海绵中获得的含呋喃的多羟基甾醇硫酸盐（topsentia sterol sulfate D）具有抗细菌和抗真菌作用。

8. 苷类　海洋苷类多数来自海星、海参和海绵，大多数苷类化合物具有抗肿瘤、抗菌、抗病毒、强心作用，如从我国南海海绵分离的新鞘类酯糖苷iotroridoside-A对小鼠L1210白血病细胞的抑制作用EC_{50}=80ng/mL。从软珊瑚得到的新二萜苷类化

笔记

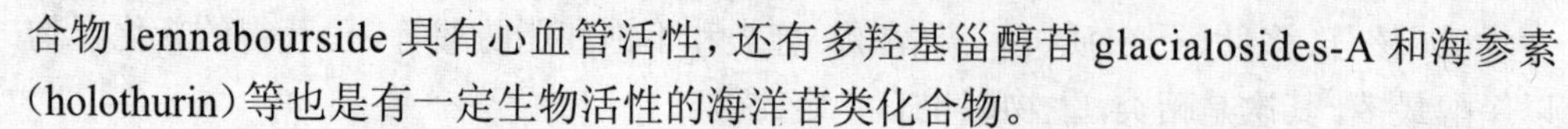

合物 lemnabourside 具有心血管活性，还有多羟基甾醇苷 glacialosides-A 和海参素(holothurin)等也是有一定生物活性的海洋苷类化合物。

9. 不饱和脂肪酸 多不饱和脂肪酸，如二十碳四烯酸(AA)、二十碳五烯酸(EPA)和二十二碳六烯酸(DHA)，广泛用于心脑血管疾病，如用EPA治疗动脉粥样硬化和脑血栓。不饱和脂肪酸是必需脂肪酸，体内一般不能合成，可以从深海鱼油、红藻及海洋微生物(细菌，真菌)培养，大量提取制备，DHA 已用 Crypthecodinium 异养培养进行工业化生产。

二、基因工程药物

基因工程药物是指应用基因工程和蛋白质工程技术制造的重组活性多肽、蛋白质及其修饰物，如治疗性多肽、蛋白质、激素、酶、抗体、细胞因子、疫苗、连接蛋白、融合蛋白、可溶性受体等。

1. 细胞因子干扰素类：有 α- 干扰素(包括：α1b、α2a，α2b)、β- 干扰素和 γ- 干扰素。α- 干扰素主要由白细胞产生，β- 干扰素主要由成纤维细胞产生，而 γ- 干扰素主要由胸腺依赖性淋巴细胞(T 细胞)和自然杀伤(NK)细胞产生。

2. 细胞因子白介素类和肿瘤坏死因子：白细胞介素是指由各种白细胞产生的介导细胞之间相互作用的免疫调节因子，已在临床应用的有白介素 -2(IL-2)和突变型白介素 -2(Ser125-IL-2)，正在研究开发的还有 IL-1、IL-3、IL-4、IL-5、IL-6、IL-11 和 IL-12 等。肿瘤坏死因子是一类能直接造成肿瘤细胞死亡的细胞因子，主要有 TNF-α 和 TNF-α 受体。

3. 造血系统生长因子类：此类药物主要用于促进造血系统，增加白细胞、红细胞和血小板，主要品种有粒细胞集落刺激因子(G-CSF)、巨噬细胞集落刺激因子(M-CSF)、巨噬细胞粒细胞集落刺激因子(GM-CSF)、促红细胞生成素(EPO)、促血小板生成素(TPO)以及干细胞生长因子(SCF)等。

4. 生长因子类：此类药物主要用于促进细胞生长、组织再生和创伤治疗。主要品种有胰岛素样生长因子(IGF)、表皮生长因子(EGF)、血小板衍生生长因子(PDFD)、转化生长因子(TGF-α 和 TGF-β)、神经生长因子(NGF)及各种神经营养因子。

5. 重组多肽与蛋白质类激素：主要品种有重组人胰岛素(rhInsulin)、重组人生长激素(rhGH)、促卵泡激素(FSH)、促黄体生成素(LH)和绒毛膜促性腺激素(HCG)等，还有重组人白蛋白和重组人血红蛋白。

6. 心血管病治疗剂与酶制剂：这类药物主要用于心血管疾病和抗肿瘤治疗。主要品种有Ⅷ因子、水蛭素、组织型纤溶酶原激活剂(tpA)、重组组织型纤溶酶原激活剂(rtpA)、尿激酶、链激酶、葡激酶、天冬酰胺酶、超氧化物歧化酶、葡萄糖脑苷酶及脱氧核糖核酸酶(DNase)等。

7. 重组疫苗与单抗制品：重组疫苗有重组乙肝表面抗原疫苗(酵母)、乙肝基因疫苗(重组乙肝表面抗原疫苗、CHO 细胞)、艾滋病(ATDS)疫苗、流感疫苗、痢疾疫苗和肿瘤疫苗等。

三、基因药物

基因药物是以基因物质(RNA 或 DNA 及其衍生物)作为治疗的物质基础，包括

基因治疗用的重组目的DNA片段、重组疫苗、反义药物和核酶等。基因治疗除用于遗传病治疗外，已扩展到用于治疗肿瘤、艾滋病、囊性纤维变性、糖尿病和心血管疾病等，FDA已批准500多个基因治疗方案进入临床试验。反义药物是以人工合成的十到几十个反义寡核苷酸序列与模板DNA或mRNA互补形成稳定的双链结构，抑制靶基因的转录和mRNA的翻译，从而起到抗肿瘤和抗病毒作用，目前已有20多种反义药物进入临床试验，反义药物除用于抗肿瘤、抗病毒治疗外，还用于心血管疾病、代谢障碍与免疫系统及细胞黏附系统的疾病治疗。

四、生物制品

生物制品（biological products），一般指的是用微生物及其代谢产物、原虫、动物毒素、人或动物的血液或组织等直接加工制成，或用现代生物技术方法制备的，用于预防、治疗、诊断特定传染病或其他有关疾病的药品。包括各种疫苗、抗血清（免疫血清）、抗毒素、类毒素、免疫制剂（如胸腺肽、免疫核酸等）、诊断试剂等。

生物制品有预防用制品、治疗用制品和诊断用制品。诊断试剂是生物制品开发中最活跃的领域，许多疾病的诊断、病原体的鉴别、机体中各种代谢物的分析都需要研究各种诊断测试试剂。随着生物技术的迅速发展，生物制品在我国已获得极大发展，重组药物、基因药物等生物技术药物以及天然生物药物的多组分制品均属于生物制品范畴，在新药研究与申报时均按《药品注册管理办法》要求进行管理。

第三节　生物药物来源

天然生化药物是以人体组织、动物、植物、微生物和海洋生物为原料，应用生物化学的原理、方法与生物分离工程技术加工制造的一大类药物。

人体组织来源的生化药物具有疗效好，几乎无副作用的独特优点。但由于以人体组织提供的原料受到法律或伦理方面的严格限制，因此有许多人源性的生化药物已更多地采用生物工程技术生产。动物来源的生化药物是天然生化药物的主要品种，它具有原料来源丰富、价格低廉，便于综合利用和批量生产的优点。近来研究发现有些以小动物和昆虫等为原料制造的天然生化药物具有特殊医疗价值，如蛇毒、蜂毒和蝎毒等。植物来源的生化药物品种正逐年增加，主要为来自植物组织的天然生化活性物质，如酶、蛋白质、多糖和核酸等。海洋生物来源的生化药物是发展最快的一大类生化药物。海洋生物种类繁多，是丰富的药物资源宝库，具有很大发展潜力。

一、植物来源

药用植物品种繁多，尤其我国的中草药资源极为丰富，而且又有上千年的应用中草药治疗疾病的历史。不过，长期以来由于受到分离技术的限制，在研究有效成分时，往往把大分子物质当杂质除去。

随着近代分离技术的提高和应用，从植物资源中寻找大分子有效物质，已逐渐引起重视，分离出的品种也不断增加，如相思豆蛋白、菠萝蛋白酶、木瓜蛋白酶、木瓜凝乳蛋白酶、无花果蛋白酶、苦瓜胰岛素、前列腺素E、伴刀豆球蛋白、人参多糖、刺五加多糖、黄芪多糖、天麻多糖、红花多糖、茶叶多糖以及各种蛋白酶抑制剂等。

笔记

二、动物来源

早期的生化药物大多数都来自动物的脏器。动物来源的生化原料药物现已有160种左右，主要来自于猪，其次来自于牛、羊、家禽等。

1. 脑　从脑组织中可获得脑磷脂、卵磷脂、胆固醇、大脑组织液、凝血致活酶、脑酶解液、神经节苷脂(ganglioside)、催眠多肽(sleep peptide)、吗啡样因子、维生素 D_3、脑蛋白水解物等。

2. 脑垂体　脑垂体是重要的内分泌腺体，能分泌多种激素，是生化制药的极好原料。可提取促皮质素(ACTH)、催乳素、生长激素、促甲状腺素、促性腺激素、中叶素、神经垂体素、缩宫素、加压素、下丘脑激素等。

3. 肺　从肺中可获得的有肺表面活性剂、抑肽酶、纤溶酶原激活剂、核苷酸、肝素及去纤苷酸等。

4. 肝脏　利用肝脏为原料可获得RNA、iRNA、SOD、肝细胞生长因子、过氧化氢酶(catalase)、促进组织呼吸物、含铜肽、肝抑素、肝解毒素、造血因子、抗脂血作用因子、抑肽酶及各种肝制剂等。

5. 脾脏　从脾中可获得RNA、DNA、脾水解物、脾转移因子、脾铁蛋白、脾提取物等。

6. 胃肠及黏膜　从其中可获得胃蛋白酶、胃膜素、肝素、血型特异物A与E、自溶蛋白酶、凝乳酶、硫酸糖苷肽(sulglycotide)、舒血管肽(VIP)等。胃肠道激素又称候补激素，是新药研究的重要内容，这类激素均由胃肠道黏膜内分泌细胞分泌，属活性多肽，由11～43肽组成，如促胃酸激素(gastrin)、促胰液素(secretin)、缩胆囊素(CCK)、小肠降压多肽(VLR)、胃液分泌抑制多肽(GLR)等，有望成为治疗消化性溃疡的新生化药物。

7. 心脏　利用心脏为原料可制备的药物包括细胞色素C、辅酶Q10、辅酶A、辅酶I、心脏制剂(herzlon)、冠心舒、心血通注射液等。

8. 胰脏　胰脏含有的酶类最丰富，是动物体中的“酶库”。有胰岛素、胰高血糖素、胰酶、糜蛋白酶、胰蛋白酶、胰脱氧核糖核酸酶、胰脂酶、核糖核酸酶、胶原酶、增压素水解酶、弹性蛋白酶、催胰酶素、胆碱酯酶、血管舒缓素、胰降压物质、胰激素(pancran)、类肝素、核脉通、胰抗脂肝素(vipocaic)等。

9. 血液　可获得水解蛋白及多种氨基酸、纤溶酶、超氧化物歧化酶(SOD)、凝血酶、血红蛋白、血红素、血球素(orgotin)、原卟啉、血卟啉、创伤激素(wound hormones)、胸腺因子、血清提取物(solcoseryl)、纤维蛋白等。

10. 胆汁　可获得去氢胆酸、异去氧胆酸、胆酸、鹅去氧胆酸、熊去氧胆酸、雌酮(estrone)、胆红素、胆膜素(猪胆、牛胆黏膜提取物)等。

11. 其他　还有如胸腺、肾、肾上腺、甲状腺、松果体、扁桃体、睾丸、胎盘、羊精囊、骨及气管软骨、眼球、鸡冠、毛及羽毛、牛羊角、蹄壳、鸡冠、蛋壳等均亦是生化制药的原料。

人血、尿液和人胎盘等也是重要的原料，经提取、分离、纯化制成的各种制剂，是人类疾病不可缺少的特殊治疗药物。

笔记

三、微生物来源

微生物资源非常丰富，种类繁多，包括细菌、放线菌、真菌等。它们的生理结构和功能较简单，可变异，易控制和掌握，生长期短，能够实现工业化生产，是生化制药非常有发展前途的资源。现已知微生物的代谢产物已超过1000多种，已大量生产的不过近百种。微生物酶有几千种，但已被应用的才几十种，开发的潜力很大。随着遗传工程的引进，将使微生物制药更具潜力。

1. 细菌　利用细菌发酵生产可获得下列物质。

（1）氨基酸：利用微生物酶转化对应的α-酮酸或羟基酸作用，可生产亮氨酸、异亮氨酸、色氨酸、缬氨酸、苯丙氨酸、苏氨酸等。

（2）有机酸：利用假单胞菌属可转化油酸为10-羟基十八酸、转化D-木糖为α-酮-D-木质酸、转化山梨醇为α-酮-L-古龙酮酸、转化萘为水杨酸和龙胆酸；利用黏质赛氏杆菌可制造α-酮二酸；利用霉菌、产氨短杆菌、黄色短杆菌可制造L-苹果酸；利用短杆菌、棒状杆菌可制造乳清酸。

（3）维生素：利用细菌可生产多种维生素如维生素B_1、维生素B_2、维生素B_6、烟酸、生物素、维生素C等。

（4）酶：利用细菌生产α-淀粉酶、蛋白酶、凝乳酶、脂肪酶、角蛋白酶、弹性蛋白酶、几丁质酶、昆布糖酶、L-天冬酰胺酶等。

（5）糖类：葡聚糖、聚果糖、聚甘露糖、脂多糖、葡萄糖、果糖、阿拉伯糖、核糖、海藻糖、麦芽三糖等。

（6）核苷酸类：5′-核苷酸、核苷和磷酸核糖等。

2. 放线菌　在1000多种抗生素产生菌中，2/3是产自放线菌，因此放线菌是重要的抗生素生产菌，其代谢产物也是重要的生物制药资源。利用放线菌的发酵生产还可获得下列物质。

（1）氨基酸：如丙氨酸、甲硫氨酸、赖氨酸、鸟氨酸、色氨酸、苏氨酸等多种氨基酸。

（2）核苷酸类：如脱氧核糖核酸、5-脱氧肌苷酸、5-氟尿苷酸、6-巯基嘌呤核苷、呋喃腺嘌呤。

（3）维生素：利用放线菌可产生维生素B_{12}、胡萝卜素、番茄红素等。

（4）酶：如高温蛋白酶、中性和碱性蛋白酶、纤维素酶、淀粉酶、脂肪酶、卵磷脂酶、磷酸二酯酶、尿酸酶、葡萄糖异构酶、半乳糖糖苷酶、玻璃酸酶、海藻糖酶、甲硫氨酸脱氢酶等。

3. 真菌　利用真菌可获得下列物质。

（1）酶：真菌是生产工业酶制剂的主要资源，主要有淀粉酶、蛋白酶、脂肪酶、果胶酶、葡萄糖氧化酶、纤维素酶、凝乳酶、凝血致活酶、5′-磷酸二酯酶、腺苷酸脱氨酶等。

（2）有机酸：如枸橼酸、葡萄糖酸、丁烯二酸、顺乌头酸、苹果酸、曲酸、五倍子酸等；丙氨酸、谷氨酸、赖氨酸、甲硫氨酸和精氨酸等。

（3）核苷酸类：如5′-核苷酸、3′-核苷酸、5′-脱氧核苷酸、5′-肌苷酸等。

（4）多糖：包括葡聚糖、半乳聚糖、甘露聚糖、银耳多糖等。

（5）维生素：利用真菌工业上可生产核黄素和-β胡萝卜素。

（6）促生素：主要有赤霉素、异生长素。

4．酵母菌　酵母菌中富含肌醇、维生素 B_1、B_2、B_6，叶酸，泛酸，生物素，类胡萝卜素等。同时酵母菌是核酸工业的重要原料，含较高的 RNA、DNA，可制造核酸铜、核酸铁、核酸锰、腺苷、鸟苷、次黄嘌呤核苷、胞苷酸、腺苷酸、尿苷核糖等。其他有枸橼酸、苹果酸、油脂、辅酶、凝血质等。

四、海洋生物资源

地球表面的3/4是海洋，有20多万种生物生存在海洋里，统称其为海洋生物。从海洋生物中制取的药物称为海洋药物。目前已经从海洋生物中发现了许多具有抗炎、抗感染、抗肿瘤等作用的生物活性物质，引起世界各国的重视，也为生物药物的研究提供了一个广阔可靠的原料基地。

1．海藻类　海藻属于海洋水生植物类，已知有1万多种。已从藻类植物中发现和提取了一些抗肿瘤、防止心血管疾病、治疗慢性气管炎、驱虫及抗放射性物质、血浆代用品等生物活性物质，如烟酸甘露醇酯、六硝基甘露醇、褐藻酸钠、海人草酸、β-二甲基丙基噻宁等。

2．腔肠动物类　腔肠动物是原始多细胞动物，已知有9000多种。用作生化制药原料的还不多。如从柳珊瑚中提取前列腺素 A_2 和前列腺素异构物（15-epi-PGA2）以及萜类抗菌物质，从海葵中分离的 polytoxin（相对分子质量为3300）具有抗癌作用，从僧帽水母中分离的活性多肽和毒素。

3．节肢动物类　节肢动物门中的某些甲壳动物可供药用。已知甲壳动物有25 000多种。以虾壳、蟹壳为原料制备甲壳素。红点黎明蟹的活性物质有抗癌作用，龙虾肌碱有抑制心功能的作用，美洲螯龙虾毒素有神经阻断作用。

4．软体动物类　软体动物类已知有8万多种，包括螺、蚌类等。从中提取分离的活性物质有多糖、多肽、糖肽、毒素等，分别具有抗病毒、抗肿瘤、抗菌、降血脂、止血和平喘等作用。如含珍珠贝的清开灵注射液可治疗高热神昏。

5．棘皮动物类　棘皮动物类已知有6000多种，包括海星、海胆、海参。海星皂素A和海星皂素B能使精子失去移动能力。海胆中丰富的二十碳五烯酸是冠心病的有效防治剂。从棘皮动物类还可获得龙虾肌碱、5-羟色胺、磷肌酸、磷酰精氨酸、黏多糖、磷酸肌酐、胆固醇、乙酰胆碱、二十碳烯酸等。

6．鱼类　鱼类有2万多种，可制造多种药物，如鱼肝油、鱼精蛋白、软骨素、细胞色素C、卵磷脂、脑磷脂、鸟嘌呤、脱氧核糖核酸、血管紧张素、黄体酮、雌二醇、雌酮、雌三醇、雄烯二酮、睾酮等。分泌毒液的鱼类有200多种，一般毒液中均含有多肽、蛋白质及多种酶，对心肌、中枢神经系统和肌肉有强烈作用。从鱼类中还可获得二十碳五烯酸、二十二碳六烯酸。

7．爬行动物类　爬行动物类多为陆生脊椎动物，海生的有海蛇、海龟等。海蛇毒液含有蛋白酶、转氨酶、玻璃酸酶、L-氨基酸氧化酶、磷脂酶、胆碱酯酶、抗胆碱酯酶、卵磷脂酶、核糖核酸酶、脱氧核糖核酸酶。

8．海洋哺乳动物类　鲸鱼和海豚类的脏器、腺体已被制成多种药物，如鲸肝抗贫血剂、维生素A、维生素D制剂，鲸油和江豚油抗癌剂及垂体激素等。海狗油中含有多种不饱和脂肪酸，可用于降血脂和防治脂肪肝。

海洋生物是开发新药的重要宝库，目前大多数海洋生物还没有被人类所了解和利用。随着海洋生物工程的快速发展，今后有望从海洋生物中开发、研究得到防治人类疑难疾病的新药，前途十分广阔，也为综合利用海洋生物资源创出了一条新路。

第四节　生物药物的特性

生物体是有组织的统一整体，生物体的组成物质及其在体内进行的一连串代谢过程都是相互联系、相互制约的。维持正常代谢的各种生物活性物质应是人类长期进化和自然选择的合理结果，人们还可根据其构效关系进行结构的修饰和改造使之能更有效、更专一、更合理地为机体所接受。生物药物就是根据生物体的这些特点，以多种技术手段从生物材料中制得的相关药物。

一、药理学特性

疾病的产生主要是机体受到病原体的侵袭或内外环境改变的影响，使起调控作用的酶、激素、核酸及蛋白质等生物活性物质自身或环境发生障碍，而导致的代谢失常。正常机体在生命活动中所以能战胜疾病、保持健康状态，就在于生物体内部具有调节、控制和战胜各种疾病的物质基础和生理功能。所以利用结构与人体内的生理活性物质十分接近或相同的物质作为药物，在药理学上对机体就具有更高的生化机制合理性和特异疗效性，在临床上表现出以下特点。

1. 药理活性高　生物药物是体内原先存在的生理活性物质，以生物分离工程技术从大量生物材料精制而成，因此具有高效的药理活性。如干扰素 α 纯品的比活 $>10^8$U/mg，而临床使用一次剂量一般为 3×10^6～5×10^6U，才相当于 30～50μg 蛋白量。

2. 治疗的针对性强　在机体代谢发生障碍时应用与人体内的生理活性物质十分接近或类同的生物活性物质作为药物来补充、调整、增强、抑制、替换或纠正代谢失调。势必机制合理，结果有效，显示出针对性强、疗效高、用量小的特点。如细胞色素 C 是呼吸链的一个重要成员，用于治疗因组织缺氧的一系列疾病效果显著。

3. 营养价值高、毒副作用小　生物药物的组成单元多为机体的重要营养素。氨基酸、蛋白质、糖及核酸等均是人体维持正常代谢的原料，因而生物药物进入体内后易为机体吸收、利用并直接参与人体的正常代谢与调节，所以生物药物对人体毒副作用一般较少，而且还具有一定的营养作用。

4. 免疫性副作用常有发生　生物药物是由生物原料制得的。因为生物进化的不同，甚至相同物种不同个体之间的活性物质结构都有较大差异，尤以大分子蛋白质更为突出。这种差异的存在，导致在应用生物药物时常会表现出免疫反应、过敏反应等副作用。另外，生物药物在机体内的原有生理活性一般受到机体的调控平衡，当用这些活性物质作为治疗药物时，常常使用大大超过正常生理浓度的剂量，致使其超过了体内的生理平衡调节以至发生副作用，如发热等症状。

二、原料的生物学特性

原料的生物学特性是指原料的多样性、原料的有效成分含量低、原料的杂质多、

原料的易腐败性等。

原料的多样性是指生物材料可来源于人、动物、植物、微生物及海洋生物等天然的生物组织和分泌物，也可来源于人工构建的工程细菌、工程细胞及人工免疫的动、植物。因而其生产方法、制备工艺也呈现出其多样性和复杂性；原料中有效成分含量低，杂质多，诸如胰腺中脱氧核糖核酸酶的含量为0.004%，胰岛素含量为0.002%，同时还有多种酶、蛋白质等杂质，分离纯化工艺很复杂；原料的易腐败性是指生物原料及产品均为高营养物质，极易染菌腐败使有效物质分解破坏，产生有毒物质、热原或致敏物质和降压物质等。

因此生物材料的选择要新鲜无污染，及时低温冻存。生产操作过程，对于低温、无菌操作要求严格，为确保产品的质量，就要从原料制造、工艺过程、制剂、贮存、运输和使用多个环节严加控制。

三、生产制备的特殊性

生物药物多数为生物大分子，如酶类药物的分子量为10 000～500 000，抗体分子量为50 000～950 000，多糖类药物的分子量小的上千，大的上百万。它们的组成结构复杂，并且有严格空间构象和特定活性中心，以维持其特定的生理功能，一旦遭到破坏，就失去生物活性。所以生物药物对热、酸、碱、重金属及pH值等各种理化因素都较敏感，甚至机械搅拌、压片机冲头的压力、金属器械、空气、日光等对生物活性都会产生影响。为此，生产中对温度、pH值、溶氧、CO_2、生产设备等生产条件及生产管理，根据产品的特点均有严格的要求，并对制品的有效期、贮存条件和使用方法均须作出明确规定。

四、剂型要求的特殊性

生物药物易受消化道的酸碱环境和水解酶的破坏，常常以注射给药，因此对制剂的均一性、安全性和有效性都有严格要求。如对胰岛素依赖型的糖尿病，需将胰岛素制成缓释型、控释型等剂型才能达到更好的疗效。为保证制品的质量，必须有严格的制造管理要求，即优质产品规范（Good Manufacturing Practice），简称GMP质量管理要求，并对制品的有效期、贮存期、贮存条件和使用方法做出明确规定。

五、检验的特殊性

生物药物要进行全方位的质量控制，主要包括：①原材料的质量控制，主要是对基因表达载体，如细菌、酵母、哺乳动物细胞和昆虫细胞的检查，以及使用它们时所制订的严格要求；②培养过程的质量控制；③纯化工艺过程的质量控制；④最终产品的质量控制。

生物药物是具有特殊生理功能的生物活性物质，因此对其有效成分的检测，不仅要有理化检验指标，而且要根据制品的特异生理效应或专一生化反应拟定生物活性检测方法。生物药物特殊的检测方法主要有：①化学结合试验：抗原抗体结合，如残留菌体蛋白测定方法。②酶反应试验：如重组链激酶活性测定溶圈法。③体外细胞测定试验：影响细胞生长或增殖的因子如细胞因子活性的测定。④动物实验：疫苗效力试验。

笔记

第五节　生物制药的制造技术

生物制药主要是从动物、植物、微生物和海洋生物中提取、分离、纯化生物活性物质，加工制造成为生物药物。生物活性物质包括氨基酸、多肽、蛋白质、酶、核酸、多糖、脂类和维生素等，它们具有多种不同的生理功能和药理作用。生物活性物质的制备技术很多，主要是利用它们之间特异性的差异，如分子大小、形状、酸碱性、极性、溶解度、电荷和对其他分子的亲和性等建立起来的。

各种制备技术的基本原理不外乎两个方面：一是利用混合物中几个组分分配系数的差异，把它们分配到两个或几个相中，如盐析、有机溶剂提取、层析和结晶等；二是将混合物置于单一物相中，通过物理力场的作用使各组分分配于不同区域而达到分离的目的，如离心、超滤、电泳等。

传统的生化制药的基本工艺过程可分为：材料的选择和预处理，组织与细胞的破碎及细胞器的分离，活性物质的提取和纯化，活性物质的浓缩、干燥和保存。

一、生物材料的选择

生化药物生产原料的选择原则是，有效成分含量高，原料新鲜、无污染；来源丰富、易得；原料产地较近，价格低廉；原料中杂质含量少，便于分离纯化等。

1. 生物品种　根据目的物的分布，选择富含有效成分的生物品种是选材的关键。如制备催乳素，应以哺乳动物为材料，不要选用禽类、鱼类及微生物。又如羊精囊是分离前列腺素合成酶的最佳材料。为保证有效成分含量的稳定性，要事先对采集的生物材料进行品种鉴定，并注意该生物的自然分布区域。

2. 合适的组织器官　如制备胃蛋白酶只能选用胃为原料；免疫球蛋白以血液或富含血液的胎盘为原料制取；提取胸腺素应选用幼年动物胸腺为原料；提取绒毛膜促性腺激素（HCG）要收集孕期为1～4个月孕妇的尿。另外动物的年龄、性别、营养状况、产地、季节对活性物质的含量也有影响。植物原料要注意采集地点、季节，微生物原料要注意其对数生长期时间与活性成分的关系。

3. 杂质情况　难于分离的杂质会增加工艺的复杂性，严重影响收率、质量和经济效益。选材时，应避免与目的物性质相似的杂质对纯化过程的干扰。如胰脏含有磷酸单酯酶和磷酸二酯酶，两者难于分开，故不选用胰脏为原料制备磷酸单酯酶，而改用前列腺为原料，因为它不含磷酸二酯酶，操作较为简化。

4. 来源　应选用来源丰富的材料，尽量不与其他产品争原料，最好能一物多用，综合利用。如用胰脏生产弹性蛋白酶、激肽释放酶、胰岛素和胰酶等。用人胎盘生产γ-球蛋白、胎盘脂多糖和胎盘水解物。用人尿生产尿激酶、绒毛膜促性腺激素等。用猪心生产细胞色素C和辅酶Q_{10}。

二、生物材料的采集

生物材料采集时必须保证环境卫生符合要求，并尽力保持原材料的新鲜，防止腐败、变质及微生物污染。选取材料时，要求目的组织、器官完整，并进行初步整

理，尽量不带入无用组织（如脂肪和结缔组织等），所选用材料要防止污染微生物及其他有害物质（如化学农药与重金属）。必要时，应作致病微生物与外源病毒的污染检查。

三、生物材料的预处理与保存

生物材料采摘选取后，必须快速及时速冻，低温保存，防止生物活性成分的变性与失活，酶原提取要及时进行，防止酶原激活转变为酶，胆汁不可在空气中久置，以防止胆红素氧化等。植物原料采集后可就地去除不用的部分，将有用部分保鲜处理。收集微生物原料时，要及时将菌体细胞与培养液分开，根据有效成分存在部位及时进行保鲜处理。

生物材料的保存方法主要有：①冷冻法，适用于所有生物材料。一般先速冻后置于 -40℃处低温保存。②有机溶剂脱水法，常用的有机溶剂是丙酮，本法适用于原料稀少而价值高的材料，有机溶剂对活性物质不起破坏作用的原料，如脑垂体等。③防腐剂保鲜法，常用乙醇、苯酚等，本法适用于液体原料，如发酵液、提取液等。

四、组织与细胞的破碎

由于大多数生物活性物质都存在于细胞之内，它们的提取与分离，需采用一定方法将细胞或组织破碎，目的就是使胞内产物获得最大程度地释放。通常细胞膜强度较差，易受渗透压冲击而破碎，而细胞壁比较坚韧，不同生物的细胞壁结构和组成不完全相同，所以细胞破碎的难易程度也不相同。常用的方法有机械方法、物理方法、化学方法及酶学方法。

（一）机械破碎方法

机械破碎方法包括组织捣碎法、匀浆器破碎法、研磨器破碎法等。组织捣碎是利用高速组织捣碎机中高速旋转的叶片所产生的剪切力将组织细胞破碎，此法适用于动物内脏组织、植物肉质种子等。匀浆器破碎是采用玻璃或不锈钢或硬质塑料制成的匀浆器研磨而磨碎组织或细胞。该法对细胞破碎程度比组织捣碎机高，且其机械剪切力对生物活性物质的破坏较少。

研磨器破碎是采用通常由陶瓷制的研钵和研杆组成的研磨器，操作时，将欲破碎的材料置于研钵中，加入少量的石英砂一起反复研磨，即可将组织细胞研碎。常用于微生物或植物细胞的破碎。

（二）物理破碎方法

物理破碎方法包括超声波破碎法、渗透压法、温度差破碎法等。超声波破碎通过超声波的作用，使细胞结构解体而使细胞破碎。破碎的效果与样品浓度、超声波频率、输出功率和破碎时间有密切关系，此外介质的离子强度、pH 值和菌种的性质等也有很大的影响，多用于微生物细胞的破碎。但不同菌种，处理效果也是不同的，杆菌比球菌易破碎，革兰阴性菌细胞比革兰阳性菌易破碎，酵母菌效果较差。需要注意的是此法在处理过程中会产生大量的热，应采取相应的降温措施。一些对超声波敏感的生物大分子，应当慎用。

笔记

超声波和超声波振荡器

超声波是一种振动频率高于20 000Hz的声波，超出了人耳听觉的一般上限（20 000Hz）并因此而得名超声波，它的本质上是与可闻声一致的，都是一种机械振动模式，通常以纵波的方式在弹性介质内会传播，是一种能量的传播形式，但不同点是超声波频率高，波长短，在一定距离内沿直线传播具有良好的束射性和方向性，易于获得较集中的声能，在水中传播距离远，可用于测距、清洗、焊接、碎石、杀菌消毒等。其中超声波清洗技术在制药企业得到广泛使用，特别是对西林瓶、口服液瓶、安瓿、大输液瓶的清洗以及对丁基胶塞、天然胶塞的清洗。对于瓶类的清洗，是用超声波清洗技术代替原有的毛刷机，它经过翻转注水、超声清洗、内外冲洗、空气吹干、翻转等流程而实现的。

超声波振荡器是利用超声波的高频声波产生振荡，可对溶液进行搅拌，清洗器皿等，常用的为电声型，它是由发声器和换能器组成，其中发声器能产生高频电流，换热器的作用是把电磁振荡转换成机械振动。在破碎时一般多使用探头直接插入介质的型式，通常在15 000～25 000Hz的频率下操作。

渗透压法是利用细胞内外渗透压差使细胞破碎。如将细胞直接投入低渗溶液（如水、稀盐溶液）中，因溶剂分子的大量渗入细胞内而引起膜的膨胀破裂。此法适用范围较窄，仅对细胞壁比较脆弱的样品适用，此法一般对革兰氏阳性菌不适用。

温度差破碎法是通过温度的变化使样品细胞破碎。如将样品冷冻至-15℃以下，使其冻结，然后迅速升温，即可使细胞破碎。破壁的机制一是冷冻过程会促使细胞膜的疏水键结构破裂，从而增加细胞的沁水性能；二是冷冻时胞内水结晶形成冰晶粒，引起细胞膨胀而破裂。该法多用于动物性材料。

（三）化学破碎方法

化学破碎方法包括溶剂处理法和表面活性剂处理法等。溶剂处理法是通过化学溶剂的作用，改变或破坏细胞膜结构、细胞溶解释放出内容物。常用的溶剂有丙酮、甲苯、丁醇及氯仿等，但需注意这些溶解容易引起活性物质破坏，使用时应考虑其稳定性，操作要在低温条件下进行，处理后须将有机溶剂分离回收。表面活性剂处理法是利用表面活性剂的作用，改变细胞壁或膜的通透性，使组织或细胞溶解。常用的表面活性剂有十二烷基硫酸钠（SDS）、吐温（Tween）、氯化十二烷基吡啶和胆酸盐等。如对胞内异淀粉酶加入0.1%十二烷基硫酸钠，30℃震荡30小时，就可较完全地提取出异淀粉酶，且活性比机械破碎法的高。

（四）酶学破碎方法

酶学破碎方法是利用酶反应分解破坏细胞壁上的特殊化学键，以达到破壁的目的，具有以下优点：①产品释放的选择性高；②提取的速率和效率高；③产品的破坏最少；④对外界条件要求低，如pH值和温度等；⑤不残留细胞碎片。包括自溶法、加酶促进法等。自溶法是利用组织中自身酶（不需要外加其他酶）的作用改变，破坏细胞结构，释放出内容物。影响自溶过程的因素主要有温度、时间、pH、缓冲液浓度、细胞代谢途径等。动物细胞的自溶温度一般选在0～4℃，而微生物材料则多在室温下进行。另外考虑自溶时间一般比较长，通常要加入少量防腐剂（甲苯、氯仿等）。加酶

笔记

促进法是在细胞悬浮液中，加入各种水解酶如溶菌酶、脂肪酶、核酸酶、纤维素酶及透明质酸酶等，可以专一性地将细胞壁酶解，使内容物释放。

细胞破碎的方法很多，选择时一般要考虑规模和成本、目的物的稳定性、破碎效率和产物释放率等多方面影响。不同破碎方法的效率和适用范围不同，高速匀浆和球磨两种机械破碎方法处理量大，速度非常快，目前在工业生产上应用最广泛，但过程中因消耗机械能而产生大量的热量，会使料液温度升高而易造成活性物质被破坏，故需要采取冷却措施。超声处理时的热量也不易驱散，容易引起介质温度迅速上升，故常用于实验室中细胞的破碎。而物理法、化学法大多处于实验室研究阶段。

大多数生物活性物质特别是酶类物质存在稳定性差，易变性失活的特点，所以选择破碎方法时必须考虑目的物的稳定性。如化学法中加入表面活性剂或有机溶剂处理，容易引起蛋白质或其他组分变性，使用时须考虑这些试剂对活性物质不能有损害作用。

破碎方法选择时还要考虑细胞破碎的难易程度和产物的释放率。渗透压法和温度差破碎法比较温和，但破碎作用也较弱，常用于无细胞壁的动物细胞，用于微生物细胞，只适用于细胞壁较脆弱或细胞壁合成受抑制、强度减弱了的微生物，可与酶解法结合使用以提高破碎效果。具有大规模应用潜力的产品应选择适合于放大的破碎技术，同时还应把破碎条件和后面的提取步骤结合起来。适宜的细胞破碎条件应从高的活性产物释放率、低的成本消耗和便于后续提取等方面进行权衡。

五、细胞器的分离

各类生物活性物质在细胞内的分布是不同的，如 DNA 几乎全部集中在细胞核内，RNA 则大部分分布于细胞质，各种酶和蛋白质在细胞内的分布也各不相同。因此，细胞破碎后，一般采用差速离心法分离细胞内质量不同的细胞组分，沉降于离心管内不同区域，分离后即得所需组分。细胞器分离中常用的离心介质有葡聚糖、蔗糖和聚乙二醇等。

六、生物活性物质的提取和纯化

生物活性物质的提取是需要在一定的条件下，用一定的溶剂处理样品，使被提取的生物大分子充分释放出来的过程。提取分为固 - 液提取和液 - 液提取，后者又称为萃取。影响提取的主要因素通常为：①被提取物在提取的溶液中溶解度的大小；②由固相扩散到液相的难易程度。

（一）常用的提取方法

某种物质在溶剂中的溶解度大小与该物质的分子结构及所使用的溶剂的理化性质有密切关系，一般遵守“相似相溶”的原则。扩散作用对生物大分子的提取有一定的影响。增加温度、降低溶液的黏度、增加扩散面积、减少扩散距离、搅拌及延长提取时间等，都有利于提高扩散速度，从而增加提取效果。提取的原则是“少量多次”，即对于等量的提取溶液，分多次提取比一次提取的效果好得多。

1. 水溶液提取法　各种水溶性、盐溶性的生物活性物质可以利用水或稀酸、稀碱、稀盐溶液进行提取。这类溶剂提供了一定的离子强度、pH 值及相当的缓冲能力。如胰蛋白酶用稀硫酸提取。盐离子的存在能减弱生物分子间离子键及氢键的作用力，稀盐溶液可促进蛋白质等生物大分子的溶解，称为“盐溶”作用。而某些与细胞结构结合牢固的生物活性物质，在提取时采用高浓度盐溶液（如 4mol/L 盐酸胍，8mol/L 脲或其他变性剂），这种方法称“盐解”。

2. 表面活性剂提取法　表面活性剂既有亲水基团又有疏水基团，在分布于水 - 油界面时有分散、乳化和增溶作用。一些采用水、盐系统难于提取的蛋白质、酶与核酸，可采用表面活性剂进行提取。如十二烷基硫酸钠（SDS），它能破坏核酸与蛋白质的离子键合，对核酸酶又有一定抑制作用，因此常用于核酸的提取。此外，生物提取常有的表面活性剂还有吐温类（Tween20、40、60、80）、Span 和 Triton 系列，以及十六烷基二乙基溴化铵等。但表面活性剂对酶、蛋白等的进一步纯化带来一定困难，如盐析时很难使蛋白质沉淀，故需先除去。

3. 有机溶剂提取法　对于水不溶性的脂类、脂蛋白和膜蛋白结合酶等，可采用有机溶剂进行提取。常用的有机溶剂有乙醇、丙酮、丁醇等。提取分离时可以采用单一溶剂分离法，也可以采用多种溶剂组合分离法，如先用丙酮，再用乙醇，最后用乙醚提取，可以从动物脑中依次分离出胆固醇、卵磷脂和脑磷脂。常用丙酮处理某些生化原材料，制成“丙酮粉”，使材料脱水、脱脂，细胞结构松散，增加稳定性，有利于活性成分的提取，同时又减少了体积，便于贮存和运输。而且应用“丙酮粉”提取可以减少提取液的乳化程度及黏度，有利于离心与过滤操作。

有机溶剂能抑制微生物生长和某些酶的作用，防止目的物的降解失活，也能阻止大量无关蛋白的溶出，有利于进一步纯化。例如使用酸 - 醇法提取胰岛素，既可抑制胰蛋白酶对胰岛素的降解，同时还可减少其他杂蛋白的共存，使得后续处理较简便。

在生化药物提取分离中，还常用一些新型萃取法以保持目的物的生物活性和提高提取效率，如反胶束萃取法，双水相萃取法和超临界流体萃取等。提取方法选择时，关键是要针对生物材料和目的物的性质来选择合适的溶剂系统和提取条件，这些性质包括溶解性质、分子量、等电点、存在方式、稳定性、相对密度、黏度、含量、主要杂质种类及溶解性质，有关酶的特性等，其中最重要的是目的物和主要杂质的溶解度差异和稳定性，提取时要尽量增加目的物的溶出度，而减少杂质的溶出，同时还须要考虑到目的物在提取过程中活性的变化。

（二）生物活性物质的分离与纯化

初步分离与纯化生物活性物质，一般应用沉淀分离法，即生化物质的提取和纯化过程中，目的物常作为溶质溶解在溶液中，通过加入某种物质或改变某些条件，使溶液中目的物的溶解度降低，从而从溶液中沉淀析出。沉淀分离法包括盐析沉淀、有机溶剂沉淀和等电点沉淀等方法。

1. 盐析法　盐析法是最早使用的生化分离手段之一，其作用机理是利用中性盐（如硫酸铵）中和蛋白质分子表面的电荷、使其不带电荷从而溶解度下降并沉淀析出，达到纯化的目的。由于不同的蛋白质分子表面带有不同的电荷，它们在沉淀时所需要的中性盐的饱和度各不相同，因此可通过调节混合蛋白质溶液中的中性盐浓度使各种蛋白质分段沉淀。

盐的选择：盐析所用的中性盐包括硫酸铵、硫酸钠、硫酸镁、氯化钠等。盐析用盐的选择要考虑几个问题：①盐析作用要强，一般多价阴离子的盐析作用强；②有足够大的溶解度，并且溶解度受温度影响应尽可能地小；③在生物学上是惰性的，不致影响蛋白质等生物分子的活性，最好不引入给分离或测定带来麻烦的杂质；④来源丰

笔记

富、经济。由于硫酸铵具有盐析效应强、溶解度大且受温度影响小等特点，因此在蛋白质盐析中使用最为普遍。

盐的浓度：各种蛋白质和酶分子的颗粒大小、亲水程度不同，所以盐析所需的盐浓度也不相同。通常盐析所用中性盐的浓度以相对饱和度来表示，也就是把饱和时的浓度看作100%，如1L水在25℃时溶入了767g硫酸铵固体就是100%饱和。盐析操作时，可采用直接投盐法增加盐浓度，或加入饱和硫酸铵溶液的方法。

影响盐析的因素：①不同溶质的盐析行为不同，这是盐析分离法的基本依据。②溶质（蛋白质等）的浓度不同，沉淀所需盐的用量也不同。一般随蛋白质浓度提高，盐用量减少。当蛋白质浓度过高时，欲分离的蛋白质常常夹杂着其他蛋白质一起沉淀出来（共沉现象）。通常将蛋白质的浓度控制在2%～3%。③ pH值，蛋白质的离子化和溶液的pH值有关，当溶液pH在蛋白质等电点附近时其净电荷为零，溶解度减小。因此实际操作时，往往通过调整蛋白质溶液的pH值，使其在沉淀目的物的等电点附近进行盐析。④盐析温度，对于大多数蛋白质，低盐浓度下，温度升高、溶解度升高，但高盐浓度下，温度升高，溶解度反而降低，可见温度适当提高有利于蛋白质沉淀，但须注意蛋白质对热的敏感程度。

盐析方法和注意事项：①分部盐析法，先以较低的盐浓度除去部分杂蛋白、再提高饱和度沉淀目的物，是最适用的常规操作方法，此外该法也是了解高分子或其提取物的溶解度和盐析行为的有效手段。②重复盐析法，为克服因蛋白质浓度过高而发生的共沉淀作用所引起的分辨率不高的缺点，可用重复盐析的方法。③反抽提法，为了排除共沉淀的干扰，先在一定的盐浓度下将目的蛋白夹带一定数量的杂蛋白一同沉淀，然后再将沉淀用较低浓度盐溶液平衡，溶出其中的杂蛋白达到纯化之目的。

此外，为防止盐析时“局部过浓”，对于固体盐投入法，需先磨细盐粒，在不断搅拌下，分批缓和加入到溶液中去，不要使容器底部留下未溶解的固体盐。用饱和盐溶液进行盐析时同样需要缓慢加入并不断搅拌；盐析一般应在室温下（10～25℃）进行，避免低温下蛋白质溶解度增大带来的损失；盐析所得沉淀需要经一段老化时间后进行分离。

2. 等电点沉淀法　由于蛋白质等两性电解质，在溶液的pH等于其等电点时溶解度最小，而不同的蛋白质具有不同的等电点，因此可通过调节溶液不同的pH值对蛋白质进行分离。在实际工作中，往往将等电点沉淀法与有机溶剂沉淀法或盐析法联合使用。单独使用等电点法主要是用于去除等电点相距较大的杂蛋白。等电点沉淀法操作十分简便，试剂消耗少，引入杂质也少，主要适用于水化程度不大，在等电点时溶解度很低的物质。另外使用时须注意溶液pH应首先满足物质的稳定性。

3. 有机溶剂沉淀法　利用不同蛋白质在不同浓度的有机溶剂中的溶解度不同，从而使不同的蛋白质得到分离。在蛋白质溶液中加入与水互溶的有机溶剂，能显著降低蛋白质溶解度而发生沉淀，适用于蛋白质、酶、核酸、多糖等物质的提取。常用的有机溶剂有乙醇和丙酮。本法分辨率比盐析法好，溶剂也容易除去，产品更纯净，且沉淀物和母液的密度相差加大，分离容易。主要缺点是易使蛋白质与酶变性，故应在低温条件下进行。

4. 膜分离法　该法是用膜作为选择障碍层，允许某些组分透过而保留混合物中其他物质，从而达到分离目的。用于生物活性物质分离纯化的膜分离法有渗透、反渗透、电渗析、透析及超滤等，这些方法虽然采用的膜及操作方式各异，但与传统的分离方法相比，它们具有效率高、经济、无相的变化等优点。膜分离法不仅可用于生物大分子分离纯化过程中的脱盐、浓缩，而且也可应用于基因工程产品和单克隆抗体的回收。

（1）透析技术：透析是最早应用的膜分离技术。其特点是用于分离两类分子量差别较大的物质，如将分子量在 10^3 级以上的大分子物质与分子量 10^3 级以下的小分子物质分离。由于是分子水平的分离，故无相的改变，是在常压下依靠小分子物质的扩散运动来完成的。

透析法多用来除去大分子物质溶液中的小分子物质，此称为脱盐。实验室研究中常使用简易透析法。方法是把洗脱液装入透析袋中，约 1/2 满，然后用线扎紧袋两端，再用蒸馏水进行透析，这时盐离子通过透析袋扩散到蒸馏水中，分子量大的蛋白质不能透过透析袋而保留在袋中，通过不断地更换蒸馏水，使盐离子析出，直至透析完毕。一般的透析时间是 24 小时，每小时换水一次，整个过程在 4℃下进行。

（2）超滤技术：超滤是使用特殊的超滤膜对溶液中各种溶质分子进行选择性过滤的方法。当溶液在一定压力（外源氮气压力或真空泵压）下通过超滤膜时，溶剂与小分子物质可以透过，而大分子物质被截流在膜的表面，从而使不同分子量的物质得到分离，或者用于生物大分子的蛋白质和酶的脱盐和浓缩。本法具有不存在相变，不添加任何化学物质，条件温和，操作方便，能较好地保持生物活性物质的活性，回收率高等优点，因此应用越来越广泛，除应用于浓缩、脱盐、大分子物质的分离纯化，还常应用于除菌过滤及生物药物的去热原，应用于连续发酵和动、植物细胞的连续培养等。

5. 层析法　层析分离技术操作简便，自动化水平高，样品可多可少，既可用于实验室的科学研究，也可用于工业生产，在生物活性物质的分离与纯化中应用广泛。常用的层析分离技术包括吸附层析、离子交换层析、凝胶层析和亲和层析等。其中的亲和层析与其他类型的层析技术有所不同，它是利用生物分子间所具有的专一而又可逆的亲和力而使生物分子分离纯化的一种层析技术。具有专一而又可逆的亲和力的生物分子是成对互配的，如酶和底物、抗原和抗体、激素与其受体、DNA 与其互补的 RNA 等。在成对互配的生物分子中，可把任何一方固相化作为固定相，另一方若随流动相流经固定相时，双方即亲和结合，然后选择适宜的条件将它们分开，从而可得到与固定相有特异亲和能力的某一特定的生物活性物质。亲和层析的最大优点在于，利用它从粗提液中一步提纯，便可得到所需的高纯度活性物质。例如用珠状琼脂糖为载体，以胰岛素为配基制得的亲和柱，从肝脏匀浆中成功地提取得到胰岛素受体，经过亲和层析一步处理，可使胰岛素受体纯化 8000 倍左右。此外还有对设备要求不高、操作简单、适用范围广、特异性强、分离速度快效果好、分离条件温和等优点，其主要缺点是亲和吸附剂通用性差、所以要分离每种物质都得重新制备专用的吸附剂，另外洗脱条件比较苛刻。

6. 电泳法　带电粒子在电场中向着与其本身所带电荷相反的电极移动的过程称为电泳。不同的生物分子所带电荷性质、电荷数量以及相对分子质量的不同，因而在一定的电场中移动方向和移动速度也不同，因此可使它们得到分离。电泳技术既可

用于分离各种生物大分子，也可用于分析某种物质的纯度，还可用于相对分子质量的测定。电泳技术与层析技术的结合，可用于蛋白质结构的分析，“指纹法”就是电泳法与层析法的结合产物。利用免疫学技术检测电泳结果，提高了对蛋白质的鉴别能力。

电泳方法各式各样，按所使用的支持体的不同，可分为纸电泳、薄膜电泳、薄层电泳、凝胶电泳和等电聚焦电泳等。

7. 离心技术　利用离心机旋转所产生的离心力，根据物质颗粒的沉降系数、质量、密度及浮力等因子的不同，而使物质分离的技术称离心技术。离心技术既可以是制备性的，也可以是分析性的。离心技术可用于细胞器的分离、菌体细胞的收集、发酵液的分离和生物大分子物质的浓缩等。制备性离心技术可分为差速离心、密度梯度离心和等密度离心等。

（1）差速离心：通过分步改变离心速度，用不同强度的离心力，使具有不同沉降速度的颗粒分批沉淀分离的方法，称为差速离心。操作过程一般是在离心后用倾倒的办法把上清液与沉淀分开，然后将上清液升高转速再次进行离心，分离出第二部分沉淀，如此多次离心，从而把液体中的不同沉降速度的颗粒分批分离。差速离心的分辨率不高，沉降系数在同一个数量级内的各种颗粒不容易分开，该法常用于其他分离手段之前的粗制品提取，例如利用差速离心法从大鼠肝匀浆中分离各种细胞器。

（2）密度梯度离心：密度梯度离心，又称速度区带离心，是将样品在密度梯度介质中进行离心，使沉降系数比较接近的物质得以分离的一种区带分离方法。其操作过程是在离心前在离心管内先装入密度梯度介质（如蔗糖、甘油、氯化铯及右旋糖酐等），介质的密度自上而下逐渐增大，介质的最大密度（ρm）必须小于样品中颗粒的最小密度（ρp），即 ρp>ρm。待分离的样品是小心地铺放在密度梯度介质的表面，离心时，由于离心力的作用，颗粒离开原样品层，按不同沉降速率沿管底沉降。离心一定时间后，不同大小、不同形状、有一定的沉降系数差异的颗粒在密度梯度溶液中形成若干条界面清楚的不连续区带。

在密度梯度离心过程中，区带的位置和宽度随离心时间的不同而改变。离心时间越长，由于颗粒扩散而使区带越来越宽。因此，适当增大离心力而缩短离心时间，可减少由于扩散导致区带加宽现象，增加区带界面的稳定性。该法适于分离颗粒大小不同而密度相近的组分，如 DNA 与 RNA 的混合物、核蛋白体亚单位及线粒体、溶酶体及过氧化物酶体等。

（3）等密度离心：当不同颗粒存在浮力密度差时，在离心力场下，颗粒或向下沉降，或向上浮起，一直沿梯度移动到它们密度恰好相等的位置上（即等密度点）形成区带，称为等密度离心，也称沉降平衡。本法特点是沉降分离与样品物质的大小和形状无关，而取决于样品物质的密度，即根据样品密度的差异进行的离心分离。

七、生物活性物质的浓缩

在生物活性物质的制备过程中，由于一系列的分离纯化步骤常常使样品液变得很稀，为了进一步的分离、保存和鉴定，往往需要进行浓缩处理。在粗分离时，一般

笔记

浓缩可采用盐析法、有机溶剂沉淀法、超滤法和减压薄膜浓缩等；精制分离纯化时，则可采用吸收法、超滤法及有机溶剂沉淀法等。需要注意的是，多数生物活性物质对热不稳定，因此必须采用一些较为缓和的浓缩方法。

1. 减压浓缩　减压浓缩主要原理是通过降低液面压力使液体沸点降低，真空度愈高，液体沸点降得愈低，蒸发愈快。本法适用于一些不耐热的生物活性物质的浓缩。

2. 吸收法　利用吸收剂吸收除去溶液中的溶剂分子，使溶液得到浓缩。所使用的吸收剂必须与样品溶液不发生化学反应，对生物活性物质没有吸附作用，并且易与溶液分开。常用的吸收剂有甘油、蔗糖、聚乙二醇和凝胶等。在使用聚乙二醇浓缩时，先将待浓缩的生物大分子溶液装入透析袋内，袋外加聚乙二醇覆盖并置于4℃下，袋内的溶剂渗出即被聚乙二醇迅速吸收，聚乙二醇被饱和后可更换新的，直至达到所需要的体积。本法较为简便，适用于实验研究中的少量溶液的浓缩。

3. 超滤浓缩　应用不同型号的超滤膜浓缩不同分子量的生物活性物质。本法既适用于实验研究中的少量溶液的浓缩，也可应用于工业生产。

八、生物活性物质的干燥

为了防止制备得到的生物活性物质产品变质，保持生物活性和稳定性，利于保存和运输，常常需要对其进行干燥处理，常用的有真空干燥和冷冻干燥两种干燥方法。

1. 真空干燥　真空干燥即在密闭容器中抽去空气后进行干燥的方法，其原理与减压浓缩相同，真空度愈高，溶液沸点愈低，蒸发愈快。本法适用于不耐高温、易氧化物质的干燥与保存。

2. 冷冻干燥　冷冻干燥是将所需干燥的生物活性物质的溶液先冻结成固体，然后在低温低压条件下从冻结状态不经液态而直接升华除去水分的一种干燥方法。操作时，首先将待干燥的液体冷冻到冰点以下使之变成固体，然后在低温（−30～−10℃）、高真空度（13.3～40Pa）条件下，将溶剂变成气体用真空泵直接抽走。本法具有以下优点：①避免生物活性物质因高热而分解变质；②含水量低；③产品质地疏松；④产品剂量准确，外观优良；⑤产品中的微粉物质少。

九、生物活性物质的保存

生物活性物质的稳定性与保存方法密切相关，其保存方法可分为干粉保存和液态保存两种。

1. 干粉保存　干燥的制品一般比较稳定，在低温条件下，其活性可在数日、数月甚至数年无明显变化，贮藏要求简单，只要将干燥的样品置于装有干燥剂干燥器内密封，保存在0～4℃冰箱中即可。

2. 液态保存　此种方法一般不利于生物物质活性的保持，只在一些特殊情况下采用，且往往需要加入防腐剂和稳定剂，同时必须在0～4℃冰箱中保存，保存时间也不宜过长。常用的防腐剂有甲苯、氯仿、苯甲酸、酶与蛋白质等。常用的稳定剂有甘油、蔗糖和硫酸铵等。另外，酶蛋白也可加入底物和辅酶以提高其稳定性。液态核酸可在缓冲液中保存。

学习小结

1. 学习内容

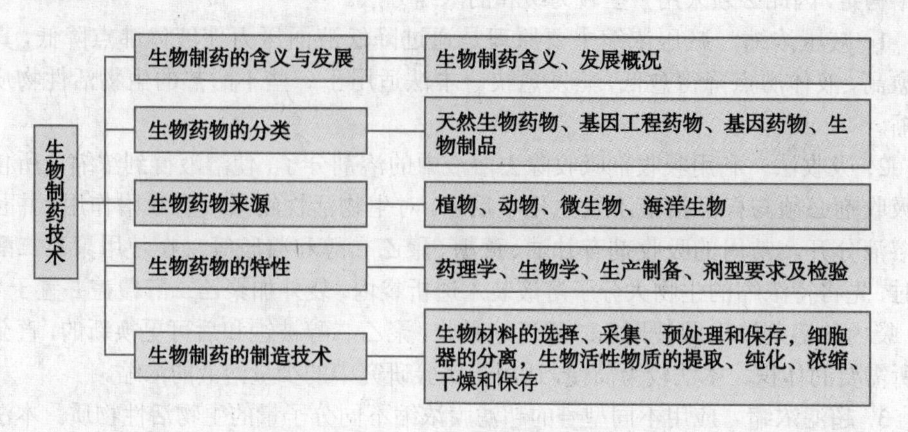

2. 学习方法

本章学习首先要了解生物制药的发展过程和发展概况，在此基础上掌握生物药物的定义、分类、来源和特性；最后通过对生物材料前处理、生物活性物质的获取等方面的系统学习，掌握生物制药的基本制造技术。

（礼　彤　甘春丽）

复习思考题

1. 生物制药的含义？
2. 生物药物的分类？
3. 生物药物有哪些特性？
4. 简述生物材料的来源。
5. 生物药物原料的选择、预处理与保存方法有哪些？
6. 生物药物的分离、纯化方法有哪些？

笔记

第七章

药品生产制造技术

学习目的

通过本章的学习，使学生达到了解药品生产制造的一般过程，掌握固体制剂、液体制剂生产工艺及原理。

学习要点

通过本章学习应使学生学会药品生产制造的生产准备内容，考察指标的制定和计划的编制；掌握固体制剂、液体制剂生产工艺的具体操作步骤及注意事项；了解其他制剂（软膏剂和栓剂）的制造原理及过程。

药物制剂的基本组成是药物和辅料。如何将原料、辅料有机地结合在一起生产出合格的制剂产品是药品生产研究的基本内容。药物制剂的制造过程是各单元操作有机联合作业的过程。不同剂型的生产单元操作是不同的，加之各药的生产工艺路线各异，设备选择又是多类型多规格的，所以药品生产是一个比较复杂的过程。本章结合实际生产情况，将按照固体制剂、液体制剂及其他制剂等，遵循生产工艺流程顺序分别加以叙述。

第一节　生产准备与组织

药品制造企业在严格的规范管理下，制订生产计划，组织实施生产，控制生产过程，以低成本、高效率、批量地生产出质量合格的药物制剂。

一、生产计划

生产计划就是从社会需要和生产可能出发，在充分发掘和利用内部生产潜力的基础上，正确地确定生产量的指标，按时间制订的计划。计划分为长期计划、中期计划、短期计划；长期计划主要为长期综合计划（包括总的经营目标）和年度生产计划；中期计划主要是半年度或季度生产计划；短期计划为月生产计划和作业计划。按照可实施操作性，计划又分为预测计划和执行计划。按管理范围的划分，生产计划分为公司（厂）级计划、制造部（车间）计划、工段计划及小组计划。生产计划的管理可分为计划的编制、执行及调控三部分。

生产计划的编制　企业的长期计划是宏观战略规划，应根据国家宏观发展计划

笔记

及相关经济政策，结合本企业的发展目标及市场需求的预测编制。企业的月计划是企业短期生产计划，相对于年生产计划而言，它属于调整型计划，也是可执行计划，主要由生产主管部门组织编制。月计划应依据年度生产计划来编制，并根据订货情况和市场预测，结合企业上期生产经营计划完成情况、企业的生产能力等综合分析，分别在品种、规格、数量、包装等方面进行调整，以满足市场的需求。

生产计划的执行　生产计划制定后，应将生产计划落实到各车间、部门，各车间、部门应明确各自在计划期内的任务、指标，制订相应的生产作业计划。由于药品生产所需的原、辅料及包装材料规格品种繁多，各车间、部门在制订生产作业计划中需互相沟通互相协调。

生产计划的调控　生产计划在执行过程中，需对指标执行情况进行检查、分析及评价，然后根据信息的反馈，寻找生产指标与实际执行结果差异的原因，采取相应的措施，纠正影响指标完成的因素，使生产计划得以全面的完成。

（一）生产计划的内容

计划指标是指企业在计划期内预期所要达到的具体目标和水平，是企业的生产计划的体现。生产计划的主要指标有：产品品种指标、产品产量指标、产品产值指标和产品质量指标。

产品品种指标是指企业在计划期内规定生产的产品品种及各种规格（包括同一品种和规格的不同包装）。反映企业在品种方面满足医疗和市场需求的状况。

产品产量指标是指企业在计划期内产出的符合质量标准的产品数量。它反映企业生产经营活动有效成果的规模和数量。

产品产值指标是指用货币表示的产品产量指标。根据产值指标所包括的具体内容及所起的作用不同，通常分为总产值、净产值与商品产值。总产值是总产量的货币表现，它反映企业在计划期内生产发展的总规模和总水平，它是以国家制定的不变价计算的商品产值。净产值是企业在计划期内新创造的价值，即从总产值中扣除各种物资消耗后的那部分产值，也称新增产值。商品产值是商品产量的货币表现，它是以现行商品价格计算的商品产值，又称销售额（含税）。

产品质量指标是指企业在计划期内所生产产品的质量要求。医药产品是特殊的商品，一般以优级品率和一次合格率进行考核，不允许有次品的存在。它不但反映了企业的生产技术和经营管理的水平，也反映了企业对患者负责的态度问题。

（二）生产计划指标的制定

在以市场为导向的前提下，企业生产计划要考虑各品种的销售规律，依据市场需求，并结合企业的生产能力、物资的供应情况和存货量进行编制。生产计划要讲求经济效益，做到既能满足需要不脱销，又不积压过多。生产计划指标主要确定步骤有：①调查研究，掌握相关药品的销售量变化的规律，收集国内用药情况及发展趋势。②分析企业内部的各种生产条件，掌握上期生产计划及其他计划完成情况和已签订销售合同的统计情况。③试算平衡确定生产计划指标。

（三）制剂生产作业计划的编制

制剂生产作业计划是企业贯彻执行生产计划，具体组织日常生产活动的重要手段，是制剂车间生产管理的一个重要组成部分。制剂生产作业计划工作包括编制作业计划和组织作业计划，主要有制定期量标准，编制生产作业计划，组织生产前的准

笔记

备工作，半成品管理工作，生产调度工作，生产作业统计核算工作等方面。这些是生产作业计划工作互相紧密相连的整体。其中期量标准是产品的生产数量和生产期限标准；生产调度工作是检查作业计划执行情况，及时地正确地处理生产中发生的矛盾，保证各生产环节协调地进行。

1. 编制生产作业计划　制剂生产作业计划一般采用累计编号法，即将所有品种按所生产的年份、月份及当月流水线号组成批号。如2011年12月份第6批生产某制剂品种，则该药品该批的批号为201112-06批，以此类推。

2. 下达生产指令　根据生产计划，由生产计划部门下达批生产指令。其内容包括产品品名、规格、产量、批号、生产依据、生产日期、处方、包装材料及操作要求等。

二、生产准备

生产车间在接到生产指令后，应根据生产指令内容开始生产前的准备工作，包括原料、辅料、包装材料的领取、检验和操作人员、场地、设施设备的检查两部分。

1. 物料准备　根据生产指令内容及车间生产作业计划分别领取原料、辅料。按生产指令内容仔细核对原辅料名称、代码、规格、批号、数量（重量），必须做到准确无误。

2. 人员准备　需根据生产指令内容确定各工序人员。例如片剂，有的品种需包衣有的品种不需要包衣，则后者包衣工序就不需安排人员。

3. 设备设施准备　检查空气净化系统是否正常运行，生产区域内空气中的微生物及尘埃粒子是否符合相应洁净级别的要求。检查生产设备是否完好，生产大输液及注射剂的生产车间需检查纯化水及注射用水系统运行状态是否良好。

4. 场地准备　检查生产场地是否已清场，设备是否已清洁。做到生产区域清洁，设备器具清洁灭菌且摆放整齐有序，空气洁净度和压力符合工艺要求，标记牌确认“完好”，无与本批生产无关的物料和文件。

5. 文件准备　应检查现行文件（质量标准、岗位操作法等）与生产指令内容是否相适应，如有差异应向文件批准部门提出处理意见。

三、劳动组织

企业应配备与其生产产品规模和技术特点相适应的组织机构与生产人员，有效的生产管理系统和合格的人员是“药品生产质量管理规范（GMP）”的基本要求。

（一）组织形式

1. 制造部部长　对制造部产品制造过程承担责任，包括全面负责生产车间GMP的实施，保证操作人员按规定的文件和规程操作，保证生产计划的完成。

2. 技术主管（工艺工程师）　是制造部部长的主要技术助手，职责包括下达工艺指令，逐批审查批生产记录，处理生产工艺上发生的各种技术问题，调查并处理生产过程中发生的所有偏差，负责车间GMP的实施等。

3. 设备主管（设备工程师）　负责车间的生产设备管理，以减少管理环节，也可由工程部负责管理。主要职责为分析并解决生产过程中出现的设备故障和能源供应等问题，参与设备的各种技术验证试验。

（二）劳动定额

劳动定额是企业计划管理的重要依据，企业的生产计划、成本计划、劳动工资计

划等都要以劳动定额为依据，生产计划中的各种工作进度也要根据劳动定额进行计算来决定。

劳动定额是指在一定的生产技术和合理的劳动组织条件下，为生产一定的产品或完成一定的工作所规定的必要劳动量的标准。劳动定额有产量定额和工时定额两种表现形式。产量定额是指在单位时间内应当完成的产品数量。工时定额是指为完成某件产品或某道工序所必须消耗的工时。

劳动定额是合理组织劳动力的依据。由于劳动定额规定了完成各项工作的工时消耗量，所以它是组织各项互相联系的工作和时间上配合衔接的依据。劳动定额是计算工人劳动量的依据，所以是核算劳动成果、确定劳动报酬的重要依据。劳动定额是企业正确组织生产和分配的一项重要的基础工作。

（三）岗位定员

企业在确定生产规模和产品方案的前提下，编制人员规划和确定机构设置，包括确定人员数量、素质要求、职责范围、组织机构及劳动组织形式等方面的内容。企业在岗位定员中要精打细算合理安排劳动力岗位，定员既要先进又要合理，以较高的工作效率完成生产任务。

（四）生产调度

生产调度是对企业日常生产活动直接进行控制和调节的管理形式，是企业生产作业计划工作的继续，是组织实现生产作业计划的重要手段。

1. 生产调度的主要内容　检查生产准备工作的进行情况和生产作业计划的执行情况，发现问题及时处理。制剂生产过程中除原料药外，所用的辅料、包装材料品种规格繁多。如片剂除主药外各品种所需的稀释剂、润湿剂、黏合剂、崩解剂、润滑剂及包衣材料等均不相同，包装材料更是每个品种需瓶、铝箔、标签、纸盒、纸箱、说明书等为本品种专用。因此生产管理部门需了解原料、辅料、包装材料的库存情况，将生产计划与物资供应紧密结合起来，同时为避免库存积压和浪费资金，物资采购计划也不能太多余量。在实际生产过程中也可能发生意外而影响生产计划的正常运行，就需对生产作适当的调整。

协调企业各部门生产各环节的进度和联系。如协调中心化验室与供应部门在原辅料检查中发生的矛盾，协调生产车间和动力车间之间能源供应的矛盾等。根据销售部门临时提出的销售计划及时组织原料、辅料、包装材料，调整生产计划满足市场需求。

根据需要合理调配劳动力防止因缺勤而影响生产的正常进行。检查设备运行情况，发现故障组织有关部门进行抢修。检查各车间班组生产进度和统计报表，及时向主要厂长汇报生产动态。

2. 生产调度的基本要求　生产调度要有计划性、统一性、灵活性和预见性。计划性是生产调度的基础，调度必须维护计划的严肃性确保生产计划的实施和顺利完成。统一性是调度工作的可靠保证，为保证生产有序地进行生产调度的权力必须相对集中，并建立强有力的调度制度和调度系统。灵活性是对生产中出现的问题应及时解决、当机立断，要根据市场需求要及时灵活地调整生产计划。预见性是对生产中出现的问题应及早采取措施，做到防患于未然。

3. 生产调度的实施方法　搞好生产调度，生产管理部门要协调企业各部门、生产各环节的进度，关键要建立健全包括调度报告制度、值班制度等一整套调度工作制度，定期检查计划执行情况和生产作业情况，尽可能采用计算机管理，将库存的原料、

笔记

辅料、包装材料、成品、在制品和销售计划等信息输入计算机，通过计算机管理使生产调度更为合理。

第二节　固体制剂生产技术

固体制剂是指药物与适宜的辅料经一定制造技术加工而成的固体状给药形式，是目前临床应用最广泛的制剂，主要包括散剂、颗粒剂、胶囊剂、片剂、丸剂等剂型。固体制剂具有剂量准确、物理、化学稳定性好，生产制造成本相对较低，服用与携带方便等特点。我们以片剂生产工艺为主线，以单元操作为载体，阐述固体制剂的制造原理和生产过程。

片剂(Tablets)是指原料药物或与适宜的辅料制成的圆形或异形的片状固体制剂。主要的生产过程为粉碎、筛分、混合、制粒、干燥、压片、包衣、包装等单元操作组成。见图7-1。

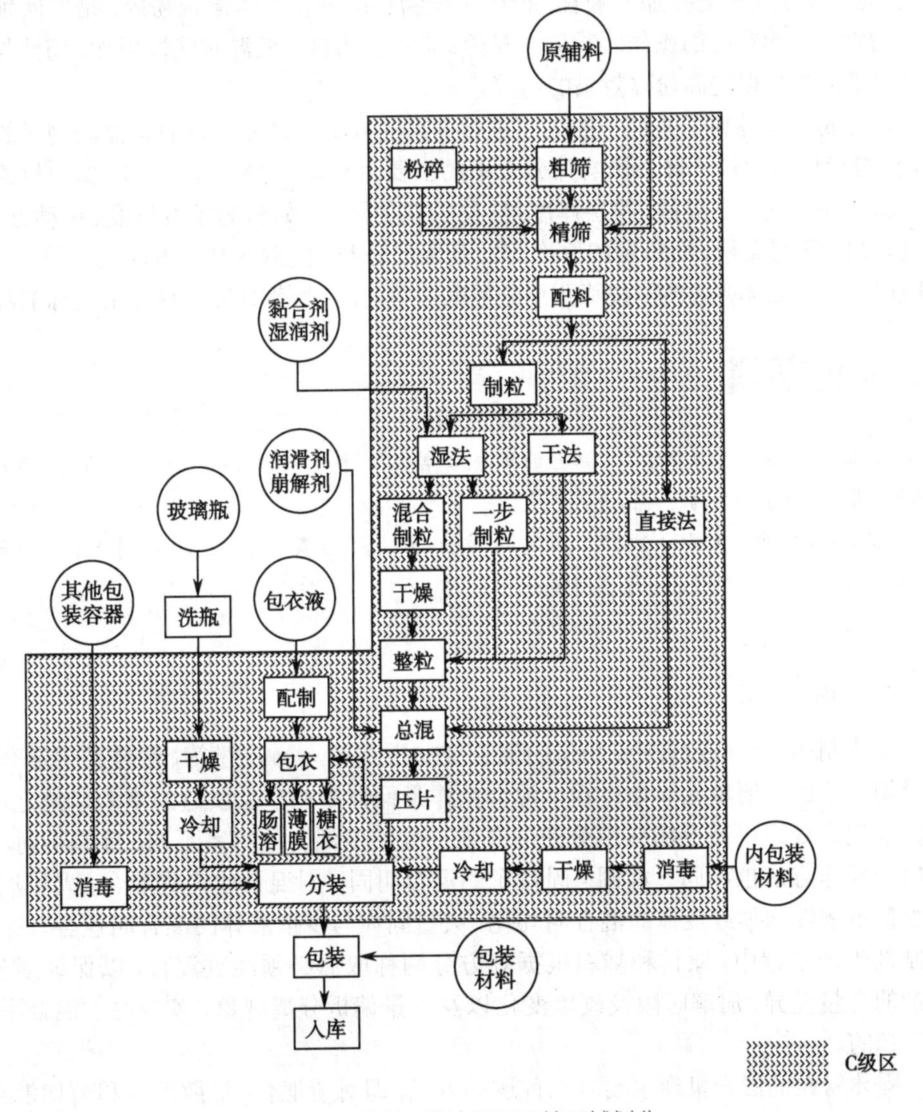

图7-1　片剂工艺流程及环境区域划分

一、粉碎与筛分

粉碎是将大块物料破碎成较小的颗粒或粉末的操作过程。粉碎可以达到减少粒径、增加比表面积、促进药物的溶解与吸收，提高药物的生物利用度的目的。粉碎主要是利用外加机械力，部分地破坏物质分子间的内聚力来实现的。粉碎方法有：①循环粉碎和开路粉碎：循环粉碎适合粒度要求高的粉碎，指（将未达到粉碎粒度的）粗颗粒重新返回到粉碎机反复粉碎的操作，亦称为闭路粉碎；开路粉碎是粗碎或粒度要求不高的粉碎，指用粉碎设备一次就可达到粉碎目的的粉碎操作。②自由粉碎和闭塞粉碎：自由粉碎常用于连续操作，是将达到粉碎粒度的粉末排出而不影响粗粒的粉碎的操作；闭塞粉碎常用于小规模的间歇操作，是（粒子排除前）反复粉碎的操作。③湿法粉碎和干法粉碎：湿法粉碎是药物加液研磨的方法，借助液体渗透到物料组织的裂隙，减少其分子间引力从而利于粉碎；也可避免刺激性较强药物或毒性药物粉尘飞扬；干法粉碎是（不需要加入液体）粉碎干燥物料的操作。④混合粉碎：是指两种及以上的物料一起粉碎的操作。⑤低温粉碎：是利用物料在低温时脆性增加、韧性与延伸性降低的性质以提高粉碎效果的粉碎。

筛分是将固体粒子按粒子的大小进行分离的方法。筛分的目的是控制物料的细度，获得较均匀的粒子群。影响筛分效率的主要因素有：①粒子的因素：如粉粒的形状、密度、带电性、含湿量、粉层厚度等；②药筛的因素：如筛的倾斜角度、振动方式、运动速度、筛网面积、物料层的厚度等。药筛的分类：按筛网制作方法的不同，分为冲眼筛（模压筛）和编织筛；按筛孔划分标准的不同，分为药典标准筛和工业标准筛。

串油、串料

串油：处方中有含大量油脂性成分的药物，如苦杏仁、桃仁等，先将处方中其他药物粉碎成粗粉，再掺入油脂性药物粉碎的方法。

串料：处方中含大量黏性药物，如麦冬、黄精、熟地黄、山萸肉等，先将处方中其他药物粉碎成粗粉，再掺入黏性性药物粉碎的方法。

二、混合操作

固体制剂的生产过程中，物料的混合度非常重要，粉碎、过筛、混合是保证药物含量均匀度的重要单元操作过程。混合操作是保证制剂产品质量的重要措施之一，制粒前混合处理可减少物料组分间的非均一性。但混合的物系不同、目的不同，所采用的操作方法也不同。如固 - 固粒子的混合叫固 - 固混合或简称混合；大量液体和少量不溶性固体或液体的混合叫均化；大量固体与少量液体的混合叫捏合。在固体制剂生产过程中，原料和辅料根据处方分别称取后必须经过混合，以保证质量。片剂的含量差异、崩解时限及硬度变化以及含量偏析分离现象，多是由于混合不当而引起的。

固体粉粒的混合机理主要有三种运动方式，即对流混合、扩散混合和剪切混合。对流混合是由于容器自身或桨叶的旋转使固体粉粒产生较大位移而达到混合均匀的

笔记

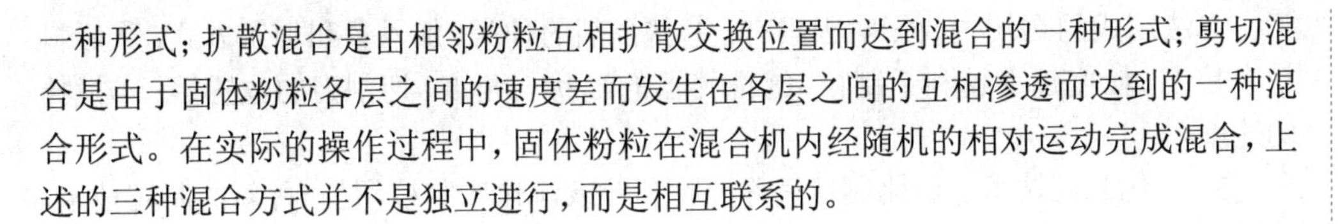

一种形式；扩散混合是由相邻粉粒互相扩散交换位置而达到混合的一种形式；剪切混合是由于固体粉粒各层之间的速度差而发生在各层之间的互相渗透而达到的一种混合形式。在实际的操作过程中，固体粉粒在混合机内经随机的相对运动完成混合，上述的三种混合方式并不是独立进行，而是相互联系的。

三、制粒技术

固体制剂的生产过程中，物料的流动性和充填性非常重要，可以保证药物制剂的准确剂量，便于颗粒剂分剂量或颗粒剂、片剂制剂成型。制粒技术是改善物料流动性、充填性的重要单元操作过程，主要分为湿法制粒和干法制粒。

（一）湿法制粒技术

1. 挤出制粒技术　指原辅料混合粉末与适量黏合剂或润湿剂制成软材后，强制挤压通过一定孔径的筛网制成颗粒的方法。制粒工艺主要由制软材、制湿颗粒、干燥、整粒（与混合）等单元操作组成，适用于受湿和受热不起变化的药物。

（1）制软材：制软材是将粉碎后的原料、辅料细粉置混合机中，加适量润湿剂或黏合剂，捏合混匀。制软材是湿法制粒的关键工序，软材以“手捏成团，轻按即散”为宜。软材的质量与黏合剂种类、用量及物料混合时间相关，黏合剂黏性强、用量大、混合时间长，制成的颗粒硬度大。软材投料量应根据设备条件和品种规格分批进行，润湿剂或黏合剂用量以能制成适宜软材的最少量为原则。制粒有困难的黏性较强的药物，可采用分次投料法制粒，即将大部分药物（80%左右）或黏合剂置于混合机中混合使成适宜的软材，然后加入剩余的药物混合，所得软材即能制得较紧密的湿粒。

（2）制湿颗粒：将软材放在适宜的筛网上，用手压或机械挤压通过过筛网即成湿颗粒。大量生产时用机器进行，主要设备有摇摆式颗粒机、旋转式制粒机、螺旋挤压制粒机等。可分一次制粒和多次制粒，一般用14～20目筛网制粒时，只要通过筛网一次即得。但对有色物料或润湿剂用量不当及有条状物产生时，一次过筛不能得到色泽均匀或粗细松紧适宜的颗粒，可采用多次制粒法。即先用8～10目筛网，通过1～2次后，再通过12～14目筛网，可得到所需要的颗粒，并比单次制粒法少用润湿剂15%。

该法的优点是：①高剂量流动性差的药物，通过湿颗粒可获得适宜的流动性；②粉末可压性差的药物，通过加入黏合剂而增加了可压性和黏着性，仅需较低的压力压片，从而减少压片机的损耗、增进设备寿命；③防止压片时多组分处方组成的分离，提高药物在混合物中的分散均匀度。主要缺点是工序多、耗时、劳动强度大、易污染等。

2. 高速搅拌制粒技术　亦称快速搅拌制粒，将原料、辅料置入一个容器内，在搅拌桨的作用下混合，加入黏合剂混匀并在制粒刀切割下制粒。物料在搅拌桨的作用下混合、翻动、分散甩向器壁后向上运动，形成较大颗粒；在切割刀的作用下将大块颗粒绞碎、切割，并和搅拌桨的搅拌作用相呼应，使颗粒得到强大的挤压、滚动而形成致密且均匀的湿颗粒。

该方法的优点是生产效率高，所用时间短，能同时完成混合、捏合与制粒操作；制成的颗粒大小均匀，细粉少，流动性、可压性好；与挤压制粒相比，生产过程密闭，粉尘飞扬少，设备操作简单，工序少，清洗方便。该法既可制备致密、高强度的颗粒应用于胶囊剂填充，也可制备松软的颗粒适合片剂压片，因此在制药应用比较广泛。

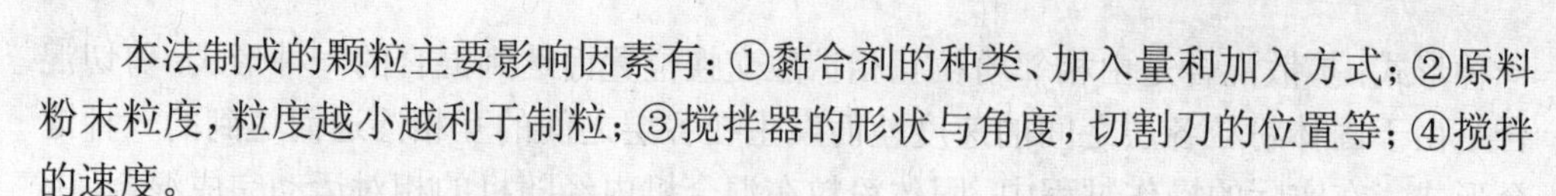

本法制成的颗粒主要影响因素有：①黏合剂的种类、加入量和加入方式；②原料粉末粒度，粒度越小越利于制粒；③搅拌器的形状与角度，切割刀的位置等；④搅拌的速度。

3. 流化制粒技术　流化制粒又称沸腾制粒或流化床制粒，是一种新的制粒技术，其原理是将制粒用的黏合剂溶液喷洒在悬浮在空气流中的固体粉末上，使其聚结成颗粒，然后用热空气流使湿颗粒迅速干燥。就是将原料和辅料粉末，用上升的空气流悬浮成一个垂直柱状；当粉末呈悬浮状态时，喷洒入黏合剂溶液；控制条件使粉粒逐渐聚积成颗粒，然后干燥，使成为适于压缩的片剂颗粒。

本法制成的颗粒质量与生产效能受多种因素影响：①黏合剂的喷雾速度：当喷雾速度增加时，黏合剂的润湿能力和浸透能力也增加，颗粒脆性下降，平均粒径增大。浸透能力的增加又促使颗粒的假密度增加。但粒子的密度，孔隙率，流动性变化不大。②喷雾液滴的大小：在流化制粒过程中，雾滴大小的不同，粒子生长过程也不同。当喷雾液滴较小时，蒸发速度快，粒子之间很难形成交联，产品颗粒成长速度慢，并且粒子也不能生长成大颗粒。当喷雾滴较大时，颗粒成长速度增快；如雾滴进一步加大时，颗粒生长速度更快，粒径变得更大；但粒径大小会变得不均匀，粒度分布变宽。③空气温度：在颗粒形成过程中，随着流化颗粒用空气温度的升高，水溶性黏合剂的蒸发量增加，使黏合剂润湿粉末的能力以及黏合剂的浸透百分率都降低了，颗粒密度变小，生成脆性的小颗粒。制粒时，如果空气温度过高，则变成了黏合剂溶液的喷雾干燥，因而不能形成颗粒；如果空气温度过低，则由于黏合剂溶液对于粉末的过度润湿，造成粉末的过早凝集，就很难维持流化床的流化状态，则不能制成颗粒。另外，流化床温度、喷嘴位置、黏合剂、物料性质等都会对制粒造成一定影响。

流化制粒的突出优点就是在同一个机器内完成混合、制粒与干燥，生产效率较高，同时制得的颗粒大小均匀，外观圆整，流动性好，压成的片剂质量也很好；缺点是动力消耗较大，处方中如含有密度差别较大的多种组分时，可能会造成片剂的含量不均匀或重量差异较大。

4. 喷雾干燥制粒技术　喷雾干燥制粒是与流化制粒相类似的一种先进制粒方法，是将药物溶液或混悬液用雾化器喷雾于干燥室内，在热气流的作用下，使水分迅速蒸发以直接制成干燥颗粒的方法。以干燥为目的的过程称喷雾干燥，以制粒为目的的过程称喷雾制粒。喷雾制粒的特点是由液体或混悬液直接得到固体颗粒；干燥速度快，物料的受热时间短，干燥物料的温度相对低，适合于热敏性物料；制成的颗粒呈球状，具有良好的溶解性、分散性和流动性。缺点是气化大量液体、能量消耗大，设备高大、设备费用高；黏性较大料液容易粘壁，应用受到限制。

5. 转动制粒技术　在原、辅料混合粉末中加入黏合剂，在转动、摇动、搅拌等作用下使粉末聚结成球形粒子。由母核形成、母核成长和压实三个阶段组成。常用离心转动制粒，即借助离心力使物料沿容器壁做旋转运动，喷入黏合剂或润湿剂使粉末黏结成颗粒。

6. 复合型制粒技术　多以流化床为母体进行多种组合，将搅拌制粒、转动制粒、流化床制粒等各种制粒技术结合，使混合、捏合、制粒、干燥、包衣等多种单元操作在一台机器内完成。该方法综合了各种设备的特点，发挥优势，生产效率高，自动化程度高。

笔记

（二）干法制粒技术

当药物对水分非常敏感，或在干燥时不能经受升温干燥，即对水、热不稳定，常规的湿法制粒无法完成，需用干法制粒。

干法制粒是将药物粉末及必要的辅料混合均匀后，采用机械挤压将物料先压成块状、片状或颗粒状，然后再粉碎制成适宜大小的干颗粒。干法制粒可分为重压法和滚压法。重压法是将原料与辅料混合物用较大的冲模在较大压力的压片机上压成大片，然后粉碎成适宜的干颗粒。滚压法是采用强力挤压的方法，直接将原料与辅料的混合物制成干颗粒。干法制粒需要较大的压力才能使某些物料黏结，有可能会导致延缓药物的溶出速率，且对小剂量片剂的主药含量均匀度控制不好。因此必须按照药物的不同性质、设备条件和气候等情况合理地选择辅料制成一定粗细松紧的颗粒来克服。

四、干燥与整粒

干燥是利用热能除去物料中所含的水分或其他溶剂，而获得干燥产品的工艺操作。在制剂生产中，新鲜药材除水、原料和辅料除湿、流浸膏干燥、湿颗粒干燥等过程中均用到干燥。干燥的目的是提高药物的稳定性，使物料便于加工、运输、贮藏和使用，保证药品的质量。干燥操作按热量传递方式可分为传导干燥、对流干燥、辐射干燥、介电加热干燥等。常用的干燥设备有箱式干燥机（热风循环烘箱）、沸腾干燥机、喷雾干燥机、微波干燥机及红外干燥机等。

湿颗粒制成后，应及时干燥，避免堆积造成结块或挤压变形。干燥温度一般为60～80℃。含挥发性成分的颗粒剂应控制在60℃以内，避免成分散失或破坏。对热稳定的药物，可适当提高干燥温度，但不宜过高，否则会造成颗粒中淀粉粒糊化，使片剂崩解延长。颗粒干燥程度，一般以含水量控制在3%以内为宜。含水量过高，压片时易产生黏冲，含水量过低则导致难以成型，或产生松片、裂片现象。

在干燥过程中，某些颗粒可能发生粘连，甚至结块，从而需要进行整粒。整粒就是使干燥过程中结块、粘连的颗粒散开，得到大小均匀一致的颗粒。常采用整粒的办法是过筛，所用筛网要比制粒时的筛网稍小一些；但如果干颗粒比较疏松，选用细筛颗粒易被破坏，产生较多的细粉，不利于压片，宜选用稍粗一些的筛网整粒。制剂生产中可用整粒机进行整粒。

整粒后向颗粒中加入润滑剂和外加的崩解剂等，然后在混合机内进行的混合叫“总混”。如果处方中有挥发性物质，一般先从干颗粒内筛出适量细粉，吸收挥发油，再与干颗粒混匀；也可用少量乙醇溶解后喷洒在干颗粒上，密闭放置数小时后低温干燥；亦可制成β-环糊精包合物后加入。如果处方中原料药剂量很小或对湿、热不稳定，一般将主药溶于乙醇喷洒在空白的干颗粒上，密封贮放数小时后压片，这种方法常称为“空白颗粒法”。总混后转移至容器内密闭保存，抽样检查合格后压片。

五、压片技术

用机械将药物与适宜辅料加工成片状制剂的过程称为压片。压片是片剂制剂成形的主要过程，也是片剂生产的关键性操作。压片分为颗粒压片和粉末直接压片。

1. 片重的计算　压片前需先将制成的颗粒或粉末加入适宜的润滑剂进行混合，计算片重，然后选用适当的冲模，调整压力后，方可进行压片。片剂生产时，片重可

笔记

按式 7-1 计算：

$$片重=(干颗粒重+临压前每片加入辅料重量)/应压片数 \tag{7-1}$$

2. 压片机操作　压片操作由压片机完成，压片机有单冲压片机和旋转压片机，其基本机械原理是上冲、模圈和下冲，用优质钢材制成，强度大、耐磨。上下冲头结构相似，直径和形状与模圈匹配，压片时颗粒填充入模圈，两冲头在颗粒上加压而形成片剂。冲头和冲模有多种大小和形状，决定了片剂的形状和大小，其中圆形最为常见，其他如三角形、椭圆形、扁平形、胶囊形等形状也应用广泛。同样，上下冲头工作端面的表面形态决定了片剂的表面形态，可刻制药品名称、剂量及商标等标志。

压片操作时，通过选择冲头模圈直径（6mm、8mm 等），调节下冲在模圈里的高度，选择适宜的饲粉器，从而进行片剂剂量的控制；通过调节上下冲头的位置，来改变压力的大小从而控制片剂的厚度与松密度。

3. 湿法制粒压片　指制湿法制备原料药颗粒，将润滑剂和需要外加的崩解剂加入整粒后的干颗粒充分混匀，压片即可。

4. 干法制粒压片　指不用润湿剂或液态黏合剂制备颗粒并压片。适用于热敏性药物。

5. 粉末直接压片　指药物粉末与适宜的辅料混匀后，不经制颗粒而直接压片的方法。该方法无制粒和干燥等工序，工艺过程缩短，有利于自动化连续生产；生产过程无湿热过程，提高了药物的稳定性，适用于热敏性药物。直接压片对粉末的流动性、可压性和润滑性要求比较高，可以通过添加适宜的辅料、改进压片机的性能等措施来解决。

六、包衣技术

包衣是指采用一定的工艺将适宜衣料（糖衣料或其他成膜材料）包裹在粒（片）芯的外表面，干燥后成为紧密粘附在粒（片）芯表面的一层或数层不同厚薄、不同弹性的多功能保护层的操作。粉末、颗粒、小丸或素片（片芯）均可以进行包衣。包衣的目的有：①防潮、避光、隔绝空气，对湿、光和空气不稳定的药物可增加其稳定性；②掩盖药物的不良气味，减少药物对消化道的刺激；③控制药物的释放速度和释放位置，肠溶衣料可以避免药物遇胃酸、酶不被破坏；④改善片剂外观，易于识别。

根据使用的目的和衣料性质的差别，包衣的种类可分为糖衣、薄膜衣。其中薄膜衣又分为胃溶型、肠溶型和水不溶型三种。薄膜衣对水蒸气、光线有一定的隔离能力，片剂采用薄膜包衣，可以达到抗湿、避光、遮味、肠溶的作用；颗粒、微丸包薄膜衣后不吸湿变软；对中药颗粒先进行防潮包衣，再充填胶囊，可有效的防潮。把不同的衣料包在不同的药物粉粒上，再压成片剂，可以达到多效、长效的目的。

包衣片质量要求：①包衣层应均匀、牢固，与片芯不起作用；②崩解时限达标；③无裂层、皱皮，光洁、美观、色泽均匀；④无裂片现象，不影响药物的溶出与吸收。片芯必须有适宜的弧度，棱角小，利于衣料覆盖；硬度要稍大，避免包衣时破碎。

1. 糖衣　指以蔗糖为主要包衣材料包在片芯外。糖衣的包衣材料有糖浆、胶浆、滑石粉、白蜡等。包衣操作是一种较复杂的工艺，包糖衣工序包括：隔离层→粉衣层→糖衣层→有色糖衣层→打光→凉片包装。

笔记

2. 薄膜衣　指将高分子聚合物衣膜包在片芯外，厚度常为20～100μm。薄膜衣衣层薄增重少、牢固光滑，操作简单，自动化程度高，对片剂崩解影响小。包薄膜衣工序：包衣液→片芯→凝结固化→干燥→打光→凉片包装。

常用的包衣方法有流化包衣法（悬浮包衣法）、滚转包衣法、压制包衣法以及蘸浸包衣、静电包衣等。滚转包衣法包衣过程是在包衣锅内完成，又称锅包衣法，是一种最经典的包衣方法。滚转包衣法包括普通锅包衣法（普通滚转包衣法）和改进的埋管包衣法及高效包衣锅法。

包衣常用的设备有流化床包衣机、高效包衣机、改造后的糖衣锅和离心式包衣造粒机等。

七、包装

片剂的包装分为多剂量包装和单剂量包装。

1. 多剂量包装　指多个片剂合装于单个容器中进行包装，常用容器有玻璃瓶（管）、塑料瓶（盒）、软塑料薄膜袋等。

2. 单剂量包装　指单片独立包装，常用泡罩式或窄条式包装。

第三节　液体制剂生产技术

液体制剂是指药物分散在适宜分散介质中所制成的液体形态的制剂，品种规格多，临床应用广泛，可供注射、口服和外用。其中注射剂是制药工业中生产最多的液体灭菌制剂。注射剂系指药物与适宜的辅料制成的供注入人体内的无菌制剂，包括注射液、注射用无菌粉末与注射用浓缩液等。由于直接注入机体，合格的液体灭菌制剂应满足安全稳定、无菌、无热原、无可见异物，有与血液相近的渗透压和pH值。

注射剂的生产工艺、质量控制应严格按《药品生产质量管理规范》（GMP）的各项规定执行，以保证产品质量。典型的生产工艺过程主要包括制水、药液配制、精制、容器处理、灌封、灭菌检漏、灯检和包装等（图7-2）。

一、药液配制技术

无菌液体的配液是保证注射剂质量的关键环节。配液工序环镜应进行空气净化，防止外界空气污染。注射剂所用原料药、辅料必须符合注射用规格。不同批号的原料和辅料，生产前必须作小样试制，合格后方能使用。配液设备的材料应无毒、耐腐蚀，接触药液的部位应表面光洁，无积液死角，方便清洁。注射剂的配制工艺过程如下：

1. 药液处方　配制前按处方规定计算原、辅料用量，如含有结晶水应注意换算。如果药物在灭菌后含量有下降时，应酌情增加投料量。

2. 物料称量　原料、辅料去皮后进行称量，称量要准确，不得以原包装为准；称量前后应严格核对名称、含量、数量。称量时应两人核对。

3. 配液用具的选择与处理　选用玻璃、搪瓷、不锈钢、无毒聚氧乙烯等材质，配液前用洗涤剂或清洁液处理干净，临用时再用新鲜注射水荡洗或灭菌。每次用完及时清洗。

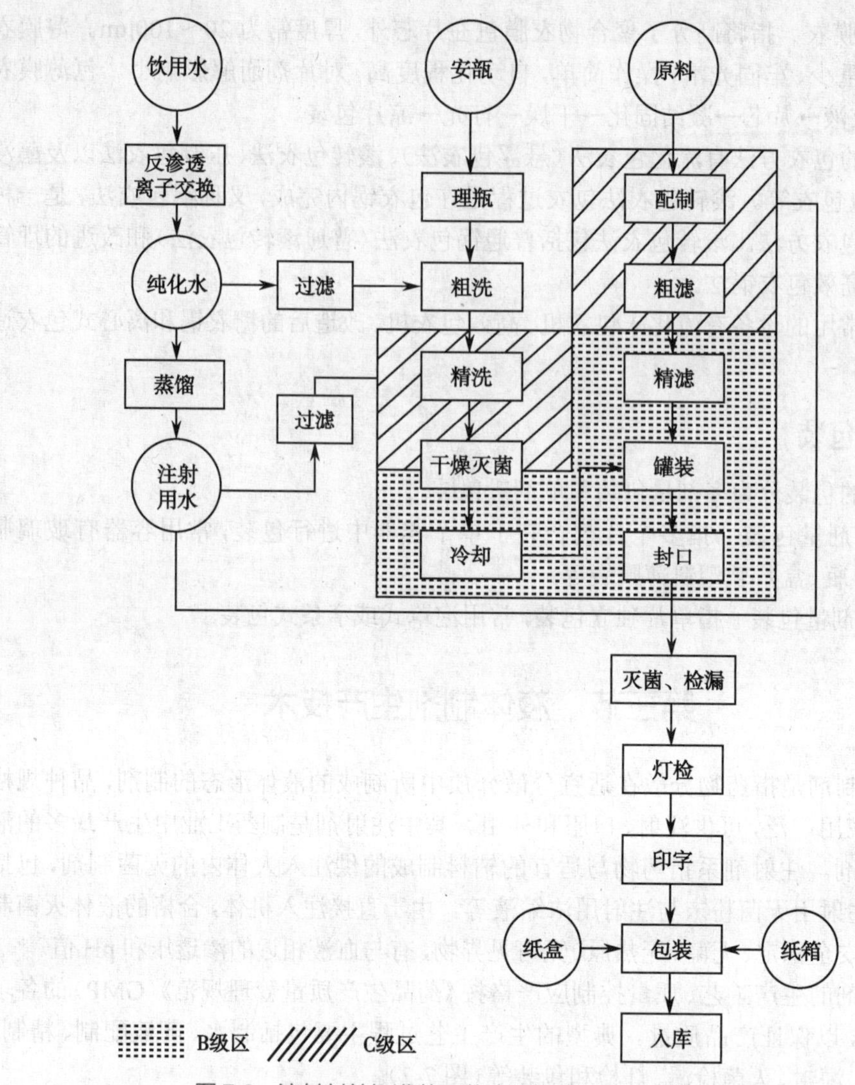

图7-2 注射剂单机灌装工艺流程及环境区域划分示意图

4. 药液配制 需根据原料的情况，将原料、辅料溶解于注射用水或其他溶剂中，有浓配法和稀配法。浓配法是将原料药加入部分溶剂中，先配成浓溶液，经加热过滤或冷藏过滤，再稀释成规定浓度，溶解度小的或有杂质的原料药一般采用此法。在浓配时可采用活性炭处理后并滤过除去杂质。但小体积注射剂尽可能不使用活性炭处理，以防止有效成分被吸附。稀配法就是原料药加入所需溶剂中，直接配成规定的浓度，原料药质量好的可用此法。目前注射剂生产一般采用先浓配，再稀配。药液配好后，要进行检查半成品的pH、含量等项，合格后才能精制灌封。

配制注射液时，可根据需要加入适宜的附加剂，附加剂有渗透压调节剂、pH调节剂、增溶剂、助溶剂、抗氧剂、抑菌剂、乳化剂、助悬剂等，其中抗氧剂常用亚硫酸钠、亚硫酸氢钠、焦亚硫酸钠等。附加剂要求不影响药物疗效，不干扰检验，不引起毒性或明显刺激性。

在生产过程中，应尽量缩短配置时间，防止微生物与热原的污染及原料药物变质。输液的配置过程更要严格控制。

笔记

二、药液精制技术

无菌液体(尤其是注射剂)生产中药液精制的手段之一即是过滤。过滤指将固液混合物强制通过多孔性介质，使液体通过而固体沉积或截留在介质上，从而达到固—液分离的操作。所用多孔性介质称滤材或过滤介质，通过过滤介质的液体称为滤液，截留于过滤介质上的固体称为滤饼。常用的过滤介质有微孔滤膜、超滤膜和逆渗透膜等。

过滤机理有表面过滤和深层过滤两种方式。表面过滤是微粒的粒径大于过滤介质的孔隙，过滤时微粒被截留在介质表面，如微孔滤膜的过滤作用。深层过滤是微粒的粒径小于过滤介质的孔道，微粒随液体进入介质孔道后因惯性碰撞、扩散沉积、静电效应被截留在孔道内。如砂滤棒、垂熔玻璃漏斗、石棉滤过板、多孔陶瓷等的过滤作用。

实际生产采用的滤器和过滤方法视设备条件和注射液量的多少等具体情况确定，有效的过滤应除去注射剂中的不溶性杂质、微生物甚至病毒。注射剂药液一般经粗滤、精滤等，具体过程是将待过滤药物送入灌装工序的贮液槽，经粗过滤除去药液中的活性炭和不溶性杂质，再经精过滤除去药液中的微生物甚至病毒。目前常用的过滤方法有加压过滤法、减压过滤法、自然过滤法等。

三、包装容器处理技术

液体药液，尤其是注射剂，常用容器有玻璃安瓿、玻璃瓶、塑料安瓿、塑料瓶(袋)、预装式注射器等。容器应符合有关注射用玻璃容器和塑料容器的国家标准规定。容器应足够透明，便于内容物检视。贴体(内包装)包装通常采用玻璃容器进行包装。选用硬质中性玻璃材料制作安瓿，颜色多为无色，也有琥珀色安瓿，可滤除紫外线，适用于光敏感的药物；安瓿的式样有直颈安瓿、双联安瓿、易折安瓿。容器用胶塞特别是多剂量包装注射用胶塞要有足够的弹性和稳定性，质量符合有关国家规定。

对于注射剂安瓿必须进行反复的洗涤，再经干燥、灭菌，才能用于药液的后续使用。

1. 洗涤　常见的洗涤方法有甩水洗涤法、加压喷射气水洗涤法和超声波洗涤法。①甩水洗涤法是用喷淋机将安瓿灌满水，再用甩水机将水甩出，如此反复即可。该法设备简单、生产效率较高，但消耗水量大、场地占用大，洗涤质量不如加压喷射气水洗涤法好，一般适用于5ml以下的安瓿。②加压喷射气水洗涤法是将加压水与压缩空气，由针头交替喷入安瓿内，靠水与压缩空气交替数次强烈冲洗来完成洗涤的。冲洗的顺序为：气—水—气—水—气。为保证压缩空气的无菌，所用空气必须经过净化处理，以免污染安瓿。③超声波洗涤法是将待洗涤安瓿浸没在装有超声波发生器的清洗液中，在超声波发生器的作用下，安瓿与液体接触的界面处于剧烈的超声振动状态，产生“空化”作用，将安瓿内外表面的污垢冲击剥落，从而达到安瓿清洗的目的。所谓“空化”是指在超声波作用下，在液体内部产生无数微气泡(空穴)，这些微气泡在超声波作用下逐渐长大，当尺寸适当时产生共振而闭合。在微气泡(空穴)受压缩崩裂而湮灭时自中心向外产生微驻波，随之产生高压、高温；空穴间的激烈摩擦产生电离，引起放电、发光现象；空穴附近的微冲流增强了流体搅拌及冲刷作用。“空

化”作用所产生的搅动、冲击、扩散和渗透等一系列机械效应有利于安瓿的清洗。

2. 容器干燥、灭菌　安瓿洗净后要进行干燥和灭菌，通常放入烘箱中用120～140℃干燥；用于无菌分装或低温灭菌的安瓿则须用180℃干热灭菌1.5小时。目前大量生产多采用隧道式安瓿烘干灭菌机，隧道内平均温度200℃以上，采用高温短时方法进行干燥、灭菌。有利于连续自动化生产。安瓿干燥、灭菌后要密闭保存，防止污染，并且存放时间不得超过24小时。

四、药液灌封操作

将按规定剂量配制，并过滤洁净的药液，定量地灌入经洗涤、干燥及灭菌处理的安瓿，并加以封口的过程称为灌封。过滤后的注射液应立即进行灌封，以免被污染。灌封一般都和配液与精制、容器洗涤与干燥、灭菌等连续操作。

安瓿灌封的工艺过程一般包括：安瓿的排整、灌注、充惰性气体（氮气或二氧化碳）、封口等工序，灌封操作在安瓿灌封机上完成。安瓿的排整是将密集堆放的灭菌安瓿依照灌封机的要求按一定的距离间隔排放在灌封机的传送装置上。灌注是将精制后的药液定量灌注到安瓿中去。充惰性气体（氮气或二氧化碳）是向安瓿内药液上部的空间充填惰性气体（氮气或二氧化碳）以取代空气，目的是防止药物氧化。此外，有时在灌注药液前还得预充惰性气体，提前以惰性气体置换空气。封口是将已灌注药液且充惰性气体后的安瓿颈部用火焰加热熔融后使其密封的操作。封口的方法分拉封和顶封两种。封口要求不漏气、顶端圆整光滑，无尖头、焦头及小泡，由于拉封封口严密，不会像顶封那样易出现毛细孔，目前大部分部采用拉丝方式封口工艺，加热时安瓿需自转，使颈部均匀受热熔化，用拉丝钳将瓶颈上部多余的玻璃靠机械动作强力拉走，可以保证封口严密不漏，且使封口处玻璃薄厚均匀，而不易出现冷爆现象。

五、灭菌和检漏

注射剂药液分装熔封或严封后，应立即进行灭菌，一般从配液开始到灭菌应不超过8小时。常用的方法有流通蒸汽灭菌和热压灭菌法，应根据药物的性质来选择灭菌方法与灭菌时间，既要做到产品完全灭菌，又要生产安全。流通蒸汽灭菌通常为100℃灭菌30分钟，适用于不耐热压灭菌的1～5ml水针剂药液，10～20ml安瓿则使用100℃灭菌45分钟，还可根据情况延长或缩短灭菌时间，并按灭菌效果的F_0值来进行验证。凡耐热的产品，宜采用115℃灭菌30分钟。灭菌的时间是从达到所需求的温度时刻开始计算。注射剂在灭菌时，应尽量使用带有自动控制系统和F_0值记录系统的灭菌器，以保证灭菌质量。

检漏的目的是检查安瓿封口的严密性，以保证安瓿灌封后的密封性。安瓿熔封后，顶端应完全封闭，否则会产生漏气，而使药液在贮存过程中因接触空气逐渐变质或产生沉淀及生长霉菌等。但由于熔封设备或操作等原因，有时可能使少数安瓿未严密熔合，故应进行漏气检查。进行检漏时，将安瓿置于真空密闭容器中，保持一定时间，使封口不严密的安瓿内部处于真空状态；然后向密闭容器中注入有色液体（红色或蓝色水），将安瓿全部浸没于水中，由于真空作用，有色水渗入封口不严密的安瓿内部，使药液染色，从而剔去带色的漏气安瓿。

笔记

六、异物检查

注射剂的异物检查（亦称澄明度检查）是确保质量的关键。注射剂生产过程中，难免会带进一些异物，如未能滤去的不溶物，容器、滤器的剥落物以及生产车间环境空气中的尘埃等异物，注射剂中特别是输液如有这些异物可造成循环障碍引起血管栓塞，微粒过多造成血管堵塞，而产生静脉炎，或由于巨噬细胞的吞噬，引起组织肉芽肿。因此必须通过对安瓿的异物检查，将含有异物的不合格产品予以剔除，确保产品的质量。另外经灭菌检漏后的安瓿通过一定照度的光线照射，用人工或光电设备可进一步判别是否存在破裂、漏气、装量过满或不足等问题。我们目前多采用的可见异物检查法有灯检法、光电法两种。

1. 灯检法 即人工目测法，主要依靠待检安瓿中的药液被振摇后其中微粒的运动从而达到检测目的。检查方法为：取供试品 20 支，除去容器标签，擦净容器外壁，必要时将药液转移至洁净透明的专用玻璃容器内；置供试品于遮光板边缘处，供试品至人眼的观测距离为 25 厘米，分别在黑色和白色背景下，手持供试品颈部轻轻旋转和翻转容器使药液中存在的可见异物悬浮（注意不使药液产生气泡），用目检视。无色供试品溶液，检查时的光照度应为 1000～1500Lx；用透明塑料容器包装或有色供试品溶液，光照度应为 2000～3000Lx；混悬型供试品为便于观察，光照度为 4000Lx。灯检法的结果判定：不得检出金属屑、玻璃屑、长度或最大粒径超过 2mm 纤毛和块状物等明显外来的可见异物，并在旋转时不得检出烟雾状微粒柱。

灯检法是一项劳动强度较大的工作，眼睛极易疲劳，而且操作时还必须谨慎避免可能产生的气泡干扰。此外由于操作人员的个体体能上的差异，检出效果差异较大。异物（澄明度）检查设备逐渐向机械化、自动化的方向发展。

2. 光电法 通过安瓿光电检查仪实现，采用将待测安瓿高速旋转随后突然停止的方法，通过光电系统将动态的异物和静止的干扰物加以区别，从而达到检出异物的目的。其检出原理有散射光法和透射光法两种，散射光法是利用安瓿内动态异物产生散射光线的原理检出异物；透射光法是利用安瓿内动态异物遮掩光线产生投影的原理而检出异物。

七、包装技术

注射剂的印字和包装是注射剂生产的最后工序，整个过程包括安瓿印字、装盒、加说明书、贴标签、捆扎等多道工序。包装对保证注射剂在贮存期的质量，具有重要作用。

我国制药生产企业多采用人工操作和机器配合的半机械化安瓿印包生产线进行生产，该生产线由印字机、开盒机、贴签机、捆扎机四台单机组成。印字机的作用是印上注射剂的品名、规格、批号、有效期及生产企业等标记；开盒机的作用是将堆放整齐的贮放安瓿的空纸盒盒盖翻开，以供贮放印好字的安瓿；贴签机的作用是在放安瓿的纸盒盒盖上粘贴印制好的产品标签（有的标签在印包前已粘贴好），标明注射剂品名、内装支数、每支装量、主药含量、批号、制造日期与失效日期、生产企业名称及商标、批准文号、应用范围、用量、禁忌、贮藏方法等；捆扎机的作用是将贴好标签的纸盒，10 盒一扎捆扎起来。四台单机可组成一体流水线生产，也可根据需要使用其中的几台单机。

笔记

第四节　其他制剂生产技术

软膏剂、栓剂和气雾剂在临床上应用也较为普遍，其中软膏剂用于局部外用给药、栓剂用于腔道给药、气雾剂大多为吸入气雾剂用于肺部给药，可以根据不同的医疗目的起局部作用和全身作用。近年来新辅料和新型高效皮肤渗透促进剂的出现，提高了外用制剂的疗效，并把外用制剂的研究、应用和生产推向了一个更高的水平。

一、软膏剂生产技术

软膏剂系指原料药物与油脂性或水溶性基质混合制成的均匀的半固体外用制剂。主要起保护、润滑和局部治疗作用，某些药物透皮吸收后，亦能产生全身治疗作用。

基质是软膏剂形成和发挥药效的重要组成部分，软膏剂基质分为油脂性基质和水溶性基质，常用的油脂性基质有凡士林、石蜡、液状石蜡、硅油、蜂蜡、硬脂酸、羊毛脂等；水溶性基质有聚乙二醇。软膏剂常用乳化剂包括水包油型和油包水型，水包油型乳化剂有钠皂、三乙醇胺皂、脂肪醇硫酸（酯）钠类和聚山梨醇酯类；油包水型乳化剂有钙皂、羊毛脂、单甘油酯、脂肪醇等。软膏剂可根据需要加入保湿剂、抑菌剂、增稠剂、抗氧剂及透皮促进剂。

软膏剂的制备方法有研和法、熔和法和乳化法。

1. 研和法　将药物细粉用少量基质研匀或用适宜液体研磨成细糊状，再递加其余基质研匀的制备方法。主要用于半固体油脂性基质的软膏制备。混入基质中的药物常是不溶于基质的。该法简单易行，适用于小量软膏的制备，且药物不溶于基质。少量制备时，用软膏刀在软膏板上调和制成，也可用乳钵研匀；大量制备时，可用电动研钵。

2. 熔合法　亦称熔融法，大量制备油脂性基质软膏时常用的方法，特别适用于软膏中包含熔点不同，且常温下不能均匀混合的软膏基质。制备时，将熔点高的基质先加热熔化，熔点低的后加入，然后再将药物分次逐渐加入，边加边搅拌，直至冷凝的制备方法。含不溶性药物粉末的软膏经一般搅拌、混合后尚难制成均匀细腻的产品，需要通过研磨机进一步研匀使无颗粒感，常使用三滚筒软膏机。

3. 乳化法　是软膏剂常用的制备方法，包括溶化和乳化两个过程，将处方中油脂性和油溶性组分一并加热熔化，作为油相，保持油相温度在80℃左右；另将水溶性组分溶于水后一起加热至与油相相同温度，或略高于油相温度，油、水两相混合，不断搅拌，直至乳化完成并冷凝。在搅拌过程中尽量避免空气混入软膏剂中，有气泡存在，使得制剂体积增大且易在贮藏和运输中发生腐败变质。大量生产时，在温度降至30℃后，再通过乳匀机或胶体磨使更细腻均匀。

油、水两相混合方法如下：①两相同时掺和，该法适合连续或大批量生产，但需要输送泵、连续混合装置等设备；②分散相加入连续相，适合含小体积分散相的乳剂系统；③连续相加入分散相，适合大多数乳剂系统，混合中可使乳剂转型，形成细腻均匀的乳剂。

软膏剂的生产工艺主要包括：制管、软膏配制（制膏）、灌装、包装、成品检验等。

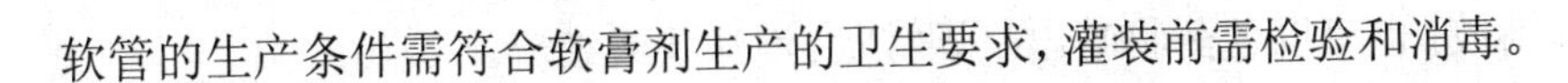

软管的生产条件需符合软膏剂生产的卫生要求，灌装前需检验和消毒。

二、栓剂生产技术

栓剂系指原料药物与适宜基质制成供腔道给药的固体制剂。栓剂其种类很多，因施用腔道的不同分为直肠栓、阴道栓和尿道栓。栓剂在常温下为固体，纳入腔道后，在体温下能软化熔融或溶解于体液中，逐渐释放药物而产生局部或全身作用。其中阴道栓和尿道栓主要产生局部治疗作用，肛门栓则既可以产生局部作用，也可以产生全身作用。栓剂基质分为油脂性基质和水溶性基质两大类。栓剂可用挤压成形法和模制成形法制备，有热熔法、冷压法和捏搓法，不同方法适用于不同的栓剂基质。油脂性基质可采用三种方法的任何一种，而水溶性基质多采用热熔法。制备栓剂的固体原料药物，除另有规定外，应预先用适宜方法制成细粉或最细粉。根据施用腔道和使用需要，制成各种适宜形状。

（一）普通栓剂的制备

1. 热熔法　是将计算量的基质锉末用水浴或蒸气浴加热熔化（加热温度勿过高），然后将药物粉末与已熔融的基质研磨混合均匀，倾入冷却并涂有润滑剂模型中至稍为溢出模口为度，冷却，待完全凝固后，削去溢出部分，开启模具，取出栓剂出，包装即得。小量生产热熔后采用手工灌模，大量生产则用自动模制机操作。

2. 冷压法　是将基质磨碎或搓成粉末，再与主药置于冷却的容器内混合均匀，装于压栓机中，在配有栓剂模型的圆桶内，通过水压机或手动螺旋活塞挤压成一定形状的栓剂。冷压法避免加热对主药或基质稳定性的影响，不溶性药物也不会在基质中沉降，但生产效率不高，成品中夹带空气不易控制栓重。

3. 捏搓法　将药物细粉于乳钵中加入等量的基质挫成粉末研匀后，缓缓加入剩余的基质制成均匀的可塑性团块，然后置瓷板上，用手隔纸搓擦，轻轻加压转动滚成圆柱体并按需要量分割成若干等份，捏成适宜的形状。此法仅适用于小量临时制备，所得制品的外形往往不一致，不美观。

（二）特殊栓剂的制备

1. 双层栓剂　双层栓有内外两层栓和上下两层栓两种。实验室小量制备内外两层栓时采用由圆锥形内膜和外套组成的特殊栓模，制备时，先将内模插入磨具中固定，将外层基质与药物熔融混合液注入内模和外套间，待凝固后取出内模，最后将基质与药物熔融混合液注入内层，熔封即得。

2. 中空栓剂　制备时，一般先将基质制成栓壳，形成空腔，再将药物封固在其中。

三、气雾剂生产技术

气雾剂系指原料药物或原料药物和附加剂与适宜的抛射剂共同装封于具有特制阀门系统的耐压容器中，使用时借抛射剂的压力将内容物呈雾状喷出，用于肺部吸入或直接喷至腔道黏膜、皮肤的制剂。按用药途径分为吸入气雾剂、非吸入气雾剂，在呼吸道、皮肤或其他腔道起局部作用或全身作用。

气雾剂由药物与附加剂、抛射剂、耐压容器和阀门系统四部分组成。抛射剂是喷射的动力，多为低沸点液体，常温下蒸气压高于大气压，需装入耐压容器中，由阀门系统控制。开启阀门时，药液借抛射剂的压力以雾状喷出达到用药部位。药物喷出

笔记

时多为细雾状溶胶，也可以使药物喷出呈烟雾状、泡沫状或细流。

气雾剂的工艺流程是：容器与阀门系统的处理和装配→药物的配制和分装→抛射剂的充填→质量检查→成品。

1. 容器、阀门系统的处理与装配　容器常选用玻璃搪塑，其优点是万一爆瓶不致玻片飞溅、伤人。将玻璃瓶洗净烘干，预热至120～130℃，趁热浸入塑料液中使瓶颈以下黏附一层塑料液，倒置，150～170℃烘干15分钟，备用。

阀门系统的处理与装配　塑料、尼龙和橡胶制品在乙醇中浸泡，除去色泽并消毒，烘干备用；不锈钢弹簧在1%～3%碱液中煮沸10～30分钟，用水洗，用蒸馏水洗，冲洗至无油腻，在乙醇中浸泡、烘干备用。将已处理的零件，按阀门的结构装配。

2. 药物的配制和分装　药物按气雾剂的类型及处方组成，配成所需的分散系统。溶液型气雾剂制成澄明药液；乳剂型气雾剂制成稳定的乳剂；混悬型气雾剂应将药物微粉化并保持干燥状态。将上述配制好的药物分散系统，定量分装在已处理好的容器内，安装阀门，轧紧封帽。

3. 抛射剂的填充　抛射剂的填充方法有压灌法和冷灌法。①压灌法是在室温下先将配好的药液灌入容器内，再装上阀门并轧紧，然后通过压装机压入定量用砂棒滤过的抛射剂的方法。压灌法的设备简单，不需要低温操作，抛射剂损耗较少；但生产速度较慢，且在使用过程中压力的变化幅度较大。采用高速旋转压装抛射剂的工艺，产品质量稳定，生产效率大为提高，应用较多。②冷灌法是采用在低温下进行灌装。生产时，借助冷却装置将药液冷却至-20℃左右，灌入容器中；抛射剂冷却至沸点以下至少5℃，随后加入，也可两者同时进入，然后立即将阀门装上并轧紧。冷灌法特点为速度快、对阀门无影响，成品压力较稳定；但需致冷设备和低温操作，抛射剂损失较多，含水品不宜用此法。

知识拓展

喷雾剂

有别于气雾剂，指不含抛射剂，使用喷雾剂时借助手动泵的压力、高压气体、超声振动或其他方法将内容物呈雾状物释出，用于肺部吸入或直接喷至腔道黏膜及皮肤等。

笔记

学习小结

1. 学习内容

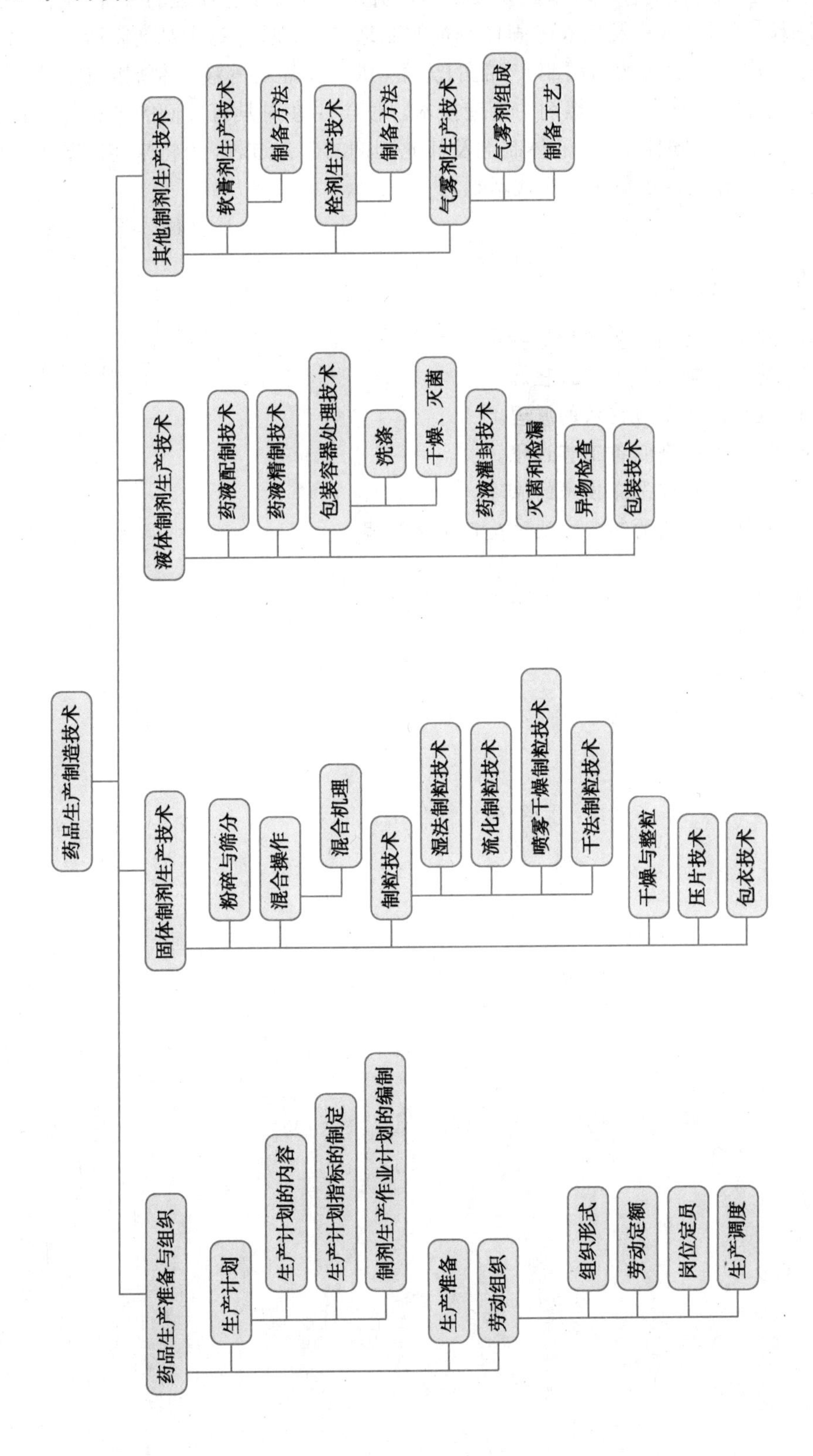

笔记

2. **学习方法**

本章通过对具体药品制造准备与组织的讲解，介绍了制订生产计划，组织实施生产，控制生产过程的各个环节。尤其是通过对片剂制造工艺原理的讲解，渐次介绍混合、制粒、干燥、压片及包衣等固体制剂的制造技术；通过对注射剂制造工艺原理的讲解，渐次介绍了配液与精制、安瓿的洗涤、烘干及灌封等液体制剂的制造技术；还介绍了软膏剂、栓剂和气雾剂的制造技术。使学生在对具有实例的理论与实践的基础上，掌握常见固体制剂、液体制剂及其他制剂的工艺过程，为将来在制剂车间胜任相关技术工作奠定了理论与实践基础。

（魏　莉　侯安国）

复习思考题

1. 叙述如何制订生产计划指标。
2. 简述片剂制备工艺过程。
3. 叙述流化制粒技术的原理。
4. 简述水针剂制备工艺过程。
5. 叙述超声波洗涤技术的原理。
6. 叙述软膏剂的制备方法和生产工艺过程。

第八章

药品生产质量监控技术

学习目的

通过本章的学习，使学生充分认识到质量监控体系在药品生产中的重要性，同时产品的质量计划和严格规范程序的执行也是不可忽视的。

学习要点

熟悉国际化的管理体系；掌握药品质量体系与企业内部管理的关系，深刻理解GMP含义及其实质；掌握药品质量控制的具体方法（诸如，因果分析图、关联图、直方图、排列图等）。

随着商品经济的飞速发展，市场竞争日趋激烈，用户和消费者对产品（劳务或服务）质量提出了越来越高的要求，质量竞争早已成为世界市场竞争的重要领域，用户要求供方提供满足质量要求的产品（劳务或服务）更要求供方能够表明他们贯彻（执行）一定的质量计划和程序，有严格的规范要求，有可靠的体系保证。供方做到了这些，才能得以树立良好的市场形象和信誉。

第一节　药物质量与管理

药物是特殊商品，其质量尤为重要，区别于其他产品的是不可以存在不合格品。所以，药物从原料的采购、生产、包装、储存到销售运输、乃至使用的前一刻都要做到质量合格。否则将会酿成不良后果。

一、药品质量体系

质量体系（QS，Quality System）是为保证产品、过程或服务质量，满足规定（或潜在）的要求，由组织机构、职责、程序、活动、能力和资源等构成的有机整体。质量体系计（按体系目的可分为）包含质量管理体系和质量保证体系。

质量管理体系（QMS，Quality Management System）是质量体系的主干体系（或称母体系），在企业中只能有一个，质量管理体系是企业为了生产和销售满足用户需要的产品（劳务或服务）而由质量管理职能机构构成（建立）的完善而严密的组织体系。

质量保证体系（QAS，Quality Assurance System）是为生产出符合合同要求的产品（劳务或服务），满足用户或第三方监督、审核和认证工作的要求，由质量保证职能机构构成（建立）的完善而科学的组织体系。

质量保证体系对质量管理体系来说是子体系。根据实际需要可以有若干个质量保证体系。

（一）质量管理体系

质量管理体系的任务主要是制定质量方针、政策和质量目标；使质量形成过程处于受控制状况，其运行要保证目的实现；该体系要兼顾供需双方利益，对供方来说能以适宜的成本提供产品（劳务或服务），对需方来说对获得的适用性的支付是满意的。

质量体系的要素是质量循环。质量循环包括从市场质量识别开始到最后满足用户需要和期望的全部过程；质量体系的质量责任与权限，是按照质量任务和质量任务活动，对直接质量职能层次和间接质量职能层次的部门与个人，规定在实现质量任务中的责任和权限，明确规定彼此间关系；质量体系的组织机构是根据质量任务和实现任务所需要的职能，设置组织机构和配备称职人员；质量体系的工作程序和标准是为使质量管理活动达到有序性以实现质量目标，质量管理体系需要有科学的管理制度、工作程序、工作标准、技术标准、操作标准等文件；质量体系的资源、人力是为了实现质量目标，配备相应的资源和人力，并按计划适时供应；质量体系的体系文件主要包括体系图、表，质量手册、质量大纲，质量计划，各种记录以及文件管理等。所谓质量体系要素是指质量体系的基本组成部分而言，有共性，也有个性。

1. 质量职能是指企业为了实现产品的适用性所进行的全部质量活动。它涉及企业内部对产品质量形成的有关部门，且都要各司其职，各尽其责，发挥应有的作用。应该指出，质量职能的活动并不是在一个企业范围内能够完成的，还要扩展到相关联的单位及商业流通环节才能实现。所以企业质量管理的成效，取决于质量职能发挥的有效性。因此在设计企业质量管理工作时，必须围绕质量职能有效性这一目的，找出质量管理中存在的关键问题，确定主攻目标及措施。所以企业必须树立适应商品经济发展的质量意识。产品质量不只是生产车间和检验部门的职能，而是企业内外相关联单位或部门的共同成果，是各自质量职能的总和。为此企业应通过咨询、审核等手段，评价质量职能的有效性。促进各部门质量职能的发挥，从而使企业质量管理水平不断提高，保证企业质量目标的实现。

2. 质量职能的要求是指企业为向市场提供适销对路、物美价廉的产品，首先要明确企业领导者（厂长，副厂长、总工程师）的质量职能，其次是有关部门的质量职能。各部门、各类人员的质量职能，应在质量管理体系、质量责任制或质量管理手册中体现。企业质量管理部门应对各部门质量职能的发挥做好组织、协调、监督和检查。

3. 质量职能的划分是依据质量形成过程的任务进行的，与部门的划分不是同一个概念，所以质量职能不全是质量管理部门的事。有些部门的工作对质量形成有直接关系，有些部门属间接关系。直接质量职能是对于形成产品质量有直接影响的职能，按过程阶段有市场研究、开发设计、生产技术准备、采购供应、生产制造、质量检

笔记

验、销售、技术服务。上述各质量职能构成一个质量循环。

4. 提高质量职能的有效性从以下几方面着手，第一强化质量意识，树立"质量第一"思想，企业提高产品质量，首先要有强烈的质量意识；第二加强组织协调；第三注意专业技术和管理技术的结合；第四树立系统的思想，建立质量管理体系；第五提高工作的自控能力。

（二）质量责任

质量责任从广义的角度上说是社会道德范畴，是社会主义企业的宗旨，旨在通过提高自己的产品质量，满足国家建设和人民生活不断增长的需要。全心全意为人民服务，对用户负责是社会主义企业的职业道德，是它的天职。社会主义企业应尽的质量责任，比法定的责任要深远得多，概括起来，可分以下几个方面：第一，对国家，要尽到适时提供适合需要的高质量产品，满足国民经济和人民保健需要的责任；第二，对用户要尽到根据用户需要，提供适用性强，高效低毒的医药产品，使用户满意的责任；第三，对供应企业，要尽到把困难留给自己，把方便让给别人，以高质量的协作成果，满足供应单位，提高产品质量水平的责任；第四，对外贸出口，要提供符合标准、无可挑剔的产品，尽到维护祖国尊严，履行合同契约的责任。对祖国的国际信誉和经济利益，负产品质量责任。

产品责任是指对于因产品缺陷造成的人身伤害或财产损失，企业所负的责任。我国政府，十分重视产品质量责任，近年来在经济立法中，产品质量责任已成为一项重要内容。国务院以及各部门颁发的法规、条例或办法中都明确规定：企业必须保证产品质量。因产品质量不合标准给用户造成经济损失的，企业要赔偿责任；因产品质量不合格造成人身伤亡等重大事故的，要追究企业的经济责任和直接责任者的法律责任。

药品质量管理包括对药品质量和药品工作质量的管理。对药品质量的管理依据是药品标准，方法是药品检验；对药品工作质量的管理包括 GLP《药物非临床研究质量管理规范》、GCP《药物临床试验质量管理规范》、GMP《药品生产质量管理规范》、GSP《药品经营质量管理规范》、GUP《药品使用质量管理规范》等。

根据《中华人民共和国药品管理法》以及有关规定制订了《医药行业质量管理若干规定》，这是医药行业必须遵守的准则，它规定所有的药品生产、经营企业必须做到：第一，不合格的产品不准出厂和销售；第二，不合格的原材料、零部件不准投件、组装；第三，国家已明令淘汰的产品不准生产和销售（经批准出口产品除外）；第四，没有产品质量标准、未经质量检验机关检验合格的产品不准生产和销售；第五，药物制药必须按工艺规程及处方生产，不得低限投料；第六，不准弄虚作假. 以次充好，伪造商标，假冒名牌；第七，不准经销过期失效的产品；第八，没有经过鉴定，没有完整技术资料的医疗器械产品不准生产。

注意做好质量责任的预防工作：第一，开展教育，树立产品责任意识，提倡对用户负责、为用户服务的思想；第二，要设立部门或指定专人，认真听取、迅速反馈和处理用户提出意见；第三，通过留样考察、临床及市场调研等手段，科学地研究和制定药品的使用和期限，医疗器械产品的保修期和保证期；第四，努力挽回或减少发生质量问题后的信誉损失；第五，要在推行全面质量管理，建立质量保证体系的活动中，注意发挥质量预防的组织作用，解决质量责任职能的落实；第六，科学地分析用户

笔记

（外商）意见，有根据有把握地坚持“无过失即无责任”的原则。

（三）质量管理机构

建立质量管理机构是实施质量职能，开展质量管理活动的组织保证。质量管理机构的组织形式应按行业行政机构设置的规定，在企业总经理（厂长）领导下，建立质量机构——“全面质量管理办公室”或“企业管理办公室”，负责整个企业的综合性质量管理工作。其职责范围在全面质量管理基本要求中已做了明确规定。企业中各车间设置在车间主任领导下的质量管理组，负责本车间的质量管理工作，业务上受厂方全面质量管理办公室（或企业管理办公室）领导。各职能科室在负责人领导下，或设立质量管理组，或设管理员，负责本部门的质量管理工作，业务上受厂方全面质量管理办公室（或企业管理办公室）指导。车间里若有较大（或较重要）的工段，可视实际需要设专（或兼）职的质量管理员，负责全面质量管理工作；在生产（作业）班组，班组长必须是由受过全面质量管理的基本理论、基础知识培训的人担任，班组设兼职质检员；质量管理（QC，quality control）小组，是群众性的质量管理活动的组织形式，提倡推广。

按质量责任职能，应实施纵向（职能链相衔接）从企业总经理（厂长）到班组，横向（指各职能科室按质量职能的各自分工，设置人员、开展活动）从全面质量管理办公室到各职能科室，从而形成全面质量管理的组织网络，即完整的质量管理体系，与企业中各种管理系统协调运行，推动着企业向前发展。

质量管理机构的人员配备，人员编制的确定应按工作及业务量大小而定。由于各个单位推行全面质量管理活动的情况不同，人员编制也不尽相同。但在配备人员的要求上是一致的。质量管理是企业中管理现代化的主导内容，质量管理活动推行得如何与配备的人员有直接关系。在人员配备上一要素质好，二要数量够。

全面质量管理强调用数据说话，同时又大量运用数理统计等管理方法。因此，在配备质量管理各级工作人员时，要注意数学程度，并且要不断培养，以提高其工作水平。除这些技术性要求之外，政治思想上要求作风正派、工作认真负责、具有团队精神、有一定组织能力等。

二、国际化的管理体系

1963 年世界上第一部药品生产质量管理规范（GMP，Good Manufacturing Practice），即美国的 CGMP（Current Good Practice in the Manufacture and Quality Control of Drugs）公布实施，是医药工作质量管理发展史上的一个重要的里程碑，它标志着工业发达国家医药工业的质量管理进入了一个新的阶段。对当代医药工业质量管理产生了深远的影响，世界卫生组织（WHO，World Health Organization）的 GMP 的问世反映了国际医药工业质量管理的水平和发展的趋势。

世界卫生组织的 GMP 和各国新制订的 GMP，内容基本大同小异，涉及生产的全过程，包括厂房建筑设施（常称硬件）和管理（常称软件）两个方面。具体内容包括，人员；厂房建筑；设备；生产工艺卫生；起始原料；生产操作规程；标签和包装的使用与管理；产品质量控制制度；产品、半成品自检；生产记录的填写；关于不良反应的报告和申诉等项内容。

知识链接

药品GMP认证

GMP是Good Manufacturing Practice的缩写，即“产品生产质量管理规范”，或者“优良制造标准”，是一种特别注重在生产过程中实施对产品质量与卫生安全的自主性管理制度，是指导药品生产和质量管理的法规。美国GMP认证最初是由美国坦普尔大学6名教授编写制订，作为美国FDA（美国食品和药品监督局）的内部参考，于20世纪60～70年代的欧美发达国家以法令形式加以颁布，要求制药企业广泛采用。

GMP的历史由来——

1941年，美国一家制药公司生产的磺胺噻唑片因被镇静安眠要苯巴比妥污染而致使近300人死亡或受伤害，这一事件促使FDA对有关药品的生产和质控的规定进行彻底修改，后来就演变成今天的GMP。

六十年代沙利度胺作为一种治疗妇女呕吐的安眠药在欧洲上市，当时的管理机构批准这种药品用于此种适应症时，对它的严重副作用致畸性一无所知。该药可使发育中的胎儿产生严重畸形。妊娠前三个月服用过该药的妇女生出的婴儿手臂和腿严重畸形。据估计，欧洲有1000例婴儿的畸形与使用该药有关。而美国未批准该药，当时负责此药评审的女科学家Frances Kelsey因此荣获“杰出联邦公民服务总统奖”，而沙利度胺事件也引起了公众的注意。由于此次“反应停”事件的发生，美国国会将原本作为FDA内部参考的GMP颁布为法令，并规定凡是在药品生产、加工、包装或贮存过程中存在任何不符合GMP陈述的药品，依据美国联邦食品药品法，其生产负责人应受到法律的制裁，1969年，WHO建议各成员国的药品生产采用药品GMP制度，并规定出口药品必须按GMP要求进行。至今，全球一百多个国家和地区实行了GMP制度。

八十年代，FDA开始出版一系列的指导性文件，对于理解目前GMP规则起了很大作用。九十年代以来，对药品和生物制品的GMP进行修订的工作并未完成，但它却真正代表了FDA目前的思想。

GMP在中国

我国提出在制药企业中推行GMP是在八十年代初，比最早提出GMP的美国，迟了20年。

1982年，中国医药工业公司参照一些先进国家的GMP，制订了《药品生产管理规范》（试行稿），并开始在一些制药企业试行。1984年，中国医药工业公司对上述《药品生产管理规范》（试行稿）进行修改，变成《药品生产管理规范》（修订稿），经原国家医药管理局审查后，正式颁布在全国推行。

由于我国目前执行的GMP法规是WHO规定的适用于发展中国家的规范，从目录上可以看出，我国GMP对硬件要求较多，如对企业的厂房设备，强调应避免污染和交叉污染，要求设备与产品生产相适应。而美国GMP更注重软件管理，对生产过程中的软件及人员要求较多，如涉及操作人员对所从事工作的理解及操作人员如何处理生产流程中的突发事件等。美国的FDA认为，由于生产设备的广泛同质化，药品的生产质量从根本上来说取决于职工的操作，因此人员在GMP管理中担当的角色比厂房设备更为重要，强调人员的责任制度更能保证药品的生产质量。

（一）硬件方面

硬件通常包含厂址、厂房建筑、车间面积、仓贮面积、设备的购置、质监部门的占

地面积、化验设备的选型等等。

1. 厂址不应设在有污染的环境中。仓贮区要有适合的建筑、设施，以妥善地保管原辅材料、包装容器、密封件、包装封料、标签、中间体及成品。

2. 厂房建筑应符合如下条件，诸如：厂房建筑的大小、结构和位置应适当，以便清洗和维修保养并可正规操作；生产工艺、设备布局应合理，人流、物流要分开；根据药品的剂型和工艺要求，明确地划分洁净区、控制区、生产区，能采取相应的防尘、防微生物污染和空气净化设施；需无菌操作的产品，如注射剂、滴眼剂等配药、灌封等操作要采用无菌室和适合无菌操作的设备等；生产区和生活区分开；有符合卫生要求的厕所，洗手、更衣和消毒设施等。

3. 生产药品所用的设备应便于按指定用途操作、维修、保养和清洗。所采用的设备，器具的材质，特别是与药物直接接触的部分，不得使药品起变化，设备的材质不得使药品受污染等。

4. 质监部门化验室应有符合要求的足够面积的建筑设施，配备相适应的仪器装备。

（二）软件方面

从质量管理的角度看，药品生产质量管理规范是全面质量管理的思想和理论在药品生产过程中质量管理的具体运用和规范化的产物，两者有着紧密的内在联系。它们之间的共同点是，强调从事后把关变为事前控制，从管结果变为管因素。所以就要加强人员和规章制度的完善及管理。

1. 各级各类人员都应具备一定的教育、训练和实践经验，能胜任工作，完成指定的任务。同时对职工反复地进行 GMP 训练，使之熟悉 GMP 对他的要求。

2. 需设置独立于其他部门的有明确职责与权限范围的质监部门，制定严格的质量管理制度，并需严格遵照执行。质监部门负责人不得兼任生产部门或岗位的负责人。

3. 所有成品、原辅料、中间体、包装容器、密封件，包装材料和标签都应制定标准规格和检验方法，并严格执行。

4. 每一种药品均应制订工艺规程，并需遵照执行。

5. 须制定仓储管理制度，并须遵照执行。包括原辅料、包装容器和密封件。包装材料和标签及成品的入库，保管、发放的程序、验收方法、保管场所、标记方法、保管方法，不合格品的处理方法，特殊品种和贵细原料、成品管理方法以及帐卡、凭证和记录等。

6. 须制定严格的生产监控管理制度，并须遵照执行。如：①设备、器具的清洗和维修保养制；②在一批药品生产期间，所使用的所有配制和贮存容器，加工生产线及主要设备标明内容物和批号以资鉴别；③各步操作如计算、称量、投料、工序间的物料交换等均应采取双人复核制。④各工序更换批号和品种时应采取严格的清场制，并经指定的人员复核，并确定上批操作的所有药品和不适于下批操作的原料、包装材料标签等都已移去；⑤设立工序管理点进行中间检查和工序质量控制，如片剂、胶囊的重量差异等；⑥应制订不符合标准或规格批的返工、处理方法和检验程序等。

7. 所有操作和建筑设施均应符合卫生要求，并须制订严格的卫生管理制度，如：①工作场所、设备和器具的卫生管理制度。包括应清扫的场所和设备、器具以及清扫间隔时间；清扫程序和使用药剂以及对用具的维护管理方法，清扫后的检查方法等。

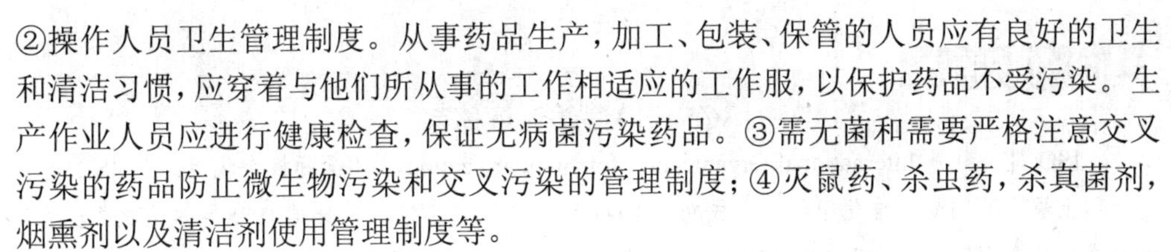

②操作人员卫生管理制度。从事药品生产，加工、包装、保管的人员应有良好的卫生和清洁习惯，应穿着与他们所从事的工作相适应的工作服，以保护药品不受污染。生产作业人员应进行健康检查，保证无病菌污染药品。③需无菌和需要严格注意交叉污染的药品防止微生物污染和交叉污染的管理制度；④灭鼠药、杀虫药，杀真菌剂，烟熏剂以及清洁剂使用管理制度等。

8. 每批药品应有符合要求的生产、监控、检验的完整记录和批生产记录，并按规定年限妥善保存。

9. 须建立药品的销售记录，使药品销售具有可追踪性，以便必要时能迅速地将该批药品退回。

10. 关于不良反应报告和有关质量的申诉处理。

综上所述，GMP 要求药品生产的质量管理不限于原料、中间体和成品的严格检验、而是强调在生产的全过程对影响产品质量的人、机、料、法、环五因素进行严格控制。

在 GMP 中有关生产管理和质量管理的规定是组成 GMP 的核心；建筑设施是生产管理和质量管理的物质基础。其基本思想是：在生产过程中，用科学的方法保证质量，而不是靠生产结束后检验质量，更不能只靠成品的检验来解决生产中污染、混杂的问题。在 GMP 中不论“硬件”还是“软件”很大程度上是针对污染、混杂和差错而提出的，目的是要通过制订和执行这一系列规定，借以达到，防止不同药物或其组分之间发生混杂的危险；防止由其他药品或其他物质带来的交叉污染的情况发生（包括物理污染，化学污染、生物及微生物污染等）；防止差错，防止差错与计量传递和信息传递失真，把人为的错误降低到最小的限度；防止遗漏任何生产和检验步骤的事故发生；防止任意操作，不执行标准以及低限投料等事故发生。从而确保在药品生产过程中，使药品始终保持应有的有效性、安全性、均一性、稳定性的质量和纯度，保证药品质量不低于目前技术可以达到的水平。

第二节　药品质量控制方法

“质量”是大家熟悉用来衡量产品好坏的物理量，例如：产品质量，工作质量，运输质量，服务质量，教育质量等等。质量的特性是多种多样的，有内在特性，如产品结构性能、精度、纯度、可靠性、物理性能、化学成分等。有外在特性，如外观、形状、色泽、气味、包装等；还有经济性，如成本、价格、使用维修费用等；以及其他方面的特性，如交货期、污染、公害等不同的工业产品，具有不同的质量特性以满足人们的不同需要。ISO9000：2000 标准对于质量的定义是一组固有特性满足要求的程度，其中特性指的是可区分的特征，可以是固有的或赋予的，也可以是定性或定量的特征。要求指明示的、通常隐含的或必须履行的需求或期望。影响产品质量的四个方面包括：开发设计过程质量，该过程质量是形成产品固有质量的先行性和决定性因素；制造过程质量，该过程质量是指形成的产品实体符合设计质量要求的程度，其取决于制造过程中每一个环节、每一个步骤的质量；服务过程质量，提高此过程质量是使产品固有质量得到有效发挥的重要环节；使用过程质量，指产品在使用过程中，其使用价值得以充分发挥的程度。

笔记

知识拓展

ISO9000质量认证体系

ISO是全称是International Organization for Standardization，即“国际标准化组织”。ISO是世界上最大的国际标准化组织。它成立于1947年2月23日，它的前身是1928年成立的“国际标准化协会国际联合会”(简称ISA)。

ISO9000质量认证体系是由国家或政府认可的组织以ISO9000系列质量体系标准为依据进行的第三方认证活动，以绝对的权力和威信保证公开、公正、公平及相互间的充分信任。

科学技术的进步和社会的发展，使顾客需要把自己的安全、健康、日常生活置于“质量大堤的保护之下”；企业为了避免因产品质量问题而巨额赔款，要建立质量保证体系来提高信誉和市场竞争力；世界贸易的发展迅速，不同国家、企业之间在技术合作、经验交流和贸易往来上要求有共同的语言、统一的认识和共同遵守的规范。现代企业内部协作的规模日益庞大，使程序化管理成为生产力发展本身的要求。这些原因共同使ISO9000标准的产生成为必然。

今天ISO9000系列管理标准已经为提供产品和服务的各行各业所接纳和认可，拥有一个由世界各国及社会广泛承认的质量管理体系具有巨大的市场优越性。

一、质量特性

质量的内涵是由一组固有特性组成，并且这些固有特性是以满足顾客及其他相关方所要求的能力加以表征。质量具有广义性、时效性和相对性。

质量的广义性：在质量管理体系所涉及的范畴内，组织的相关方对组织的产品、过程或体系都有可能提出要求。而产品、过程和体系又都具有固有特性，因此，质量不仅指产品质量，也可指过程和体系的质量。仅从产品质量的角度，质量的特性可以概括成以下几个方面，如性能、寿命、可靠(信)性、安全性、适应性、经济性等。

1. 产品性能　是指产品为满足使用目的所具备的技术性(产品在功能上满足顾客要求的能力)。如药物的用法、用量、适应证、禁忌证等，又如手表的防水、防震、防磁、走时准确；机床的转速功率；电视机的清晰度；钢材的化学成分、强度；布料的质感、颜色；儿童玩具的形状造型；食品的气味等。

2. 产品寿命　是指产品能够正常使用的期限(满足规定使用条件下产品正常发挥功能的持续能力)。

3. 产品的可信性　是指产品在规定时间内、在规定的条件下完成规定工作任务的能力。如药品在有效期内必须达到的治疗效果；其他产品在投入使用过程中表现出来的满足人们需要的程度。如电视机平均无故障工作时间；机床的精度稳定期限；材料与零件的持久性、耐用性等。包括可用性、可靠性、维修性和保障性。

4. 产品安全性　是指产品在流通、操作、使用中保证安全的程度。药品则是指在有效期内(或在保质期内)确保的安全程度；其他产品如电动玩具的使用电压；易腐蚀产品的包装；工业产品产生的公害、污染、噪音的程度。指产品服务于顾客时保证人身和环境免遭危害的能力。

5. 产品适应性　指产品适应外界环境变化的能力。

6. 产品经济性　是指产品从设计、制造到整个产品使用寿命周期的成本大小等。

产品质量就是上述六个方面质量特性综合反映的结果，但就一个产品来说，各种质量特性的重要性程度则不是均等的，其中有关键性的、主要的特性，也有次要的特性，有技术方面的特性，也有经济方面的特性。这就必须具体分析，区别对待，以满足人民的需求。例如，药品的关键特性之一就是有效性，其次是毒性，然后才是副作用，当然还要考虑它的适用性，适用人群，经济性等。

然而通常把直接反映用户（消费者）对产品要求的质量特性称为真正质量特性。疗效高、起效快、副作用小等，是评价药品质量的标准。在大多数情况下，真正的质量特性较难直接定量反映。因此，就需要根据真正质量特性相应确定一些数据和参数，来间接地反映它，这些数据和参数就称为代用质量特性，而其有效率、副作用、适用范围等指标无论是真正质量特性，还是代用质量特性，都应当尽量使它定量化，并尽量体现产品使用时的客观要求。把反映质量主要特性的技术经济参数明确规定下来，作为衡量产品质量的尺度，从而形成产品的技术标准。产品技术标准，标志着产品质量特性应达到的要求。符合技术标准的就是合格品，不符合技术标准的就是不合格品。不合格品中包括可修复的返修品和不可修复的废品。应该指出的是，合格品不一定是高质量的产品，因为产品所依赖的标准有先进的，有落后的，有国际水平的，也有行业水平的。所以要区分产品质量的高低，首先要看所依据标准水平的高低。还应指出的是，有时符合标准的产品，不一定适合用户需要。

此外，在确定产品质量水平时，不能笼统要求越高越好，越“纯”越好，越“牢”越好，更不能不计成本地追求“高质量”。在企业生产中，与质量密切相关的因素还涉及成本，数量、效率，交货期等因素。我们提倡的是一定条件下质量越高越好。这“一定条件”就是质量、成本、数量，效率，交货期等因素的最佳组合，生产出适销对路、物美价廉、适用性好的产品。

按照产品质量的相关定义，药品质量是指能满足固定要求和需要的特征总和，表现在以下五个方面：有效性，安全性，稳定性，均一性，经济性。

1. 有效性　指在规定的适应证、用法和用量的条件下，能满足预防、治疗、诊断人的疾病，有目的地调节人的生理功能的性能。有效性是药品的基本特征，如对疾病防治无效，则不能成为药品。药品有效程度的表示方法，在国外采用“完全缓解”“部分缓解”“稳定”等来区别，国内采用“痊愈”“显效”“有效”以区别。

2. 安全性　是指药品在按规定的适应症、用法和用量使用的情况下，对服药者生命安全的影响程度。大多数药品均有不同程度的不良反应。药品只有有效性大于不良反应的情况下才能使用。假如某物质对防治、诊断疾病有效，但对人体有致癌、致畸、致突变的严重损害，甚至致人死亡，则不能作为药品。安全性也是药品的基本特征。

3. 稳定性　是指药品在规定的条件下保持其有效性和安全性的能力。规定的条件包括药品的有效期限以及药品生产、贮存、运输和使用的要求。假如某物质不稳定，极易变质，虽然具有防治、诊断疾病的有效性和安全性，但也不能作为商品药。稳定性是药品的重要特征。

4. 均一性　是指药品的每一单位产品（制剂的单位产品，如一片药、一支注射剂等；原料药的单位产品，如一箱药、一袋药等）都符合有效性、安全性的规定要求。由于人们用药剂量一般与药品的单位产品有密切关系，特别是有效成分在单位产品中

含量很少的药品，若不均一，则可能因用量过小而无效，或因用量过大而中毒甚至致死。均一性是药品的重要特征。

5. 经济性　是指药品生产、流通过程中形成的价格水平。药品的经济性对药品价值的实现有较大影响。若成本价格过高，超过人们的承受力，尚不能作为药品供普通病人使用，而只能供少数人使用。药品经济性对药品生产企业十分重要，若成本低，则可提高企业的经济效益。

二、抽样

在生产实践及工作中，会遇到很多的数据。在这些众多的数据中，如何正确地搜集到需要的数据，关系到所得结果的价值。搜集质量数据需要一定的经验和技巧。搜集数据的方法可能是多种多样，但总的要求应该是随机的。随机就是不挑不拣，整批数据中的每一个数据都有被抽到的同等机会。

1. 单纯随机抽样法　有人说闭上眼睛随便摸到几个样品就是随机取样。这种说法不确切。通常说的随机，可以用抽签的方法，也可以用查随机数值表的方法取样。

抽签的办法是指从一个样本中随机抽出几个样品的方法，例如要从 50 个产品中抽 5 个样品，先把 50 个产品编上顺序号，然后做 50 个签码，抽 5 个签，如抽到的号码是 5、8、13、25、38，那么这 5 个号码的产品就是被抽到的样品。

随机数值表法是利用现成的随机取样表来抽出样品的方法，例如先用抽签法抽出一张随机取样表，然后按照表中指定的数码取出样品。优点：操作简单，均数、率及相应的标准误计算简单。缺点：总体较大时，难以一一编号。

2. 分层随机抽样法　分层就是分门别类，分层随机抽样就是按不同条件下生产出来的样品归类分组后按一定的比例从各组中随机抽取产品组成样本。优点：样本代表性好，抽样误差减少。

3. 整群随机抽样法　是指在整批检查中，不是抽取个别单位，而是随机抽取整群产品。如每次取一箱、一堆、一小时内的产品，就是整群随机抽样法。优点：便于组织，节省经费；缺点：抽样误差大于单纯随机抽样。

4. 系统抽样法　又称机械抽样、等距抽样，即先将总体的观察单位按某一顺序号分成 n 个部分，再从第一部分随机抽取第 k 号观察单位，依次用相等间距，从每一部分各抽取一个观察单位组成样本。优点：易于理解、简便易行；缺点：总体有周期或增减趋势时，易产生偏差。

以上四种方法各有优缺点，主要是手续的简繁不同和代表性的差异。要选择哪种方法，要根据实际情况。

三、PDCA 循环

PDCA 是英文 Plan（计划）、Do（执行），Check（检查），Action（处理）四个单词第一个字母。它是美国质量管理专家威廉·爱德华兹·戴明（William Edwards Deming）发明的，因此，又被称为戴明循环或戴明环。PDCA 循环作为全面质量管理体系运转的基本方法，其实施需要搜集大量数据资料，并综合运用各种管理技术和方法。

（一）PDCA 循环的过程

PDCA 循环体现了质量管理的思想方法和工作步骤，意思是说，做一切工作，干

任何事情，都必须经历四个阶段：计划、试行、检查、处理，通过四个阶段的不断循环，使工作水平不断地提高。工作企业的各部门、每个职工都应该按照这个工作程序开展管理工作（图 8-1）。

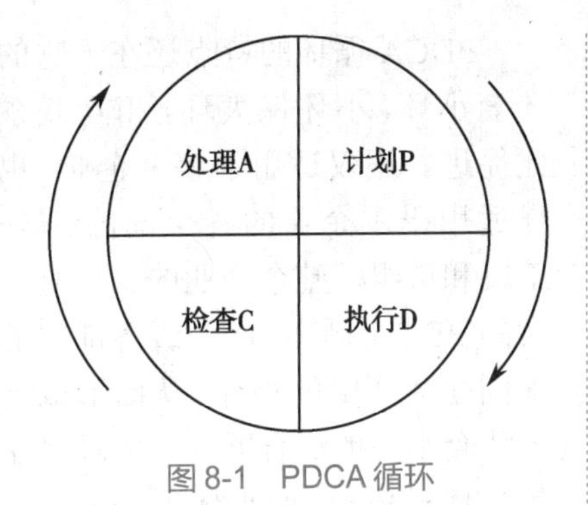

图 8-1　PDCA 循环

1. 分析现状，找出存在的质量问题　可以通过对用户的访问，用户的来信来访反馈的质量信息等渠道来了解质量问题，也可以通过原始记录的分析，现场数据统计分析，用标准对照，与国外先进产品相比较，分析产品质量现状等。运用排列图，直方图和控制图来进行统计分析。

2. 分析产生质量问题的原因　对存在各种质量问题，要逐个分析其产生的原因，切忌笼统和主观。常用因果图来进行分析。

3. 找出影响质量问题的主要问题　影响质量问题的原因是多方面的，要想有效地解决问题，做到事半功倍，必须抓住主要原因。常用排列图、散布图方法进行分析。

4. 针对主要原因，制订对策计划　这一步很重要，制订的对策应简单明了，切实可行。计划和对策的拟定过程必须明确以下几个问题：Why（为什么）指为什么制订各项计划或措施；Where（哪里）指由哪个部门负责在什么地点进行操作；What（什么）指该项工作要达到程度的目标；Who（谁）指该项措施是由谁来完成，谁是主要负责人；How（怎样）指如何完成此项任务及对策措施的具体内容。

5. 实施计划，即按照措施计划和对策，严格地执行。

6. 检查效果，根据措施、计划严格检查分析实际执行的情况，判断是否达到了预期目标。方法可用排列图、直方图、控制图进行分析和验证。

7. 总结经验，巩固成绩　根据检验的结果进行总结，对成功的经验进行标准化，纳入到相应的标准、制度、规定中去，以巩固取得的质量管理成果。

8. 遗留问题，转入下个循环　把本次循环中尚未解决的问题及在循环中发现的新问题，找出原因，转入下一个 PDCA 循环中去，继续解决。

实践证明，PDCA 循环的四阶段、八步骤，在解决具体的质量问题时，能够发挥很好的作用（图 8-2）。

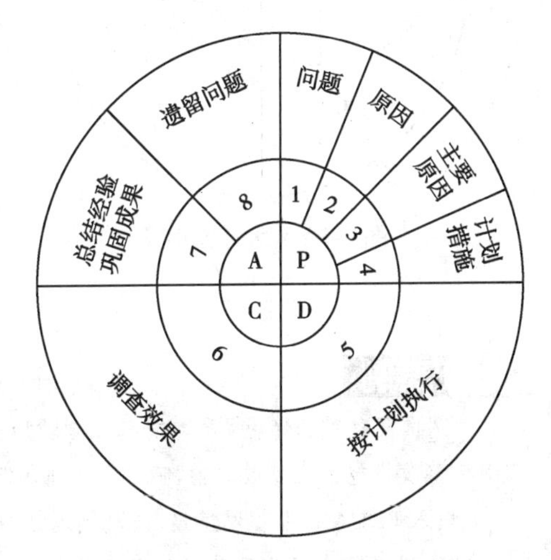

图 8-2　PDCA 循环四阶段八步骤

（二）PDCA 循环的特点

PDCA 循环的特点是指质量在循环中不停地转动，每转动一周提高一步。循环的四个阶段是紧密连在一起，如同一个转动着的车轮，转动一次，前进一步，不停地转动，不断地前进，犹如登楼梯一样，逐级上升，经过一次循环，登上一层新的台阶，工作达到一个新水平。这样循环往复，质量问题不断得到解决，管理水平步步提高（图 8-3）。

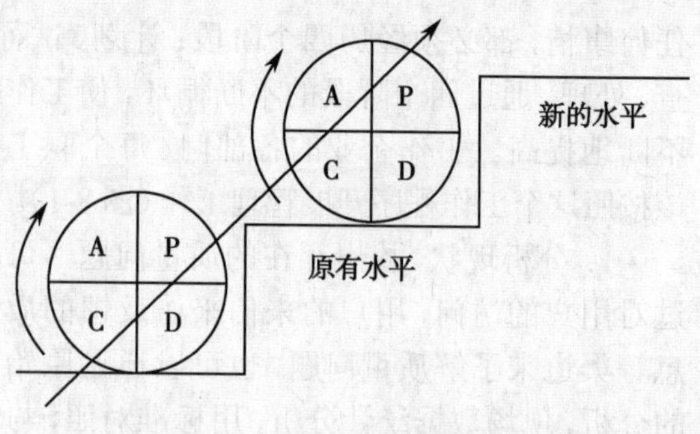

图 8-3 PDCA 循环逐级上升图

PDCA 循环的特点还在于它的大环套小环，小环保大环，相互联系彼此促进。不仅适用于整个企业，也同样适用于本企业的各个部门、车间、工段和班组。整个企业的工作是一个大的 PDCA 循环，而各级各部门的管理则是大环中的小环，从而形成一个大环套小环的综合循环。大环是小环的母体或依据，而小环则是大环的展开和保征。通过各个小循环的不断转动，推动上一级循环以至整个企业的循环的转动，这样多层次的循环，可以将企业上下左右各个部门各个环节的工作，有机地联系起来，彼此协同相互促进，同步展开，形成系统的管理局面，顺利实现企业的方针和目标（图 8-4）。

PDCA 循环的四个阶段并非是截然分开的，而是紧密衔接连成一体，各阶段之间会存在着一定的交叉现象。在实际工作中，往往是边计划边实施，边实施边检查，边检查边总结，边调整计划，这就是说，不能机械地去转动 PDCA 循环。见图 8-5。

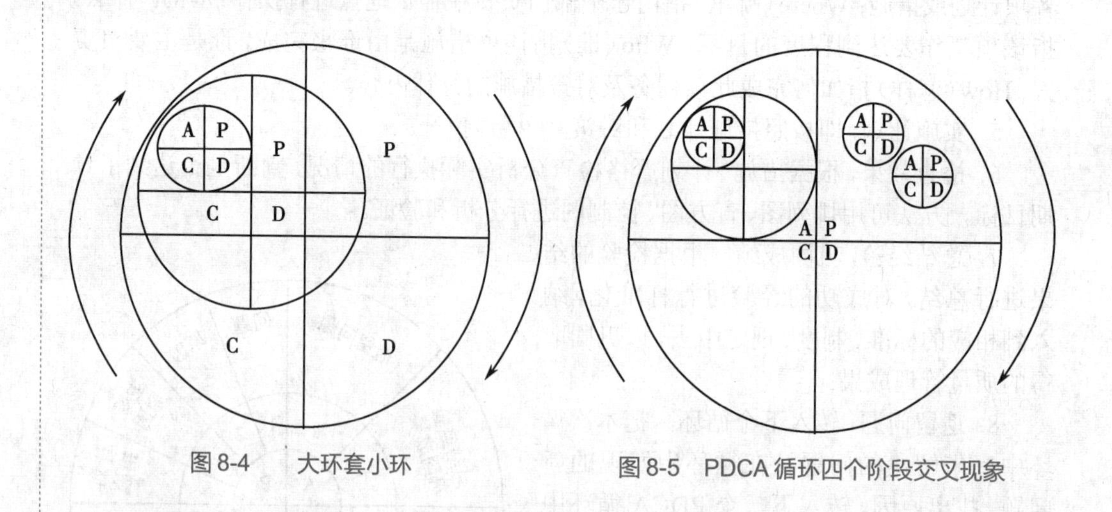

图 8-4 大环套小环

图 8-5 PDCA 循环四个阶段交叉现象

案例

某医院针对麻醉药品和精神药品管理出现的问题，使用 PDCA 循环管理模式进行分型，并制定整改措施。在整改之前，药剂科质量管理小组对全院麻精药物管理检查时，发现问题 78 个；引入 PDCA 循环管理模式，发现问题 24 个，问题数量明显减少，达到预期的检查目标。说明，PDCA 循环管理方法落实在麻精药品管理中，可提高麻精药品的管理质量。

根据 PDCA 循环法的原理，在计划阶段进行现状调查，并对原因进行深入分析，主要问题归纳为：医务人员因素、环境因素、制度因素及其他因素。针对存在问题制定一系列改进计划：对医务人员进行麻精药品管理知识培训；对存储麻精药品的环境因素进行改造；改善麻精药品的制度；排除影响麻精药品管理的其他因素。

笔记

在执行阶段实行新的对策或流程。组织全员医务工作人员进行培训，认真学习《药品管理法》《麻精药品管理条例》等相关法律法规。临床药师深入病区为医师和护士讲授麻精药品的使用和存储要求，强化医务人员对麻精药品的管理和安全意识。此外，对存储麻精药品的环境因素进行改造，增设防盗设施及保险柜，为全院统一制作麻精药品标识，在存放麻精药品的房间门口贴示“非工作人员勿进”的公告。其次，完善麻精药品制度，制定《特殊药品存放区域、识别标识、贮存方法的规定》等，要求各病区麻精药品的基数需要在药剂科、医务科、护理部备案。最后，对影响麻精药品的其他因素进行整改，规范奖惩制度，并对药剂科和护理部工作人员进行沟通技巧培训，利于工作上的沟通。

在检查阶段，根据计划和目标，检查新制度和程序执行情况，每月将检查结果及时汇总并以书面的形式反馈给医务科和质控科，进行督促整改。

最后为总结再优化阶段，对检查结果进行评价，总结和反馈，对改进后发现的问题再制定下一步的持续改进方案。

合理运用 PDCA 循环管理方法，提升麻精药品的管理质量。以上案例说明，PDCA 循环在解决质量方面存在的问题时，可以发挥切实可行的作用。

四、质量控制图

质量控制图是产品质量控制方法中使用的具体方法之一，通常包括因果分析图、关联图、直方图、排列图、散布图、控制图等。

（一）因果分析图

因果分析图又叫鱼刺图，是对影响产品质量因素及其相关性进行分析的系统而全面的工具。因为影响产品质量的因素多而且复杂，相互影响，也层层相连，产品质量问题是由大量、多方面、多层次，错综复杂交纵在一起的许多因素而造成的结果。因此，为了明确造成产品质量不佳的因素，首先就得把影响产品质量的因素理出明晰的头绪，观察它们是以什么样的方式产生作用，就要用到因果分析图。

1. 因果分析图的基本原理　无论影响产品的因素有多少，关系多复杂，它们相互依存关系只有两种基本类型，一是平行关系，这是横向的关系；一种叫因果关系，这是纵向的关系。这些关系是分层的，一个层次上存在着许多平行前关系，构成这一层的横向关系系统。每一个平行关系又是下一层次的因果关系，构成纵向原因系统。一个大原因是由诸多个平行的中原因导致的，一个中原因是由诸多个平行的小原因导致的。这样一步步研究下去，就能够全面、系统地分析出因素的系统关系，并能最终把一个大的，综合性的、不易解决的原因，分解为诸多个单纯的，易于解决的原因，从而为调整工序提供了前提。因果分析图的基本模式如图 8-6 所示。

值得注意的是，每一个层次的原因总是较大原因的原因，较小原因的结果；任何一个原因对高一层表现为原因，对低一层表现为结果。

2. 因果分析图按表示问题的不同，可分成三种类型：

（1）结果分析型：其特点是沿着研究“为什么会发生这样的结果”这一课题，进行层层解析，这种因果分析图的优点是由于对问题进行了分解，可以系统地掌握因素间的相互关系，其缺点是容易遗漏或忽视某些平行的问题。

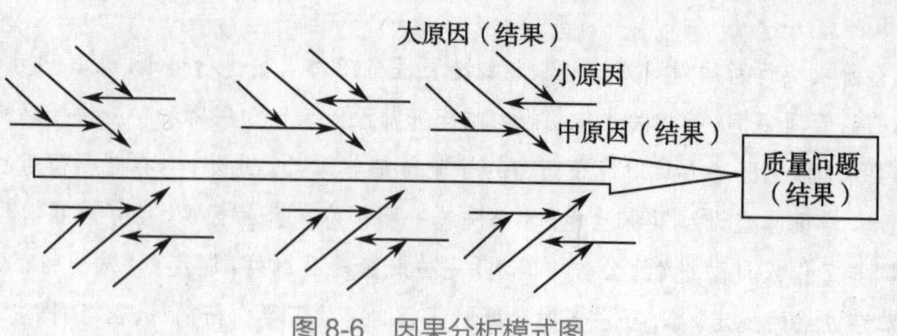

图 8-6　因果分析模式图

（2）工序分类型：这种结果分析图的做法是首先按工序的流程，把各工序作为影响产品质量的平行主干原因，然后把各工序中影响产品质量的原因填写在相应的工序中。这种方式简单易行，但缺点是相同的因素会多次重复出现，也难于表现数个原因交织在一起影响产品质量的情况。

（3）原因罗列型：请参于分析的人员毫无限制地自由发表意见并把所有观点和意见都罗列出来，然后再系统地整理它们之间的关系，绘成因果分析图。这种方式由于可经过充分的思考和讨论，发挥众人的智慧，不但不会把重要的原因漏掉，还有利于问题的深化讨论与研究解决。显然它的缺点是发动的人多，工作量大。

因果图对于分析问题，有利于找出问题的关键原因。而使用因果图时，要注意客观地评价每个因素的重要性，不能凭主观意识或印象来评议各个因素的重要程度，通常用数据来客观评价因素的重要性是既科学又符合逻辑的方法。

案例

如在实际生产过程中，出现灌装区微生物超标的情况，可能由流程、人员、生产用相关材料、设备及环境等因素造成，而五大因素又可以由相应的小原因造成。可以对生产过程进行充分论证，把原因用箭头排列在正中大箭头的两侧，把造成的结构列在大箭头的右侧，任何一个原因对高一层表现为原因，对低一层表现为结果（图 8-7）。

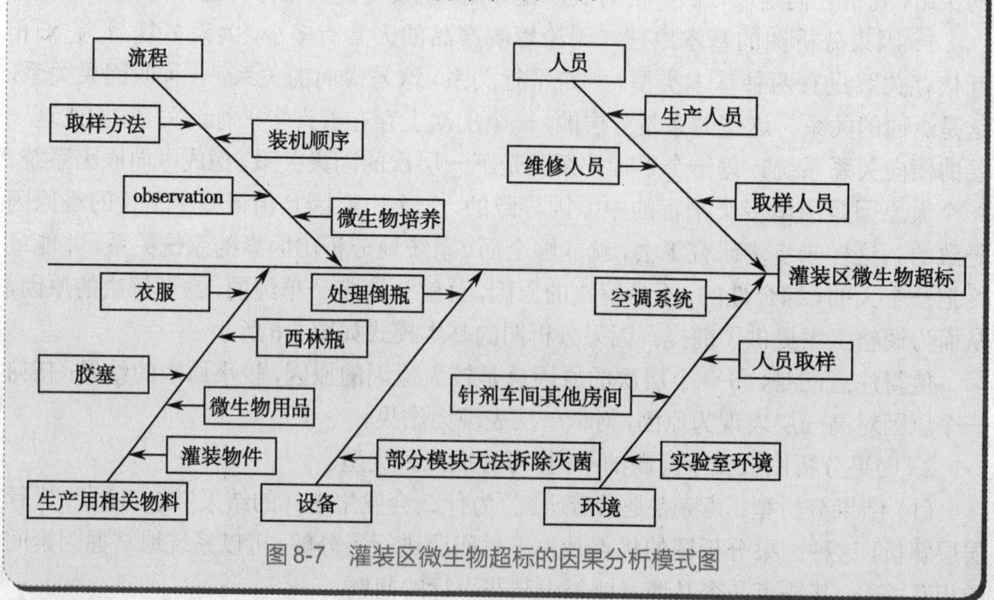

图 8-7　灌装区微生物超标的因果分析模式图

笔记

（二）关联图

和因果分析图一样，关联图是用于分析影响产品质量诸因素之间的因果关系的一种有效方法。因果分析图更适用于整理、分析因素之间纵的关系，对横的关系也能分析，但难以充分分析，而关联图比因果分析图对分析平行的横向因素更有效得多。

关联图，就是把诸多个质量问题及其原因的因果关系用箭头连接起来，从而找出主要原因的方法，其图形参见图 8-8。

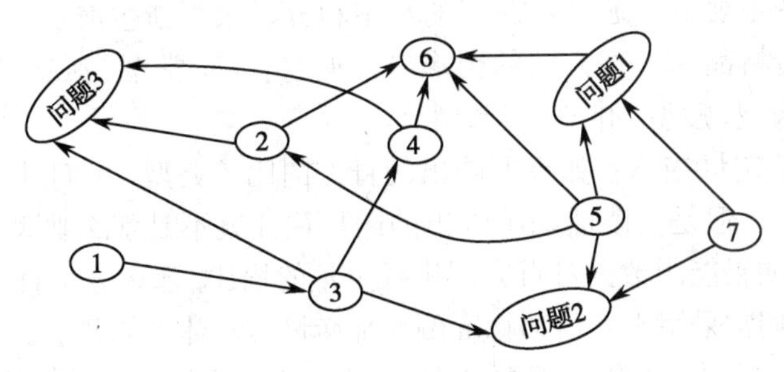

图 8-8　关联图示意图（圆圈内为因素代号）

关联图的基本做法为，首先提出认为与要分析的问题有关的全部主要因素；再用简明词汇表示各主要因素的特征；之后用箭头把因素间的因果关系连接起来，从而构成问题的全貌；最后确定应抓住的重点项目。

关联图的形式是很灵活的，分析者可以根据自己的需要和问题的特征，创造性地绘制出相应的分析图形式。但一般有以下几种普遍使用的类型。

1. 中央集中型关联图（单一目的型）　这种图形的特点是把重要项目和要解决的问题尽量放在图中央，而把关系密切的诸因素尽量排在它的周围。

2. 单向汇集型关联图（单一目的型）　这种图的特点是把应解决的问题放在图型的一侧，把各主要因素按因果关系先后从一端向另一端排列。

3. 关系表示型关联图（多目的型）　这种关联图的特点是着重简明地表达各因素间的因果关系，故可以自由地排列。

（三）直方图

直方图是通过对数据的加工整理，从而分析和掌握质量数据分析情况和估计工序不合格品率的一种方法。将全部数据分成若干组，以组距为底边，以该组距相应的频数为高，按比例而构成的若干矩形，即为直方图（图 8-9）。做直方图通常分为三步，作频次分布表；画直方图；进行相关比较与计算。

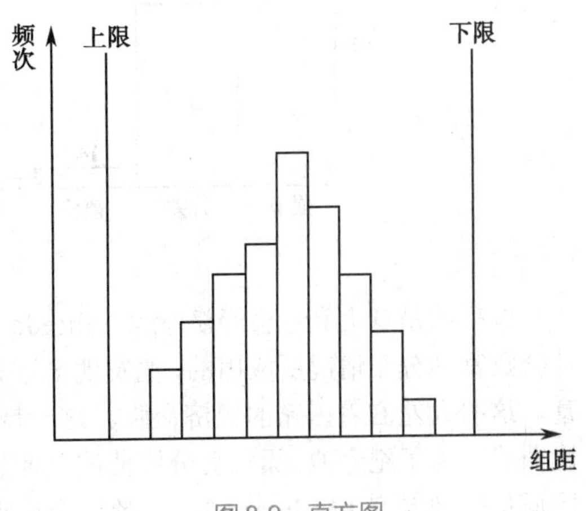

图 8-9　直方图

1. 作频次分布表　频次就是出现的次数，将数据按大小顺序分组排列组成频次统计表，称为频次分布表。频次分布表可以把大量的原始数据综合起来，比较直观、形象地反映分布的情况，并为作图提供依据。具体步骤

是，搜集数据、计算极差、适当分组、确定组距、确定各组间的界限、编制频次分布表。

2. 画直方图　首先确定纵坐标，纵坐标是表示频次物理量，在确定纵坐标刻度时，设计的原则是，把频次中最大值定在适当的高度，然后再按顺序确定分配其他的数据；其次是确定横坐标，横坐标是表示质量特性的物理量，定横坐标刻度时，要同时考虑最大、最小值及搜集数据的范围及其他各种因素的干扰。

3. 直方图的观察与分析　直方图能够比较形象、直观地反映产品质量的分布情况。使用直方图主要就是通过对图形的观察和分析来判断生产过程是否稳定，预测生产过程的不合格品率。直方图的图形较常见的有，正常型、孤岛型、偏向型、双峰型、平顶型、断齿型、瘦型、胖型、陡壁型等。

4. 直方图的定量描述　如果所画出的直方图比较典型，我们进行对比就可以做出正确的判断了。但是实践活动中画出的图形往往就不是那么典型，总有些参差不齐，难于分析。如果能用数据对直方图进行定量的描述，那么分析直方图就更会有把握了。所以，我们常采用平均值和标准偏差来衡量整个体系的状况。

5. 作图注意事项　搜集数据要分层，不要一到现场就抓取100或几百数据进行画图，要根据不同的目的，做好必要的准备，如预先设计好表格等；数据的修约和组与组界的确定应考虑整体范围的界限，不要把不同等级的产品混编在同一组内；图上可以做一些必要的标记，利于日后的结果分析。

（四）排列图

排列图是为了寻找主要质量问题或影响质量的主要原因所使用的图。排列图是由两个纵坐标、一个横坐标、几个按高低顺序依次排列的长方形和一条累计百分比曲线组成的图。见图8-10。

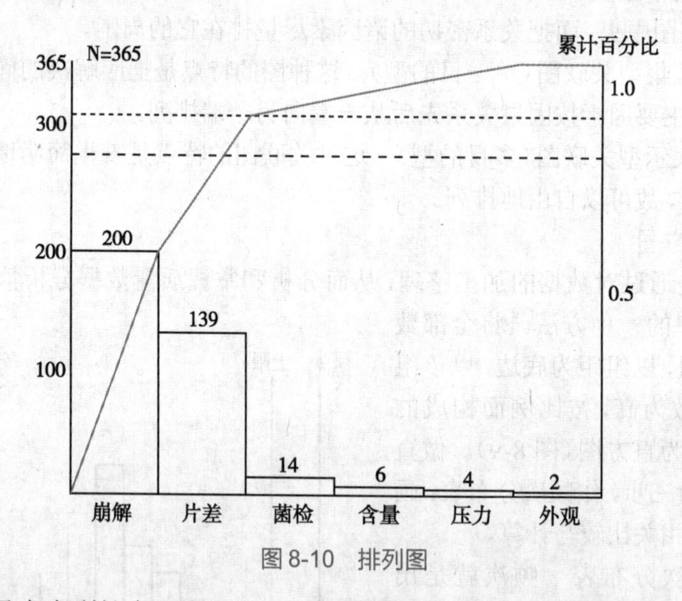

图8-10　排列图

排列图是意大利社会经济学家Vilfredo Pareto（维弗雷多•帕累托）首次用于分析社会财富的分布情况所应用的，他发现多数人占有少数财富，而少数人却占有多数财富。这些人左右着国家的经济命脉。这一现象在排列图上就被描述为一条累积百分比曲线。为了纪念他，累积百分比曲线又叫帕累托曲线，排列图又叫帕氏图。后来美国质量管理专家J.M.Juran（朱兰）把这个原理应用到了质量管理活动中，成为我们现

笔记

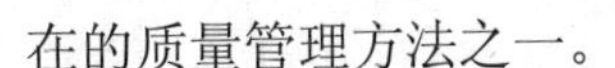

在的质量管理方法之一。

排列图法是应用了“关键的少数，次要的多数”的原理。用以寻找出产品主要问题或影响产品质量主要因素的一种有效的方法。通常它的作图步骤是，搜集数据、做外观缺陷分项统计表、绘制排列图、分析排列图、给出结果。

1. 搜集数据　搜集一定时期的质量问题的数据，注意要按不同的项目进行分类，分类一般按照存在的问题进行。诸如，质量指标不符合要求、出现的场合、出现问题的时间（某日、某班、某时等）；也可以按照造成问题的原因进行分类，如使用的原料（来源、批次、质量等）、设备（机械的设计能力、型号等）、人员（班组、个人、性别、工龄等）、药物配方等。

2. 做外观缺陷分项统计表　首先将各分类项目及出现的频次数按其从大到小的顺序填入统计表，最后把数量较少的、不起主要作用的类别合并在一起作为其他项（这样可以简化作图）；然后再将各项数据进行计算累计数、累计百分比，填入统计表。

3. 绘制排列图　先画左纵坐标，再画横坐标，在横坐标上标出项目的刻度；在横坐标上按频数大小顺序从左到右填写项目名称；在左纵坐标（这个坐标是频数坐标）上标明刻度，坐标原点应是0，在合适的高度定为总频数，均匀地标出一定整数点的数值；在合适的位置画出右纵坐标，在这个坐标上画出累计百分数坐标，在与左纵坐标总频数对应等高处定为100%，坐标原点应为0，在这之间均匀地标出各点的数值；按项目的频数画出直方图；按各项目累积百分数引平行于横坐标轴横线，在两线相交处做一标记，下面写上累积百分率，各点都是一样，然后，将各点用折线连起来，就成为帕累托曲线了；最后划分A、B、C区域，从右纵坐标累积百分率约为80%处向左引一条平行于横坐标的虚线，从90%处和100%处同样引两条虚线，在三条虚线下面分别写上A类、B类、C类。

4. 分析排列图　从排列图上找出主要问题或影响质量的主要原因，通常A类区的项目占总频数的80%左右，因此是主要问题，B类区的项目占10%左右，因此是次要问题，C类区的项目占10%左右，且通常是较多的因素所致，因此是更次要问题。然而，有时在实际工作中，还要看具体情况，有时占60%左右的项目就是主要影响因素了，有时还要看相邻两个直方图拉开的距离大小和考虑措施实施的难易，再确定主攻方向。总之要按实际情况来灵活应用。

学习小结

1. 学习内容

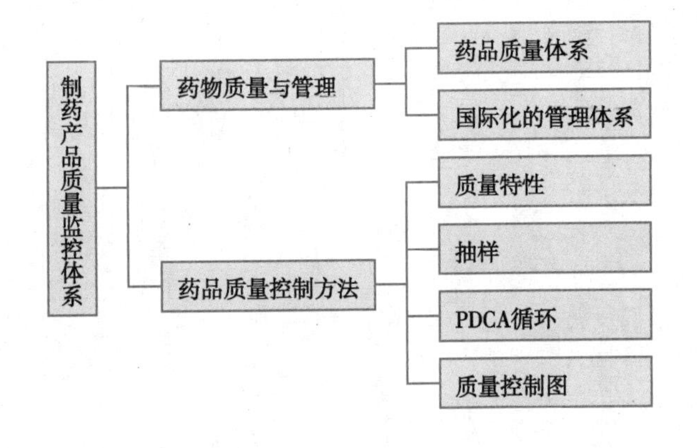

2. 学习方法

通过理论的讲述、实践的操作，企业实际质量问题的分析和处理，使学生掌握制药企业产品质量监控的具体方法及程序。

（侯　洁　滕　杨）

复习思考题

1. 什么是质量管理体系？

2. 简述药品质量管理的构成。

3. 某药厂 QC 小组，统计了某月生产线上的问题药品，其产生质量问题的结果如下，崩解 96 件，片差 38 件，菌检 28 件，外观 20 件，其他 12 件。请画出排列图，并指明主要质量问题是什么？

4. 戴明环包括哪几个阶段？其重点是什么？

第九章

制药过程的辅助设施

学习目的

通过学习仓库、自动控制及仪表、净化空调系统等相关知识，为制药类专业的学生从事制药生产管理和车间设计改造奠定相关知识理论基础。

学习要点

仓库功能、分类及布局、仓库设计的层次划分、制药企业仓储设计要点；过程控制系统的组成及主要内容、自动控制系统分类等主要内容；空气净化的概念及设计参数（温度、湿度、压力、换气次数）、气流组织形式、过滤器、以及净化空调系统分类及节能设计等。

在制药生产过程中仓库、仪表及自动控制设计、空调净化系统设计等制药辅助设施也起着重要的作用。

药厂的管理中，仓库管理是很重要的组成部分，物流管理主要是在仓库。其中仓储设计是一项非常重要的工作，因为仓库运作中产生的物流成本绝大部分在仓储设计阶段就已经决定。

制药生产过程中仪表是操作者的耳目，没有它们生产将是盲目的，除影响生产的正常进行外，产品的产量质量将受到重大影响，严重时甚至发生安全事故。制药工业的生产过程需要利用自动化控制技术，确保规模化生产的稳定、优质、高产、节能、降耗和环保等控制要求。

药品是一种特殊商品，其质量好坏直接关系到人体健康、疗效和安全。为保证药品质量，其生产环境都有相应的洁净等级要求。洁净厂房对微尘、微生物浓度的要求是通过空调净化系统对所输送空气进行净化，使室内生产环境的空气洁净度达到制药生产工艺的要求。

第一节 仓储设施

仓库（Warehouse）是保管、存储物品的建筑物和场所的总称。仓库不仅是用来存放物品，更重要的是对其数量和状态进行保管的场所。

在经济全球化和供应链管理渐入佳境的时候，更多的企业不再将仓库看成是一个单纯的储存场所，而将其视为商品流通中心。

一、仓库的功能

仓库的最基本功能就是存储物资，并对存储的物资实施保管和控制。但随着人们对仓库概念的深入理解，仓库也负担着物资处理、流通加工、物流管理和信息服务等功能，其涵义远远超出了单一储存的功能。若以系统的观点来看待仓库，仓库应该具备如下功能。

1. 储存和保管的功能　仓库具有一定的空间，用于储存物品，并根据储存物品的特性配备相应的设备，以保持储存物品完好性。例如，储存挥发性溶剂的仓库，必须设有通风设备，以防止空气中挥发性物质含量过高而引起爆炸。贮存精密仪器的仓库，需防潮、防尘、恒温，因此，应设立空调、恒温等设备。在仓库作业时，还有一个基本要求．就是防止搬运和堆放时碰坏、压坏物品。从而要求搬运机具和操作方法的不断改进和完善，使仓库真正起到贮存和保管的作用。

2. 调节功能　仓储在物流中起着"蓄水池"的作用。一方面仓储可以调节生产与消费的矛盾，如销售与消费的矛盾，使它们在时间上和空间上得到协调，保证社会再生产的顺利进行。另一方面，它还可以实现对运输的调节。因为产品从生产地向销售地流转，主要依靠运输完成，但不同的运输工具的运输能力是不一样的。船舶的运输能力很大，海运船一般是万吨级，内河船舶也有几百吨至几千吨的。火车的运输能力较小些，每节车皮能装运 30～60t，一列火车的运量最多达几千吨。汽车的运输能力很小，一般每辆车装 4～10t。它们之间的运输衔接是很困难的，这种运输能力的差异，也是通过仓库进行调节和衔接的。

3. 检验功能　在物流过程中，为了保障商品的数量和质量准确无误，明确事故责任，维护各方面的经济利益，要求必须对商品及有关事项进行严格的检验，以满足生产、运输、销售以及用户的要求，而物流过程中的检验，一般安排在仓库进货、储存或出货作业环节，仓库为组织检验提供了场地和条件。

4. 配送功能　仓库的配送功能是根据用户的需要，对商品进行分拣、组配、包装和配送等作业，并将配好的商品送货上门。现代仓库的功能已处在由保管型向流通型转变的过程之中，即仓库从贮存、保管货物的中心向流通、销售的中心转变。仓库配送功能是仓库保管功能的外延，它提高了仓库的社会服务效能。

5. 集散功能　物流仓储把各生产企业的产品汇集起来，形成规模，然后根据需要分散发送到各消费地去。通过一集一散，衔接产需，均衡运输，提高了物流速度、物流效率与效益。

6. 信息传递功能　伴随着以上功能的改变，导致了仓库对信息传递的要求。在处理仓储活动有关的各项事务时，需要依靠计算机和互联网，通过电子数据交换和条形码等技术来提高仓储物品信息的传递速度，及时而又准确地了解仓储信息，如仓库利用水平、进出库的频率、仓库的运输情况、顾客的需求以及仓库人员的配置等。

二、仓库的分类

仓库的种类繁多，分类方法也有许多种，这里介绍几种主要的分类方法。

1. 按保管物品分类　①原料、产品仓库：是企业为了保证生产和销售的连续

性，专门用于存储原材料、半成品或成品的仓库；②商品、物资综合仓库：是商业、物资、外贸部门为了保证市场供应，解决季节时差，用于存储备用商品物资的综合性仓库；③农副产品仓库：是经营农副产品的企业，专门用于存储农副产品的仓库，或经过短暂存储进行加工后再运出的中转仓库；④战略物资储备仓库：由国家或一个主管部门修建的，用于储备各种战略物资，以防止各种自然灾害和意外事件的发生。

2. 按保管条件分类　①普通仓库：用于存放一般物资，对仓库没有特殊要求，如一般的金属材料仓库、机电产品仓库等；②保温仓库：用于储存对温度等有特殊要求的仓库。包括恒温、恒湿及冷藏库等，如药品、粮食、水果、肉类等的储存。这类仓库在建筑结构上要有隔热、防寒、密封等功能，并配备专门的设备，如空调、制冷机等；③特种仓库：指用来储存危险品的仓库。

3. 按建筑结构分类　①平房仓库：一般构造简单，建筑费用低，适于人工操作；②楼房仓库：是指二层楼以上的仓库，它可以减少占用面积，出入库作业则多采用机械化或半机械化作业；③货架仓库：它采用钢结构货架贮存货物，通过各种输送机、水平搬运车辆、叉车、堆垛机进行机械化作业。按货架的层数又可分为低层货架仓库（货物堆放层数不大于10层）和高层货架仓库（货物堆放层数为10层以上）。高层货架仓库一般采用计算机管理和控制。

4. 按功能分类　①储存仓库：主要对货物进行保管，以解决生产和消费的不平均，如秋季生产的大米储存到第二年出售；常年生产的化肥，要在春、秋季节供应，只有通过仓储来解决；②流通仓库：这种仓库除具有保管功能之外，还能进行流通加工、装配、包装、理货等功能。具有周转快、高附加值、实践性强的特点，从而减少在联结生产和消费的流通过程中商品因停滞而花费的费用；③配送中心：配送中心是作为向市场或直接向消费者配送商品的仓库。作为配送中心的仓库往往具有存货种类众多、存货量较少的现象，要进行商品包装拆除、配货组合等作业，一般还开展配送业务；④保税仓库：经海关批准，在海关监督下，专供存放未办理关税手续而入境或过境货物的场所。也就是说，保税仓库是获得海关许可的能长期储存外国货物的本国国土上的仓库。

三、仓库的布局

仓库的布局是指一个仓库的各个组成部分，如库房、货棚、货场、辅助建筑物、铁路专运线、库内道路、附属固定设备等，在规定的范围内，进行平面和立体的全面合理安排。

1. 仓库总平面布置的要求　①要适应企业生产流程，有利于企业生产正常进行，做到单一的物流方向，应尽量减少迂回运输；专运线的布置应在库区中部，并根据作业方式、仓储商品品种、地理条件等，合理安排库房、专运线与主干道的相对位置，运距最短；减少在库商品的装卸搬运次数和环节，使商品的卸车、验收、堆码作业最好一次完成，即最大限度地减少装卸环节；应有利于商品合理储存和充分利用库容，也就是最大限度地利用空间。②有利于提高仓储经济效益，即因地制宜，充分考虑地形、地质条件，满足商品运输和存放上的要求，并能保证仓容充分利用；平面布置应与竖向布置相适应；总平面布置应能充分、合理地利用我国目前普遍使用的门式、桥

笔记

式起重机一类的固定设备，合理配置这类设备的数量和位置，并注意与其他设备的配套，便于开展机械化作业。③有利于保证安全生产和文明生产，即指库内各区域间、各建筑物间，应根据“建筑物设计防火规范”的有关规定，留有一定的防护间距，并有防火、防盗等安全设施，经过消防部门和其他管理部门验收；总平面布置应符合卫生和环境要求，既满足库房的通风、日照等，又要考虑环境绿化、文明生产，有利于增进职工的身体健康。

2. 仓库的总体构成　一个仓库通常由生产作业区、辅助生产区和行政生活区三大部分组成。①生产作业区：它是仓库的主体部分，是商品储运活动场所。主要包括储货区、铁路专运线、道路、装卸台等。储货区是储存保管的场所，具体分为库房、货棚、货场。货场不仅仅可存放商品，同时还起着货位的周转和调剂、作业作用。铁路专运线、道路是库内外商品的运输通道，商品的进出库，库内商品的搬运，都通过这些运输线路。专运线应与库内其他道路相通，保证通畅。装卸站台是供火车或汽车装卸商品的平台，有单独站台和库边站台两种，其高度和宽度应根据运输工具和作业方式而定。②辅助生产区：辅助生产区是为商品储运保管工作服务的辅助车间或服务站，包括车库、变电室、油库、维修车间等。③行政生活区：行政生活区是仓库行政管理机构和员工休憩的生活区域。一般设在仓库入口附近，便于业务接洽和管理，行政生活区与生产作业区应分开，并保持一定距离，以保证仓库的安全及行政办公和居民生活的安静。

四、仓储设计中的层次划分

仓储设计是一项非常重要的工作，因为仓储运作中产生的物流成本绝大部分在仓储设计阶段就已经决定。

仓储设计是一个决策过程，需要考虑很多问题，这些问题之间有的相关性很高，有的相关性较小；有的问题出错可能会影响整个仓储运作的效率，严重时可能会使仓库不能使用，而有的问题出错影响很小，不会带来全局的影响。所以，可以借鉴管理学上广泛运用的层级结构，对仓储设计中所遇到的决策问题进行分层考察。

1. 战略层设计　在战略层次上，仓储设计主要考虑的是对仓储具有长远影响的决策。战略层次上的决策决定着仓储设计的整体方向。仓储设计时战略层面主要有仓库选址、流程设计、仓储类型三个决策，这三个决策互相影响，互为条件，形成了一个紧密的环状结构。

(1) 仓库选址决策：仓库选址是指在一个具有若干供应点及若干需求点的经济区域内，选一个地址设置仓库的规划过程。仓库地址的选择影响深远。首先，仓库地址决定仓储运作成本，如将仓库建立在郊区，其土地和建设成本可能会降低，但其顾客服务成本将大幅度上升。其次，仓库地址会影响企业的发展，如仓库地址没有可供扩充的土地，将会因不能满足企业扩张而失去使用价值。最后，仓库地址会决定仓库设施的选择，如仓库选择建在铁路线旁，在仓库设计中就要有接收火车货物的站台。仓库拥有众多建筑物、构筑物以及固定机械设备，一旦建成很难搬迁，如果选址不当，将付出长远代价。因而，仓库的选址是仓库设计中至关重要的一步。

①仓库选址的原则：仓库的选址过程应同时遵守适应性原则、协调性原则、经济性原则和战略性原则。i 适应性原则，仓库的选址须与国家以及省市的经济发展方

笔记

针、政策相适应，与我国物流资源分布和需求分布相适应，与国民经济和社会发展适应；ii 协调性原则，仓库的选址应将国家的物流网络作为一个大系统来考虑，使仓库的设施设备，在地域分布、物流作业生产力、技术水平等方面互相协调；iii 经济性原则，仓库发展过程中，有关选址的费用，主要包括建设费用及物流费用（经营费用）两部分。仓库的选址定在市区、近郊区或远郊区，其未来物流辅助设施的建设规模及建设费用，以及运费等物流费用是不同的，选址时应以总费用最低作为仓库选址的经济性原则；iv 战略性原则，仓库的选址，应具有战略眼光。一是要考虑全局，二是要考虑长远。局部要服从全局，目前利益要服从长远利益，既要考虑目前的实际需要，又要考虑日后发展的可能。

②仓库选址的影响因素　仓库的选址主要应考虑以下因素：i 自然环境因素，包括气象条件、地质条件、水文条件、地形条件等；ii 经营环境因素，包括经营环境、商品特性、物流费用、服务水平等；iii 基础设施状况，包括交通条件、公共设施状况等；iv 其他因素，包括国土资源利用、环境保护要求等。

（2）流程设计相关决策：仓储作业流程决定了仓储运作的各项成本和效率。对于新建立的仓库，优化的流程可以在达到既定仓库运作效率的基础上，减少仓库各项人力和设备投资。对于旧的仓库，优化其作业流程可以在不增加投资的基础上，提高仓储的运作效率。

（3）仓储类型决策：仓储系统指的是产品分拣或储存接收中使用的设备和运作策略的组合。根据自动化程度的不同，仓储系统可分为三类：手工仓储系统、自动化仓储系统和自动仓储系统。在手工订单拣选中存在两个基本策略：单一订单拣选和批量拣选。批量拣选中，订单既可以在分拣中进行分类，也可以集中一起再事后分类。旋转式仓储系统是一种典型的自动化仓储系统，人站在固定的位置，产品围绕着分拣人员转动。自动仓储系统是由分拣机器人代替人的劳动，实现仓储作业的全面自动化。

知识拓展

自动化仓储系统

自动化仓储系统是由高层立体货架、堆垛机、各种类型的叉车、出入库系统、无人搬运车、控制系统及周边设备组成的自动化系统。利用自动化仓储系统可持续地检查过期或找库存的产品，防止不良库存，提高管理水平。自动化仓储系统能充分利用存储空间，通过计算机可实现设备的联机控制，以先入先出的原则，迅速准确地处理物品，合理地进行库存管理及数据处理。自动化仓储系统一般包括堆垛机、物流管理软件、输送系统、货架系统等。相较于传统的仓储模式，它具有以下几个优点：

1. 提高拣货速度效率，降低误拣错误率。电子标签借助于明显易辨的储位视觉引导，可简化拣货作业为“看、拣、按”三个单纯的动作。降低拣货人员思考及判断的时间，以降低拣错率并节省人员找寻货物存放位置所花的时间。

2. 提升出货配送物流效率。

3. 降低作业处理成本。除了拣货效率提高之外，因拣货作业所需熟练程度降低，人员不需要特别培训，即能上岗工作。为此可以引进兼职人员，降低劳动力成本。

知识链接

分拣机器人

分拣机器人(Sorting robot)，是一种具备了传感器、物镜和电子光学系统的机器人，可以快速进行货物分拣。可用于以下作业：

1. 流动包装　一个分拣机器人往流动包装盒内装载产品，同时使机器人视觉定位和气动吸盘，用于分拣和包装。

2. 样品随机质量检验　医疗设备的随机样品是由一个视觉系统进行检测，有一个分拣机器人放置到一个转盘。多个传感器检查器件的质量缺陷。一个两轴机构取回测试过的部件，并收集保存他们的质量信息。

3. 多机器人逆向输送系统　生产过程是每分钟输送1160套产品在输送线上。5个分拣机器人共同操作，向纸箱套管里放置产品，挑选用一个双头夹装气动吸盘。机器人包装线允许转换不同的包装风格，而且不需要添加任何硬件。

4. 用于分拣和包装的分拣机器人　这个机器人操作线的控制是由一个中央控制系统来操作和平衡机器人的工作负载。满足大规模生产与多个机器人在生产线上协调工作，提供多个机器人协调工作在一个输送线的产品。允许同步和集中可视化和运行多个机器人和其他设备。主要功能包括沟通机器人之间的产品信息，在多机器人操作线上平衡负载功能，在一个或多个操作屏可视化操作不同的应用程序。

2. 战术层设计　战术层面上的决策一般考虑的是仓库布局、仓库资源规模和一系列组织问题。

(1) 仓库布局：主要由存储物品的类型、搬运系统、存储量、库存周转期、可用空间和仓库周边设施等因素决定。其中，搬运系统对仓库布局有很大影响，因为搬运系统决定了仓库作业的流程通道。仓库布局应最有效地利用仓库的容量，实现接收、储存、挑选、装运的高效率，同时应考虑到改进的可能性。

(2) 仓库资源规模：仓库规模大小主要由存储物品数量、存储空间和货架的规格决定；仓库各作业区域大小主要由仓库作业流程、储存货物种类和仓库种类决定；物料搬运设备和工人的数量由仓库的自动化程度和处理进出货物的数量决定。仓库资源规模必须在仓库整体投资的限制下进行考虑。

(3) 组织问题：考虑仓库在接收、储存、分拣和发运各个过程中的规则。补货策略是考虑在什么情况下由货物存储区向分拣存货区进行补货，一个好的补货策略可以更好地发挥分拣存货区的作用。批量拣取是把多张订单集合成一批，依商品类别将数量加总后再进行拣取，然后根据客户订单作分类处理。

3. 运作层设计　在运作层面上，主要考虑人和设备的配置与控制问题。接货阶段的运作层设计期望获得在一定设备和人员投资下物品接收的高效率。通过对仓库的试运行或者对仓库接收系统的模拟，可以确定最佳的送货车辆卸货站台分配原则以及搬运设备和人员的分配原则。发运阶段考虑的内容与接货阶段相似，但又增加对货物组合发运的考虑，通过合理的组合，可以最大限度地利用每一辆车的运载能力。储存阶段的运作层设计是确定仓库补货人员的分配，即确定是由专门的人员完成补货任务还是由拣货人员完成补货任务。同时储存阶段还要具体实现仓库储存的

笔记

原则，即按照战术层选择的储存方式，完成货架和商品的对应关系。

订单拣选阶段运作层的设计内容比较繁多。首先要确定订单集合的原则或者订单拣选的顺序，而订单集合或者订单拣选顺序决策主要是考虑对不同顾客订单应有不同的重视程度。其次是拣货方式和拣货路径的确定，是采取一个人负责一个拣货批量，还是将一个拣货批量分解由不同的人进行拣选，在拣货方式确定的情况下才可以决定最佳的拣货行走路径。实际的仓库运作中，可以从很多方面提高分拣效率，如对空闲设备停靠点的优化就可以在不增加投资的基础上提高整个拣取速度。

各个层次之间是一种约束关系：战术层决策是在战略层所作决策的限制下进行，运作层决策是在战略层和战术层所作决策的限制下进行。从各层的关系上可以看出仓库设计中应该将主要精力放在仓库设计的战略层决策。没有好的战略层设计，就没有在低成本下高效运作的仓库。

在仓储设计中使用层级结构，有利于在仓库设计阶段有更加明确的方向，使仓储设计按步骤逐渐展开，有利于理清仓库设计中各种决策之间的错综复杂关系，认识到各种决策的轻重缓急，也有利于使仓储设计在投资限制和设计目标的指导下进行。

五、制药企业仓库设计

制药企业的仓库设计，除了通常的建筑结构安全防范设计外，制药行业规范《药品生产质量管理规范》(2010 版)通则还有明确的规定，从仓库的总体布局、物流运输路线的合理性以及仓库内的功能分区要求、收发及贮存区的设置、取样区的设置要求等作了清晰的表述。根据《药品生产质量管理规范》(GMP)要求，对制药企业仓储设计有以下几方面的要求和特点：

1. 药品生产企业仓库的设计要以保证物料、中间产品及成品的质量，防止混药、交叉污染和差错为原则。药品生产企业起始物料包括原料、辅料、包装材料，还有中间产品、待包装品及成品。

2. 按照物料的使用功能可划分为：原料库、辅料库、胶囊库、包装材料库、危险品库、毒麻、细贵及精神药品库，冷库、成品库、五金库(低值易耗品库)等，有些中药生产企业还有中药材库、净料库等。针对中药材库还要设毒性与串味药材库，注意避免直晒，要设计避光直晒的设施，如各种形式的窗帘等。贮存鲜活中药材应有适合的设施，如冷藏冰箱等。

3. 按贮存条件划分可分为：常温：10～30℃；阴凉：20℃以下；冷处：2～10℃；凉暗：避光并不超过 20℃。一般将常温库中分区划分为原料区、辅料区和包装材料区，但标签、说明书、合格证、小盒等按标签管理的包材需要专库或专柜上锁保存。某些企业也采用设专库存放的方式来保存。

4. 危险品库必须单独设置，并且要有通风、防火、防爆等设施。

5. 对于毒麻、细贵、精神药品则必须专库或专柜双人双锁保管。中药厂库应专库存放，通风。净料库一般设在车间内，如果净料中也有毒麻、细贵、精神药品，可在净料库中隔出一个专库或专柜双人双锁保存，净料中也有阴凉贮存的品种，一般在净料库中间隔一间，装有空调设施作为净料的阴凉库。胶囊库中应安装空调设施，温度控制在 15～25℃、湿度控制在 35%～65%。有些中药生产企业生产的浸膏、口服液的中间产品等都要放在冷库中保存，也有些生物制品企业有些品种温度需要放在冷库

笔记

中存放。如果面积不需要太大一般都采用活动式冷库。

对于成品，按贮存条件分为常温成品库，阴凉成品库。可在常温成品库内间隔一间阴凉成品库，内设空调设施。

6. 仓库人物流应分开，应设置人流通道、物料进口、物料出口。仓库内在设计中还应考虑设置更衣室、卫生间、卫生工具存放处等功能间。仓库的大门上应有雨搭，目的是为了雨天卸货时防止货物被雨淋湿。另外可以根据地势，仓库地面略高一些，在门口设一个卸货平台，中间高两侧缓坡，这样站在一定高度的平台上卸货比较方便，节省人力。

7. 根据《药品生产质量管理规范》规定，库内的物料应有明显的待验、合格、不合格、退回或召回等标识，在每个库内可换牌管理，检验前设置“待验标识”，检验合格后设置“合格标识”，以免搬移。但不合格品最好设单独的不合格品库，也可专区存放，但应有有效的物理隔离手段。在原辅料、包材库应设置取样间（取样车）、称量区、待发料区、退货区。取样间（取样车）应有层流装置，环境应与生产环境相一致，且取样间（车）内只允许放置一个品种、一个批号的物料，以免混料；称量区应有经检验合格的计量器具，定期校验，并定置管理；待发料区：放置称量后需要发送到车间的批物料，每袋应有明显的标识（品名、编码、批号、数量等）；退货区应有明显的标识，以防混淆。头孢类和青霉素类、激素类原辅料应分开放置，并需要吸塑包装以免交叉污染。固体原料和液体原料应分开储存，挥发性物料应避免污染其他物料。

8. 仓库与生产区接界处都应有缓冲间，缓冲间两边均应设门，并设互锁，不允许两边门同时开启。

9. 仓库设计一般采用全封闭式，而且采用灯光照明，对光照有一定的要求。仓库周围不允许有窗，既便有窗也不允许开启，以防积尘，也防鼠类、虫类进入。有窗部位外面要安装铁栅栏，以保证物品安全。

10. 仓库的地面要求平整，尤其在货架区，由于是高位货架和高位铲车运作区，特别要求地面平整。高位货架应采用冷轧钢板质量较好，如用热轧钢板，对钢板厚度要求稍厚些。货架焊接处要求质量较高，无砂眼，表面要进行防锈处理。货架竖立时要求测量其垂直度，不得有倾斜。仓库地面要进行硬化处理，其处理可用环氧树脂或聚胺酯涂层，一般不用水泥地面，尤其用高位铲车运作时，易起尘，难以清洁。

11. 仓库内不设地沟、地漏，目的是为了不让细菌滋生。仓库内应设工卫间，放置专用的清洁工具，清洗工具有全自动驾驶清洁车、半自动清洁车和手工清洁工具。手工清洁工具包括刮水器、拖把、手动拖把挤干器等。清洁工具不准乱放。

12. 仓库地面结构要考虑承重。高层货架已不再用底脚螺丝予埋件固定，而用膨胀螺栓固定，装卸均较简便。物料都应堆放在垫仓板上，最好采用金属垫仓板，其结构应考虑便于清洁和冲洗。国外采用铝合金垫仓板较多。塑料垫仓板在中空的货架上会出现变形，甚至出现断裂现象。而木质垫仓板按 GMP 要求，在生产区内是不允许用的。青霉素类和头孢素类用的垫仓板应予分开，不能和一般物料用垫仓板混用，如要混用，则需用清洗剂（如 12% 的 NaOH 溶液或氨水溶液）清洗，以防交叉污染。

笔记

第二节　仪表车间设计

制药生产过程中仪表是操作者的耳目，现代科技的进步使仪表由单一的检测功能进化为检测、自动控制一体化。

一、自动化控制简介

控制是指为实现目的而施加的作用，一切控制都是有目的的行为。在工业生产过程中，如果采用自动化装置来显示、记录和控制过程中的主要工艺变量，使整个生产过程能自动地维持在正常状态，就称为实现了生产过程的自动控制，简称过程控制。过程控制的工艺变量一般是指压力、物位、流量、温度和物质成分。实现过程控制的自动化装置称为过程控制仪表。

过程控制技术包含过程控制系统及其实施工具——过程控制仪表这两个方面。

1. 过程控制系统的组成　今天，在人们的日常生活中几乎处处都可见到自动控制系统的存在。如各种温度调节、湿度调节、自动洗衣机、自动售货机、自动电梯等。它们都在一定程度上代替或增强了人类身体器官的功能，提高了生活质量。

早期的工业生产中，控制系统较少。随着生产装置的大型化、集中化和过程的连续化，自动控制系统越来越多，越来越重要。

自动化装置一般至少包括三个部分，分别用来模拟人工控制中人的眼、脑和手的功能，自动化装置的三个部分分别是：

（1）测量元件与变送器：它的功能是测量液位并将液位的高低转化为一种特定的、统一的输出信号（如气压信号或电压、电流信号等）；

（2）控制器：它接受变送器送来的信号，与工艺需要保持的液位高度相比较得出偏差，并按某种运算规律算出结果，然后将此结果用特定信号（气压或电流）发送出去；

（3）执行器：通常指控制阀，它与普通阀门的功能一样，只不过它能自动地根据控制器送来的信号值来改变阀门的开启度。

显然，测量元件与变送器、控制器、执行器分别具有人工控制中操作人员的眼、脑、手的部分功能。

在自动控制系统的组成中，除了自动化装置的三个组成部分外，还必须具有控制装置所控制的生产设备。在自动控制系统中，将需要控制其工艺参数的生产设备或机器叫做被控对象，简称对象。制药生产中的各种反应釜、换热器、泵、容器等都是常见的被控对象，甚至一段输气管道也可以是一个被控对象。在复杂的生产设备中，一个设备上可能有好几个控制系统，这是在确定被控对象时，就不一定是生产设备的整个装置，只有与某一控制相关的相应部分才是某一个控制系统的被控对象。

2. 过程控制系统的主要内容　过程控制系统一般包括生产过程的自动检测系统、自动控制系统、自动报警联锁系统、自动操纵系统等方面的内容。

（1）自动检测系统：利用各种检测仪表对工艺变量进行自动检测、指示或记录

的系统，称为自动检测系统。它包括被测对象、检测变送、信号转换处理以及显示等环节。

（2）自动控制系统：用过程控制仪表对生产过程中的某些重要变量进行自动控制，能将因受到外界干扰影响而偏离正常状态的工艺变量，自动地调回到规定的数值范围内的系统称为自动控制系统。它至少要包括被控对象、测量变送器、控制器、执行器等基本环节。

（3）自动报警与联锁保护系统：在工业生产过程中，有时由于一些偶然因素的影响，导致工艺变量越出允许的变化范围时，就有引发事故的可能。所以，对一些关键的工艺变量，要设有自动信号报警与联锁保护系统。当变量接近临界数值时，系统会发出声、光报警，提醒操作人员注意。如果变量进一步接近临界值、工况接近危险状态时，联锁系统立即采取紧急措施，自动打开安全阀或切断某些通路，必要时，紧急停车，以防止事故的发生和扩大。

（4）自动操纵系统：按预先规定的步骤自动地对生产设备进行某种周期性操作的系统。

3. 自动控制系统分类　自动控制系统从不同的角度有不同的分类方法。

按被控变量可划分为：温度、压力、液位、流量和成分等控制系统。这是一种常见的分类。

按被控制系统中控制仪表及装置所用的动力和传递信号的介质可划分为：气动、电动、液动、机械式等控制系统。

按被控制对象划分为：流体输送、传热设备、精馏塔和化学反应器控制系统等。

按控制调节器的控制规律划分为：比例控制、积分控制、微分控制、比例积分控制、比例微分控制等。

按系统功能与结构可划分为：单回路简单控制系统；串级、比值、选择性、分程、前馈和均匀等常规复杂控制系统；解耦、预测、推断和自适应等先进控制系统和程序控制系统等。

按控制方式可划分为：开环控制系统和闭环控制系统。

开环控制是指没有反馈的简单控制。如通常的照明中的调光控制，电风扇的多级速度调节等。

闭环控制是指具有负反馈的控制。因为负反馈可以使控制系统稳定，多数控制系统都是闭环负反馈控制系统。

按给定值的变化情况可划分为：定值控制系统、随动控制系统和程序控制系统。

二、仪表类型

过程控制仪表是实现过程控制的工具，其种类繁多，功能不同，结构各异。

1. 仪表的分类　制药企业自动化车间的控制仪表从不同的角度有不同的分类方法。通常是按下述方法进行分类的。

（1）按功能不同：可分为检测仪表、显示仪表、控制仪表和执行器。①检测仪表：包括各种变量的检测元件、传感器等；②显示仪表：有刻度、曲线和数字等显示形式；③控制仪表：包括气动、电动等控制仪表及计算机控制装置；④执行器：有气动、电动、液动等类型。

笔记

（2）按使用的能源不同：可分为气动仪表和电动仪表。①气动仪表：以压缩空气为能源，性能稳定、可靠性高、防爆性能好且结构简单。但气信号传输速度慢、传送距离短且仪表精度低，不能满足现代化生产的要求，所以很少使用。但由于其天然的防爆性能，使气动控制阀得到了广泛的应用；②电动仪表：以电为能源，信息传递快、传送距离远，是实现远距离集中显示和控制的理想仪表。

知识拓展

气动控制阀

气动控制阀是指在气动系统中控制气流的压力、流量和流动方向，并保证气动执行元件或机构正常工作的各类气动元件。气动控制阀的结构可分解成阀体（包含阀座和阀孔等）和阀心两部分，根据两者的相对位置，有常闭型和常开型两种。阀从结构上可以分为：截止式、滑柱式和滑板式三类阀。控制和调节压缩空气压力的元件称为压力控制阀。控制和调节压缩空气流量的元件称为流量控制阀。改变和控制气流流动方向的元件称为方向控制阀。

除上述三类控制阀外，还有能实现一定逻辑功能的逻辑元件，包括元件内部无可动部件的射流元件和有可动部件的气动逻辑元件。在结构原理上，逻辑元件基本上和方向控制阀相同，仅仅是体积和通径较小，一般用来实现信号的逻辑运算功能。近年来，随着气动元件的小型化以及PLC控制在气动系统中的大量应用，气动逻辑元件的应用范围正在逐渐减小。从控制方式来分，气动控制可分为断续控制和连续控制两类。在断续控制系统中，通常要用压力控制阀、流量控制阀和方向控制阀来实现程序动作；连续控制系统中，除了要用压力、流量控制阀外，还要采用伺服、比例控制阀等，以便对系统进行连续控制。

（3）按结构形式分：可分为基地式仪表、单元组合仪表、组件组装式仪表等。①基地式仪表：这类仪表集检测、显示、记录和控制等功能于一体。功能集中，价格低廉，比较适合于单变量的就地控制系统。②单元组合仪表：是根据自动检测系统和控制系统中各组成环节的不同功能和使用要求，将整套仪表划分成能独立实现一定功能的若干单元（有变送、调节、显示、执行、给定、计算、辅助、转换等八大单元），各单元之间采用统一信号进行联系。使用时可根据需要，对各单元进行选择和组合，从而构成多种多样的、复杂程度各异的自动检测系统和自动控制系统。所以单元组合仪表被形象地称作积木式仪表。③组件组装式仪表：是一种功能分离、结构组件化的成套仪表（或装置）。

（4）按信号形式分：可分为模拟仪表和数字仪表。①模拟仪表：模拟仪表的外部传输信号和内部处理信号均为连续变化的模拟量。②数字仪表：数字仪表的外部传输信号有模拟信号和数字信号两种，但内部处理信号都是数字量（0，1），如可编程调节器等。

2．仪表的选型　生产过程自动化的实现，不仅要有正确的测量和控制方案，而且还需要正确、合理地选择和使用自动化仪表及自动控制装置。现代工业规模化生产控制应该首选计算机控制系统，借助计算机的资源可以实时显示测量参数的瞬时值、累积值、实时曲线、历史参数、历史曲线及打印等；实现联锁报警保护；不仅能实现PID（Proportion Intergration Differentiation）控制，亦可实现优化和复杂控制及管理功能等。通常的选型原则有如下几种。

笔记

（1）根据工艺对变量的要求进行选择：对工艺影响不大，但需要经常监视的变量宜选显示仪表；对要求计量或经济核算的变量宜选具有计算功能的仪表；对需要经常了解其变化趋势的变量宜选记录仪表；对变化范围大且必须操作的变量宜选手动遥控仪表；对工艺过程影响较大，需随时进行监控的变量宜选控制型仪表；对可能影响生产或安全的变量宜选报警型仪表。

（2）仪表的精确度应按工艺过程的要求和变量的重要程度合理选择：一般指示仪表的精确度不应低于 1.5 级，记录仪表的精确度不应低于 1.0 级，就地安装的仪表精确度可略低些。构成控制回路的各种仪表的精确度要相配。仪表的量程应按正常生产条件选取。有时还要考虑到开停车、发生生产事故时变量变动的范围。

（3）仪表系列的选择：通常分为单元仪表的选择、可编程控制器和微型计算机控制。

单元仪表的选择包括：①电动单元组合仪表的选用原则：变送器至显示控制单元间的距离超过 150m 以上时；大型企业要求高度集中管理控制时；要求响应速度快，信息处理及运算复杂的场合；设置有计算机进行控制及管理的对象，可采用电动仪表。②气动单元组合仪表的选用原则：变送器、控制器、显示器及执行器之间，信号传递距离在 150m 以内时；工艺物料易燃、易爆及相对湿度很大的场合；一般中小型企业要求投资少，维修技术工人水平不高时；大型企业中，有些现场就地控制回路，可采用气动仪表。

可编程控制器以微处理器为核心，具有多功能、自诊断功能的特色。它能实现相当于模拟仪表的各种运算器的功能及 PID 功能，同时配备与计算机通信联系的标准接口。它还能适应复杂控制系统，尤其是同一系统要求功能较多场合。

微型计算机控制是指在计算机上配有 D/A（Digital to Analog）、A/D（Analog to Digital）转换器及操作台就构成了计算机控制系统。它可以实现实时数据采集、实时决策和实时控制，具有计算精度高、存储信息容量大、逻辑判断能力强及通用、灵活等特点，广泛地应用于各种过程控制领域。

（4）根据自动化水平选用仪表：自动化水平和投资规模决定着仪表的选型，而自动化水平是根据工程规模、生产过程特点、操作要求等因素来确定的。根据自动化水平，可分为就地检测与控制；机组集中控制；中央控制室集中控制等类型。针对不同类型的控制方式应选用不同系列的仪表。

对于就地显示仪表一般选用模拟仪表，如双金属片温度计、弹簧管压力计等。对于集中显示和控制仪表宜选单元组合仪表，二次仪表首先考虑以计算机取代当不采用计算机时，再考虑数字式仪表（如数显表、无笔无纸显示记录仪表和数字控制器等）。尽量不选或者少选二次模拟仪表。

（5）仪表选型中应注意的事项：①根据被测对象的特点，以及周围环境对仪表的影响，决定仪表是否需要考虑防冻、防凝、防震、防火、防爆和防腐蚀等因素。②对有腐蚀的工艺介质，应尽量选用专用的防腐蚀仪表，避免用隔离液。③在同一个工程中，应力求仪表品种和规格统一。④在选用各种仪表时，还应考虑经济合理性，本单位仪表维修工人的技术水平、使用和维修仪表的经验以及仪表供货情况等因素。

笔记

化工仪表的防蚀技术

化工仪表的腐蚀是指构成工业仪表的零部件的金属或非金属材料，由于物理作用、机械作用、化学或电化学作用引起的侵蚀和腐蚀现象通称为化工仪表的腐蚀。从腐蚀形态上看，腐蚀分布在整个金属表面上，包括均匀的和不均匀的，称为全面腐蚀。腐蚀仅局限在金属某一部位上，称为局部腐蚀，其特点是腐蚀高度集中在局部位置上，腐蚀强度大，危害更大。局部腐蚀问题受到普遍重视。

对于仪表的防蚀技术而言，目前普遍采用的方法大同小异。主要方法有：

1. 有针对性地选择耐腐蚀金属或非金属材料制造防腐蚀仪表的零部件，是化工仪表防腐蚀的根本方法。如担膜片的变送器用于氯气的工况测量，工作寿命在一年以上。

2. 选择合理的结构设计和采用先进的加工工艺，也是提高仪表防腐蚀性能的重要途径。如用于合成氨的高压调节阀在采用多级减压调节方式后，在生产过程中明显体现出抗汽蚀，使用寿命长的特点。

3. 对仪表的零部件采用涂覆、包、衬等方法进行保护。如对测温元件加保护套管等。

4. 稳定工艺生产，选择合理的检测方法和检测点，对提高仪表防腐蚀性能也很重要。并应用于适当的工况，如对氯气的检测，如检测点处于易积水的管段，则所受腐蚀大为加剧。

5. 隔离防腐蚀，除了采用以上办法提高仪表防腐蚀性能外，尽量让仪表检测部分同腐蚀性介质隔离，也是常见而又易行的方法。

三、过程控制工程设计

过程控制系统工程设计是指把实现生产过程自动化的方案用设计文件表达出来的全部工作过程。设计文件包括图纸和文字资料，它除了提供给上级主管部门对工程建设项目进行审批外，也是施工、建设单位进行施工安装和生产的依据。

过程控制系统工程设计的基本任务是依据工艺生产的要求，对生产过程中各种参数（如温度、压力、流量、物位、成分等）的检测、自动控制、遥控、顺序控制和安全保护等进行设计。同时，也对全厂或车间的水、电、气、蒸汽、原料及成品的计量进行设计。

根据我国现行基本建设程序规定，一般工程项目设计可分两个阶段进行，即初步设计和施工图设计。

1. 控制方案的制定　控制方案的制定是过程控制系统工程设计中的首要和关键问题，控制方案是否正确、合理，将直接关系到设计水平和成败，因此在工程设计中必须十分重视控制方案的制定。

控制方案制定的主要内容包括以下几个方面：①正确选择所需的测量点及其安装位置；②合理设计各控制系统，选择必要的被控变量和恰当的操纵变量；③建立生产安全保护系统，包括设计声、光信号报警、联锁及其他保护性系统。

为了使控制方案制定得合理，应做到：重视生产过程内在机理的分析研究；熟悉工艺流程、操作条件、工艺数据、设备性能和产品质量指标；研究工艺对象的静态特性和动态特性。控制系统的设计涉及整个流程、众多的被控变量和操纵变量，因此制定控制方案必须综合各个工序、设备、环节之间的联系和相互影响，合理确定各个控

笔记

制系统。

自动化系统工程设计是整个工程设计的一个组成部分，因此设计人员应重视与设备、电气、建筑结构、采暖通风、水道等专业技术人员的配合，尤其应与工艺人员共同研究确定设计内容。工艺人员必须提供自控条件表，提供详细的参数。

2. 初步设计的内容与深度要求　初步设计的主要任务和目的是根据批准的设计任务书（或可行性研究报告），确定设计原则、标准、方案和重大技术问题，并编制出初步设计文件与概算。

初步设计的内容和深度要求，因行业性质、建设项目规模及设计任务类型不同会有差异。一般大、中型建设项目过程自动化系统初步设计的内容和深度要求如下：

（1）初步设计说明书：初步设计说明书应包括：①设计依据，即该设计采用的标准、规模。②设计范围，概述该项目生产过程检测、控制系统和辅助生产装置自动控制设计的内容，与制造厂成套供应自动控制装置的设计分工，与外单位协作的设计项目的内容和分工等。③全厂自动化水平，概述总体控制方案的范围和内容，全厂各车间或工段的自动化水平和集中程度。说明全厂各车间或工段需设置的控制室，控制的对象和要求，控制室设计的主要规定，全厂控制室布局的合理性等。④信号及联锁，概述生产过程及重要设备的事故联锁与报警内容，信号及联锁系统的方案选择的原则，论述系统方案的可靠性。对于复杂的联锁系统应绘制原理图。⑤环境特性及仪表选型，说明工段（或装置）的环境特征、自然条件等对仪表选型的要求，选择防火、防爆、防高温、防冻等防护措施。⑥复杂控制系统，用原理图或文字说明其具体内容以及在生产中的作用及重要性。⑦动力供应，说明仪表用压缩空气、电等动力的来源和质量要求。⑧存在问题及解决意见，说明特殊仪表订货中的问题和解决意见，新技术、新仪表的采用和注意事项，以及其他需要说明的重大问题和解决意见。

（2）初步设计表格：包括自控设备表、按仪表盘成套仪表和非仪表盘成套仪表两部分绘制自控设备汇总表、材料表。

（3）初步设计图纸：包括仪表盘正面布置框图、控制室平面布置图、复杂控制系统图和管道及仪表流程图。

（4）自控设计概算：自控设计人员与概算人员配合编制自控设计概算。自控设计人员应提供仪表设备汇总表、材料表及相应的单价。有关设备费用的汇总、设备的运杂费、安装费、工资、间接费、定额依据、技术经济指标等均由概算人员编制。

3. 施工图设计　施工图设计的依据是已批准的初步设计。它是在初步设计文件审批之后进一步编制的技术文件，是现场施工、制造和仪表设备、材料订货的主要依据。

（1）施工图设计步骤：在做施工图设计时，可按照下述的方法和步骤完成所要求的内容：①确定控制方案，绘制管道及仪表流程图；②仪表选型，编制自控设备表；③控制室设计，绘制仪表盘正面布置图等；④仪表盘背面配线设计，绘制仪表回路接线图等；⑤调节阀等设计计算，编制相应的数据表；⑥仪表供电系统及供气系统设计；⑦控制室与现场间的配管、配线设计，绘制和编制有关的图纸与表格；⑧编制其他表格；⑨编制说明书和自控图纸目录。

（2）施工图设计内容：施工图设计内容分为采用常规仪表、数字仪表和采用计算机控制系统施工图设计内容两部分。

（3）施工图设计深度要求：包括自控图纸目录、说明书、自控设备表、节流装置、

笔记

调节阀、差压式液位计数据表、综合材料表、电气设备材料表、电缆表及管缆表、测量管路表、绝热伴热表、铭牌注字表、信号及联锁原理图。

第三节　空气净化与空调设施

实施GMP的目的是防止在制药生产过程中药品的污染、混批、混药等，它涉及药品生产的每一个环节，而空气净化系统是其中一个重要的环节。空气净化系统的首要任务就是控制浮游颗粒及细菌对生产的污染，使室内生产环境的空气洁净度达到工艺的要求。

一、空气净化

所谓空气净化是指为了达到必要的空气洁净度而去除污染物质的过程。

我国的《洁净厂房设计规范》(GB 50073-2013)对洁净室洁净度等级做出了规定(表9-1)。目前，除了我国，美国、欧盟、日本及俄罗斯等国的洁净度等级也采用或参照相应的国际标准来制订本国或本地区的洁净室洁净度的等级标准。

表9-1　洁净室及洁净区空气中悬浮粒子的洁净度等级

空气洁净度等级(N)	≥表中粒径的最大浓度限值(个/m^3)					
	0.1μm	0.2μm	0.3μm	0.5μm	1μm	5μm
1	10	2	/	/	/	/
2	100	24	10	4	/	/
3	1000	237	102	35	8	/
4	10 000	2370	1020	352	83	/
5	100 000	23 700	10 200	3 520	832	29
6	1 000 000	237 000	102 000	35 200	8320	293
7	/	/	/	352 000	83 200	2930
8	/	/	/	3 520 000	832 000	29 300
9	/	/	/	35 200 000	8 320 000	293 000

为保证药品的质量，药品必须在严格控制的洁净环境中生产。按照我国GMP的规定，将药品生产的洁净环境划分为四个等级，见表9-2。

表9-2　GMP洁净度级别

洁净度级别	悬浮粒子最大允许数/立方米			
	静态		动态	
	≥0.5μm	≥5.0μm	≥0.5μm	≥5.0μm
A级	3520	20	3520	20
B级	3520	29	352 000	2900
C级	352 000	2900	3 520 000	29 000
D级	3 520 000	29 000	不作规定	不作规定

(注：洁净度A级用于高风险作业区，如：无菌制剂灌装区、存放胶塞区、敞口包装容器区等区域，洁净度B级用于洁净度A级区域的背景区域，C级和D级用于无菌药品生产过程中工艺要求洁净较低的区域。)

笔记

送入洁净区（室）的空气不仅要经过一系列的净化处理，使其与洁净室（区）的洁净等级相适应，而且还有一定的温度和湿度要求，所以空气不仅要经过一系列的过滤净化处理，而且要经过加热、冷却或加湿、去湿处理，对空气进行过滤净化、热湿处理的系统称之为净化空调系统。洁净净化空调与普通空调的差别见表 9-3。

净化空调系统一般工作流程是：新鲜的空气经初效过滤器过滤后，经风机提供能量，输送至加热器或冷却器进行温度调节，再由加湿器或除湿器进行湿度调节，然后送至中效过滤器进行二次过滤，最后由送风管送到洁净室的顶棚上的高效过滤器，经高效过滤器过滤后的洁净空气直接送至洁净室，洁净空气在洁净室带走尘粒后由排风口排出，对于粉尘不是很大的厂房，排出的空气相对比较洁净，可部分由回风管送至初效过滤器后循环使用，这样可延长过滤器的使用寿命。

表 9-3　普通空调与洁净室净化空调的差别

比较项目	普通空调	净化空调
原理	送风和室内空气充分混合以达到室内温湿度均匀	乱流为稀释原理，层流为活塞原理，送出的洁净室空气先达工作区，罩笼洁净工作区
目的	为了控制温度、湿度、风速和空气成分的目的	除了一般空调的目的之外，更重要的是控制粒子的浓度
手段	粗、中效过滤加热湿交换	除空调手段外还要加高效、超高效过滤器，对微生物还要有灭菌措施
送风量（次 /h）	一般降温空调 8～10 次 /h 一般恒温空调 10～15 次 /h	单向流 400～600 次 /h 非单向流 15～60 次 /h
初投资（元 /m^2）	一般降温 500 元 /m^2 一般恒温 800 元～1000 元 /m^2	单向流 5000～15 000 元 /m^2 非单向流 1500～3000 元 /m^2
运行耗电（kW/m^2）	一般降温 0.04～0.06Kw/m^2 一般恒温 0.08～0.10Kw/m^2	单向流 0.9～1.35Kw/m^2 非单向流 0.13～0.33Kw/m^2
冷量指标（W/m^2）	一般降温 150～200W/m^2 一般恒温 200～250W/m^2	单向流 800～1500W/m^2 非单向流 350～700W/m^2

二、过滤器的分类

性能优良的空气过滤器应具有分离效率高、穿透率低、压强降小和容尘量大等特点。按性能指标的高低，空气过滤器可分为初效过滤器、中效过滤器、亚高效过滤器、高效过滤器四类，如表 9-4 所示。

表 9-4　过滤器的分类

名称	粒径为 0.3μm 尘粒的计数效率 /%	初压强降 /Pa	名称	粒径为 0.3μm 尘粒的计数效率 /%	初压强降 /Pa
初效过滤器	<20	≤30	亚高效过滤器	90～99.9	≤150
中效过滤器	20～90	≤100	高效过滤器	≥99.9	<250

1. 初效过滤器　对初效过滤器的基本要求是结构简单、容尘量大和压强降小。初效过滤器一般采用易于清洗和更换的粗、中孔泡沫塑料、涤纶无纺布、金属丝网或其他滤料，通过滤料的气速宜控制在 0.8～1.2m/s。初效过滤器常用作净化空调系统

笔记

的一级过滤器，用于新风过滤，以滤除粒径大于 10μm 的尘粒和各种异物，并起到保护中、高效过滤器的作用。此外，初效过滤器也可以单独使用。

2. 中效过滤器　对中效过滤器的要求和初效过滤器的基本相同。中效过滤器一般采用中、细孔泡沫塑料、玻璃纤维、涤纶无纺布、丙纶无纺布或其他滤料，通过滤料的气速宜控制在 0.2～0.3m/s。中效过滤器常用作净化空调系统的二级过滤器，用于新风及回风过滤，以滤除粒径在 1～10μm 范围内的尘粒，适用于含尘浓度在 1×10^{-7}～6×10^{-7}kg/m^3 范围内的空气的净化，其容尘量为 0.3～0.8kg/m^3。

3. 亚高效过滤器　亚高效过滤器应以达到 D 级洁净度为主要目的，其滤料可用玻璃纤维滤纸、过氯乙烯纤维滤布、聚丙烯纤维滤布或其他纤维滤纸，通过滤料的气速宜控制在 0.01～0.03m/s。亚高效过滤器具有运行压降低、噪声小、能耗少和价格便宜等优点，常用于空气洁净度为 D 级的工业和生物洁净室中，作为最后一级过滤器使用，以滤除粒径在 1～5μm 范围内的尘粒。

4. 高效过滤器　高效过滤器的滤料一般采用超细玻璃纤维滤纸或超细过氯乙烯纤维滤布的折叠结构，通过滤料的气速宜控制在 0.01～0.03m/s。高效过滤器常用于空气洁净度高于 C 级的工业和生物洁净室中，作为最后一级过滤器使用，以滤除粒径在 0.3～1μm 范围内的尘粒。高效过滤器的特点是效率高、压降大、不能再生，一般 2～3 年更换一次。高效过滤器对细菌的滤除效率接近 100%，即通过高效空气过滤器后的空气可视为无菌空气。

三、净化空调系统的分类

制药企业目前通常使用的净化空调系统可分为集中式系统和分散式系统两大类。

1. 集中式净化空调系统　空气的过滤、冷却、加热、加湿和风机等处理设备集中设置在空调机房内，由风管送入各房间。制药生产中绝大部分净化空调系统都是集中式。根据结构形式的不同，集中式净化空调系统又有单风机系统、设置值班风机的系统、并联的集中式系统、双风机系统、部分空气直接循环的集中系统等不同形式。

（1）单风机系统：单风机系统的流程如图 9-1，这是一个典型的净化空调系统的流程，空气经三级过滤、热湿处理送至洁净室，由洁净室排除的风一部分排出，一部分回风。

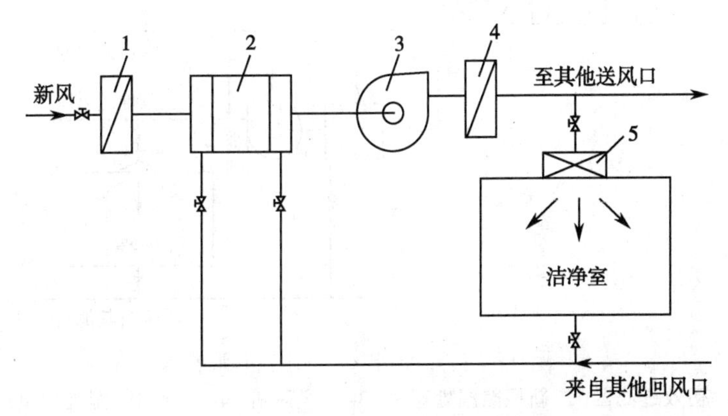

图 9-1　单风机集中式净化空调系统

1- 初效过滤器；2- 热湿处理室；3- 送风机；4- 中效过滤器；5- 高效过滤器

（2）设置值班风机的系统：净化空调机组中设置一个送风机，再并联一个值班风机，目的是保证在下班期间送风机停机的情况下，洁净室内仍然由值班风机送风，保持一定的正压，流程如图 9-2 所示。值班风机的风量按维持室内预定正压值所需的换气次数确定。

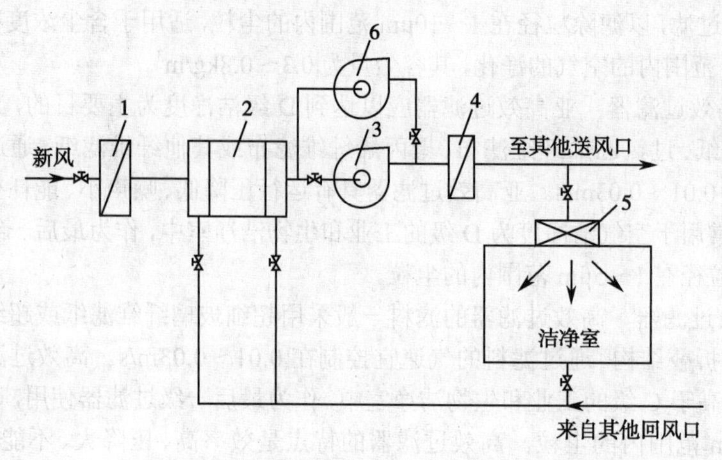

图 9-2　设置值班风机集中式净化空调系统

1- 初效过滤器；2- 热湿处理室；3- 正常运行风机；4- 中效过滤器；5- 高效过滤器；6- 值班风机

（3）并联的集中式系统：空调机房内布置多个集中式净化空调系统时，可将几个送风系统并联，只设一个新风热湿处理系统。这样做可以减轻每个集中式净化处理室空调系统的冷负荷与热负荷，而且运行比较灵活。其流程如图 9-3 所示。

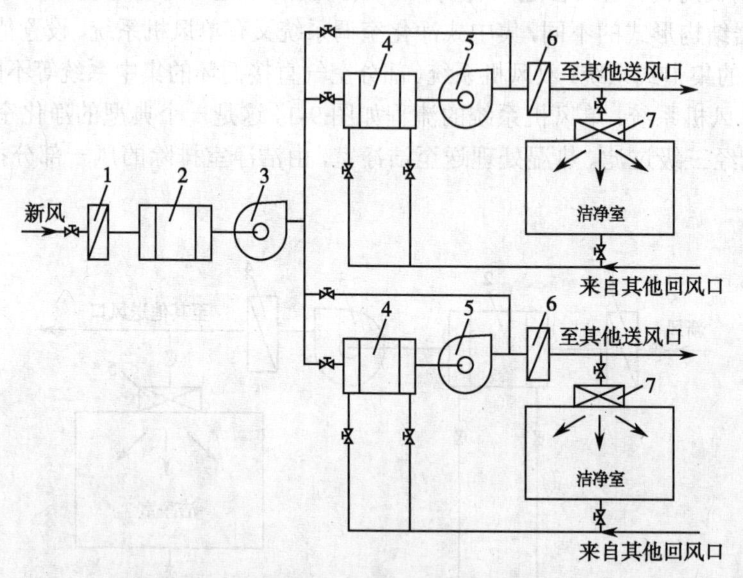

图 9-3　并联的集中式净化空调系统

1- 初效过滤器；2- 新风热湿处理室；3- 新风风机；4- 混合风热湿处理室；
5- 送风风机；6- 中效过滤器；7- 高效过滤器

笔记

（4）双风机系统　当系统阻力较大时，为了降低噪声，减少漏风量和便于系统的运行调节，将两台风机串联使用组成的集中式净化空调系统。其流程如图 9-4 所示。

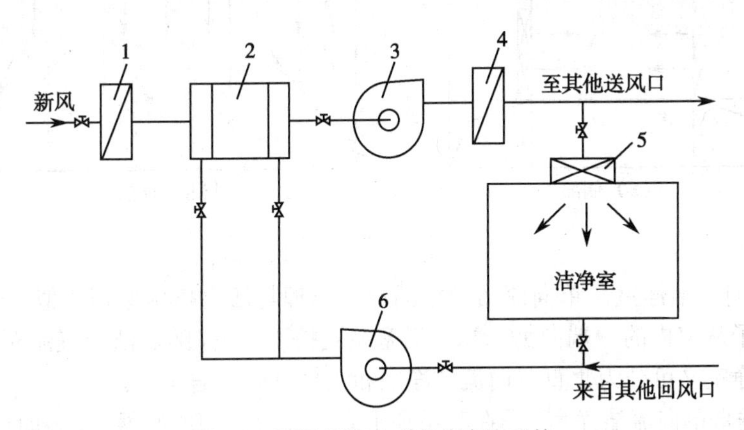

图 9-4　双风机集中式净化空调系统

1- 初效过滤器；2- 热湿处理室；3- 送风风机；4- 中效过滤器；5- 高效过滤器；6- 送风风机

（5）部分空气直接循环的集中系统　一部分回风不经热湿处理，直接由风机 6、中效过滤器 4 过滤后送回洁净室。其流程如图 9-5 所示。

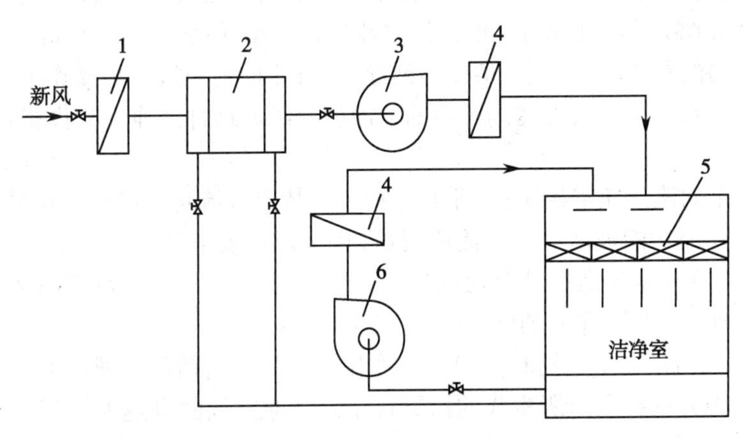

图 9-5　设置值班风机集中式净化空调系统

1- 初效过滤器；2- 热湿处理室；3- 送风风机；4- 中效过滤器；5- 高效过滤器；6- 循环风机。

2．分散式净化空调系统　设置局部净化，即使室内工作区域特定的局部空间的空气含尘浓度达到所要求的洁净度级别的净化方式。局部净化比较经济，在满足工艺要求的情况下，可采用全室空气净化和局部空气净化相结合的形式，如局部层流装置布置在 C 级环境下使用。图 9-6 所示的将送风口设在顶部或侧部，以形式垂直或水平层流，可达到局部区域的高洁净度。

四、洁净室的分类

洁净室的分类一般按气流流型来分，可分为单向流洁净室、非单向流洁净室、混合流洁净室和矢流洁净室。

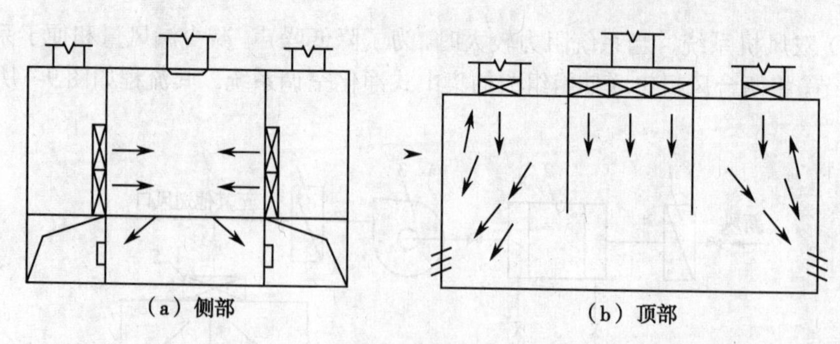

图 9-6 局部净化

1. 单向流洁净室　单向流洁净室的净化原理与活塞挤压原理类似，洁净气流将产生的粒子从室内的一端向另一端用活塞型式挤压出去，随后洁净气流充满洁净室。单向流洁净室又可分为垂直单向流洁净室和水平单向流洁净室。

（1）垂直单向流洁净室：是在其吊顶上安装高效空气过滤器，安装面积应大于墙面面积的 80%，经过过滤得到的洁净气流从吊顶以活塞形式在一定流动速度下，将室内的污染空气往地面挤压，并通过地板格栅排出洁净室，并不断地通过循环操作来达到室内的高洁净度。垂直单向流洁净室可以得到最高的洁净度，但是，这种洁净室投资费用及运行费用最高。

（2）水平单向流洁净室：是在其一面墙上安装高效空气过滤器，安装面积应大于墙面面积的 80%，经过过滤得到的洁净气流以活塞型式在一定流动速度下将污染空气挤压到对面的回风墙，由回风墙排出洁净室，并不断地通过循环操作来达到室内较高的洁净度。水平单向流能达到 5 级的洁净度等级。这种洁净室初投资及运行费用相对较低。

这两种单向流洁净室相比较，垂直单向流的特点气流是由吊顶天花板流向地面，从而整个工作面均能被洁净的气流所覆盖，因此洁净度最高。但对于水平单向流洁净室来说，其气流是从送风墙流向回风墙，所以，在第一工作面得到的洁净度最高，随着气流的推进其后工作面的洁净度就会逐渐降低。

2. 非单向流洁净室　这种洁净室的净化原理是依据稀释原理，即通过大量的洁净空气来冲淡并稀释室内所生成的污染粒子。洁净空气的量越大，可达到的洁净等级也就越高。所以不同的洁净送风量或换气的次数，可得到的洁净度等级不一样。其初投资和运行费同样取决于洁净室的洁净度级别。最常用的非单向流洁净室的气流流型主要有顶送下回、顶送下侧回和顶送顶回。

3. 混合流洁净室　混合流洁净室是将垂直单向流和非单向流两种型式的气流组合在一个洁净室中。混合流洁净室可大大减少垂直单向流的面积，只将其应用在必要的关键工序和关键部位中，用大面积的非单向流来替代垂直单向流。这样不仅大大地节省建造投资而且也大大地节省了运行费用。

4. 矢流洁净室　矢流洁净室是用圆弧形高效空气过滤器构成的圆弧形送风装置，经圆弧形高效过滤器送出的气流是放射形的洁净气流，流线不产生交叉，灰尘粒子也是被放射形气流带到回风口，回风口设在对面墙的下侧。矢流洁净室可用较少量的洁净送风来实现较高洁净度级别的洁净室。这种气流流型在美国和日本较多（日本将其称为对角流）。

笔记

工业洁净室与医药洁净室的差别

比较项目	工业洁净室	医药洁净室
研究对象（主要）	灰尘、粒子只有一次污染	微生物、病菌等活的粒子不断生长繁殖，会诱发二次污染
控制方法净化措施	采取过滤方法。粗、中、高三级过滤，粗、中、高、超高四级过滤和化学过滤器等	采取铲除微生物生长的条件，控制微生物的孳生、繁殖和切断微生物的传播途径。过滤和灭菌等
控制目标	控制有害粒径粒子浓度	控制微生物的产生、繁殖和传播，同时控制其代谢物
对生产工艺的危害	关键部位只要一颗灰尘就能造成产品的极大危害	有害的微生物达到一定的浓度以后才能够成危害
对洁净室建筑材料的要求	所有材料（墙、顶、地等）不产尘、不积尘、耐磨擦	所有材料应耐水、耐腐且不能提供微生物孳生繁殖条件
对人和物进入的控制	人进入要换鞋、更衣、吹淋。物进入要清洗、擦拭。人和物要分流，洁污要分流	人进入要换鞋、更衣、淋浴、灭菌；物进入要擦拭、清洗、灭菌；空气送入要过滤、灭菌，人物分流，洁污分流
检测	灰尘粒子可用粒子计数器检测。	微生物检测不能测瞬时值，须经48小时培养才能读出菌落数量

五、药厂洁净室的净化空调设计

药厂洁净室净化空调系统的设计对于保证药品生产的质量至关重要，药厂洁净室净化空调系统的设计应最大限度地减少对药品的污染和交叉污染，为药品生产创造满足其生产工艺要求的受控环境，使之生产出合格的药品以确保人们身体健康和生命安全。

1. 设计前的准备工作

（1）收集并熟悉国家和地方相关药厂洁净室设计的标准和规范等：如洁净厂房设计规范GB 50073-2013，医药工业洁净厂房设计规范GB 50457-2008，药品生产质量管理规范（GMP，2010修订），采暖通风与空气调节设计规范GB 50019-2015，通风与空调工程施工质量验收规范GB 50243-2002，建筑设计防火规范GB 50016-2014等资料。

（2）项目的“可行性研究报告”和“设计任务书”以及有关部门对项目批示；当地消防和环保部门对该项目有关防火和环保方面的要求；以及建设单位对项目建设的意见、建议和要求。

（3）项目建厂地区的气象、水文、地质资料和周围大气环境状况。

（4）项目生产工艺对生产环境的要求和必须具备的生产工艺的数据和资料。

（5）项目洁净室的建筑和结构的资料。如建筑平面图、立面图、剖面图、房间的规划及名称；围护结构建筑材料的热工性能等。

（6）项目全厂的冷源、热源、电源的性质、参数和供应量。

（7）设计中项目涉及的相关设备、材料配件的参数、性能和价格。

（8）其他设计过程中所需的相关资料。

在掌握了上述资料的情况下，即可着手进入设计工作。

2. 设计要点

（1）药厂洁净室的气流组织：一般情况下，对于药厂洁净室的气流组织方式可采用顶送下回或顶送下侧回风的方式。对于生产过程中易产生粉尘和有害物质的车间，往往不能采用走廊回风及顶回风的方式。

在单向流洁净室内不得安装洁净工作台，在非单向流洁净室中设置的洁净工作台应该远离回风口。

排风口和余压阀均应放置到送风气流的下风侧，这样能够减轻对送风气流的影响；减少室内设备产热以降低对气流的影响。

对局部A级洁净生产区的垂直单向流需要覆盖整个洁净工作区。垂直单向流需要采取下回或侧下回方式，周围可用硬围挡或软围挡相隔。整个工作区的气流应均匀，气流速度控制到0.36～0.54m/s。

（2）药品生产用洁净室的送风量，风速及风口：送风量一般取以下4个风量之中最大的风量：

①消除室内产生的余热，保证室内温度的空调风量。

②消除室内产生的余湿，保证室内相对湿度的空调风量。

③消除室内产生的污染，保证室内洁净度的净化风量。

④补充排风量和维持室内正压的风量和保证室内人员大于40m^3/h的新鲜空气量。

（3）送回风的风速：对于干管风速为7～9m/s，没有风口的支管风速为5～7m/s，设置风口的支管风速宜3～5m/s较为理想。

（4）新风口的设置需要比地面高2.5m，与排风口之间水平距离要超过10m，垂直距离要大于2m，新风口需要设过滤器，入口风速不大于5m/s。

（5）药厂洁净室内的温度和相对湿度确定，如果生产工艺对室内温、湿度没有特殊要求时，当洁净室的洁净度级别是A级或B级，其温度可按20～24℃，相对湿度可按45%～60%设计。当洁净室的洁净度级别为C级或D级，其温度可按18～26℃，相对湿度可按45%～65%设计。

生产特殊药品的洁净室，其适宜温度和湿度应根据生产工艺要求确定。如生产吸湿性很强的无菌药物，可根据药品的吸湿性确定适宜的温度和湿度，也可用局部低湿工作台代替低湿处理。

对于人身处理和生活用房冬季温度为16～20℃，夏季温度为26～30℃，相对湿度无要求。

（6）药品生产用洁净室的压力梯度：一般要根据所生产药品的性质及制备工艺来确定，如果没有特殊要求时，洁净室（区）和非洁净室（区）之间，不同洁净级别的洁净室（区）之间，必要时相同洁净度级别的不同功能的操作区之间也应当保持适当的压力梯度的静压差应≥10Pa，洁净室与室外的静压差应≥15Pa。青霉素类药品产尘量大的操作区应当保持相对负压。

（7）洁净厂房的照度：洁净厂房的照度应≥300Lx，辅助用房的照度应≥150Lx。

（8）洁净厂房的噪声：单向流洁净室空态噪声≤65dB（A）；非单向流洁净室空态

噪声≤60dB（A）。因此需要在净化空调系统的送风、回风管道上（排风管道上）均设置必要的消声设备，尤其在回风管道上，消声器的长度应不小于900mm。

知识链接

消声器

消声器是允许气流通过，却又能阻止或减小声音传播的一种器件，是消除空气动力性噪声的重要措施。消声器能够阻挡声波的传播，允许气流通过，是控制噪声的有效工具。

消声器种类很多，但究其消声机理，又可以把它分为六种主要的类型，即阻性消声器、抗性消声器、阻抗复合式消声器、微穿孔板消声器、小孔消声器和有源消声器。

衡量消声器的好坏，主要考虑以下三个方面：

1. 消声器的消声性能；（消声量和频谱特性）；
2. 消声器的空气动力性能；（压力损失等）；
3. 消声器的结构性能。（尺寸、价格、寿命等）。

消声器的选用：

消声器的适用风速一般为6～8m/s，最高不宜超过12m/s，同时注意消声器的压力损失。

注意消声器的净通道截面积，风管和消声器连接时，必要时（风速有限制时）需作放大处理。

消声器等消声设备安装，须有独立的承重吊杆或底座；与声源设备须通过软接头连接。

当两个消声弯头串联使用时，两个弯头的连接间距应大于弯头截面对角线长度的2.5倍。

对于高温、高湿、有油雾、水气的环境系统一般选用微孔结构消声设备，对于有洁净要求的诸如手术室、录音室、洁净厂房等环境系统，应采用微孔结构消声设备。

相邻用房管路串通时，注意室内噪声通过管路相互影响，必要时风口作消声处理。

六、药厂净化空调系统的节能设计

由于药厂中的净化空调系统中过滤阻力大、级数多，对高风压和大风量有较高的要求，此外洁净室里工艺设施设备的发热等，使得空调风机运行的负荷很大，造成了净化空调的高运行费用和高能耗的问题。因此，在满足药厂净化空调系统设计的同时，可通过以下几个方面来强化净化空调系统的节能设计。

1. 优化空气处理器设计　药厂净化空调系统的正常运行是通过送风和排风两个环节实现的。对于净化空调系统的送风量，可以通过对药厂洁净室的大小、功能、洁净级别、生产工艺及流程等，计算得到一个合理的送风量。尤其在确定洁净级别时，可采用局部净化的措施，而不需要对全室进行送风，从而减少送风量以降低能耗。在固体制剂生产过程中，往往会产生粉尘等，这时应加强排风处理。一般而言，排风量越大，净化空调系统的所要求的能耗也就越高。在这种情况下，应通过在净化空调系统中加装除尘装置的措施，来降低系统的排风量而达到减少排风过程的能耗的目的。净化空调系统在运行过程中由于密闭性的原因，往往会出现漏风的现象，从而造成了电能及冷热能量的损失。因此，在风管安装过程中，需要做好管道接口处的密封工作。

2. 降低药厂冷热源能耗的措施　药厂净化空调系统运行时，其对空气处理所需

的冷热负荷能耗要比普通空调高出 3～10 倍，因此应合理设计净化空调系统以减少冷热源能耗的损失。

对于药厂洁净室的冷负荷能耗控制，药品生产工艺要求和人体舒适度要求而定。我国 GMP 规范中规定洁净室的温度控制在 18～26℃，这样的温度既可起到抑制细菌滋生的作用，又能满足药厂生产人员工作过程中穿无菌服的舒适度要求。对于湿度，药厂洁净室通常控制在 45%～65%，湿度过高易产生霉菌，过低则易产生静电，而且湿度要求越低，造成的冷量能耗就越大。所以在进行净化空调系统设计时，在满足药厂生产工艺要求的情况下，尽量采取湿度的上限，这样就能够更多地节省冷量能耗。

知识链接

无菌服

无菌服即洁净工作服，又称洁净服，洁净工装，防静电工装，无尘服，净化服，隔离服，无菌工作服，无菌工装等。无菌服（通常是在洁净室或无菌室内工作的人员，所穿着的防护服）无菌服除了衣服本身不能成为散发尘源以外，还兼有防止人体散发尘埃的效果，同时作为无菌服，在材料和设计上应具备安全保护性、舒适性、作业方便性、审美性等基本性能，否则由于工服的式样、布料及无菌内衣的不同，直接影响到洁净室内的尘埃和菌落数。广泛应用于电子、制药、食品、生物工程、光学、航天、航空、彩管、半导体、精密机械、塑胶、喷漆、医院、环保等行业洁净车间，有多种颜色和规格适用于不同的防静电或洁净环境。无菌服质地应光滑、不起静电、不脱落纤维和颗粒性物质。尺寸大小应宽松合身，边缘应封缝，接缝应内封。洁净区工作不应有口袋、横褶、带子、常用颜色为白色或蓝色。同时能够经过 121℃高温灭菌 30 分钟，清洗次数能够达 100 次，防尘，防菌，防静电性能稳定，常用的分为以下三种：①连帽连衣连裤的洁净无菌服（简称三连体洁净服）；②帽上衣裤分开的洁净无菌服（简称分体式洁净服夹克式洁净服）；③大衣式或大褂式洁净无菌服

对于药厂洁净室的热负荷能耗控制，新风负荷是构成净化空调系统能耗的最大要素，通过合理设计并确定最小新风量，能大大减少药厂在处理新风时所需的热能。一般新风量是取以下三项中的最大值：①洁净区内人员卫生要求每人不低于 40m³/h；②维持洁净区正压条件下漏风量和排风量之和；③处于不同洁净等级要求的最小新风比。

新风负荷是药厂净化空调可以通过将系统中造成能耗最主要的因素，因此在满足生产工艺条件和生产人员要求的前提下，应尽可能地采用较低的新风比。对于能利用回风的净化空调系统，尽可能加大回风的利用量；不能回风或者低回风量的系统，可通过加装换热器到净化空调系统中，来回收净化空调系统排风中的热能的方法来实现系统热能的有效利用，从而起到减少新风负荷的作用。此外，也可以采取缩短净化空调系统风管长度、采用较低阻力的过滤器、设置变频控制装置的方式，来减小净化空调的系统阻力，从而降低净化空调系统风机的运转动力能耗，以满足净化空调系统经济性运行的要求。

3. 加强系统控制自动化　药厂净化空调系统对大气环境的应变能力，以及对外界空气的处理要求极高，因此应尽可能地强化净化空调系统的自动化控制水平。首

笔记

先，净化空调系统应该可以根据外界环境条件的改变而做出相应模式的自动调整，并可通过互联网等方法达到对整个系统的监管和调控。其次，系统运行中对于净化空调净化过滤装置报警机制的监管，当过滤阻力压差超过规定范围时，可及时报警以进行调整。此外，系统可对洁净室及回风的温度和湿度实时检测和调控。根据系统对温湿度的感应做出相应的改变，以确保净化空调系统抑制处于一个合理的运行状态。最后，系统中对于回风和排风之间的控制，应能够实现自动切换，也就是当系统完成粉尘的处理后，排风应可以自动调整到回风状态。

节能减排是我国的能源发展的基本国策，对于药厂的净化空调系统合理的节能设计可有力地提高其产品竞争力，因此必须引起高度重视。

学习小结

1. 学习内容

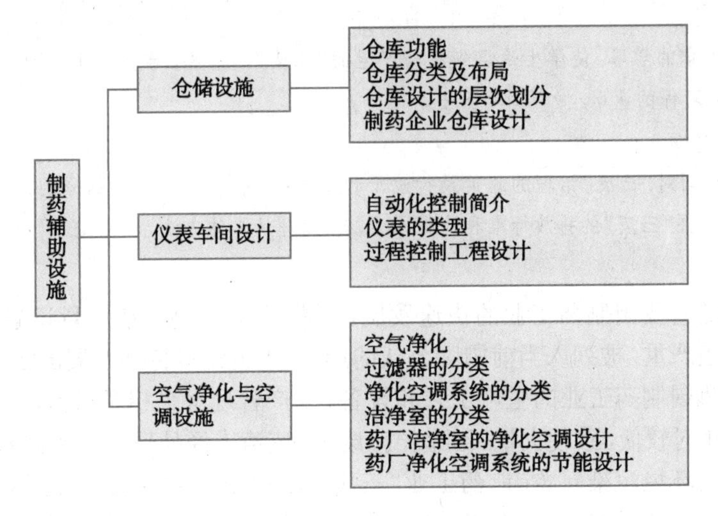

2. 学习方法

本章要在熟悉仓库的功能、分类、布局及设计的基础上结合制药企业实际情况掌握现代制药企业仓储设计要点；在仪表车间设计中，要注意仪表的选型，熟悉仪表工程设计的主要内容；在掌握空气净化的一般流程的基础上，对比区分不同净化空调系统的特点及应用场合。熟悉空调净化系统设计的内容及节能措施。

（赵　鹏　刘永忠）

复习思考题

1. 若以系统的观点来看，仓库应该具备哪些功能？
2. 仓储战略层设计主要考虑哪些决策？
3. 一个仓库通常由哪几部分组成？
4. 试述仪表选型中应注意的事项有哪些？
5. 电动及气动单元组合仪表各自适用的场合有哪些？
6. 简述净化空调系统一般工作流程。
7. 什么叫气流组织？洁净室内的气流组织形式有哪些？

第十章

制药工业“三废”治理与环保

学习目的

通过本章的学习，使学生认识到制药产生的“三废”的危害，学会治理“三废”的方法，同时提高对环保的认识，做环保的卫士。

学习要点

了解我国对“三废”治理的政策及行政干预措施；熟悉“三废”产生的原因，产生的“污染”程度；掌握“三废”的排放标准和控制标准以及处理的具体方法。

近年来随着我国制药工业的快速发展，制药工业“三废”排放量迅猛增加，环境污染问题日趋严重，被列入当前国际公认的影响21世纪可持续发展的三大关键问题之一。由于我国制药工业的生产工艺和设备、生产管理水平相对滞后，资源、能源的综合利用度相对较低，致使大量工业废气、废水、废渣未经处理就直接排入周边环境，产生了严重的环境污染问题，制药工业“三废”治理已刻不容缓。目前不少制药企业通过开发清洁生产新工艺、回收废料和资源化综合利用、对重点污染源进行综合治理达标排放、调整产品结构等积极方式预防和治理三废，但总体而言，我国制药“三废”治理工艺相对落后，技术力量较薄弱、缺乏统筹，污染源没有进行有效防治，我国制药工业“三废”治理任务依然艰巨。

第一节　环境保护与治理

环境保护是我国的基本国策，实行“防治结合，以防为主，综合治理”的方针。制药“三废”治理应在“点、源”污染限期达标排放的基础上，倡导制药企业推广清洁生产工艺，鼓励运用高新技术将“三废”资源化利用，变废为宝，不断提高“三废”治理水平，是未来我国制药工业“三废”治理的主要发展方向。

一、环境保护政策

我国环境保护的基本政策是在中国环境保护基本国策和基本方针指导下制定的，主要有：①预防为主，防治结合政策；②“谁污染，谁治理”政策；③强化环境管理政策。

1. 预防为主，防治结合政策　环境保护政策是把环境污染控制在一定范围，通

笔记

过各种方式达到有效的治理水平。因此，预先采取措施，避免或者减少对环境的污染和破坏，是解决环境问题的最有效的办法。中国环境保护的主要目标就是在经济发展过程中，防止环境污染的产生和蔓延。其主要措施是：把环境保护纳入国家和地方的中长期及年度国民经济和社会发展计划；对开发建设项目实行环境影响评价制度和“三同时”制度。

2.“谁污染，谁治理”政策（Polluter Pays Principle，3P 原则）　从环境经济学的角度看，环境是一种稀缺性资源，又是一种共有资源，为了避免“共有地悲剧”，必须由环境破坏者承担治理成本。这也是国际上通用的污染者付费原则的体现，即由污染者承担其污染的责任和费用。其主要措施有：对超过排放标准向大气、水体等排放污染物的企事业单位征收超标排污费，专门用于防治污染；对严重污染的企事业单位实行限期治理；结合企业技术改造防治工业污染。

3. 强化环境管理政策　由于交易成本的存在，外部性问题无法通过私人市场进行协调而得以解决，解决外部性问题需要依靠政府的作用。污染是一种典型的外部行为，因此，政府必须介入环境保护中来，担当管制者和监督者的角色，与企业一起进行环境治理。强化环境管理政策的主要目的是通过强化政府和企业的环境治理责任，控制和减少因管理不善带来的环境污染和破坏。其主要措施有：逐步建立和完善环境保护法规与标准体系，建立健全各级政府的环境保护机构及国家和地方监测网络；实行地方各级政府环境目标责任制；对重要城市实行环境综合整治定量考核。

二、干预措施

对环境污染严重而又难以治理的企业实行关停并转迁等干预措施，对许可证发放、有毒有害化学品的生产进口和使用、“三同时”设计方案、环境影响评价书等进行严格审批，分为行政手段、法律手段、经济手段、技术手段和宣传教育手段等。

1. 行政手段　主要指国家和地方各级行政管理机关，根据国家行政法规所赋予的组织和指挥权力，制定方针和政策，建立法规，颁布标准，进行协调监督，对环境资源保护工作实施行政决策和管理。

2. 法律手段　是环境管理的一种强制性手段。依法管理环境是控制并消除污染，保障自然资源合理利用并维护生态平衡的重要措施。其中环境立法是将国家对环境保护的要求、作法，全部以法律形式固定下来，强制执行。环境执法是指环境管理部门与司法部门之间的协调配合。

3. 经济手段　是指利用价值规律，运用价格、税收、信贷等经济杠杆，控制生产者在资源开发中的行为，以便限制损害环境的社会经济活动，奖励积极治污的单位，促进节约和合理利用资源，充分发挥价值规律在环境管理中的杠杆作用。主要方法有环境保护补助金、征收排污费、罚款、赔偿损失、减免税收和奖励、推行开发、利用自然资源的征税制度等。

4. 技术手段　是指不影响生产效率的前提下，运用对环境污染和生态破坏最小的技术以及先进的污染治理技术等来达到保护环境目的的手段。主要手段包括制订环境质量标准、进行污染状况调查、编写环境报告书与环境公报、组织开展环境影响评价工作、交流推广先进工艺和治理技术、环境科研成果和环境科技信息的组织和交流等。

5. 宣传教育手段　是指环境科学知识普及的过程。其主要方式是培养环境专业人才、提高公民环境保护意识（媒体手段的应用）、公众自觉参与环境保护、NGO（Non-Governmental Organization）的监督和参与作用等。

三、加强环保，确保可持续发展

我国政府把可持续发展作为国家战略，把环境保护确定为基本国策，坚持在发展中解决环境问题，积极探索环境与经济协调发展的有效途径。我国在经济快速增长的情况下，污染加剧的趋势得到初步遏制，环境质量总体保持稳定，主要污染物排放总量得到控制。主要采取了以下措施：

1. 加强环境法制　中央政府建立了一系列规章、标准组成的法律体系，各地方政府也制定了地方环境法规，基本做到了有法可依，同时配合执法专项行动，治理了一部分环境问题。

2. 强化环境管理　积极调整产业结构，颁布有利于环境保护的产业政策，依法淘汰了一批技术落后、环境污染严重的生产工艺、设备和企业，促进了产业转型升级。

3. 坚持生态保护和建设并举　开展了大规模的退耕还林、还草、退田还湖，实施天然林保护和自然保护区建设工程。

4. 增加环保投入　初步建立政府引导、企业治理、社会参与、市场化运营的污染防治机制，加大污染治理的投入。

5. 积极探索可持续发展的有效途径　建立环境友好企业、生态示范区、生态工业园等环境示范区。同时，加大环境教育和信息公开力度，鼓励公众参与和社会监督。

第二节　制药工业废水处理技术

通常来说，制药工业废水主要包括抗生素生产废水、合成药物生产废水、中成药生产废水以及各类制剂生产过程的洗涤水和冲洗废水四大类。其废水的特点是成分复杂、有机物含量高、毒性大、色度深和含盐量高，特别是生化性很差，且间歇排放，属难处理的工业废水。

制药工业废水所含污染物受生产所用的原料、工业生产中的工艺过程、设备构造和操作条件、生产用水的水质和水量等因素影响。广泛地讲，制药工业废水的分类一般有如下分类方法：

1. 按主要污染物的性质分类　可分为无机废水、有机废水、既含有机物质又含有无机物质的废水等。

2. 按主要污染物的成分分类　可分为酸性、碱性、含酚等。

3. 按难易处理和毒性分类　可分为易处理、危害性小的废水，如冷却水；易生物降解无明显毒性的废水；难生物降解又有毒性的废水。

从生产过程来看，制药废水大致可分为生产过程排水、辅助过程排水和冲洗水及其他（包括容器设备冲洗水、过滤设备冲洗水、树脂柱（罐）冲洗水、地面冲洗水等）。

一、制药工业废水对环境的污染

水污染是当前我国面临的主要环境问题之一。据《中国化工信息》报道，目前全

国约有 1/3 以上的工业废水和 9/10 以上的生活污水未经处理直接排入河湖，水环境被严重污染。经全国七大水系及内陆河的 110 个重点河段统计表明，符合《地面水环境质量标准》(GB3838-2002) Ⅰ类和Ⅱ类的河段仅占 32%，属Ⅲ类的占 29%，Ⅳ类和Ⅴ类的占 39%。工业废水几经治理，但尚有多数未经处理排入受纳水体，造成严重污染。我国约有 70% 的河川湖泊和沿海受到了不同程度的污染，更说明了工业废水治理的紧迫性。

制药工业废水造成环境污染的种类分为：含无毒物质的有机废水和无机废水的污染；含有毒物质的有机废水和无机废水的污染；含有大量不溶性悬浮物废水的污染；含油废水产生的污染；含高浊度和高色度废水产生的污染；酸性和碱性废水产生的污染；含有多种污染物质废水产生的污染；含有氮、磷等工业废水产生的污染等。

（一）重金属污染危害

制药工业生产排出的废水，尤其是含重金属的废水污染，对周围环境的污染日益严重。如果把含有重金属的工业废水未经达标处理，直接排入江河湖海，它将直接对水体和环境产生严重影响，同时直接或间接地危害人体健康，下面介绍几种重金属的危害。

1. 汞（Hg^{2+}）　其毒性作用表现为损害细胞内酶系统蛋白质的巯基。有机汞化合物，如烷基汞、苯基汞，因脂溶性较强而易进入生物组织并不断积蓄而引发慢性中毒。日本的水俣病公害就是无机汞转化为有机汞，这些汞经食物链进入人体而引起的。

2. 镉（Cd^{2+}）　镉化合物毒性甚强，动物吸收的镉很难排出，从而极易在体内富集。镉的蓄积易引起贫血、新陈代谢不良、肝病变以至死亡。镉在肾脏内蓄积引起病变后，会使钙的吸收失调，从而发生骨软化病。日本富山县神通川流域发生的骨痛病公害，就是镉中毒引起的。

3. 铬（Cr^{6+}）　六价铬化合物及其盐类毒性很大，其存在形态主要是 CrO_3、CrO_4^{2-}、$Cr_2O_7^{2-}$ 等，易于在水中溶解存在。Cr^{6+} 有强氧化性，对皮肤、黏膜有剧烈腐蚀性，近来研究认为，Cr^{6+} 和 Cr^{3+} 铬都有致癌性。

4. 铅（Pb^{2+}）　铅对人体各种组织均有毒性作用，其中对肾脏、神经系统、造血系统和血管毒害最大。铅主要蓄积在骨骼之中。慢性铅中毒，其症状主要表现为食欲不振、便秘及皮肤出现灰黑色。

5. 锌（Zn^{2+}）　锌盐能使蛋白质沉淀，对皮肤和黏膜有刺激和腐蚀作用，对水生物和农作物有明显的毒性。

6. 铜（Cu^{2+}）　铜的毒性较小，它是生命所必需的微量元素之一，但超过一定量后，就会刺激消化系统，引起腹痛、呕吐，长期过量可促成肝硬化。

另一些含有毒物的工业废水，主要是含有机磷农药、芳香族氨基化合物、多氯联苯等化工产品。这些污染物的化学稳定性强，并能通过食物在生物体内成千成万倍地富集，从而引起白血病、癌症等。

（二）我国制药工业废水污染与治理现状

据统计，全国 27 条主要河流，大多数被工业废水严重污染，有些河流中含酚、汞超过指标数倍乃至数十倍，也加剧了我国部分地区的缺水紧张程度。水环境日益污染严重也间接导致工业生产的高投入、低产出、高消耗和低效率。近年来，我国加强了对工业污染源的控制，开展综合利用和废料回收资源化，开发清洁生产新工艺，对

笔记

重点污染源采取限期达标排放，结合产品结构调整，采取“关、停、并、转”的有效措施，坚持执行“三同时”和环境影响报告制度，对新、扩建项目采取环保一审否决制，推广清洁生产工艺和寻找无害化工替代品。鼓励“三废”综合利用，使其资源化，大大减少了污染物的排放量。当然，我们在工业废水治理方面还有待完善与发展，尤其是结合高新技术的发展，不断提高废水治理技术水平方面，将是21世纪我国工业废水治理的主要发展方向。

二、制药工业废水的处理原则和方法

制药工业废水治理技术是随着工业的发展而得以不断完善的，人们对环境保护的认识也是逐步提高的。通常，要搞好废水治理规划应遵守以下几项原则。

1. 清浊分流　一般所指的清循环水是指间接冷却水，这部分水用量很大，而污染较轻，只有温度升高或有少量粉尘污染。不处理或稍加处理即可实现循环利用。生产工艺用水和烟尘洗涤水等称为浊水，要用特殊的治理措施加以净化。如果清、浊不分流，势必使大量的冷却水受到严重污染，难于实现循环利用。

2. 充分利用原有的净化设施　对于一些老制药企业来讲，充分利用原有的净化设施，不仅能节约投资，更重要的是能减少占地。在旧设施上引进具有强化净化效果的新技术，更为经济合理。

3. 近期改建要与远期发展相衔接　无论管道布置、处理量都要同工业生产本身发展的规模相衔接，结合生产规划，也可分期分批地安排工业废水处理工程，对于管线改造，应结合全厂给水排水线路的走向及水源的水质、水量状况评价厂内废水处理构筑物的净化能力、处理效率和操作运行的水平，同时要调查厂外水质环境情况。弄清周围受纳水体的承受能力，明确地方上对工业排污的要求，并根据前述规划原则进行规划，提出有计算依据的投资金额和占地面积，并作出分期分批实施的具体安排。

4. 区别水质，集中与分散处理相结合　通过对污染水流量、污染源种类及浓度等进行测定，计算出平均值和流量与浓度的变化规律。采用在总排口处集中处理的方式，对一些车间排污水质差别很大的工业企业而言，显然是不合理的。对于含有特殊污染物的废水应分散进行处理，全厂的中心水处理设施应以水量大、最具代表性的一种或几种废水作为处理对象，将它们集中起来处理，这样可节省管理费用，也便于维护设备。

5. 采用新技术、新工艺　工业废水处理方法正向设备化、自动化的方向发展。应结合企业产品品种、工艺改革的需要，确定其所引起的废水量和水质的变化情况，据此来适时设计引进新工艺保证用水水质，同时考虑循环用水和逐级用水的可行性。近年来广泛发展起来的气浮、高梯度电磁过滤、臭氧氧化、离子交换等技术，都为工业废水处理提供了新工艺、新技术和新的处理方法。

三、控制工业废水污染源的基本途径

我国控制废水污染的方针是“防治结合、以防为主、综合治理”，具体对策包括：执行“三同时”和环境影响评价制度；制订规划，调整布局，环境补偿，技术改造；实施排污总量控制制度和征收排污费；鼓励对“三废”进行综合利用，使其资源化。

笔记

1. 控制水污染对策

(1) 采用无害化生产工艺，不排或少排废水；

(2) 推广水的重复利用技术；

(3) 研究开发水处理新工艺、设备、材料；

(4) 重视污泥的处理、处置与利用；

(5) 重视水资源评价；

(6) 水污染防治由点源走向区域；

(7) 水污染监测精确化、快速、连续、自动。

2. 控制制药工业废水污染源的基本途径

(1) 减少废水排出量；废水进行分流；节约用水；改革生产工艺；避免间断排出工业废水。

(2) 降低废水污染物的浓度；改革生产工艺，尽量采用不产生污染物的工艺；改进装置的结构和性能；废水进行分流；废水进行均和；回收有用物质；排出系统的控制。

2008年首都北京承办第29届奥运会，这对北京的水污染治理提出了更高、更严的要求，为此，北京市政府制订了《北京市环境总体规划研究》，总体规划中明确规定了北京市未来水质管理的中心任务，内容包括集中饮用水源地保护、污染源控制及水环境质量改善等。如今，北京市规划市区内90%以上的城市污水都经过有效处理，北京市郊区和新城区城市也有70%的污水进行了污水处理，再生水利用量已达$4.8\times10^8m^3$。

四、制药工业废水处理方法

制药工业废水的处理，是一项较为复杂的系统工程。每个企业不同性质的废水，都必须使用不同的处理工艺，就是同类型的废水也会因不同的环境、处理要求、处理水量、经济要求等，而采用不同的工艺。按照处理废水程度不同，将废水处理划分为一级、二级和三级。

1. 一级处理　通常是采用物理方法或简单的化学方法除去水中的漂浮物和部分处于悬浮状态的污染物，以及调节废水的pH等。通过一级处理可减轻废水的污染程度和后续处理的负荷。一级处理具有投资少、成本低等优点。但废水经一级处理后仍达不到国家规定的排放标准，需要进行二级处理，必要时还需进行三级处理。因此，一级处理常作为废水的预处理。

2. 二级处理　主要指生物处理法。废水经过二级处理后，废水中的大部分有机污染物可被除去，使废水得到进一步净化。二级处理适用于处理各种含有机污染物的废水。废水经二级处理后，BOD5可降到20～30mg/L，水质基本可以达到规定的排放标准。

3. 三级处理　一种净化要求较高的处理，目的是除去在二级处理中未能除去的污染物，包含不能被微生物分解的有机物、可导致水体富营养化的可溶性无机物（如氮、磷等）以及各种病毒、病菌等。常用的三级处理方法有过滤、活性炭吸附、臭氧氧

笔记

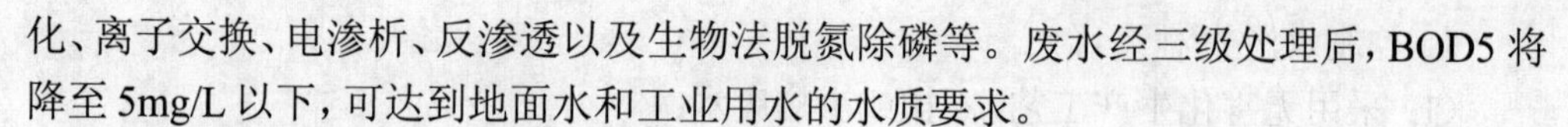

化、离子交换、电渗析、反渗透以及生物法脱氮除磷等。废水经三级处理后，BOD5 将降至 5mg/L 以下，可达到地面水和工业用水的水质要求。

但是制药废水的处理方法，又有它们的共性，根据传统的处理方法，可分为以下几种处理方法。

1. 特殊污水分流法　特殊污水是指制药生产过程中排出的各种特殊废水，有别于冷却用水、雨水和生活用水等一般废水。分别用各自不同的管路或渠道输送、排放或贮留，以利于清水的循环套用和废水的处理。特殊污水分流在排水系统中是非常重要的，制药生产中一般废水的数量远远超过特殊废水的数量，采取特殊污水分流方法，既可以节约大量的清水，又可大幅度地降低特殊废水量，提高特殊废水的浓度，从而有效地减轻废水的输送负荷和治理负担。

应该指出，某些特殊废水应与一般废水分开。含剧毒物质（如某些重金属）的废水应与准备生物处理的废水分开；含氰废水、硫化物废水以及酸性废水不能混合等，以利于特殊废水的单独处理和一般废水的常规处理。

2. 制药废水处理的基本方法　废水处理的实质是利用各种技术手段，将废水中的污染物分离出来，或将其转化为无害物质，达到净化废水的目的。废水处理技术很多，按作用原理通常可分为物理法、化学法、物理化学法和生物法。

(1) 物理法：主要通过物理或机械作用去除废水中不溶解的悬浮固体及油品。属于物理处理的方法有以下几种：

①沉淀法：又称重力分离法。利用废水中悬浮物和水的密度不同这一原理，借助重力的沉降（或上浮）作用，使悬浮物从水中分离出来。沉淀（或上浮）的处理设备有沉砂池、沉淀池、隔油池等。废水在沉淀装置的停留时间分别是：沉砂池约 2 分钟；沉淀池、隔油池 1.5～2 小时。

②过滤法：利用过滤介质截留废水中的悬浮物。常用过滤介质有钢条、筛网、砂、布、塑料、微孔管等。过滤设备有格栅、栅网、微滤机、砂滤池、真空过滤机、压滤机等。过滤效果与过滤介质孔隙度有关。

③离心分离法：是指在高速旋转的离心力作用下，废水中的悬浮物与水实现分离的过程。离心力与悬浮物的质量成正比，与转速（或圆周线速度）的平方成正比。由于转速在一定范围内可以控制，所以分离效果远远优于重力分离法。离心设备有水力旋涡器、旋涡沉淀池、离心机等。

④浮选法：又称气浮法。是将空气通入废水中，并以微小气泡形成从水中析出成为载体，废水中相对密度接近于水的微小颗粒状的污染物（如乳化油）黏附在气泡上，并随气泡上升至水面，形成浮渣而被去除。根据空气加入的方式不同，浮选设备有加压溶气浮选池、叶轮浮选池、射流浮选池等。废水在浮选池停留约 0.5～1 小时。为了提高浮选效果，有时需向废水中投加混凝剂。这种方法的除油效率可达 80%～90%。

⑤蒸发结晶法：加热蒸发溶剂，使溶液由不饱和变为饱和，继续蒸发，过剩的溶质就会呈晶体析出，叫蒸发结晶。蒸发结晶法适合分离溶解度随温度变化不大的物质，如：氯化钠。

⑥膜分离法：是指在某种推动力下，利用特定膜的透过性能，达到分离水中离子或分子以及某些微粒的方法的总称。溶剂透过膜的过程称为渗析，溶质透过膜的过程称为渗析。依据膜孔径（或称为截留分子量）的不同，可将其分为微滤膜（MF）、超

笔记

滤膜（UF）、纳滤膜（NF）和反渗透膜（RO）等。该方法是典型的物理分离过程，可在常温下进行分子级的物质分离，能有效脱除废水的色度和臭味，去除多种离子、有机物及微生物，同时能耗较低，其费用约为蒸发浓缩的1/8～1/3，被称为“21世纪的水处理技术”。

案例

新加坡SUT SERAYA公司[2]利用反渗透（RO）技术处理三级生化废水，成为可回用的高级工业给水，并且所采用FILMTEC的抗污染膜容易清洗，普通化学药品就足以满足清洗要求。与采用非抗污染膜的老系统相比，运行效果良好，该系统显著降低了运行成本。

三级废水作为给水如图10-1所示通过预处理工艺步骤进行深度处理。在系统中加入NaClO，以尽可能控制生物及藻类的滋长处于低水平。在整个预处理阶段，游离余氯和化合氯维持一定的水平。在给水进入RO膜之前，加入亚硫酸氢钠（SBS），确保没有游离余氯接触膜元件。为防止难溶盐类结垢，RO的给水往往需要加入阻垢剂。对进入RO元件的经过预处理的给水，在线监测其氧化还原电位（ORP）。在RO元件的上游，每周加入非氧化性的杀生剂一次，以防止RO系统滋长微生物。RO的给水压力980kPa（9.8bar，140psi）。经检测，废水回收率高达85%。

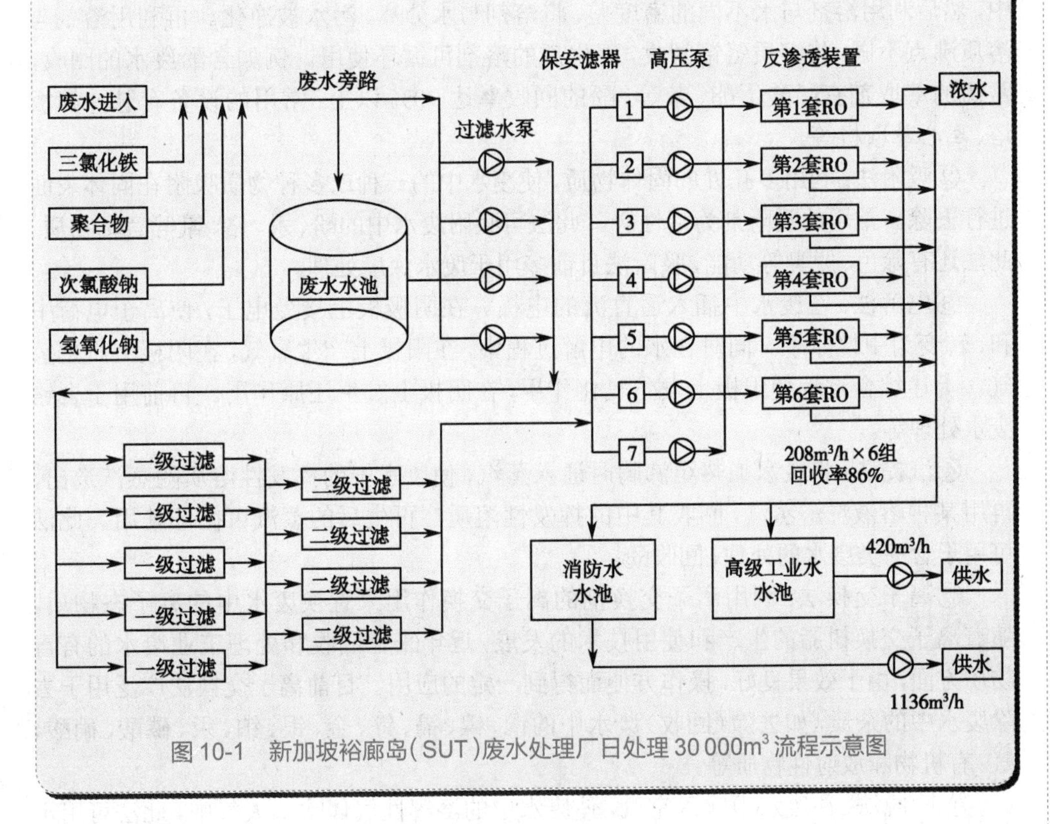

图10-1　新加坡裕廊岛（SUT）废水处理厂日处理30 000m³流程示意图

（2）化学法：利用化学反应的原理及方法来分离回收废水中的污染物，或改变污染物的性质，使其由有害变为无害。属于化学处理方法的有：

①混凝法：水中呈胶体状态的污染物质通常带有负电荷，胶状物之间互相排斥不能凝聚，多形成稳定的混合液。若在水中投加带有相反电荷的电解质（即混凝剂），可

笔记

使废水中胶状物呈电中性，失去稳定性，并在分子引力作用下，凝聚成大颗粒下沉而被分离。常用的混凝剂有硫酸铝、明矾、聚合氧化铝、硫酸亚铁、三氯化铁等。通过混凝法可去除废水中细分散固体颗粒、乳状油及胶体物质等。

②中和法：向酸性废水中投加碱性物质使废水达到中性。常用的碱性物质有石灰、石灰石、氢氧化钠等。对碱性废水可吹入含 CO_2 的烟道气进行中和，也可用其他的酸性物质进行中和。此方法用于处理酸性废水及碱性废水。

③氧化还原法：废水中呈溶解状态的有机或无机污染物，在加入氧化剂或还原剂后，由于电子的迁移运动，而发生氧化或还原作用，使转变为无害物质。常用的氧化剂有空气、漂白粉、氯气、臭氧等。氧化法多用于处理含酚、氰、硫等废水。常用的还原剂有铁屑、硫酸铁、二氧化硫等。还原法多用于处理含铬、含汞废水。

④化学沉淀法：向废水中投入某种化学物质，使它与废水中的溶解性物质发生互换反应，生成难溶于水的沉淀物，以降低废水中溶解物质的方法。这种方法常用于处理含重金属、氰化物等工业生产废水的处理。

(3) 物理化学法：利用萃取、吸附、离子交换和汽提等操作过程，处理或回收利用工业废水的方法。主要有以下几种：

①萃取（液 - 液萃取）法：在废水中加入不溶于水的溶剂，并使溶质溶于该溶剂中，然后利用溶剂与水不同的密度差，将溶剂与水分离，污水被净化。再利用溶剂与溶质沸点不同，将溶质蒸馏回收，再生后的溶剂可循环使用。例如含酚废水的回收，常用的萃取剂有醋酸丁酯、苯等，酚的回收率达 90% 以上；常用的设备有脉冲筛板塔、离心萃取机等。

②吸附法：利用多孔性的固体物质，使废水中的一种或多种物质吸附在固体表面进行去除。常用的吸附剂为活性炭。此法可吸附废水中的酚、汞、铬、氰等有毒物质。此法还有除色、脱臭等功能，吸附法目前多用于废水深度处理。

③电解法：在废水中插入通直流的电极。在阴极板上接受电子，使离子电荷中和，转变为中性原子。同时在水的电解过程中，在阳极上产生氧气，在阴极上产生氢气。上述综合过程使阳极上发生氧化作用，在阴极上发生还原作用。目前用于含铬废水处理等。

④汽提法：将废水加热至沸腾时通入蒸汽，使废水中的挥发性溶质随蒸汽逸出，再用某种溶液洗涤蒸汽，回收其中的挥发性溶质。再生后的蒸汽可循环使用。此法可用于含酚类废水的处理，回收酚。

⑤离子交换法：利用离子交换剂的离子交换作用来置换废水中的离子态物质。随着离子交换树脂的生产和使用技术的发展，近年来在回收和处理工业废水的有毒物质方面，由于效果良好，操作方便而得到一定的应用。目前离子交换法广泛用于去除废水中的杂质，如去除（回收）废水中的铜、镍、镉、锌、金、银、铂、汞、磷酸、硝酸、氨、有机物和放射性物质等。

⑥吹脱法：往废水中吹入空气，使废水中的溶解性气体吹入大气中，此法可用于含 CO_2、H_2S、HCN 的废水深度处理。

(4) 生物法：废水的生物处理法就是利用微生物新陈代谢功能，使废水中呈溶解和胶体状态的有机污染物降解并转化为无害的物质，生物法能够除去废水中的大部分有机污染物，是常用的二级处理法。生物处理技术是目前制药废水广泛采用的处

笔记

理技术，主要包括以下几种方法：

①好氧生物法：由于制药废水大多是高浓度有机废水，进行好氧生物处理时一般需对原液进行稀释，因此动力消耗大，且废水可生化性较差，很难直接生化处理后达标排放，所以单独使用好氧处理的不多，一般需进行预处理。常用的好氧生物处理方法包括活性污泥法、深井曝气法、吸附生物降解法（AB法）、接触氧化法、序批式间歇活性污泥法（SBR法）、循环式活性污泥法（CASS法）等。

②厌氧生物法：目前国内外处理高浓度有机废水主要是以厌氧法为主，但经单独的厌氧方法处理后出水COD仍较高，一般需要进行后处理（如好氧生物处理）。目前仍需加强高效厌氧反应器的开发设计及进行深入的运行条件研究。在处理制药废水中应用较成功的有上流式厌氧污泥床（UASB）、厌氧复合床（UBF）、厌氧折流板反应器（ABR）、水解法等。

③厌氧-好氧生物组合法：由于单独的好氧处理或厌氧处理往往不能满足要求，而厌氧-好氧、水解酸化-好氧等组合工艺在改善废水的可生化性、耐冲击性、投资成本、处理效果等方面表现出了明显优于单一处理方法的性能，因而在工程实践中得到了广泛应用。

上述每种废水处理方法均为一个单元操作。由于制药工业废水的特殊性，仅用一种方法常常不能除去废水中的全部污染物。在制药废水处理中，一般需要将几种处理方法组合在一起，形成一个处理污染的流程。流程应遵守先易后难、先简后繁的原则，即最先使用物理法进行预处理，使大块垃圾、漂浮物及悬浮固体等除去，然后再使用化学法和生物法等处理方法。对于特定的制药废水，应根据其废水的水质、水量、回收有用物质的可能性、经济性及排放水体的具体要求等情况，制定适宜的废水处理流程。

第三节　制药工业废气处理技术

药厂排出的废气具有种类繁多、成分复杂、数量大、危害严重等特点，必须进行综合治理，以免造成环境污染，危害操作者的身体健康。按废气中所含主要污染物的性质不同，可分为三类，即含悬浮物废气（亦称粉尘）、含无机污染物废气和含有机污染物废气。高浓度的废气，应在本岗位设法回收或作无害化处理。对于低浓度的废气，则可通过管道集中后进行洗涤处理或高空排放，洗涤产生的废水应按废水处理法进行无害化处理。含尘废气的处理实际上是一个气、固两相混合物的分离问题，可利用粉尘密度较大的特点，通过外力的作用将其分离出来；而处理含无机或有机污染物的废气则要根据所含污染物的物理性质和化学性质，通过冷凝、吸收、吸附、燃烧、催化等方法进行无害化处理。

一、工业废气中污染物的排放标准和环境标准

大气污染物排放限值是根据《中华人民共和国环境保护法》（试行）的规定，为控制和改善大气质量，创造清洁适宜的环境，防止生态破坏，保护人民健康，促进经济发展而制订，适用于全国范围的大气环境。

首先要考虑保障人体健康和保护生态环境这一大气质量目标。为此，需综合研

笔记

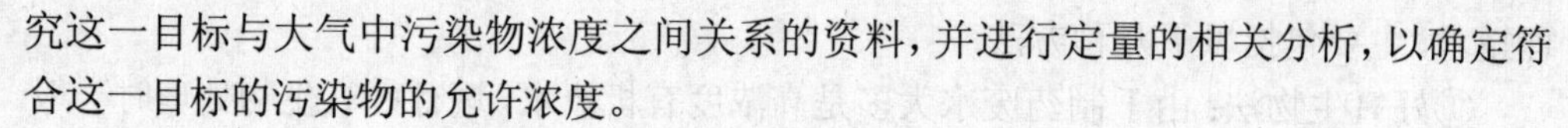

究这一目标与大气中污染物浓度之间关系的资料，并进行定量的相关分析，以确定符合这一目标的污染物的允许浓度。

目前各国判断空气质量时，一般多依据世界卫生组织（WHO）1963 年 10 月提出的空气质量水平：

第一级：在处于或低于所规定的浓度和接触时间内，观察不到直接或间接的反应（包括反射性或保护性反应）。

第二级：在达到或高于所规定的浓度和接触时间内，对人体的感觉器官有刺激，对植物有损害，并对环境产生其他有害作用。

第三级：在保护人群不发生急慢性中毒和城市一般动植物正常生长的空气质量要求。同时，要合理地协调实现标准所需的社会经济效益之间的关系。需进行损益分析，以取得实施环境标准投入的费用最少，收益最大。

标准的确定还应充分考虑地区的差异性原则。要充分注意各地区的人群构成、生态系统的结构功能、技术经济发展水平等的差异性。除了制订国家标准外，还应根据各地区的特点，制订地方大气环境质量标准。

二、制药工业有机废气治理技术

随着制药工业的不断发展，制药工业有机废气已经成为废气治理的一大问题。制药过程中会使用大量的有机溶剂，如 DMF、苯系物、有机胺、乙酸乙酯、二氯甲烷、丙酮、甲醇、乙醇、乙酸、氯仿等，种类繁多，且几乎都是挥发性有机污染物（VOCs），扩散到空气中会形成具有刺激性气味和恶臭气味的气体，并且具有一定的毒性。VOCs 排放占医药化工排放总量的 95% 以上。因此，VOCs 成为制药工业有机废气的主要污染物，严重地影响了居民们的正常生活，制约了区域的经济发展。

工业 VOCs 常用的末端控制技术大体上可分为两大类：①回收技术；②销毁技术。常用的回收技术主要有吸附法、冷凝法、膜分离法和吸收法等，而销毁技术主要有高温焚烧，生物氧化和光催化氧化等，详细情况见图 10-2。

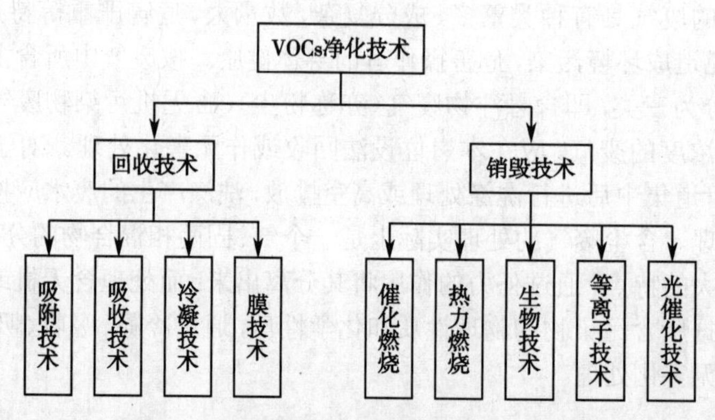

图 10-2 挥发性有机污染物（VOCs）净化技术

（一）冷凝法

每种物质在不同的温度下都具有不同的饱和蒸汽压，冷凝法利用这一原理，通过升高系统的压力或者降低系统温度的手段，将沸点比较高的挥发性有机污染物从蒸汽状态冷凝为液滴，从而达到与废气分离的目的，实现高沸点有机溶剂的分离与回

笔记

收。冷凝法在回收 VOCs 时，适合处理气量小、浓度高的有机废气，工艺反应装置上常常配备有冷凝设备。该方法的优点在于设备和操作条件相对简单，运行安全、便于维修，资金投入较少，一般用来回收浓度较高、气量较小的挥发性有机溶剂，污染物的浓度越大，沸点越高，那么回收效率也就越高。从理论上来说，只要冷凝温度够低，是能够达到很高的回收效率的，但是相应的能耗也会增大，进而导致费用增加，不经济也不现实。仅仅通过冷凝是无法彻底净化废气中的污染物做到达标排放的，冷凝过后的低浓度有机废气还需要进一步进行处理。因此，冷凝法常作为预处理与其他处理技术联合使用。

（二）吸收法

吸收法是采用低挥发性或不具挥发性的液体作为吸收剂，通过特定的吸收装置，利用废气中各组分在吸收剂中溶解度的差异或化学反应特性差异，使废气中的有害组分能够被吸收剂所吸收，从而净化废气。吸收法适用于浓度比较高、温度比较低且压力比较高的废气处理，采用合适的吸收剂，去除率可高达 95%～98%。吸收法是治理 VOCs 的重要技术之一，可分为物理吸收和化学吸收两大类。目前该技术相对而言比较成熟，工艺流程较为简单，占地面积小，设计和操作经验较为丰富，对于处理大风量、低浓度的常温废气比较有效，投资和运行费用都比较低廉，吸收剂价格也比较便宜，能够实现自动控制，并且能将特定污染物转化成副产品，在工业废气处理中应用较为广泛。但缺点在于吸收液后期处理过程复杂且费用大，容易产生二次污染，该方法对无机废气的去除效果较好，对有机成分存在较大的选择性。

案例

某药企有手性环氧氯丙烷生产车间和氨基甘油生产车间，形成年产 2100 吨手性环氧氯丙烷和 1900 吨氨基甘油的生产规模。生产过程中车间会产生手性环氧氯丙烷、氨基甘油等具有刺激性气味的有毒气体，同时还有刺激性气体醋酸等有组织废气，在工人操作过程中可能会存在因操作不当或设备腐蚀等，排出无组织废气。同时，厂区内的污水处理装置和储罐区都会有废气排出，恶臭气味明显，严重影响了厂区职工的正常工作生活该企业根据废气的产生情况，对生产车间和污水处理站、储罐区的废气分别进行处理（图 10-3）。

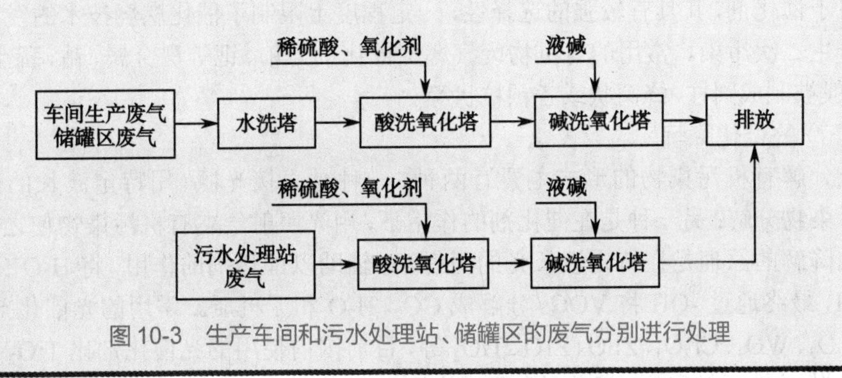

图 10-3　生产车间和污水处理站、储罐区的废气分别进行处理

（三）吸附法

吸附法净化 VOCs 是利用了固体吸附剂对废气中各污染物质的选择性吸附而分离气体混合物的方法。吸附法主要适用于低浓度但高风量的气态污染物净化，具有

处理效率高的显著特点。吸附法工艺较为成熟，吸附剂可再生循环使用，其适用范围广泛、能耗低、能实现自动控制，是一种应用较为广泛的处理方法。但缺点是吸附剂易受杂质影响而失效、更换复杂、处理设备庞大、不易保养，且流程繁杂。常见吸附剂主要有分子筛、颗粒活性炭、蜂窝活性炭沸石、活性氧化铅、活性炭纤维和硅胶等，其中活性炭基于其吸附广谱性、高吸附容量和大比表面积等特性成为了最为常用的吸附剂，适用于大部分的有机污染物，相关研究表明，对部分污染物，活性炭的吸附容量可高达 95% 以上，特别是经过臭氧、过氧化铁等处理过后，吸附能力大大提升；分子筛是近年来在 VOCs 处理中应用越来越广的一类吸附剂，当采用热气流脱附再生技术时，分子筛较活性炭更有优势；颗粒硅胶则是一种大孔材料，对浓度极高的有机物表现出了极大的吸附容量，主要应用于高浓度油气的回收，极少用于 VOCs 的处理。

（四）燃烧法

燃烧法是目前在 VOCs 治理领域应用较为广泛的一种处理技术，也是研究较多的一个领域，可说是目前 VOCs 去除最为彻底的方法，操作简便，没有二次污染。该方法的原理是通过燃烧彻底地将废气中的有机物分解，转化为水和二氧化碳，从而去除废气中的 VOCs。燃烧法具有效率高、治理彻底、消除恶臭、二次污染小等优点，缺点是燃烧产物回收利用率低，且具有爆炸的安全隐患，若采用催化燃烧法，催化剂费用较高，若处理低浓度废气，需补充大量助燃物，运行费用过大。燃烧法主要包括直接燃烧法和催化燃烧法两大类。

1. 直接燃烧法　工业上直接燃烧法是指把废气作为燃料直接燃烧的方法，适用于浓度较高、热值高、回收利用价值低的 VOCs，空气中的 O_2 作氧化剂，对废气与空气混合气体的浓度比例有一定的要求，若不能与空气充分混合和燃烧，很容易产生二噁英类等有害物质，造成二次污染；若空气所含比例过高，所需要的燃烧温度也就越高，该方法的燃烧温度一般控制在 1100℃左右，若温度太高，不仅使能耗增大，还加大了安全隐患，因此，该方法对操作要求十分严格。

2. 催化燃烧法　催化燃烧法是利用催化剂使有机物在较低的温度下被氧化分解的方法，类似热氧化，但操作温度只有 25～500℃，远远低于热氧化。催化燃烧法的核心在于催化剂，其具有较强的选择性，一定程度上限制了催化燃烧技术的发展，还容易产生二次污染。常用的有机物废气燃烧催化剂为铂、钯等贵金属、钴、稀土等金属，一般被制成圆柱、蜂窝状或者颗粒状等。

（五）光催化降解

光分解有机污染物的形式主要有两种，一种是直接光照（用特定波长的光）使有机污染物分解；另一种是在催化剂的作用下，用光照射气态有机污染物使之分解。光催化降解的原理是在特定波长光的照射下，辅助以催化剂的作用，将 H_2O 分解得到 -OH，最终通过 -OH 将 VOCs 分解成 CO_2、H_2O 和无机质。常用的光催化剂主要有：Fe_2O_3、WO_3、Cr_2O_3、ZnO、ZrO、TiO_2 等，目前国内使用的光催化剂化 TiO_2 为主，TiO_2 的化学性质较稳定、活化性能强、价格也相对便宜。由于该技术能够将 VOCs 无机化的较为彻底，还具有投资费用小、反应高效、副产物少、能耗低、运行费用低廉、处理效果良好以及无二次污染等的优点，近年来为广大环保领域研究学者所极力推广。该方法主要用于低浓度（一般小于 1000ppm）、小气量 VOCs 的处理，缺点

笔记

是催化剂存在失活的问题、反应的量子产率较低。催化剂对激发源的特征波长选择性较为苛刻，且若污染物浓度较高，则需要很大的催化面积，费用随之变大，相对而言不经济。

（六）生物净化法

生物降解法早于 100 多年前便应用于污水处理，近年来国外许多国家也渐渐开始将其应用于 VOCs 治理，荷兰、德国等发达国家已经在各自的国家规模化地发展和应用了生物降解技术来治理 VOCs。类比水处理中的生物膜技术，科学家们将 VOCs 作为附着于填料表面微生物的碳源，维持其生命活动，将复杂的、大分子有化物降解为简单的、小分子有机物或者无机物。在技术相对成熟的发达国家和地区，该技术对 VOCs 的去除率可达 90% 以上。目前应用较广的生物降解法主要为过滤法、洗涂法两种。其中，过滤法的原理是利用填料表面的微生物与污染气体直接接触，从而吸附降解污染物，常见的设备有生物滴滤塔，其一般可以同时拥有微生物的悬浮生长和附着生长这两种特性，而洗涂法的原理则是利用在液相中的微生物与气相中的污染物接触，从而吸附降解污染物，液相中需要配置一定比例的营养物质，常见的设备有鼓泡塔和喷淋塔。生物净化法多应用于低浓度的 VOCs 处理，尤其对可降解的含醇类废气效果更为明显。此外，除了采用特种菌种处理特种废气之外，还可以对微生物进行人为驯化，亦可处理含其他 VOCs 的有机废气。生物净化法也有缺点，有毒性的有机废气容易对微生物产生抑制作用，严重时会导致微生物中毒而失去活性，大大降低处理效率。因此，生物净化法不适用于有毒性的有机废气。

第四节　制药工业废渣处理技术

药厂废渣是在制药过程中产生的固体、半固体或浆状废物，是制药工业的主要污染源之一。常见的废渣包括煎煮废渣、蒸馏残渣、失活催化剂、废活性炭、胶体废渣（如铁泥、锌泥等）、过期的药品、不合格的中间体和产品，以及用沉淀、混凝、生物处理等方法产生的污泥残渣等。其中以废水处理产生的污泥数量最多，且最难处理。一般地，药厂废渣污染问题与废气、废水相比，一般要小得多，废渣的种类和数量也比较少。但废渣的组成复杂，且大多含有高浓度的有机污染物，有些还是剧毒、易燃、易爆的物质。因此，必须对药厂废渣进行适当的处理，以免造成环境污染。

一、废渣的分类

固体废渣处理是指被称为废物的固体的出路或处置方法。有的有回收价值，如贵金属，应予回收；有的可进行综合利用，如某种中药材在大批量提取有效成分后的药材废渣的综合利用（包括中药材中多类成分的综合利用，淀粉、色素、蛋白质、纤维素、果胶等的提纯回收）；有的可进行焚烧；有的则可考虑土埋。通常工业废渣主要包括：

1. 有毒废物　对任何一类特定的遗传活动测定呈阳性反应的；对生活蓄积的潜在性试验呈阳性结果的；超过“特定化学制剂表列”中规定的含量的；根据所选用的分析方法或生物监测方法，超过所规定浓度的废物。

2. 易燃废物　含燃点低于 60℃的液体废弃物；在物理因素作用下，容易起火的

含液体和气体的废弃物；在点火时剧烈燃烧，易引起火灾的和含氧化剂的废弃物等。

3. 有腐蚀性的废物　含水废弃物、不含水但加入等量水后浸出液的 pH≤3 或 pH≥12 的废弃物。

4. 能传染疾病的废物　医院或兽医院未经消毒排出的含有病原体的和含致病性生物的污泥等。

5. 有化学反应性的废物　容易引起激烈化学反应但不爆炸的、易与水激烈反应形成爆炸性混合物的；与水混合时释放有毒烟雾的；有强烈起始源（加热或和水作用）产生爆炸性或爆炸性反应的；在常温常压下，可能引起爆炸性反应或分解的；属于 A 级或 B 级的炸药（包括引火物质、自动聚合物和各种氧化剂）等。

知识链接

贵金属

贵金属主要指金、银和铂族金属（钌、铑、钯、锇、铱、铂）等 8 种金属元素。这些金属具有独特的抗腐蚀性，生理上无毒性，良好的延展性及生物相容性。贵金属这些特殊的性质使之医药行业上有广泛的应用。

1. 贵金属牙科材料　贵金属是最传统的牙科材料，它具有好的生物相容性、对组织无毒无刺激，有好的抗腐蚀性，足够高的物理与力学性并具备良好的制造工艺性能。

2. 体内置入式电子装置　由于贵金属具有生物相容性及对人体无毒，各种微型的贵金属电子装置（电极、电缆、电源）可以置入人体中，发出电流刺激神经，促进神经的修复。

3. 生物传感器　生物传感器可按照生物特异性授予机制或信号转换模式分类。按被选生物化学受体的不同，可将生物传感器分为酶传感器、免疫传感器、组织传感器、微生物传感器和细胞传感器等。传感器的微型化是传感器发展的主要研究方向，而将贵金属纳米颗粒用于传感器的研究有助于促进这一目标的实现，贵金属纳米颗粒作为增强材料已经应用到各种各样的电化学生物传感器方面。

4. 贵金属催化剂　贵金属催化剂是指能改变化学反应速度而本身又不参与反应最终产物的贵金属材料。贵金属颗粒表面易吸附反应物，且强度适中，利于形成中间“活性化合物”，具有较高的催化活性，成为重要的催化剂材料。

二、制药工业废渣的危害

工业废渣长期堆存不仅占用大量土地，而且会造成对水系和大气的严重污染和危害。工业有害废渣长期堆存，经过雨雪淋溶，可溶成分随水从地表向下渗透。向土壤迁移转化，富集有害物质、使堆场附近土质酸化、碱化、硬化，甚至发生重金属型污染。例如，一般在有色金属冶炼厂附近的土壤里，铅含量为正常土壤中含量的 10～40 倍，铜含量为 5～200 倍，锌含量为 5～50 倍。这些有毒物质一方面通过土壤进入水体，另一方面在土壤中发生积累而被作物吸收，毒害农作物。工业废渣与城市垃圾在雨水、雪水的作用下，流入江河湖海，造成水体的严重污染与破坏，如果将工业废渣或垃圾直接倒入河流、湖泊或沿海海域中会造成更大污染。目前世界上原子反应堆的废渣、核爆炸产生的散落物以及向深海投弃的放射性废物，已使能量为 0.74EBq（2000×10 000 Ci）的同位素污染了海洋，海洋生物资源遭到极大破坏。工业废渣与垃

笔记

圾在堆放过程中，在温度、水分的作用下，某些有机物质发生分解，产生有害气体，一些腐败的垃圾废物散发腥臭味，造成对空气的污染。例如：堆积如山的煤矸石发生自燃时，火势蔓延，难以救护。并放出大量的 SO_2 气体，污染环境。此外，采取焚烧方法处理固体废物时排出的烟尘和有害气体也会污染大气。

作为国内最大的肌苷生产企业和全球最大的抗生素原料药生产基地之一，河南某制药企业一度曾是国人的传奇。然而，在周边的村民看来，耀眼光环背后，该制药企业却随意倾倒生产药渣，时刻危害着他们赖以生存的生态环境。几乎半个村子都弥漫在刺鼻的气味中，人要是在堆有废渣的地方时间稍微一长，就会感到头晕、恶心。“药渣”所及之处树木枯死庄稼枯黄。地下水都是红褐色，喝起来又苦又涩。

事件报道后，主管政府高度重视，立即抽调专人成立环保联合调查组，对该制药企业存在的环境违法行为进行了全面调查处理。要求该制药企业自2015年5月4日起10日内全部停产到位。企业要完善全部环保手续，未经审批同意，不得擅自投入生产。同时，按照属地管理的原则，依据有关法律法规，当地环保局已对该企业无证排污的违法行为进行立案处罚。

三、制药工业废渣的处理技术

随着现代制药工业的迅猛发展，废渣的排放量也与日俱增，废渣不仅会占用大量土地，投入大量的运行和维护费用，更重要的是还能对环境造成极大的危害。但随着科学技术的发展，人们逐渐认识到废渣不是完全不可以利用的，通过各种加工处理可以把废渣变为有用的物质或能量。

制药工业中废渣的处理方法主要有热解、固化、破碎、分选、化学处理、生物处理等。

1. 固体废渣的热解　热解是利用有机物的热不稳定性，在无氧或缺氧的条件下受热分解的过程。热解法与焚烧法不同，焚烧是放热的，热解是吸热的，焚烧的主要产物是二氧化碳和水，而热解的主要产物是可燃的低分子化合物：气态的主要有氢、甲烷、一氧化碳，液态的有甲醇、醋酸、乙醛等有机物及焦油溶剂等，固态的主要是焦炭或碳黑。焚烧产生的热能，量大的可用于发电，量小的可用于加热或产生蒸汽，就近利用。而热解产物是燃料油及燃料气，便于贮藏及远距离输送。国外利用热解法处理固化废物已达到工业规模，虽然现在还存在一些问题，但实践表明，这是一种有前途的固体废物处理方法。

热解，就是利用热解切断大分子量的有机物（碳氢化合物），使之转变为含碳数更小的低分子量物质的具体历程。具体来说，就是把有关固体废物（或液体废物）在无氧或少量氧的条件下加热至800～1000℃，获得高温气体的方法，同时还可以获得煤（焦油）再作化工原料，关于分解后剩余的以碳为主的残渣，可以作肥料、填坑物和固体燃料等。

热解可在焚烧温度低的条件下，从有机物中直接回收燃料油、气，从资源化的角度论，热解比焚烧有利（图10-4）。

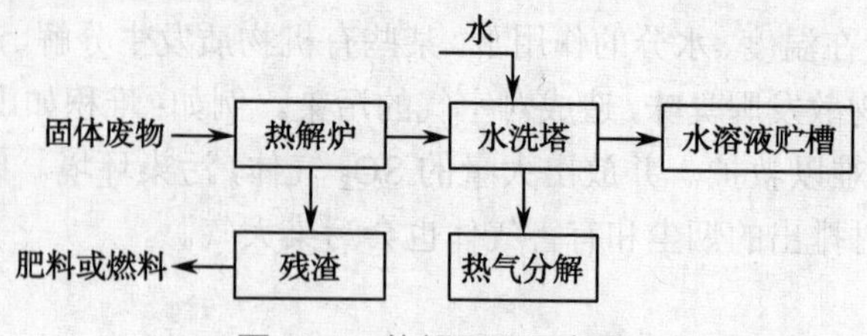

图 10-4　热解原理示意图

利用固体废物热解制造燃料时，由于废物的类型以及热解温度、加热时间不同，生成的燃料可以是气体、油状液体，或二者兼有。为了有效地节约能源，回收热能，近年来多用热解炉代替焚烧炉，设置后燃烧室回收热能发电。

2. 废渣固化　废渣固化是利用物理或化学方法将有害废物固定或包容在惰性质材料中，使其呈现化学稳定性或密封性的一种无害化处理方法。固化后的产物应具有良好的机械性能、抗渗透、抗浸出、抗干、抗湿与冻、抗融等特性。

含砷废渣作为一种持久性污染物被广泛关注，固化 / 稳定化技术是治理含砷废渣的一种行之有效的途径，其主要机理是将污染物通过物理或化学过程，掺入或引入到惰性基材或稳定物质中。国内外危险废弃物固化 / 稳定化技术主要包括水泥固化、聚合物固化（包括聚酯树脂、环氧树脂、聚乙烯、聚氯乙烯、沥青）和玻璃固化法，其中水泥固化应用最广。国内外危险废弃物固化 / 稳定化技术主要包括水泥固化、聚合物固化和玻璃固化法。其中水泥固化因价格相对比较低廉、操作方便、设备要求不高等特点，在工业处理含砷废弃物上得到广泛的应用。基于水泥固化法所具有的优点，其已成为含砷废渣固化的首选技术方案（图 10-5）。

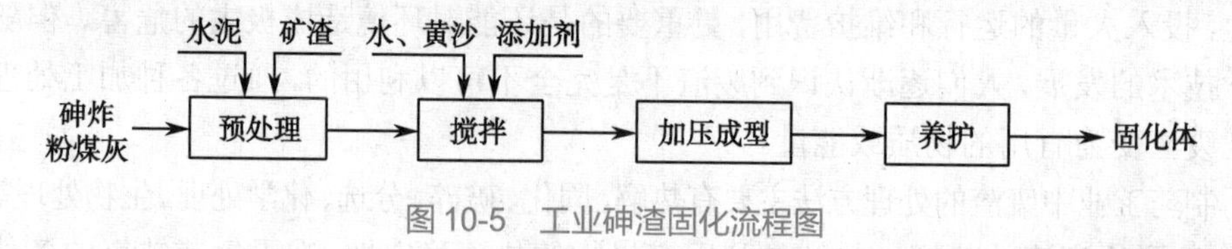

图 10-5　工业砷渣固化流程图

3. 固体废物化学处理　固体废物化学处理是针对易于对环境造成严重后果的有毒有害化学成分，采用化学转化的方法，使之达到无害化。化学处理方法主要有中和法和氧化还原法。

中和法用于处理化工、冶金、电镀等行业酸、碱性泥渣。氧化还原法通过氧化还原反应使有毒元素的价态发生变化，使之毒性降低或消除。铬渣是生产铬酸盐后排出的残渣，属于重金属危险废物。将铬渣与适量煤炭或锯末混合在回转窑内 700～800℃焙烧，铬渣中以铬酸钠为代表的水溶性 Cr^{6+} 和以铬酸钙为代表的酸溶性 Cr^{6+}，被煤燃烧产生的强还原性 CO 气体还原为 Cr^{3+} 化合物，在密封条件下水淬，从而达到彻底解毒的目的（图 10-6）。

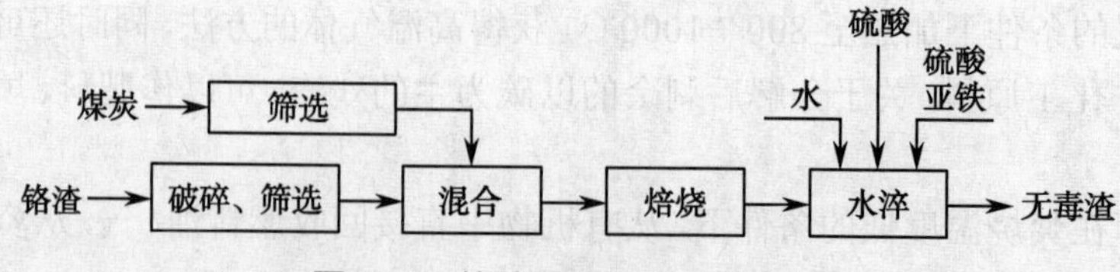

图 10-6　铬渣干法还原工艺流程

4. 生物处理技术 微生物具有复杂而丰富的酶系，因此利用微生物分解固体废弃物中的有机物从而实现其无害化和资源化，是处理固体废弃物的有效且经济的技术方法。我国是中药生产大国，药材年产量约 7000 万吨，在进行深加工产业化的过程中，所产生的药渣等固体废弃物有 3500 万吨，直接或间接排放处理不仅浪费资源，而且还会导致严重的环境污染问题，中药药渣一般含水量较高，极易腐败，采用填埋焚烧堆放等传统方法处理中药渣，或随地乱堆乱弃，不仅不能有效处理中药渣，而且会导致严重的资源浪费和环境污染。

在中药渣的处理和利用方面，目前主要集中在中药渣培养食用菌、中药渣堆肥、中药渣造纸等方面。食用菌栽培常用的基质有麦秸、稻草、玉米芯等，而中药渣中含有大量适用于食用菌生长的营养成分，并且还含有丰富的纤维素、木质素类成分，同样适用于食用菌的栽培。而且研究发现由中药渣培育的食用菌比麦秸、稻草、玉米芯等其他栽培基质所栽培出的食用菌具有菌株生长状态好、产量高等优点（表 10-1）。

表 10-1 中药渣栽培食用菌的实例分析

中药渣种类	菌种	结果
葛根汤的药渣	平菇	菌丝生长茁长
小柴胡的药渣	金针菇	菌丝长势浓白、旺盛
加藿香正气丸的药渣	裂褶菌	裂褶菌菌丝体长势较好
丹参、黄芪、元胡、黄芩、枸杞药渣	杏鲍菇	长势良好，生长周期短
汉方浸膏 4 号药渣	榆黄姑	生长速度快、长势好、产量高

在采用各种合理方法处理废渣的同时，更有价值的是废渣进行回收，这种回收包括材料和能源的回收。例如，利用废渣和废水固态发酵生产果胶酶；利用 β- 内酰胺抗生素菌丝废渣制取生物饲料；从生产维生素 A、E- 活性酯废渣中制备 2- 硫化二苯并噻唑；由黄姜、穿山龙提取薯蓣皂素的方法及用其废渣生产生物有机肥；用发酵生产废渣制造一次性餐具、食品包装；用薯干发酵柠檬酸废渣制活性炭等。

积极研究无害化处理，长期受益的良性循环轨道的废渣处理方法具有十分重要的现实意义。

学习小结

1. 学习内容

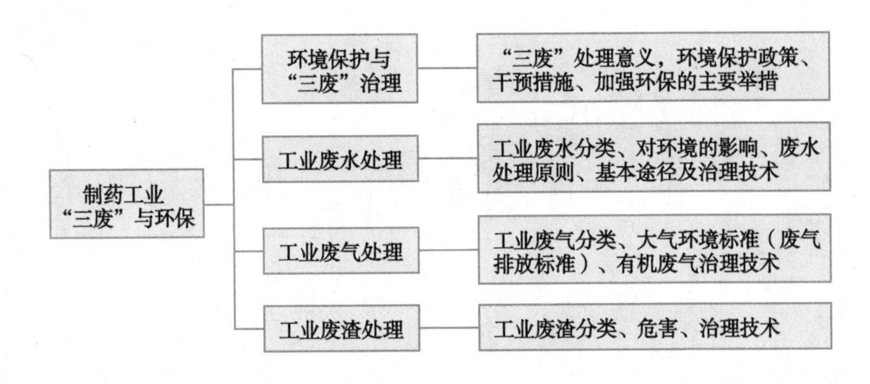

2. 学习方法

通过了解我国环境保护的政策，“三废”治理的方针、制药工业所产生的“三废”的对人类的危害；对比废水、废气、废渣的处理方法，使学生明确清洁生产含义与意义。

（钟为慧 兰 卫）

复习思考题

1. 我国针对工业“三废”实行环境保护的基本政策是什么？
2. 我国在“三废”治理上实施的“干预措施”都有哪些？
3. 制药工业废水分为几类？
4. 制药工业废水的处理原则是什么？
5. 制药工业废水的主要处理方法有哪些？
6. 大气环境是由谁来分的级？分几级，各级的区域如何？
7. 制药工业有机废气的主要处理方法有哪些？
8. 制药工业废渣有哪些危害？
9. 制药工业废渣的主要处理方法有哪些？

第十一章

药品包装技术

学习目的

通过本章的学习，使学生充分认识到药品包装在药品市场中的重要性，明确药品包装的意义及目的，了解药品包装的概念、作用和分类，掌握药品包装的法规，熟悉药品包装、标签、说明书中的管理规定。了解包装机械及药品包装发展趋势。

学习要点

本章为产品的包装应该必备的知识，包括包装材料及如何正确使用各种包装机械。

药品包装作为药品不可分割的一个组成部分，正越来越受到人们的重视和关注。包装是实现药品价值和使用价值并能增加其使用价值的一种手段。随着个性化消费时代的到来，市场竞争的激烈，以及售货方式的变化。药物包装并不局限于保护、容纳和宣传产品，通过包装来提升药品的附加值，提高药品的竞争力越来越凸显出来。国际发达国家中，各种包装材料和包装方式不断发展变化，药品包装占到了药品价值的30%，而我国仅为10%左右。从20世纪90年代以来，越来越多的国际制药企业进入中国，这不仅加剧了中国制药行业的竞争，对国内的医药包装工业也造成了巨大的冲击和影响。如今我国医药包装技术得到快速发展，无论是粉针、水针注射剂、片剂、口服液，还是大输液的包装，各类包装材料及包装方式随着先进技术的引进和不断创新在药品包装领域得到长足发展。各种更安全、有效、方便、新颖的包装材料及包装方式，将会伴随着医药工业的高速发展而不断改进、推陈出新。

第一节　药物包装的基本概念

进入21世纪，随着社会发展和科学技术的进步，我国药品管理日臻完善，特别是GMP认证的全面实施，处方药和非处方药品的分类管理，对药品包装提出了更高的要求。药品包装受到国家、行业、企业、社会和消费者的广泛重视。

一、药物包装的含义

药物包装是指医药商品流通过程中为保护医药商品、方便储运、促进销售，按一

笔记

定技术方法而采用的材料或容器及辅助物的总称，也包括为达到上述目的而采用容器、材料和辅助物过程中施加一定技术方法等的操作活动。也就是用适当的材料或容器、利用包装技术对药物制剂的半成品或成品进行分(灌)、封、装、贴签等操作，为药品提供品质保证、鉴定商标与说明的一种加工过程的总称。对药品包装本身可以从两个方面去理解：从静态角度看，包装是用有关材料、容器和辅助物等材料将药品包装起来，起到应有的功能；从动态角度看，包装是采用材料、容器和辅助物的技术方法，是工艺及操作。

商品包装概念反映了商品包装的商品性、目的性和生产活动性。商品和包装组成了统一的商品体，商品包装是实现商品价值和使用价值的有效组成部分，商品包装本身具有价值和使用价值。商品包装所消耗的劳动力，包括物化劳动和活劳动，属于社会劳动的一部分。商品包装的价值包含在商品中，在出售商品时得到补偿。使用某种材料，按照一定技术方法形成的包装容器是为了在流通和消费领域中实现商品的使用价值和价值，它是一种工具和手段。

(一) 药物包装的意义

药品包装是医药商品生产的重要组成部分。只有在完成包装工序后，才算完成生产过程，因此包装不仅是一种物质形态，而且还是一种技术、经济活动。在购销、运输和储存的流通环节中，医药商品包装的主要意义在于：

1. 保护药品质量的安全和数量的完整　医药产品从出厂到使用者这一流通过程中，要经过多次运输和贮存环节，运输过程中会有震动、挤压、碰撞、日晒、雨淋等损害，贮存过程中会遇到虫蛀、鼠咬、腐蚀等情况。即使到了使用者手上，从开始使用到使用完毕也还有存放的要求。因此，必须有良好的包装，才能使药品免受损害。

2. 便于药品的计数、计量及使用　计数计量顺利，方便患者使用。

3. 促进药品的销售　优良包装促进销售。出口商品的包装可提高竞争力。

4. 增加药品的价值及有利于发挥其使用价值　商品采用包装以后，首先进入消费者视线的往往不是商品本身而是商品的包装。独具个性、精制美观的包装可以增强商品的美感，刺激消费者的购买欲望，起无声推销员的作用。据英国市场调查公司调查，一般到超市购物的妇女，由于受包装装潢的吸引，在现场购买的东西通常超过计划购买数量的45%。所以，包装的功能更集中于增强产品的吸引力，促进销售，尤其是OTC药品，包装显得更为重要。

知识链接

OTC药

指非处方药品，在美国又称为柜台发售药品(over the counter drug)，简称OTC药。在我国，是指由国务院药品监督管理部门公布的，不需要凭执业医师和执业助理医师处方，消费者可以自行判断、购买和使用的药品。

OTC药包装上的专用标识物是区分非处方药与处方药的重要标志。如美国的处方药标签上均印有“联邦法规定无医生处方禁止调配”(Federal Law Prohibits Dispensing Without Prescription)，而非处方药标签上则印有“适应的用药指导”(Adequate Direction for use)，日本及欧洲许多国家也都有类似的文字提示或标识。美国食品与药品监督管理局提出非处方药标签应有7项内容：①产品名称；②生产商、包装商或分发商的名称、地址；③包装内容物；④所有有效成分的INN（国际非专利药物通用名）名称；⑤某些其他组分如乙醇、生物碱等的含量；⑥保护消费者的注意事项及忠告性内容；⑦安全、正确使用该药品适当的用药指导。

在我国，1999年6月国家药品监督管理部门就发布了《处方药与非处方药管理办法（试行）》。对非处方药的包装作了专门规定。其中，第六条，非处方药标签和说明书除符合规定外，用语应当科学、易懂，便于消费者自行判断、选择和使用。非处方药的标签和说明书必须经国家药品监督管理局批准。第七条，非处方药的包装必须印有国家指定的非处方药专有标识，必须符合质量要求，方便储存、运输和使用。每个销售基本单元包装必须附有标签和说明书。

非处方药的包装上必须印有国家食品药品监督管理局规定的非处方药专用标识：椭圆形图案背景下3个英文字母“OTC”，甲类非处方药为红底白字的图案，乙类非处方药为绿底白字的图案。单色印刷时，非处方药专用标识下方必须标示“甲类”或“乙类”字样。非处方药药品标签、说明书和每个销售基本单元包装印有中文药品通用名称的一面右上角是非处方药专用标识的固定位置。非处方药的说明书中应当列出全部活性成分或者组方中的全部中药药味以及所用的全部辅料名称。另外，还应将非处方药广告的忠告语“请按药品说明书或在药师指导下购买和使用”以黑体字印制在药品说明书的顶上方。

商品的内在质量是商品市场竞争能力的基础，但是一个优质产品如果不和一个优质包装相配合，在市场上的竞争能力就会受到削弱，就会降低“身份”。而好的包装则可与好的产品二者相得益彰，卖得好价钱，提高产品的附加值，这在国际市场上更加明显。“一等产品，二等包装，三等价格”。如中国传统出口的名贵药人参，过去用木箱包装，每箱10kg，结果售价低、销路差，且给人以掺假之嫌。后改用精致的小包装，售价平均提高了30%，且销量大增。

（二）药物包装的基本原则与要求

医药商品种类繁多，性质不同，形态各异，体积有大小，轻重有区别。为了发挥包装对商品的作用，设计和使用商品包装时应符合“科学、经济、安全、美观、适用”的原则。在保护商品的前提下，力求做到用料得当，容器科学，合理压缩包装体积；采用最经济的包装容器，节约包装材料，降低包装费用，提高运输和装卸能力，有效地利用仓库容量；节省费用开支，以提高工作效率，提高企业管理水平；实现实体结构和装潢艺术的统一，起到保护商品、便利流通、促进销售、方便消费的作用。为此药品包装要满足如下基本要求：

1．药品包装应适应不同流通条件的需要　药品在流通领域中可受到运输装卸条件、储存时间、气候变化等情况的影响，所以药品的包装应与这些条件相适应。如怕冷冻药品发往寒冷地区时，要加防寒包装；药品包装措施应按相对湿度最大的地区考虑等。同样，在对出口药品进行包装时应充分考虑出口国的具体情况，将因包装而影响药品质量的可能性降低到最低限度。

2．药品包装应和内容物相适应　包装应结合所盛装药品的理化性质和剂型特

笔记

点，分别采取不同措施。如遇光易变质，暴露空气中易氧化的药品，应采用遮光容器；瓶装的液体药品应采取防震、防压措施。

3. 药品包装要符合标准化要求　统一包装材料，统一造型结构，统一规格尺寸，统一包装容量，统一包装标记，统一封装方法，统一捆扎方法。符合标准化要求的包装有利于保证药品质量；便于药品运输、装卸及储存；便于识别与计量，有利于现代化港口的机械化装卸；有利于包装、运输、储存费用的减少。

药品包装还有一些具体要求，如药品包装（包括运输包装）必须加封口、封签、封条或使用防盗盖、瓶盖套等；标签必须贴牢、贴正，不得与药物一起放入瓶内；在最小销售单元包装内必须装有药品说明书；凡封签、标签、包装容器等有破损的，不得出厂和销售。特殊管理药品、非处方药及外用药品的标签上必须印有规定的标志。在国内销售的药品的包装、标签、说明书必须使用中文，不能使用繁体字、异体字，如加汉语拼音或外文，必须以中文为主体；在国内销售的进口药品，必须附加中文使用说明。凡使用商品名的西药制剂，必须在商品名下方的括号内标明法定通用名称等。

二、药物包装的作用

保护是商品包装的重要功能之一。药品在流通过程中，要经历运输、保管、装卸、储存、分发等环节，受到气候环境性因素、生物性因素、机械性因素及社会性因素的影响。在这个过程中，要使商品免受损害、使商品质量不致降低和变化，必须防止各种不利因素出现。例如：①挥发或渗漏因素；②震荡或挤压因素；③冷热变化因素；④酸碱腐蚀因素；⑤微生物与昆虫危害因素；⑥光照或辐射的因素；⑦失窃因素；⑧潮湿或空气氧化的因素；⑨冲击或泄漏的因素；⑩外界污染的因素等。

药物经过加工制作成片剂、栓剂、针剂等不同剂型，为了方便流通和保护药品，需要包装来进行必要的保护。药品包装应能方便患者及临床使用，能帮助医师和患者科学而安全地用药。方便药房、药店展示。另外，合理的药品包装便于药品搬运装卸，方便药品生产加工、周转、装入、封合、贴标、堆码等；同时还能方便消费者携带、开启、应用。

药品的包装是传递信息的媒介，标签及说明书所标示的注册商标、品名、批准文号、主要成分含量、装量、主治、用法、用量、禁忌、厂名、批号、有效期等，使医疗部门及患者便于对症下药。特别是端庄醒目的包装，使患者产生信任感，起到促进销售作用。这些功能集中于药品的包装之上，良好的说明有助于药品的销售，还有利于仓储保管与信息识别。便利是商品的又一重要功能。为适应药品使用的各种要求，药品包装必须能够方便使用、方便携带、方便运输、方便堆码、方便陈列和方便销售。

三、药物包装的分类

药物包装按其不同的作用和用途分为不同类别的包装，以下就按各自不同的作用及用途加以分别叙述。

1. 储运包装　它是用于安全运输储存、保护药品的较大单元的包装形式，又称为外包装或大包装。例如，纸箱、木箱、桶、集合包装、托盘包装等。储运包装一般体

笔记

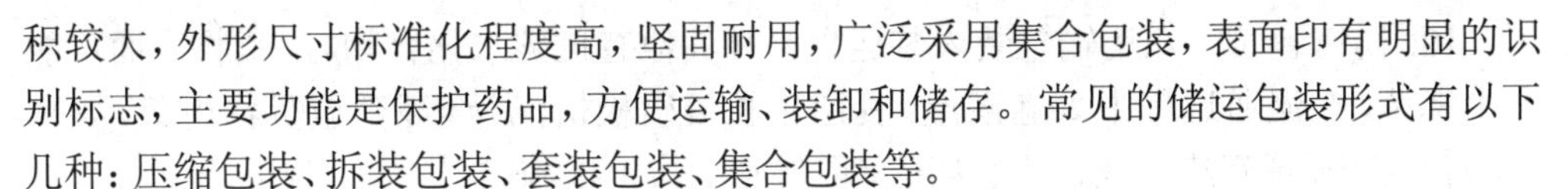

积较大，外形尺寸标准化程度高，坚固耐用，广泛采用集合包装，表面印有明显的识别标志，主要功能是保护药品，方便运输、装卸和储存。常见的储运包装形式有以下几种：压缩包装、拆装包装、套装包装、集合包装等。

2. 销售包装　是指一个商品为一个销售单元的包装形式，或若干个单体商品组成一个小的整体包装，亦称为个包装或小包装。其特点是包装件小，对包装的技术要求美观、安全、卫生、新颖、易于携带，印刷装潢要求较高。具有直接保护商品、宣传和促进商品销售，保护优质名牌商品以防假冒的作用。销售包装要求结构新颖、造型美观、色彩悦目，符合药品的特点，便于陈列和展销；外表图案、画面色彩及文字说明的设计应给予消费者美感，以达到促进消费的目的。包装形式有方便陈列和便于识别的堆叠式、可挂式、展开式、透明和"开窗"式、惯用式及方便消费者携带和使用的便携式、易开式、喷雾式、复用式、配套式、适量式和礼品式等。陈列包装又叫POP（point of purchase）包装，POP包装是一种广告式商品销售包装，多陈列于商品销售点，是有效的现场广告手段。一般是利用商品包装盒盖或盒身部分进行特定结构形式的视觉传达设计。POP包装是一种现场展示包装，对于在陈列柜里展出销售的零售商品来说是一种传统的、必不可少的、安全且廉价的方式。现场展示包装是最重要的现代产品促销手段之一，也是目前大卖场最常见的销售手段之一。

3. 真空包装　将产品装入气密性包装容器，抽去容器内部的空气，使密封后的容器达到预定真空的包装方法。真空包装广泛应用于食品、药品、中药材、化工原料、金属制品、电子元件、纺织品、医疗用具等。

4. 充气包装　采用CO_2或N_2等不活泼气体置换包装容器中空气的一种包装技术方法。该法根据好氧性微生物需氧代谢的特性，在密封包装容器中降低O_2的浓度，抑制微生物的生理活动和酶的活性，达到防霉、防腐的目的。

5. 脱氧包装　是继真空和充气包装之后出现的一种新型除氧包装方法。在密封包装容器中，使用能与O_2起化学反应的脱氧剂与之作用，从而除氧以达到保护内装物的目的。

6. 无菌包装　是将产品、包装容器、材料或包装辅助物灭菌后，在无菌的环境中进行充填和封合的一种包装方法。通常采用瞬间超高温灭菌技术，在一条严格密闭状态下的生产线上将被包装物品的杀菌、包装一次完成。

7. 防震包装　防震包装又称缓冲包装，是一种极其重要的包装工艺。防止产品在运输、保管、堆码和装卸过程，在不适任何环境中受到超常压力作用，使产品发生机械性损坏。所谓防震包装就是指为减缓内装物受到冲击和振动，保护其免受损坏所采取的一定防护措施的包装。

8. 防锈包装　金属由于受到周围介质的化学作用或电化学作用而发生金属锈蚀现象。可分为大气锈蚀、海水腐蚀、地下锈蚀、细菌锈蚀等。在包装工程中遇到最多的是大气锈蚀。锈蚀对于金属材料和制品有严重的破坏作用。所以为了减轻因金属锈蚀带来的损失，对金属制品采用适宜的防锈材料和包装方法，用以防止其在贮藏和运输过程中发生锈蚀而进行防锈包装技术处理。

9. 防潮包装　防潮包装是指用不能透过或难于透过水蒸气的包装材料对产品进行包装的一种技术。常用防潮包装材料进行包装。常用防潮包装材料有纸材、塑料、金属、玻璃、陶瓷等。

10. 防霉包装 在运输包装内装运食品和其他有机碳水化合物时，货物表面可能产生真菌，在流通过程中如遇潮湿，真菌生长繁殖极快，甚至蔓延至货物内部，导致货物腐烂变质或污染货物，因此需要采取特别的防护措施。

11. 贴体包装 贴体包装就是把透明的塑料薄膜加热到软化程度，然后覆盖在衬有纸板的商品上，从下面抽真空．使加热软化的塑料薄膜按商品的形状黏附在其表面，同时也黏附在承载商品的纸板上，冷却成型后成为一种新颖的包装物体。贴体包装由于使商品被一层完全透明的塑料薄膜包裹，被包装的商品能形体清楚而整齐地呈现在“货架”上，使商品更富有吸引力。

12. 收缩包装 就是用收缩薄膜裹包物品，然后对薄膜进行适当加热处理，使薄膜收缩而紧贴于物品的包装技术方法。收缩薄膜是一种经过特殊拉伸和冷却处理的聚乙烯薄膜，由于薄膜在定向拉伸时产生残余收缩应力，这种应力受到一定热量后便会消除，从而使其横向和纵向均发生急剧收缩，同时使薄膜的厚度增加，收缩率通常为30%～70%，收缩力在冷却阶段达到最大值，并能长期保持。

第二节 药物包装的法规

随着经济持续、健康的发展，我国已成为世界十大医药生产国和原料出口国之一。但目前我国药品包装的整体水平还落后于发达国家，除了技术、管理原因之外，相当重要的一点还在于包装法律环境问题，包括立法、司法及法律意识等诸多层面。

一、药物包装涉及的法规

药品是诊断、防治疾病必不可少的物质。在一定的历史阶段，药品是一种商品，与其他商品一样，可以在市场上流通。除与其他商品具有相同的一般商品特征之外，药品还具有一个最基本的商品特征——生命关联性。基于这一特征，使药品在包装上必须与其他商品有所区别。为此，国家颁布了《药品管理法》《药品注册管理办法》及《直接接触药品的包装材料和容器管理办法》等一系列包含药品包装的法律法规。

（一）药品包装的商标

商标是区别彼此商品的一种可视性标志，其构成要素可包括文字、图形、数字、字母、颜色、三维标志及其组合等。商标注册可使药品更有效地获得法律保护，增强其市场竞争力，也有助于消费者认牌购物，正确地选择安全有效的药品，支持其对药品与生产厂家的信心。

在商标注册制度中，我国以自愿注册为主，唯对人用药品与烟草制品予以强制注册。因为人用药品关系到百姓的生命健康与安全。也就是说，商标未予注册的药品进入市场流通将被视为假药、伪药。药品注册商标主要存在于药品包装上。药品商品名称、药品通用名称、地理标志等均不能作为商标使用。如云南白药、六味地黄丸等即为地理标志或药品通用名称。为了达到识别或宣传药品之目的，在药品包装上不仅要有醒目的药品通用名称，而且还要凸显药品商标。如沈阳中药厂生产众牌沈阳红药，但众牌商标置于药品包装十分不显眼的位置，很难引起消费者注意，因而市场对沈阳红药印象深刻却对众牌商标十分陌生。如今他们要直面全国20多个厂家仿冒生产沈阳红药却无能为力的尴尬局面。而乌鸡白凤丸是传统中医古方，生产者众

笔记

多，但汇仁牌乌鸡白凤丸却后来居上，一枝独秀，即在于厂家法制理念、营销理念成熟，在药品包装及广告宣传中凸显了汇仁牌这一注册商标。

知识拓展

药品商标注册

1. 药品商标注册的要求《中华人民共和国商标法》规定，申请注册商标，应当有显著特征，便于识别，并不得与他人在先取得的合法权利相冲突。

下列情形不得作为商标使用：国家名称、国旗、国徽；带有民族歧视性的；夸大宣传并带有欺骗性的；有害于社会主义道德风尚或者有其他不良影响的。

下列情形不得作为商标注册：药品的通用名称、图形、型号的；直接表示药品的质量、主要原料、功能、用途、重量、数量及其他特点的；直接表示药品的功能、用途特点的，易误导消费者，造成药物滥用。

2. 药品商标注册程序　药品生产者、经营者向国家商标局申请，经核准后予以注册，获取药品注册商标。

知识链接

药品的通用名称

国家药典委员会发布的《中国药品通用名称命名原则》中指出，药品命名原则中的“药品”一词包括中药、化学药品、生物药品、放射性药品以及诊断药品等。药品命名原则制订的药品名称为中国药品通用名称(China Approved Drug Names，简称：CADN)。CADN由药典委员会负责组织制订并报国家食品药品监督管理总局备案。

《中国药典》正文收载的药品中文名称通常按照《中国药品通用名称》收载的名称及其命名原则命名，《中国药典》收载的药品中文名称均为法定名称；药典收载的原料药英文名除另有规定外，均采用国际非专利药名(International Nonproprietary Names，INN)。

凡上市流通的药品的标签、说明书或包装上必须要用通用名称。其命名应当符合《中国药品通用名称命名原则》的规定，不可用作商标注册。

药品的商品名称

药品的商品名是药品生产企业自己确定，经药品监督管理部门核准的产品名称，具有专有性质，不得仿用。在一个通用名下，由于生产厂家的不同，可有多个商品名称。

（二）药品包装与专利

药品生产涉及专利技术或技术秘密，但药品包装主要涉及外观设计保护。我国是《巴黎公约》的成员国，给予工业品外观设计保护是《巴黎公约》的最低要求。在WTO中《与贸易有关的知识产权协议》也对工业品外观设计的保护进行了原则性规定。我国对外观设计保护的国内法主要体现在《专利法》中。其授予外观设计的条件主要表现为新颖性、实用性及富于美感。以前我国申请外观设计保护主要针对食品、酒类等产品。近年来随着药事法律法规的不断完善，人们选对药、用好药的意识不断增强，促使企业在重视药品质量的同时也越来越重视对药品包装外观设计的保护，许多药品生产企业对自己的产品包装申请了专利保护。如仲景牌六味地黄丸包装用塑

笔记

料瓶，因其造型与瓶盖的开启方式均不同于常见塑料瓶，故河南宛西药业为其申请了药品包装专利保护。

药品包装专利相关文件

1.《巴黎公约》　即《保护工业产权的巴黎公约》(Paris Convention for The Protection of Industrial Property，简称《巴黎公约》)。最初是由11个国家于1883年3月20日在巴黎签订，1884年7月7日生效。它是工业产权公约中缔约最早、成员国最广泛的一个综合性公约。第四条针对专利、实用新型、外观设计、商标、发明人证书等的优先权；对专利申请的分配案作了规定。第五条针对专利物品的进口，商标的使用等作了规定。第六条针对商标注册条件作了规定。同一商标在不同国家所受保护的独立性。

2.《与贸易有关的知识产权协议》　《与贸易有关的知识产权协议》是继《巴黎公约》(工业产权)、《伯尔尼公约》(版权)、《罗马公约》(邻接权)和《关于集成电路的知识产权条约》等之后，在1991年，关贸总协定总干事提出的乌拉圭回合最后文本草案的框架中，产生了《与贸易有关的知识产权协议》，并获得通过。它主要是补充解决关贸协定及其他公约中对贸易中的某些知识产权的归属争端问题，其中包括假冒商品贸易在内的知识产权侵权与贸易保护问题。

3.《专利法》　即《中华人民共和国专利法》，于1984年3月12日经六届全国人民代表大会通过，自1985年4与1日起施行。至今已历经3次修正。现行《专利法》于2009年10月1日期施行。现行《专利法》明确规定了专利的分类(发明，实用新型，外观设计)和内容，指出药品、生物及微生物制品、化学制品、食品均可受到专利保护，而疾病的诊断和治疗方法、烹饪方法等不享有专利权的保护。

（三）药品包装与版权保护

美术作品可以成为药品包装的组成部分，因此药品包装可能涉及版权领域的权利问题。2008年11月23日，某报记者在汉口兴业路一同济堂大药房购买“慢严舒柠”清喉利咽颗粒，遭遇营业员推荐的“慢咽舒宁”清喉利咽颗粒。幸因记者熟知广西桂龙药业的“慢严舒柠”产品，及时举报。调查发现两种产品都是蓝黄白三种颜色，图案、位置也近乎一样，相似度超过85%。不过，慢严舒柠的批准文号是“国药准字”，另两种“慢咽舒宁”则分别是“豫卫食字”和“琼卫食字”。包括安徽、河南、江西、云南等地在内的很多医药行业的小药品生产企业都或多或少地受到了一些非药品类批号产品的影响，因此一些企业受到资金和国家相关法律法规的限制而无法进行产品推广时，继而转向了“山寨药”的生产，盗用知名品牌的包装，借用雷同产品的品牌优势，不用做任何市场宣传，就能为下游经销商提供非常巨大的利润空间。就此而言，正规药品生产企业只能通过申请药品包装设计专利，在遇到“山寨药”时通过法律诉讼手段，保护自身企业药品的包装版权。2010年7月10日，南召县工商局执法人员根据群众举报，一举在该县南河店镇张某所经营的批发部内查获假冒“康师傅”饮用纯净水的包装、装潢、商标标示的“康帅傅”饮用纯净水320件。“康帅傅”饮用纯净水的生产厂家是洛阳市洛龙区副佛源饮品厂，两种矿泉水除“师”“帅”之间一横的差别外，其余在图形组合、位置、颜色及包装上的广告词语等都是一模一样。工商执法人员邀请现场过路群众辨认，都把张某所售的“康帅傅”认成了“康师傅”。据工商执法

笔记

人员介绍，洛阳市洛龙区副佛源饮品厂生产的“康帅傅”饮用纯净水使用与知名商品近似的名称、包装、装潢，使购买者误认为是该知名商品的行为，是典型的“傍名牌”行为，属不正当竞争行为，遂依法当场查扣现场存放的320件“康帅傅”饮用纯净水，并对张某销售仿冒知名商品名称、包装、装潢商品的行为处以2000元罚款的行政处罚。

（四）药品包装与反不正当竞争

在药品包装及药品广告宣传中，不正当竞争行为是应当努力规避的。我国《反不正当竞争法》规定，擅自使用知名商品特有名称、包装装潢，伪造或冒用认证标志、名优标志，使用虚假的文字说明，诋毁竞争对手商誉等，均构成不正当竞争，须承担相应的法律责任。1995年，北京卢沟桥酒厂生产的“古德牌”“卢沟桥牌”北京醇酒的商品名称与北京市牛栏山酒厂所生产的“华灯牌”北京醇酒的商品名称相同，包装、装潢近似，足以造成消费者的误认。1996年春，北京市房山区工商局根据牛栏山酒厂的投诉，依法进行了调查，认定北京卢沟桥酒厂的上述行为违反了《反不正当竞争法》。在前述“慢咽舒宁”事例中，因包装与正规产品极其相似，导致消费者混淆不清、错误购买。虽然当时还未证明那两种所谓的“慢咽舒宁”是否对人体有害，但以食品仿冒药品，本身也是一种商业欺诈行为，同样也违反了《反不正当竞争法》。

（五）包装设计与消费者权益保护

《消费者权益保护法》规定，商品经营中掺杂、掺假，以次充好，误导消费者，或违反《产品质量法》规定等，均应承担法律责任。2011年10月重庆沃尔玛超市散装食品包装违法，引发的假冒绿色猪肉事件尚无结果，重庆沃尔玛一分店又被查到多种散装食品不标明生产日期、保质期以及合格证，涉嫌违法，涉案商品被工商部门依法暂扣，并立案调查。2003年4月7日，湖南省卫生监督所的执法人员对长沙一些超市销售的丹兰牌降火葛根粉、丹兰牌降脂蕨根粉进行了查禁。前者在包装盒上显著标明有降火功效，在包装盒或说明书上却找不到任何证明产品此功能的正式批文。后者宣称有降脂功能，却同样提供不了卫生部门对此功能的批文。

（六）药物包装材料的管理

药包材是药品生产企业生产的药品和医疗机构配制的制剂所使用的直接接触药品的包装材料和容器。由于直接与药品接触，与药品质量密切相关，因此，药包材应能保证药品在生产、运输、贮藏及使用过程中的质量，并便于医疗使用。

1. 药用包材必须符合药用要求，符合保障人体健康、安全的标准，并由药品监督管理部门在审批药品时一并注册审批。

2. 生产、进口和使用药用包材，必须符合药用包材国家标准。

3. 国家食品药品监督管理总局制定注册药用包材产品目录，并对目录中的产品实行注册管理；对于不能确保药品质量的药用包材，国家食品药品监督管理总局公布淘汰的药用包材产品目录。实施注册管理的药用包材产品目录中包括：输液瓶（袋、膜及配件）；安瓿；药用（注射剂、口服或者外用剂型）瓶（管、盖）；药用胶塞；药用预灌封注射器；药用滴眼（鼻、耳）剂瓶（管）；药用硬片（膜）；药用铝箔；药用软膏管（盒）；药用喷（气）雾剂泵（阀门、罐、筒）；药用干燥剂。

4. 原料药的包装参照药用包材的要求执行。

5. 生产中药饮片，应当选用与药品性质相适应的包装材料和容器；包装不符合

规定的中药饮片，不得销售。

6. 医疗机构配制制剂所使用的药用包材应符合有关规定，并经省级政府药品监督管理部门批准。

7. 药用包材的更改，应根据所选用药用包材的材质，做稳定性试验，考察药用包材与药品的相容性。

案例

某药业有限公司 2002 年 6 月依据国家标准及有关规定生产了一批批号为 20020618 的小活络丸。经销商马某有意经销该批小活络丸。马某为了促销，改变了小活络丸的包装，将原来的瓶装改为袋装，并在包装盒上增加了“风毒清小活络丸”的字样。“风毒清小活络丸”的包装盒由马某设计、制作后通过铁路托运的方式运到该公司。该公司用此包装盒共包装了 10 件（1000 盒）小活络丸，马某以每盒 1.80 元的价格支付了货款。该公司的这种行为被当地药品监督管理部门发现后，经过教育，认识到问题的严重性，迅速派人追回已发给马某的该批药品。

解析：

案件定性：本案中某药业有限公司应经销商马某的要求，擅自改变了经批准的药品包装，由瓶装改为袋装，单独生产了 10 件（1000 盒）“风毒清小活络丸”并以每盒 1.8 元的价格成交，其行为违反了《药品管理法》第五十二条第二款“药品生产企业不得使用未经批准的直接接触药品的包装材料和容器”的规定，依据第四十九条第三款“直接接触药品的包装材料和容器未经批准的”按劣药论处的规定，该公司的这种行为是生产和销售劣药的行为。

违法主体：虽然某药业有限公司是应马某的要求而为，包装盒也是马某设计、制作的，但该公司擅自改变药品包装的事实存在，其违法责任不能推卸。这里的违法主体是公司而不是马某。

具体处罚：依照《药品管理法》第七十五条规定给予该公司以下处罚：没收追回的 10 件“风毒清小活络丸”，没收违法所得 1800 元，并处货值金额一倍的罚款。之所以处以低限罚款，是因为该公司知错就改，迅速追回已售给马某的药品。另外，该批药品尚未对社会造成危害。

二、药用包材国家标准

药用包材国家标准是指国家为保证药用包材质量、确保药用包材的质量可控性而制定的质量指标、检验方法等技术要求。药用包材国家标准由国家食品药品监督管理总局组织国家药典委员会制定和修订，并由国家食品药品监督管理总局局颁布实施。

国家食品药品监督管理总局设置或者确定的药用包材检验机构承担药用包材国家标准拟定和修订方案的起草、方法学验证、实验室复核工作。国家药典委员会根据国家食品药品监督管理总局的要求，组织专家进行药用包材国家标准的审定工作。在 2015 版《中国药典》中首次收载了《药包材通用要求指导原则》和《药用玻璃材料和容器指导原则》；2015 版《国家药包材标准》制定了 130 项药包材标准。

三、药用包材的生产

药用包材生产应当遵守 2004 年 7 月国家食品药品监督管理总局公布的《药包材

生产现场考核通则》《药包材生产洁净室（区）》等法令法规之规定。

1. 药用包材生产机构与人员　药用包材生产企业应建立与产品生产要求相适应的生产和质量管理机构。各级机构和人员职责应明确，并配备一定数量的与药用包材生产相适应的具有专业知识、生产经验及组织能力的管理人员和技术人员。从事药用包材生产操作和质量检验的人员应经专业技术培训，具有基础理论知识和实际操作技能。

2. 生产技术　药用包材生产应采用使污染降至最低限度的生产技术。在考虑生产环境的洁净度级别时，应与生产技术结合起来。当生产技术不能保证药用包材不受污染或不能有效排除污染时，生产环境的洁净度应在条件许可的前提下尽量提高。

3. 生产区域　药用包材企业生产区域可分为生产控制区和洁净室（区），其中生产控制区应为密闭空间，具备粗效过滤的集中送风系统，内表面应平整光滑，无颗粒物脱落，墙面和地面能耐受清洗和消毒，以减少灰尘的积聚。

4. 设备　不洗即用的药用包材直接接触的设备表面应光洁平整、易清洗或消毒、耐腐蚀、不与药用包材发生化学变化。设备所用的润滑剂、冷却剂等不得对药包材造成污染。

5. 物料管理制度　药用包材生产所用物料的购入、储存、发放、使用等应制定管理制度。药用包材生产所用的物料应符合国家法定标准或其他有关标准，不得对药品的质量产生不良影响。采用进口原料应有口岸质量检验部门的检验报告。药用包材生产所用物料应从符合规定的单位购进，并按规定入库。对温度、湿度或其他条件有特殊要求的物料、中间产品和成品，应按规定条件储存。固体、液体原料应分开储存；挥发性物料应注意避免污染其他物料。物料应按规定的使用期限储存，无规定期限的，应制订复验周期，期满后应复验。储存期内如有特殊情况应及时复验。药包材的标签、使用说明书须经企业质量管理部门校对无误后印制、发放和使用，由专人保管、领用。

6. 卫生管理　药用包材生产企业应有防止污染的卫生措施，制定各项卫生管理制度，并有专人负责。药用包材生产车间、工序、岗位均应按生产和空气洁净度等级的要求制定厂房、设备、容器等清洁规程。

四、药用包材的注册程序

药用包材注册申请包括生产申请、进口申请和补充申请。生产申请是指在中国境内生产药包材的注册申请。进口申请是指在境外生产的药用包材在中国境内上市销售的注册申请。补充申请是指生产申请和进口申请经批准后，改变、增加或者取消原批准事项或者内容的注册申请。

五、药用包材的注册检验

申请药用包材注册必须进行药用包材注册检验，包括对申请注册的药用包材进行样品检验和标准复核。药用包材注册检验由国家食品药品监督管理总局设置或者确定的药用包材检验机构承担。承担注册检验的药用包材检验机构，应当按照药用包材国家实验室规范的要求，配备与药包材注册检验任务相适应的人员和设备，遵守药包材注册检验的质量保证体系的技术要求。

申请已有国家标准的药用包材注册的，药用包材检验机构接到样品后应当按照国家标准进行检验，并对工艺变化导致的质量指标变动进行全面分析，必要时应当要求申请人制定相应的质量指标和检验方法，以保证药用包材质量的可控性。

进行新药用包材标准复核的，药用包材检验机构除进行检验外，还应当根据该药用包材的研究数据和情况、国内外同类产品的标准和国家有关要求，对该药用包材的标准、检验项目和方法等提出复核意见。

六、法律责任

国家对生产、使用、销售药用包材等的申报、注册、管理等均有明文规定，无论集体或个人，如有违反，一律追究法律责任。

1. 申请人提供虚假申报资料和样品的，国家食品药品监督管理总局对该申请不予批准；对申请人给予警告；已批准生产或者进口的，撤销药用包材注册证明文件；3年内不受理其申请，并处1万元以上3万元以下罚款。

2. 未获得《药包材注册证》，擅自生产药用包材的，食品药品监督管理部门应当责令停止生产，并处以1万元以上3万元以下罚款，已经生产的药用包材由食品药品监督管理部门监督处理。

3. 生产并销售或者进口不合格药用包材的，食品药品监督管理部门应当责令停止生产或者进口，并处以1万元以上3万元以下罚款，已经生产或者进口的药用包材由食品药品监督管理部门监督处理。

4. 对使用不合格药用包材的，食品药品监督管理部门应当责令停止使用，并处1万元以上 3万元以下的罚款，已包装药品的药用包材应当立即收回并由食品药品监督管理部门监督处理。

5. 药用包材检验机构在承担药用包材检验时，出具虚假检验报告书的，食品药品监督管理部门应当给予警告，并处1万元以上3万元以下罚款；情节严重的，取消药包材检验机构资格。因虚假检验报告引起的一切法律后果，由作出该报告的药用包材检验机构承担。

第三节　药物包装材料

包装材料是指用于制造包装容器、包装装潢、包装印刷、包装运输等满足产品包装要求所使用的材料，它既包括金属、塑料、玻璃、陶瓷、纸、竹本、野生蘑类、天然纤维、化学纤维、复合材料等主要包装材料，又包括涂料、黏合剂、捆扎带、装潢、印刷材料等辅助材料。

一、玻璃材料

玻璃是由二氧化硅和各种金属氧化物，按一定比例配合，经过高温熔融、冷却、固化的非晶态透明固体，是化学性能最稳定的材料之一。玻璃容器是药品最常用的包装容器。国际标准 ISO12775-1997 规定药用玻璃主要有3类：国际中性玻璃、硼硅玻璃和钠钙玻璃。我国将玻璃分为11大类，药用玻璃按照制造工艺过程属于瓶罐玻璃类，按照性能及用途分类属于仪器玻璃类。在《中国药典》中，按照化学成分和性能

笔记

将药用玻璃分为高硼硅玻璃、中硼硅玻璃、低硼硅玻璃和钠钙玻璃四类。一般中性玻璃和硼硅玻璃化学稳定性较好，可用于盛装碱性溶液与注射液；表面经水与SO_2处理过的钠钙玻璃可用来盛装酸性和中性注射液；普通钠钙玻璃只能用来包装口服或外用制剂。在2015版《中国药包材标准》载出的130项药包材标准中，有28项药用玻璃容器标准，有17项药用玻璃容器检测方法标准。

目前玻璃容器被广泛用于注射针剂、粉针剂、生物药品、血液制品、冻干剂、口服液等领域。玻璃具有良好的化学稳定性和优良的保护性，其本身不受大气影响，不被不同化学组成的固体或液体物质所分解，基本化学惰性，不渗透，坚硬，不老化，配上合适的塞子或盖子与盖衬可以不受外界任何物质的入侵，并且具有美观、价格低廉、可回收等性质，不会造成环境问题。玻璃清澈光亮，光线可透入。需要避光的药物可选用棕色或其他有色玻璃容器。玻璃的主要缺点是质重、易碎。

二、橡胶材料

橡胶具有高弹性、低透气和透水性、耐灭菌、良好的相容性等特性，因此橡胶制品在医药上的应用十分广泛，其中丁基橡胶、卤化丁基橡胶、丁乙腈橡胶、乙丙橡胶、顺丁基橡胶等都可用来制造医药包装中的药用瓶塞，防止药品在贮存、运输和使用过程中由于渗漏而造成的污染。橡胶瓶塞一般常用作医药产品包装的密封件，如输液瓶塞、冻干剂瓶塞、血液试管胶塞、预装注射针筒活塞、胰岛素注射液活塞和各种气雾瓶所用密封件等。

三、塑料材料

塑料是以合成树脂为主要成分，在一定温度、压力条件下，塑成一定形状，且在常温下保持形状不变的高分子材料。塑料的主要成分是合成树脂，是用化学合成的方法制取的。具有许多优越的性能，可用来生产刚性或柔软性容器，塑料比玻璃或金属轻、不易破碎，但在透气、透湿性、化学稳定性、耐热性等方面则不如玻璃。近年来，除传统的聚酯、聚乙烯、聚丙烯等包装材料用于医药包装外，各种新材料如铝塑、纸塑等复合材料也广泛应用于药品包装，有效地提高了药品包装质量和药品档次，显示出塑料广阔的发展前景。

在生产过程中常加入的辅助剂主要有增塑剂、稳定剂、润滑剂、抗静电剂、交联剂、填充剂、增强剂、发泡剂、着色剂、防霉剂等。其优点有材料质轻，易加工成型，透明性和光泽性好，印刷性好，有良好的阻隔性和机械性。缺点为污染环境，易老化，不耐高温和低温。常用的塑料材料有聚乙烯（PE）、聚氯乙烯（PVC）、聚丙烯（PP）、聚苯乙烯（PS）、聚酯（PET）等。

四、金属材料

金属在药物包装材料中应用较多的是锡、铝、铁与铅，通常制成刚性容器，如筒、桶、软管、金属箔等。用锡、铝、铁、铅等金属制成的容器，可阻隔光线、液体、气体、气味与微生物的透过，它们能耐受高温也耐低温。为了防止内外腐蚀或发生化学作用，容器内外壁上往往需要涂保护层。金属材料主要用于粉针剂包装的铝盖、膏剂和气雾剂的瓶身以及铝塑泡罩包装的药用铝箔等。铝塑组合盖由于开启方便、使用安

笔记

全卫生，已经被越来越多的市场所接受。

五、木材

木材作为传统包装的材料，一直为人类所利用。随着自然资源的枯竭，人类需求品味的提高，科学技术的发展，木材利用方式从原始的原木逐渐发展到锯材、单板、刨花、纤维和化学成分的利用，形成了一个庞大的新型木质材料家族，如胶合板、刨花板、纤维板、单板层积材、集成材、重组木、定向刨花板、重组装饰薄木等木质重组材料，以及石膏刨花板、水泥刨花板、木/塑复合材料、木材/金属复合材料、木质导电材料和木材陶瓷木基复合材料等。

六、纸质材料

纸材包装药品由于材料本身成本低，包装工艺简单，占整个药品包装材料销售额的25%，而且还在继续增加。其种类包括牛皮纸、包装纸、玻璃纸、胶版纸、箱板纸、黄板纸、白板纸、瓦楞纸等。其优点为绿色环保，取材容易，价格低廉，易成型和印刷。缺点是抗撕拉程度低，易受潮变形。

实施药包材产品分类管理

1. 实施Ⅰ类管理的药包材产品　药用丁基橡胶瓶塞，药品包装用PTP铝箔，药用PVC硬片，药用塑料复合硬片、复合膜（袋），塑料输液瓶（袋），固体、液体药用塑料瓶，塑料滴眼剂瓶，软膏管，气雾剂喷雾阀门，抗生素瓶铝塑组合盖，其他接触药品直接使用药包材产品。

2. 实施Ⅱ类管理的药包材产品　药用玻璃管，玻璃输液瓶，玻璃模制抗生素瓶，玻璃管制抗生素瓶，玻璃模制口服液瓶，玻璃管制口服液瓶，玻璃（黄料、白料）药瓶，安瓿，玻璃滴眼剂瓶，输液瓶天然胶塞，抗生素瓶天然胶塞，气雾剂罐，瓶盖橡胶垫片（垫圈），输液瓶涤纶膜，陶瓷药瓶，中药丸塑料球壳，其他接触药品便于清洗、消毒灭菌的药包材产品。

3. 实施Ⅲ类管理的药包材产品　抗生素瓶铝（合金铝）盖，输液瓶铝（合金铝）、铝塑组合盖；口服液瓶（合金铝）、铝塑组合盖；除实施Ⅱ、Ⅲ类管理以外其他可能直接影响药品质量的药包材产品。

七、药物常用的包装容器

1. 密闭容器　密闭容器指能防止尘埃、异物等混入的容器，如玻璃瓶、纸袋、纸盒、塑料袋、木桶及纸桶（内衬纸袋或塑料袋）等。凡受空气中氧、二氧化碳、湿度影响不大，仅需防止散失或尘埃等杂质混入的药品均可使用此类容器。

2. 密封容器　密封容器指能防止药品风化，吸湿、挥发或被异物污染的容器，如带紧密玻塞或其他材料塞子的玻璃瓶、软膏管、铁罐等，最好用适宜的封口材料辅助密封，适用于盛装易挥发的液体药品及易风化、潮解、氧化的固体药品。

3. 熔封和严封容器　熔封和严封容器系指将容器熔封或以适宜的材料严封，能防止空气、水分进入与细菌污染的容器，如玻璃安瓿或输液瓶等，多用于注射剂、血清、血浆及各种输液的盛装。

4. 遮光容器　遮光容器指能阻止紫外光的透入，保护药品不受光化作用的一种容器，如棕色玻璃瓶。普通无色玻璃瓶外面裹以黑纸或装于不透明的纸盒内也可达到遮光的目的。遮光容器主要用于盛装遇光易变质的药品。

第四节　药物包装操作

药物包装操作指完成全部或部分包装的过程，包装过程包括成型、填充、包裹等主要包装程序，以及清洗、干燥、杀菌、贴标、捆扎、集装和拆卸等前后包装工序、传送、选别等其他包装工序。

一、药品包装机械常用装置

药品包装机械的种类繁多，但其组成的要素主要由以下四部分组成：①动力部分与传动系统。动力部分一般由电动机通过传动系统将动力与运动传递给执行机构与控制元件，使之实现预定的动作。传动系统主要由传动零件组成，如齿轮、凸轮、蜗杆蜗轮等。根据需要可设计成连续、间歇或变速的运动形式。②包装工作执行机构。药品包装是由执行机构完成的。一般包括：药品的计量与进给机构、包装材料或容器的进给机构、包装动作执行机构、主传动系统、成品输出系统等。③控制系统。包装机械中，从动力输出、传动机构的运转、工作执行机构的动作，直到各机构间的协调、包装质量、故障与安全控制，都是由控制系统指令、操纵。④机身。机身用于支承和安装所有的装置和机构。机身需有可靠的稳定性和足够的刚度，并起到保护和美化外观的作用。

（一）输送器

粉状、粒状药品及各种瓶、袋、盒等容器沿着一定方向，连续、依次运送的机械或机构称为输送器。药品包装机中，将药品和包装材料由一个包装工位顺次传送到下一个工位的装置系统称为主传送系统。包装后，将包装成品从包装机上卸下，定向排列并输出的机构称为成品输出系统。

1. 重力输送器　利用被输送物体的重力，使物体向低位输送，可利用倾斜滑道中的滑移、滚动或辊道上辊子的转动，将物体输送。滑道可制成各种形状的敞口斜槽或封闭的溜槽。

2. 带式输送器　带式输送器所用输送带有橡胶带、钢带（链片）、金属丝网带、塑料带等。橡胶带可输送颗粒状、块状或整件物料，橡胶带在使用一段时间后伸长，需定期调整滚筒的拉紧装置，因其不易清理，被料液污染后易长霉又不易刷洗，但构造简单，多用于对卫生无特殊要求场合。钢带式输送器多由不锈钢片或改性聚甲醛塑料制成，表面光滑、不易生锈，用于对卫生条件有一定要求的场合。对药厂中输送重量较轻的西林瓶、输液瓶等时，钢片多制成链片，由销轴将许多链片连接，由于钢带刚度大，故多由链轮带动。金属丝网带耐高温和低温，因为带上具有网孔，对要求排水性好的洗涤装置或透气性好的干燥装置也有应用。

3. 螺旋输送器　螺旋输送器是利用螺旋叶片的旋转将在与其同心的半圆形料槽中的物料进行输送的装置，料槽中的物料由于重力及对于槽壁摩擦力的作用，在运动中不随螺旋叶片一起旋转，而是以滑动形式沿着料槽移动。螺旋输送器多用于水平

笔记

输送，用于倾斜输送时，其倾角一般应小于30°适宜输送干燥的颗粒状或粉状物料，但在螺旋的作用下会造成物料破碎。旋转的螺旋叶片将物料推移而进行螺旋输送机输送，使物料不与螺旋输送机叶片一起旋转的力是物料自身重量和螺旋输送机机壳对物料的摩擦阻力。螺旋输送机旋转轴上焊的螺旋叶片，叶片的面型根据输送物料的不同有实体面型、带式面型、叶片面型等型式。螺旋输送机的螺旋轴在物料运动方向的终端有止推轴承以承受物料给螺旋的轴向反力，在机长较长时，应加中间吊挂轴承。

4. 振动输送器　振动输送器是利用激振器使料槽振动，从而使槽内物料沿一定方向滑行或抛移的连续输送机械。分弹性连杆式、电磁式和惯性式三种。

(1) 弹性连杆式：由偏心轴、连杆、连杆端部弹簧和料槽等组成。偏心轴旋转使连杆端部作往复运动，激起料槽作定向振动。促使槽内物料不断地向前移动。一般采用低频率、大振幅或中等频率与中等振幅。

(2) 电磁式：由铁芯、线圈、衔铁和料槽等组成。整流后的电流通过线圈时，产生周期变化的电磁吸力，激起料槽产生振动。一般采用高频率、小振幅。

(3) 惯性式：由偏心块、主轴、料槽等组成，偏心块旋转时产生的离心惯性力激起料槽振动。一般采用中等频率和振幅。广泛用于冶金、煤炭、建材、化工、食品等行业中粉状及颗粒状物料输送。特点是该机型结构简单、安装、维修方便、能耗低、无粉尘溢散、噪音低等优点。

5. 气力输送器　利用高速气流通过管子将颗粒状、粉状物料在管内输送，再通过分离器将物料分出达到物料输送的目的。由于它具有生产率高、结构简单、可升可降、操作方便等特点，可不受天时地域的影响进行长距离输送，在输送过程中可以进行汇合、分流、混合、粉碎、分级、干燥、冷却除尘、化学反应等工艺操作过程封闭，既保证物品不受潮、污损或混入异物，又能满足环境保护的要求。

（二）加料装置及包装容器进给装置

加料装置是将待包装的固体药品输送至包装机的指定位置的装置。包装材料的进给装置是将包装材料或容器输送至包装机指定工位的装置。输送方法有单机进给和自动线进给。单机进给是将已制好的瓶、盒、管等送至包装机进行包装；自动线进给是包装材料在包装线上制成（如塑料袋、纸袋），并与包装工位相连接。加料装置和进给装置大多有几个要求，即定时、定量和定向，且应与包装机的节奏相协调。

1. 单件上料装置　将大量无序的置于料斗中的产品或许多装于料盘中的容器逐件分离并送出，需通过单件产品上料装置进行。制剂生产中，许多药品如片剂、胶囊及包装材料如塞、盖等尺寸较小的物品大多将其散置于料斗中利用机械力、重力、离心力等分离并送出。料斗式上料装置应用广泛，适用于尺寸较小、形状规则的物品，不适用于太脆、太黏或易变形的物品。对形状简单的球形或圆柱形物料常采用漏斗式上料装置。

2. 隔料器　由输送装置连续输出，并将一定方向的物件按包装的需要使之相互分离并逐件或成组地进入输送装置或直接送到加工工位。隔料器的形式有往复式、摇摆式、回转式、挡销式等。

3. 定距分割装置　灌装机、盒装机等在生产过程中要求瓶、盒等包装容器按工艺要求的位置、间距、速度供送到包装机的供料工位，但包装容器在输送装置被输送时往往与包装的包装速率不一致，为适应包装机上各工位节拍的要求，需定距、定时的将包装容器输送到包装机的包装工位，完成这一要求的装置称为定距分割式供给装置。常采用的这类装置有拨轮式、螺杆式、链带式、栋梁推进式和推板式等。

（三）药品分装计量方法及装置

为方便药品的使用与销售，并有利于实现药物包装自动化，药品在包装之前进行定量计量。按药品的计量方式不同，充填机有容积式、计数式、称重式三种。按药品的物理状态则可分为粉体充填机、粒状充填机、液体充填机及稠料充填机等。

1. 粉体药品剂量　粉末、颗粒状药品的计量方法有定容法、称重法。定容法计量装置简单、计量速度快，但计量精度较低，适用于堆积密度比较稳定、计量较小的药品。称重法计量精度较高，结构较复杂、计量速度较慢，适用于堆积密度不稳定的药品。

2. 粒状药品计量　片剂、胶囊剂等都有一定的质量和形状，在包装前多为散堆状态，装瓶时又需以严格的计量进行填充，这种从散堆的粒状药品集合体中直接取出一定数量的装置是计数集合包装。粒状药品计数多采用模孔计数，有盘点、转鼓式、推板式、直线条式等。

3. 液体药品剂量　制剂生产中，各种液体剂型占有相当比例，这些药液黏度较小、密度稳定，对其灌装就是将液体计量后灌注入各类型容器，然后加以密封。各类容器包括由玻璃、金属、塑料等制成的瓶、罐、袋等。将药液自动灌入容器的设备称自动灌装机。药液定量方法有称重法和容积法。其中容积法又可分为定容杯计量法、容器液面计量法和定量泵定量法。按容器中压力大小，可分为常压法、等压法、负压法和机械加压法等。按灌注药液的灌装阀结构可分为旋塞式、阀门式、滑阀式及气阀式等。对黏度较小的药液多采用常压法或虹吸灌装法；对不宜接触空气的药液宜采用负压灌装法；对黏度较大的药液宜采用机械加压法。等压法灌装是先向包装容器内充气，使容器内气压和料液贮槽内气压相等，然后靠液体的自重进行灌装，适用于溶有大量气体的液体灌装。

4. 稠性药品剂量　稠性药品黏度较大、流动性较差，多属于非牛顿型液体，如软膏、流浸膏等。稠性药物的灌装如考其自身重力会造成灌装速度很慢，一般采用机械压力式灌装，如往复式定量泵、旋转式齿轮定量泵等。

二、药物包装机械

药物包装机械代替了人工操作，解放了生产力，提高了劳动生产率，同时也大大提高了包装的质量。我们就制药企业目前常用的包装机械做以介绍。

1. 铝塑泡罩包装机　药用铝塑泡罩包装机又称热塑成型泡罩包装机，是工业发达国家于20世纪60年代发展起来的独特包装机械。随着科学技术的飞速发展，泡罩包装机不断改进完善，20世纪90年代的泡罩包装机已是自动控制、高速高效、多功能型提供于市场，用来包装各种几何形状的口服固体药品，如素片、糖衣片、胶囊、滴丸等。其包装原理是在加热条件下，对热塑性片状材料进行深冲形成包装容器，然后进行充填和封口的机器。目前我国主要使用的有辊筒式铝塑泡罩包装、平板式铝塑泡罩包装及辊板式铝塑泡罩包装三种机型。

药品的铝塑泡罩包装有如下优点。

(1) 泡罩包装是在平面内进行包装作业，占地面积小，用较少的人力既能实现快速包装作业，便于环境净化、减少污染，简化包装工艺，减少能源消耗。

(2) 泡罩包装板块使得药品相互隔离，即使在运输过程中药品之间也不会发生碰撞。

(3) 包装板块尺寸小，方便携带和服用。只有服用者在服用前才可打开药品的最后包装，增加安全感，减少患者用药时细菌污染。

(4) 在板块表面可以印刷与产品有关的文字，供服用辨别，防止用药混乱。

知识拓展

泡罩包装机的使用

1. 准备工作　按规定要求装好PVC膜带、铝箔带。

2. 开机　先打开电源，开启触摸屏开关；设定PVC上下加热板热封温度并开启加热。

3. 试机　观察热封温度，当达到预定温度时，启动空机试运行，调整上下膜的行程、设备的运行速度至正常。

试运行空包装，检查热封、压痕、冲裁是否正常、准确、到位。

4. 开始工作　将需包装的药物加入料斗，开启加料器，机器进入正常包装工作状态。按照生产工艺质量要求，定时或不定时抽样检查包装质量合格情况，实时监控整个生产过程。

如遇产品质量问题或生产过程发生异常，应立即停机检查，排除问题方可再开机工作。

5. 停机　生产完成后，应先关闭各加热电源开关、触摸屏开关及压缩空气源，再切断电源。

2. 自动制袋充填包装机　制袋充填包装机是将具有热塑特性的塑料复合膜经加热软化制成包装容器，在一台设备上自动完成制袋成型、计量充填、封合剪切等全过程的自动包装设备。按包装物料的不同，可分为如下的几类：

(1) 粉粒料包装设备：如小袋散剂、颗粒剂等物料的包装。

(2) 流体、半流体黏稠类包装设备：如调味品、酱类、油脂类等物料的包装。

(3) 定型类包装设备：由于固体定型类物料的大小及形状差异颇大，所以需根据不同的物料，采用不同的充填形式，或采用电子称量机计量。

3. 带状包装机　带状包装机又称条形热封包装机或条形包装机。它是将一个或一组药片或胶囊之类的小型药品包封在两层连续的带状包装材料之间，每组药品周围热封合成一个单元的包装方法。每个单元可以单独撕开或剪开以便使用和销售。带状包装还可以用来包装少量液体、粉末或颗粒状产品。带状包装机是以塑料薄膜为包装材料，每个单元多为二片或单片片剂，具有压合密封性好、使用方便等特点，属于一种小剂量片剂包装机。

4. 双铝箔包装机　双铝箔包装机全称是双铝箔自动充填热封包装机。其所采用的包装材料是涂覆铝箔，热封的方式近似带状包装机，产品的形式为板式包装。由于涂覆铝箔具有良好的密闭性、防湿性和遮光性，双铝箔包装对要求密封、避光的片剂、丸剂等的包装具有优越性，效果优于玻璃单元瓶包装。双铝箔包装除可以包装圆形片外，还可以包装异性片、胶囊、颗粒、粉剂等。

笔记

双铝箔包装机采用变频调速，裁切尺寸大小都可以任意设定，配振动式整列送料机构与凹版印刷装置，能在两片铝箔外侧同时对版印刷，其充填、热封、压痕、打批号、裁切等工序连续完成。整机采用微机控制，大规模液晶显示，可自动剔除废品，统计产量及协调各工序之操作。双铝箔包装机也可用于纸/铝包装。

5. 辅助包装机械　是指并非完成基本包装工序，而只是起一定辅助作用的机械。它本身可以是部件或独立的机器，但同时又可作为某些自动包装机或自动包装生产线的一个组成部分。辅助包装机械主要包括：涂胶器、计数器、打印机、整理机、输送机、隔板自动插入机和质量检验设备等。其中质量检验设备包括：重量选别机、异物检验机、数量检验机、空位检验装置及真空度检验装置等。

三、药物包装的发展趋势

随着科学技术的发展及市场竞争的加剧，消费者对药品使用的安全性、精准性及方便性提出了越来越高的要求。容易打开（触破、撕开、剥开），适合于多种剂型的包装形式，特别是一些生物制剂新药对氧气、水汽及光照都有严格的要求，常用的普通包装材料已很难满足包装要求。目前采用的高阻隔性复合成型材料尼龙/铝箔/热封塑料薄膜层替代聚氯乙烯（PVC）用于泡罩包装，采用冷冲泡成型，经黏合剂两次复合而成，能满足保护药品质量的要求。为研制更多的优质新型药品包装材料提供了良好的开端。

此外，药品生产企业对包装机械的性能要求也越来越高，不仅要求生产效率高、安全，还要求包装机械和生产机械设备相衔接，同时还要适应产品更新的需要，对环境污染小，包括噪声、粉尘和废弃物均要少；出现故障能进行远程诊断服务；购置价格要尽可能再低。为适应使用客户要求，制药机械厂商（药物包装机械厂家）采取了如下应对措施：

1. 提高工艺流程自动化程度　提高包装机械自动化程度的目的是提高生产效率，提高设备的柔性和灵活性以即提高包装机械完成复杂动作的能力，即采用机械手完成包装工序。包装机械自动化设计的主要特点包括每个机械手均由单独电脑控制。一台包装机械为完成复杂的包装动作，需由多个机械手完成。完成包装动作时，在由电脑控制的摄像机录取信息和监控下，机械手按电脑程序的指令完成规定的动作，确保包装的质量。

在包装过程中，包装材料的厚度及材质变化不易为人眼所辨别，所以在设计包装机械时常采用由电脑控制的摄像机和探测器来分辨包装材料厚度及材料的变化。摄像机现已发展到能自行检查和辨别摄像的图片，并在显示屏上显示。目前，机器在加工时转速是不能变的，今后应根据材料的变化经分辨（别）后能改变转速，从而控制在最优化状态下工作，以最短时间完成包装工序，并且实现自动清理，自动消毒和自动清洁。

2. 提高生产率，降低工艺流程成本，最大限度满足生产要求。提高机器转速是一个复杂问题，速度越快，单件生产成本越低，但厂房使用面积随之增高。另外，电动机速度也是有限度的，所以不能想多快就多快。一般而言，转速提高15%～20%，就将带来一系列复杂问题。提高生产率除提高转速外，还可从另外的渠道设法解决，如采用连续工作或多头工作方式。包装机械工作方式有间歇式和连续式。设计时，

笔记

应争取设计成连续式工作，也就提高了生产率；一台设备内也可有多条生产线生产，生产同一产品或几种不同产品，但必须提高可靠性。也可通过降低废品率，提供故障分析系统解决。废品给生产造成的损失是巨大的，不仅产品损失，也有材料损失，因此要尽量降低废品率。包装机械出售时还应为维修服务提供故障分析系统，即进行模拟状态分析寻找故障，或通过因特网进行远程诊断，最大限度满足客户需要。今后要使包装机械进一步智能化，即设备自己寻找故障，自己去解决故障，以降低废品率及故障率，使正常的生产率得以提高。还应使产品生产机械和包装机械一体化。许多产品生产完结时接着就进行包装，这样也有利提高产品的生产率，如德国生产的巧克力生产设备及包装设备就是由一个系统控制完成的。两者一体化关键是要解决好在生产效率上相互匹配，其中包装机械往往成为生产的"瓶颈"，因此要提供不同种生产效率的设备。

3. 适应产品变化，设计出具有良好柔性和灵活性的设备。许多被包装产品为适应市场激烈竞争，更新换代的周期越来越短。如化妆品生产，一年一变，甚至一个季度一变，生产量又都很大，因而要求包装机械具有良好的柔性和灵活性，使包装机械的寿命远大于产品的寿命周期，这样才能符合经济性的要求。为使包装机械具有良好的柔性和灵活性，提高自动化程度，须大量采用微电脑技术、模块技术和单元组合形式。为适应包装产品品种和包装类型的变化，包装机械设备的柔性和灵活性首先是量的灵活性，既能包装单个产品，也能适应不同批量产品的包装；其次是构造的灵活性，整台设备采用单元组成，换用一个或几个单元，即可适应产品的变化；第三是供货的灵活性，采用单元组合，将各单元组合在一起供货。由多个机械手操作，在一台摄像机的监控下，指挥其动作，按指令以不同的方式对不同剂型的药品进行包装。若产品改变了，只要改变摄像机内的程序即可，从而使设备具有良好的柔性和灵活性。

4. 提供成套设备。包装机械设计均应以用户需求为前提，为生产企业提供结构性及经济性完整的系统方案，并用计算机仿真技术演示操作给用户看，征求用户意见后进行修改。在为用户提供生产自动线或生产流水线设备时尤其要注重成套设备的完整性，无论是高技术高附加值设备，还是较简单的设备，都应按配套性要求提供。

5. 普遍使用计算机仿真设计技术。随着新产品开发速度不断加快，我国也引进了德国的包装机械设计方法，采用了计算机仿真技术，即将各种机器元素以数据库方式存入计算机，把图纸数字化后输入计算机，计算机即可自动合成为三维模型。再把实际生产时的数据和指标输进去，把各种可能发生的故障输进去，计算机三维模型即可仿照真实工作情况进行操作，演示出能达到的生产效率是多少，废品率是多少，生产线各部位是否能匹配生产，"瓶颈"在何处，使客户根据显示屏上显示的曲线一目了然，并可根据客户的意见修改模型。计算机合成速度很快，因此修改工作迅速方便，直到使客户或设计者满意。采用计算机仿真设计技术，大大缩短了包装机械的开发设计周期。包装机械设计不仅要重视其功能和效率，也要注重其经济性。但是经济性不完全是机械设备本身的成本，更重要的是运转成本，因为设备折旧费只占成本的6%～8%，其他的就是运转成本。

笔记

学习小结

1. 学习内容

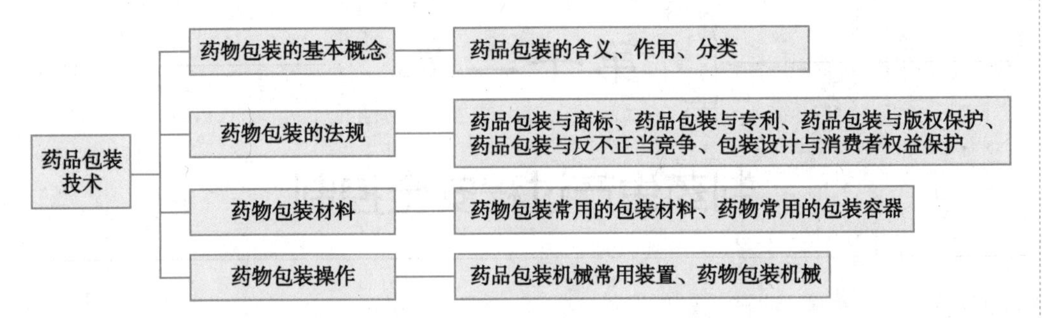

2. 学习方法

本章要结合实际重点理解药品包装的意义、要求、法规。对药品包装本身可以从两个方面去理解：从静态角度看，包装是用有关材料、容器和辅助物等材料将药品包装起来，起到应有的功能；从动态角度看，包装是采用材料、容器和辅助物的技术方法，是工艺及操作。药品包装按其在流通领域中的作用可分为内包装和外包装两大类。其功能主要有三方面，即保护功能、方便应用和商品宣传。

（庞　红　岳丽丽）

复习思考题

1. 简述药品包装的意义。
2. 试述药品包装的基本要求。
3. 简述药品包装按其在流通领域作用分类。
4. 简述药品包装按其包装技术与目的分类。
5. 试举例药品常用的包装材料和包装容器。
6. 何谓药品的注册商标，简述其意义和印制方法。
7. 试述药品标签和说明书的内容。

笔记

第十二章

制药生产过程安全控制

学习目的

通过本章的学习，学生应熟悉在药品生产活动中，为避免造成人员伤害和财产损失的事故而采取的相应事故预防和控制措施，同时要掌握制药企业的厂房车间的防火、防爆的设计和要求，防雷防静电，噪声控制等方面的基本要求。

学习要点

重点掌握安全防火的要求，耐火等级，建筑构件燃烧性能和耐火极限；掌握在实践中，为提高生产过程的安全程度，减少危害的程度，应采取的措施和辅助措施；熟悉雷电、静电形成的基本原理和主要危害，防雷、静电的具体措施；了解噪声主要危害及其控制技术、个人防护方法。

制药安全生产是指在药品生产活动中，为避免造成人员伤害和财产损失的事故，而采取相应的事故预防和控制措施，以保证从业人员的人身安全，保证生产活动得以顺利进行的相关活动。由于药品生产工艺的复杂性，决定了药品在生产过程中存在着大量的安全隐患，避免和减少这些事故的发生就成了制药企业生产中的重要任务之一。本章主要从制药企业的厂房车间的防火、防爆的设计和要求，防雷、防静电，噪声控制，安全用电等方面进行叙述。

第一节　防火设计基本原则和要求

制药工业用厂房分为化学合成药、天然原料药的处理、制剂药物的生产等。由于产品的特殊性，所以不仅要保证所生产的产品的质量，而且要做到安全生产。尤其是制药企业使用易燃、易爆试剂，涉及的化学反应，就显得更为重要。

制药企业的安全防火要根据生产过程中的使用情况来定。诸如原料的生产及贮存、中间产品、成品的物理化学性质和数量的多少，发生火灾爆炸危险程度的性质，以及建筑结构的特点来进行防火设计。如洁净厂房、车间内部的空间封闭，围护结构气密，相当数量的车间无窗，有局部外窗也为双层密闭窗，不可开启，保温材料和室内装修材料大量使用高分子合成材料，火灾发生后，燃烧中会产生大量毒气和浓烟，对于疏散和扑救极为不利。同时由于热量无处泄漏，火源的热辐射经四壁反射，室内

笔记

迅速升温，使室内各部种材料缩短达到燃点的时间。当洁净厂房一旦发生火灾不易被外界发现，故消防问题更显突出。加之车间平面布置曲折，洁净区对外的总出入口少，增加了疏散路线上的障碍，延长了安全疏散的距离和时间，给人员疏散造成了困难。

设计合理的耐火等级和厂房建筑结构，应根据我国建筑设计防火规范等有关规定，其防火要求如下。

一、耐火等级

对于原料药的化学合成过程等生产用厂房，通常的防火基本措施是其建筑物采用一、二级耐火等级；对于原料药的结晶精制和干燥等工序、医药制剂生产用洁净厂房的耐火等级要求不低于二级，使建筑构配件耐火性能与甲、乙类生产相适宜，从而减少火灾的产生概率。

所谓耐火等级是以建筑构件的耐火极限和燃烧性能两因素确定的。构件的耐火极限是指建筑构件在规定的耐火试验条件下，能经受火灾考验的最大限度，用时间（小时）表示。由于构件的材料不同，火灾测定耐火极限的方法一般有以下三种情况。①从构件受到火灾的作用开始到构件失去支持能力为止的这段时间叫耐火极限，例如木质构件即可按这种状态进行测定；②从构件受到火的作用起到出现穿透性裂缝为止的这段时间也叫耐火极限，如砖石构件、混凝土构件的耐火极限即按此法进行测定；③从构件受到火的作用起到构件背面温度升高到220℃为止的这段时间也叫耐火极限，例如金属构件即按此法进行测定。

以上三种情况只要符合其中任何一种，都被认为该构件已达到了耐火极限。我国消防研究部门对各种建筑构件均做了耐火极限试验，其数据收集到现在建筑防火规范中，作为进行建筑设计的依据之一。

而构件的燃烧性能被分为三类。第一类为非燃烧体，指用非燃烧材料做成的构件，如石材、金属材料等。第二类为燃烧体，指用容易燃烧的材料做的构件，如木材等。第三类为难燃烧体，指用不易燃烧的材料做成的构件，或者用燃烧材料做成，但用非燃烧材料作为保护层的构件，例如沥青混凝土构件，木板条抹灰的构件均属于难燃烧体。有关这三类构件的具体燃烧性能详载于《建筑设计防火规范》（GB 50016-2014）中。见表12-1。

表12-1　建筑物构件的燃烧性能和耐火极限（h）

构件名称		耐火等级			
		一级	二级	三级	四级
墙	防火墙	不燃性 3.00	不燃性 3.00	不燃性 3.00	不燃性 3.00
	承重墙	不燃性 3.00	不燃性 2.50	不燃性 2.00	难燃性 0.50
	楼梯间和前室的墙 电梯井的墙	不燃性 2.00	不燃性 2.00	不燃性 1.50	难燃性 0.50

笔记

续表

构件名称		耐火等级			
		一级	二级	三级	四级
墙	疏散走道两侧的隔墙	不燃性 1.00	不燃性 1.00	不燃性 0.50	难燃性 0.25
	非承重外墙 房间隔墙	不燃性 0.75	不燃性 0.50	难燃性 0.50	难燃性 0.25
柱		不燃性 3.00	不燃性 2.50	不燃性 2.00	难燃性 0.50
梁		不燃性 2.00	不燃性 1.50	不燃性 1.00	难燃性 0.50
楼板		不燃性 1.50	不燃性 1.00	不燃性 0.75	难燃性 0.50
屋顶承重构件		不燃性 1.50	不燃性 1.00	燃性 0.50	可燃性
疏散楼梯		不燃性 1.50	不燃性 1.00	不燃性 0.75	可燃性
吊顶(包括吊顶搁栅)		不燃性 0.25	难燃性 0.25	难燃性 0.15	可燃性

二、厂房层数和占地面积的防火要求

生产安全防火不但对各类厂房的耐火等级给出要求，而且对厂房的层数和占地面积有所限制，并且应符合表12-2的要求。

表12-2　厂房的耐火等级、层数和防火分区的最大允许建筑面积

生产的火灾危险性类别	厂房的耐火等级	最多允许层数	每个防火分区的最大允许建筑面积(m^2)			
			单层厂房	多层厂房	高层厂房	地下或半地下厂房(包括地下或半地下室)
甲	一级	宜采用单层	4000	3000	—	—
	二级		3000	2000	—	—
乙	一级	不限	5000	4000	2000	—
	二级	6	4000	3000	1500	—
丙	一级	不限	不限	6000	3000	500
	二级	不限	8000	4000	2000	500
	三级	2	3000	2000	—	—
丁	一、二级	不限	不限	不限	4000	1000
	三级	3	4000	2000	—	—
	四级	1	1000	—	—	—
戊	一、二级	不限	不限	不限	6000	1000
	三级	3	5000	3000	—	—
	四级	1	1500	—	—	—

如甲乙类洁净厂房的占地面积，以单层3000m^{2}和多层2000m^{2}为宜。但在特殊情况下，若有疏散距离的保证，也可按《建筑设计防火规范》（GB 50016-2014）的规定执行；对于丙、丁、戊类洁净厂房应符合《建筑设计防火规范》（GB 50016-2014）的规定，如丙类生产洁净厂房，单层厂房应为7000m^2，多层厂房应为4000m^2。

另外，特殊贵重的机器、仪表、仪器等应设在一级耐火等级的建筑内；在小型企业中，面积不超过300m^{2}独立的甲、乙类厂房，可采用三级耐火等级的单层建筑；使用或产生丙类液体的厂房和有火花，炽热表面、明火的丁类厂房均采用一、二级耐火等级的建筑，但上述丙类厂房面积不超过500m^2，丁类厂房面积不超过1000m^2，也可采用三级耐火等级的单层建筑；锅炉房应为一、二级耐火等级的建筑，但每小时锅炉的总蒸发量不超过4t的燃煤锅炉房可采用三级耐火等级的建筑；油浸电力变压器室应采用一级耐火等级的建筑，高压配电装置室的耐火等级不应低于二级（其他防火要求应按现行的电力设计规范执行）；变电所、配电所不应设在有爆炸危险的甲、乙类厂房内或贴邻建造，但供上述甲、乙类专用的10kV及以下的变电所、配电所，当采用无门窗洞口的防火墙隔开时，可一面贴邻建造，而乙类厂房的配电所必须在防火墙上开窗时，应设非燃烧体的密封固定窗；多功能的多层或高层厂房内，可设丙、丁、戊类物品库房，但必须采用耐火极限不低于3小时非燃烧体墙和1.5小时的非燃烧体楼板与厂房隔开，库房的耐火等级和面积应符合相应的规定；甲、乙类生产不应设在建筑物的地下室或半地下室内；厂房内设置甲、乙类物品的中间仓库室，其储量不宜超过一昼夜的需要量；中间仓库应靠外墙布置，并应采用耐火极限不低于3小时的非燃烧体墙和1.5小时的非燃烧体楼板与其他部分隔开。

三、建筑构配件耐火性能要求

隔墙管线空隙采用非燃烧材料填充，为了防止火灾的蔓延，设在一个防火区内的综合性厂房，其洁净生产与一般生产区域之间应设置非燃烧体隔墙封闭到顶。穿过隔墙的管线周围空隙应采用非燃烧材料紧密填塞。

电气井、管道竖井应为非燃烧材料，电气井及管道井等技术竖井的井壁应为非燃烧体，其耐火极限不应低于1小时，几厘米厚砖墙可满足要求。井壁上检查门的耐火极限不应低于0.6小时。竖井内在各层或间隔一层楼板处，应采用相当于楼板耐火极限的非燃烧体作水平防火分隔。穿过井壁的管线周围应采用非燃烧材料紧密填塞。

顶棚采用耐火的吊顶材料，由于火灾时燃烧物分解的大量灼热气体在室内形成向上的高温气流，紧贴屋内上层结构流动。火焰随气流方向流动、扩散、引燃，因此提高顶棚燃烧性能有利于延缓顶棚燃烧、倒塌或向外蔓延。目前能适合于防火规范要求的顶棚材料除钢筋混凝土硬吊顶外，还有一些轻质吊顶的构造亦可满足要求，如隔栅钢丝网抹灰平顶及轻钢龙骨纸面石膏板吊顶。其耐火极限不宜小于0.25小时。

安全门窗的设置，无窗厂房（车间）应在适当部位设门或窗，以备消防人员进入。当门窗口间距大于80m时，则应在该段外墙的适当部位设置专用消防口，其宽度不应小于0.75m，高度不应小于1.8m，并有明显标志。

笔记

送风口采用防火材料并作防火隔断设计，高效过滤器及其送风口，在国内现有的产品中，采用金属外框的无隔板高效过滤器和有铝隔板的高效过滤器较能适应建筑防火要求。但封口防火性能还要决定于高效过滤器的安装骨架、密封方式和静压箱类型。一般情况下除密封材料外，安装骨架和静压箱体应为非燃烧体，否则就须把送风静压箱外壁当做防火隔断物考虑。例如利用建筑物的钢筋混凝土楼板或砖墙作为静压箱的外壁，配合管道的防火阀门，才能达到燃烧性能与耐火极限的要求，把本不符合防火要求的风口式顶棚或墙壁变成室内构件。总风管穿过楼板和防火墙处，必须设置温感或烟感装置动作而自行关闭的防火阀；穿孔洞要做严格的防火密封处理，防火分隔物两侧 2m 范围内的管道及保温材料等覆盖物应为非燃烧体；风管保温材料、消声材料及黏结材料，应用非燃烧材料或难燃烧材料。

四、疏散通道的安全要求

1. 安全出口　厂房安全出口的数目不应少于 2 个；且洁净厂房每一生产层、每一防火分区或每一洁净区的安全出口的数量，均不应少于 2 个安全出口，且应分散均匀布置，从生产地点至安全出口不得经过曲折的人员净化路线。但符合下列要求的可设 1 个。①洁净厂房中，生产甲、乙类的厂房每层的总建筑面积不超过 50m²，且同一时间内的生产人员总数不超过 5 人；②洁净厂房中，生产丙、丁、戊类的厂房，应符合国家现行的《建筑设计防火规范》(GB 50016-2014) 的规定。丙类厂房，每层面积不超过 250m²，且同一时间的生产人数不超过 20 人。丁、戊类厂房，每层面积不超过 400m²，且同一时间的生产人数不超过 30 人。

2. 地下室安全出口　厂房地下室、半地下室的安全出口数目不应少于 2 个，但面积不超过 50m²，且人数不超过 10 人。地下室、半地下室如用防火墙隔成几个防火分区时，每个防火分区可利用防火墙上通向相邻分区的防火门作为第二安全出口，但每个防火区必须有一个直通室外的安全出口。

3. 厂房疏散楼梯、走道、门的相关要求　厂房每层的疏散楼梯、走道、门的各自总宽度为一、二层 0.6m/ 百人，三层 0.8m/ 百人，四层以上 1.0m/ 百人。当各层人数不相等时，其楼梯总宽度应分层计算，下层楼梯总宽度按其上层人数最多的一层人数计算，但楼梯最小宽度不宜小于 1.1m。底层外门的总宽度应按该层或该层以上人数最多的一层人数计算，但疏散门的最小宽度不宜小于 0.9m；疏散走道宽度不宜小于 1.4m。

4. 消防电梯的要求　高度超过 32m 的设有电梯的高层厂房，每个防火分区内应设一台消防电梯（可与客、货梯兼用），并应符合的条件是 ①消防电梯间应设前室，其面积不应小于 6m²，与防烟楼梯间合用的前室，其面积不应小于 10m²；②消防电梯的前室宜靠外墙，在底层应设直通室外的出口，或经过长度不超过 30m 的通道通向室外；③消防电梯井、机房与相邻电梯井、机房之间应采用耐火极限不低于 2.5 小时的墙隔开，如在隔墙上开门时，应设甲级防火门；④消防电梯前室应采用乙级防火门或防火卷帘，消防电梯的井底应设排水设施，消防电梯应设电话和消防队专用的操纵按钮。

5. 专用消防通道　洁净厂房同一层的外墙应设有通往洁净区的门窗或专用消防口，以方便消防人员的进入及扑救。

笔记

发生火灾后的灭火物质及其选用

发生火灾后的灭火物质及其选用，目前使用的灭火剂，除水以外已发展了许多种类，其中有泡沫液、二氧化碳、干粉、卤代烷类化学灭火剂等。在使用中必须依据生产过程、原料和产品的性质，建筑结构情况选择合适的灭火剂。近年来国际研究出一种多功能、多用途的优秀灭火剂—“轻水”。这种灭火剂有特殊的灭火功能，速度快，效率高，抗变燃性强，不怕冷，不怕热，保存时间长，远优于普通化学泡沫灭火剂。“轻水”灭火剂实际上是一种氟化学泡沫灭火剂，是表面活性剂的一种。名为“轻水”，但实际相对密度为1.1，比水重。由于其表面张力低，故在灭火时能迅速覆盖在液面上，隔绝空气而达到灭火的效果。“轻水”可灭易燃和可燃液的火灾，是一个大有发展前途的灭火剂。

第二节　防爆技术基本原则和要求

在有爆炸危险的厂房里，一旦发生爆炸，往往会使厂房倒塌，人员伤亡，机器设备毁坏，甚至使生产长期停顿，如果处理不当，还会引起相邻厂房发生连锁爆炸或二次爆炸，因此厂房的防爆设计是非常重要的。为了确保安全生产，首先必须做好预防工作，消除可能引起燃烧爆炸的危险因素，这是最根本的解决方法。从理论上讲，不使可燃物质处于危险状态，或者消除一切着火源，这两个措施只要控制其一，就可以防止火灾和化学爆炸事故的发生。

在实践中，由于生产条件的限制，或某些不可控因素的影响，仅采取防火防爆措施是不够的，往往需要采取多方面的措施，以提高生产过程的安全程度。另外还应考虑其他辅助措施，以便在万一发生火灾爆炸事故时，减少危害的程度，将损失降到最低限度，这些都是在防爆工作中必须全面考虑的问题。

有爆炸危险的厂房宜采用单层建筑，除有特殊需要外，一般情况下，有爆炸危险的厂房宜采用单层建筑，其考虑的依据是单层建筑对消除可能引起火灾爆炸的因素有利。

单层厂房，最好将生产设备按流程布置成简单的矩形，将有爆炸危险的设备配置在靠近一侧外墙门窗的地方或多层厂房的最上一层靠外墙处。工人操作位置在室内一侧，且在主导风向的上风位置。生产厂房内不应设置办公室、休息室，如必须贴邻其他厂房设置时，应采用一级、二级耐火极限不低于3小时的非燃烧体防护墙隔开和设置直通室外或疏散楼梯的安全出口。有爆炸危险的设备应尽量避开厂房的梁、柱等承重布置。其总控制室应独立设置，分控制室可毗邻外墙设置，并应用耐火极限不低于3小时的非燃烧体墙与其他部分隔开。使用和生产甲、乙、丙类液体的厂房管、沟不应和相邻厂房的管、沟相通，该厂房的下水道应设有隔油设施。

有爆炸危险的多层厂房的设备布置，原则基本上与单层厂房相同，但多层厂房不应将有爆炸危险的设备集中布置在底层或夹在中间层。因为如果这样布置，一旦发生爆炸事故，楼上楼下都会遭受危害，这是不可取的。多层厂房，应将有爆炸危险的生产设备集中布置在顶层或厂房一端的各楼层。这样可利用轻质屋盖及侧端面泄

笔记

压；设在一端各楼层，可用防爆墙分隔，缩小发生爆炸事故波及的范围。

有爆炸危险的生产厂房不应设在地下室或半地下室，因为地下室或半地下室的自然通风条件很差，而生产过程中“跑、冒、滴、漏”的可燃气体、可燃液体的蒸汽或粉尘，一旦与空气混合达到爆炸极限，遇到着火源则发生爆炸事故。若采用机械通风，也有其不足之处，即机械通风万一发生故障，则不能保证室内的换气以降低可燃物浓度，也是十分危险的。同时，机械通风的设置也增加了投资。其实，在有火灾爆炸危险的生产场所，地下室和半地下室的设置也是一个危险隐患，因为绝大多数可燃气（蒸汽）比空气重，它们会沉降扩散到地下室或半地下室，一旦达到爆炸浓度，遇着火源则发生爆炸事故；再从建筑防爆方面看，地下室或半地下室不能设置轻质屋盖，轻质外墙及泄压窗，因而万一发生爆炸时，不能将压力很快释放，从而加重爆炸所产生的破坏作用；同时不能设置较多的安全出口，不利于安全疏散和进行抢救。

有爆炸危险的厂房宜设在敞开式或半开式建筑内，自然通风良好，因而能使设备系统中泄漏出来的可燃气、可燃液体蒸气及粉尘很快地扩散，使之不易达到爆炸极限，因而能有效地排除形成爆炸的条件，如采用露天框架式建筑，对安全和卫生都是有利的。即使在设备内部发生爆炸事故，由于是敞开或半敞开建筑，由爆炸造成的损失也大为减轻。建筑造价较低，施工也快。

有爆炸危险的厂房应设置必要的泄压设施，泄压设施宜采用轻质屋盖作为泄压面积，用于泄压的门、窗、轻质墙体也可作为泄压面积。如泄压轻质屋盖、泄压门窗、轻质外墙等。当发生爆炸时，这些轻质构件将首先爆破，向外释放大量气体和热量，减少室内爆炸压力，防止承重构件倒塌或破坏。作为泄压面积的轻质屋盖和轻质墙体的每平方米重量不宜超过 120kg。布置泄压面，应尽可能靠近爆炸部位，泄压方向一般向上，侧面应尽量避开人员集中场所、主要通道及能引起二次爆炸的车间、仓库。散发较空气轻的可燃气体厂房的防爆，对于散发较空气轻的可燃气体、可燃蒸气的甲类厂房，宜采用全部或局部轻质屋盖作为泄压设施。顶棚应尽量平整，避免死角，厂房上部空间要通风良好。

对有爆炸危险的厂房，应选用耐火较好、耐爆较强的结构型式，以避免厂房遭受倒塌破坏，减轻现场人员的伤亡和设备物资的损失。厂房的结构型式有砖混结构、现浇钢筋结构，装配式钢筋结构和钢框架结构等。在选型时，应根据它们的特点以满足生产与安全的一致性及使用性和节约投资的综合效益考虑。钢结构厂房耐爆强度是很高的，但由于受热后钢材的强度极限大大下降，如温度升到 500℃时，其强度只有原来的 1/2，耐火极限低，在高温时将失去承受荷载的能力，因此对钢结构的厂房，其容许极限温度应控制在 400℃以下。至于可发生 400℃以上温度事故的厂房，如用钢结构则应采取在主要钢构件外包上非燃烧材料的被覆，被覆的厚度应满足耐火极限的要求，以保证钢构件不致因高温而降低强度。

在有爆炸危险的厂房内设置防爆墙、防爆门、防爆窗。防爆墙的作用与泄压装置的作用相反，但目的是一致的，都是为了当万一发生爆炸时减轻爆炸危害。防爆墙应具有耐爆炸压力的强度和耐火性能，黏土砖、混凝土、钢筋混凝土、钢板及型钢、砂带等都是建筑防爆墙的材料。防爆墙的构造设计，按材料可分为防爆砖墙、防爆钢筋混凝土墙、防爆单层和双层钢板墙、防爆双层钢板中间夹填混凝土墙

笔记

等。发生爆炸时，防爆窗应不致受爆炸产生的压力而破碎，因而窗框及玻璃均应采用抗爆强度高的材料。窗框可用角钢、钢板制作。而玻璃则采用夹层的防爆玻璃。所用防爆玻璃是由两片或两片以上窗用平板玻璃使用聚乙烯醇丁醛塑料片，在高温中加压黏合而成，抗爆强度很高，透明度很好，没有折光作用，适用于建造防爆窗。防爆门同样应具有很高的抗爆强度，需要用角钢或槽钢、工字钢拼装焊接制作门框骨架，门板则以抗爆强度高的装甲钢板或锅炉钢板制作，故防爆门又称装甲门。

对于散发较空气重的可燃气体，可燃蒸气的甲类厂房以及有粉尘、纤维爆炸危险的乙类厂房，采用绝缘材料作整体面层时，应采取防静电措施，地面下不宜设地沟，如必须设置时，其盖板应严密，应采用非燃烧材料紧密填实。并应采用不发生火花的地面，在防爆场所，如聚苯乙烯车间、桶装精苯仓库等，由于铁器或金属容器与地面摩擦或撞击发出火花从而引起火灾爆炸事故，因此要求敷设不发火地面。不发火地面按构造材料性质可分为两大类，即不发火金属地面和不发火非金属地面。不发火金属地面，材料一般常用钢板、铝板等有色金属制作。不发火非金属材料地面，又可分为有机材料地面和无机材料地面。有机材料地面，由于这些材料的导电性差，具有绝缘性能，因此对导走静电不利，当用这种材料时，必须同时考虑导走静电的接地装置的敷设，如沥青、木材、塑料橡胶等；无机材料地面，是采用不发火水泥石砂、细石混凝土、水磨石等无机材料制造，骨料可选用石灰石、大理石、白云石等不发火材料，但这些石料在破碎时多采用球磨机加工，为防止可能带进的铁屑，在配料前应先用磁棒搅拌石子以吸掉铁屑铁粉，然后配料制成试块，进行试验，确认为不发火后才能正式使用。在使用不发火混凝土制作地面时，分格材料不应使用玻璃，而采用铝或铜条做分格材料。

强化设备管道的密封性，达到阻止生产中产生的粉尘、有机气体泄漏或将泄漏量控制在最低限度。增加生产环境的换风次数，以此来稀释生产中产生的粉尘、有机气体的浓度，保持在易燃易爆物质在发生爆炸限度以下。

防爆电器（防爆电机、防爆开关），设备、管路的良好接地，设备与管路应有良好的静电接地装置，阀门、法兰等的静电连接线。车间的视孔照明可采用36V安全灯。

知识链接

防爆标志

防爆标志是指用于描述防爆电气设备的防爆等级、温度组别、防爆型式以及所适用区域的标识。防爆电气设备按GB3836标准要求，防爆电气设备的防爆标志内容包括：防爆型式＋设备类别＋(气体组别)＋温度组别

防爆电气设备分的防爆型式分为隔爆型、增安型、本质安全型、正压型、油浸型、充砂型、浇封型等。标识如隔爆型表示为Exd；

设备类别，爆炸性气体环境用电气设备分为：Ⅰ类：煤矿井下用电气设备；Ⅱ类：除煤矿外的其他爆炸性气体环境用电气设备。Ⅱ类隔爆型“d”和本质安全型“i”电气设备又分为ⅡA、ⅡB、和ⅡC类。可燃性粉尘环境用电气设备分为：A型尘密设备；B型尘密设备；A型防尘设备；B型防尘设备。

笔记

气体组别，爆炸性气体混合物的传爆能力，标志着其爆炸危险程度的高低，爆炸性混合物的传爆能力越大，其危险性越高。爆炸性气体混合物的组别与最大试验安全间隙或最小点燃电流比之间的关系，其表示为，如，气体组别，ⅡA，最大试验安全间隙（MESG）≥0.9mm，最小点燃电流比（MICR）>0.8。

温度组别，爆炸性气体混合物的引燃温度是能被点燃的温度极限值。电气设备按其最高表面温度分为 T1～T6 组，使得对应的 T1～T6 组的电气设备的最高表面温度不能超过对应的温度组别的允许值。如，温度级别 T1，设备的最高表面温度 T450℃，可燃性物质的点燃温度 >450℃。

课堂互动

制药企业的安全生产是以预防为前提的，我们应在哪些方面做工作以达到安全生产的目的。查阅相关资料说明一旦出现如火灾、爆炸等情况时，我们应采取的措施。

第三节　防雷技术

雷击时，雷电流很大，电压也极高，因此雷电有很大的破坏力，它会造成设备或设施的损坏，造成大面积停电及生命财产损失。同时由于生产工艺中造成的静电电击或通过人体放电引起的二次放电事故，特别是静电的火花放电，也会引起火灾。因此防雷、防静电是制药工业生产中一项重要的内容。

一、雷的分类与危害

由于地面蒸发的水蒸气在上升的过程中遇到上部冷空气凝成小水滴而形成积云，同时水平移动的冷气团或热气团在其前锋交界面上也会形成积云。云中水滴受强气流吹袭时，通常会分成较小和较大的部分，在此过程中发生了电荷的转移，形成带相反电荷的雷电，随着电荷的增加，雷云的电位逐渐升高。当带有不同电荷的雷云与大地凸出物相互接近到一定程度时，将会发生激烈的放电，同时出现强烈闪光。由于放电时温度可高达 20 000℃，空气受热急剧膨胀，随之发生爆炸的轰鸣声，这就是电闪与雷鸣。

1. 雷电的分类　如前所述，雷电实质上就是大气中的放电现象，最常见的是线性雷，有时也能见到片行雷，个别情况下还会见到球形雷。雷电通常可分为直击雷和感应雷两种。

（1）直击雷　大气中带有电荷的雷云对地电压可高达几十万千伏。当雷云与地面凸出物之间的电场强度达到该空间的击穿强度时所产生的放电现象，就是通常所说的雷击。这种对地面凸出物直接的雷击称为直击雷。雷云接近地面时，地面感应出异性电荷，两者组成巨大的电容器。雷云中的电荷分布很不均匀，地面又是起伏不平，故其间的电场强度也是很不均匀的。当电场强度达到 25～30kV/cm 时，即发生由雷云向大地发展的跳跃式“先驱放电”，到达大地时，便发生大地向雷云发展的极明亮

笔记

的“主放电”，其放电电流可达数十至数百千安，放电时间仅50～100秒，放电速度约(6～10)×10^4km/s；主放电在向上发展，到达云端即告结束。主放电结束后继续有微弱的余光，大约50%的直击雷具有重复放电性质，平均每次雷击含3～4个冲击，全部放电时间一般不超过0.5秒。

(2) 感应雷　也称雷感应，分为静电感应和电磁感应两种。静电感应是在雷云接近地面，在架空线路或其他凸出物顶部感应出大量电荷引起的。在雷云与其他部位放电后，架空线路或凸出物顶部的电荷失去束缚，以雷电波的形式，沿线路或凸出物极快的传播。电磁感应是由雷击后伴随的巨大雷电流在周围空间产生迅速变化的强磁场引起的。这种磁场能使附近金属导体或金属结构感应出很高的电压。

2. 雷击的危害　雷击时，雷电流很大，其值可达数十至数百千安培，由于放电时间极短，故放电陡度甚高，每秒达50KA，同时雷电压也极高。因此雷电有很大的破坏力，它会造成设备或设施的损坏，造成大面积停电及生命财产损失。其危害主要有以下几个方面。

(1) 电性质破坏：雷电放电产生极高的冲击电压，可击穿电气设备的绝缘，损坏电气设备和线路，造成大面积停电。由于绝缘损失还会引起短路，导致火灾或爆炸事故。绝缘的损坏为高压窜入低压、设备漏电创造了危险条件，并可能造成严重的触电事故。巨大的雷电流流入地下，会在雷击点及其连接的金属部分产生极大的对地电压，也可直接导致因接触电压或跨步电压而产生的触电事故。

(2) 热性质破坏：强大雷电流通过导体时，在极短的时间将转换为大量热量，产生的高温会造成易燃物燃烧，或金属融化飞溅，而引起火灾、爆炸。

(3) 机械性质破坏：由于热效应是雷电通道中木材纤维缝隙或其他结构中缝隙里的空气剧烈膨胀，同时是水分及其他物质分解为气体，因而在被雷击物体内部出现强大的机械压力，使被击物体遭受严重破坏或造成爆裂。

(4) 电感应：雷电的强大电流所产生的强大交变电磁场会使导体感应出较大的电动势，并且还会在构成闭合回路的金属物中感应电流，这时如果回路中有的地方接触电阻较大，就会发生局部发热或发生火花放电，这对于存放易燃易爆物品的场所是非常危险的。

(5) 雷电波入侵：雷电在架空线路、金属管道上会发生冲击电压，使雷电波沿线路或管道迅速传播。若侵入建筑物内，可造成配电装置和电气线路绝缘层击穿，产生短路，或使建筑物内易燃易爆品燃烧和爆炸。

(6) 防雷装置上的高电压对建筑物的反击作用：当防雷装置受雷击时，在接闪器、引下线和接地体上均具有很高的电压。如果防雷装置与建筑装置内、外地电气设备、电气线路或其他金属管道的相隔距离很近，它们之间就会产生放电，这种现象称为反击。反击可能引起电气设备绝缘破坏，金属管道烧穿，甚至造成易燃、易爆品着火和爆炸。

(7) 雷电对人的危害：雷击电流若迅速通过人体，可立即使人的呼吸中枢麻痹，心室颤动、心搏骤停，以致使脑组织及一些主要脏器受到严重损失，出现休克甚至突然死亡。雷击时产生的火花、电弧，还会使人遭到不同程度的灼伤。

二、防雷装置

常用的防雷装置主要包括避雷针、避雷线、避雷网、避雷带、保护间隙及避雷器。

完整的防雷装置包括接闪器，引下线和接地装置。而上述避雷针、避雷线、避雷网、避雷带及避雷器实际上都是接闪器。除避雷器外，它们都是利用其高出被保护物的突出地位，把雷电引向自身，然后通过引下线和接地装置把雷电泄入大地，使被保护物免受雷击。各种防雷装置的具体作用如下。

1. 避雷针　主要用来保护露天变配电设备及比较高大的建（构）筑物。它是利用尖端放电原理避免设备所遭受直接雷击。

2. 避雷线　主要用来保护输电线路，线路上的避雷线也称为架空地线。避雷线可以限制沿线路侵入变电所的雷电冲击波幅值及陡度。

3. 避雷网　主要用来保护建（构）筑物。分为明装避雷网和笼式避雷网两大类。沿建筑物上部明装金属网格作为接闪器，沿外墙装引下线接到接地装置上，称为明装避雷网，一般建筑物中常采用这种方法。而把整个建筑物中的钢筋结构连成一体，构成一个大型金属网笼，称为笼式避雷网。笼式避雷网又分为全部明装避雷网、全部暗装避雷网和部分明装部分暗装避雷网等几种。如高层建筑物中都用现浇的大模板和预制装配式壁板，结构中钢筋较多，把它们从上到下与室内的上下水管、热力管网、煤气管道、电气管道、电气设备及变压器中性点均连接起来，形成一个等电位的整体，叫做笼式暗装避雷网。

4. 避雷带　主要用来保护建（构）筑物。该装置包括沿建筑物屋顶四周易受雷击部位明设的金属带、沿外墙安装的引下线及接地装置构成的。多用在民用建筑，特别是山区的建筑。

5. 保护间隙　是一种最简单的避雷器，将它与被保护的设备并联，当雷电波袭来时，间隙先行被击穿，把雷电流引入大地，从而避免被保护设备因高幅值的过电压而被击穿。保护间隙主要由直径6～9mm的镀锌圆钢制成的主间隙，防止意外短路。保护间隙的击穿电压应低于被保护设备所能承受的最高电压。

6. 避雷器　主要用来保护电力设备，是一种专用的防雷设备。分为管型和阀型两类。它可进一步防止沿线路侵入变电所或变压器的雷电冲击波对电气设备的破坏。防雷电波的接地电阻一般不得大于5～30Ω，其中阀型避雷针的接地电阻不得大于5～10Ω。

三、建筑物及其防雷保护

建（构）筑物的防雷保护按各类建（构）筑物对防雷的不同要求，可将它们分为三类。

第一类建筑物及其防雷保护，凡在建筑物中存放爆炸物品或正常情况下能形成爆炸性混合物，因电火花而会发生爆炸，致使房屋毁坏和造成人身伤亡者。这类建筑物应装设独立避雷针防止直击雷；对非金属屋面应敷设避雷网，室内一切金属设备和管道，均应良好接地并不得有开口环路，以防止感应超过电压；采用低压避雷器和电缆进线，以防雷击时高电压沿低压架空线侵入建筑物内。采用低压电缆与避雷器防止高电位侵入时，电缆首端低压FS型阀型避雷器，与电缆外皮及绝缘子铁脚共同接地；电缆末端外皮一般须与建筑物防感应雷接地电阻相连。当高电位到达电缆首端时，被雷器击穿，电缆外皮与电缆芯连通，由于肌肤效应及芯线与外皮的互感作用，便限制了芯线上的电流通过。当电缆长度在50m以上，接地电阻不超过10Ω时，绝

笔记

大部分电流将经电缆外皮及首端接地电阻入地。残余电流经电缆末端电阻入地，其上压降既为侵入建筑物的电位，通常可降低到原值的1%～2%以下。

第二类建筑物及其防雷保护，划分条件同第一类，但在因电火花而发生爆炸时，不致引起巨大的破坏或人身事故，或政治、经济及文化上具有重大意义的建筑物。这类建筑物可在建筑物上装避雷针或采用避雷针和避雷带混合保护，以防止雷击。室内一切金属设备和管道，均应良好接地并不得有开口环路，以防感应雷；采用低压避雷器和架空线，以防高电位沿低压架空线侵入建筑物内。采用低压避雷器与架空进线防止高电位侵入时，必须将150m内进线段所有电杆上的绝缘子铁脚都接地；低压避雷器装在入户墙上。当高电位沿架空线侵入时，由于绝缘子表面发生闪络及避雷器击穿，便降低了架空线上的高电位，限制了高电位的入侵。

第三类建筑物及其防雷保护，凡不属第一、第二类建筑物但需实施防雷保护者。这类建筑物防止雷击可在建筑物最易遭受雷击部的位（如屋脊、屋角、山墙）装设避雷带或避雷针，进行重点保护。若为钢筋混凝土屋面，则可利用其钢筋作为防雷装置；为防止高电位侵入，可在进户线上安装放电间隙或将其绝缘子铁脚接地。

四、制药设备的防雷

露天大型反应设备钢板厚度大于4mm，且装有呼吸阀时，可不装设防雷装置。但反应设备应作良好的接地，接地点不少于两处，间距不大于30m，其接地装置的冲击接地电阻不大于30Ω；当反应设备钢板厚度小于4mm时，虽装有呼吸阀，也应在反应设备顶部安装避雷针，且避雷针与呼吸阀的水平距离不应小于3m，保护范围高出呼吸阀不应小于2m；非金属易燃液体的贮藏应采用独立的避雷针，以防止直接雷击。同时还应有感应雷措施。避雷针冲击接地电阻不大于30Ω；覆土厚度大于0.5m的地下反应设备，可不考虑防雷措施，但设备外层应做良好的接地。接地点不少于两处，冲击接地电阻不大于10Ω；易燃液体的敞开贮罐应设独立避雷针，其冲击接地电阻不大于5Ω；户外架空管道的防雷 ①户外输送可燃气体、易燃或可燃体的管道，可在管道的始端、终端、分支处、转角处以及直线部分每隔100m处接地，每处接地电阻不大于30Ω；②当上述管道与爆炸危险厂房平行敷设而间距小于10m，在接近厂房的一段，其两端及每隔30～40m应接地，接地电阻不大于20Ω；③当上述管道连接点（弯头、阀门、法兰盘），不能保持良好的电气接触时应用金属线跨接；④接地引下线可利用金属支架，若是活动金属支架，在管道与支架物之间必须增设跨接线；若是非金属支架，必须另做引下线；⑤接地装置可利用电气设备保护接地的装置。

五、人体的防雷

雷电活动时，由于雷云直接对人体放电，产生对地电压或二次反击放电，都可能对人造成伤害。因此，应注意安全。

1．雷电活动时，非工作需要，应尽量少在户外或旷野逗留；在户外或旷野处最好穿塑料等不进水的雨衣；如有条件，可进入有宽大金属框架或有防雷设施的建筑物、汽车或船只内；如依靠建筑物屏蔽的街道或高大树木屏蔽的街道躲避时，要注意离开墙壁和树干距离8m以上。

2．雷电活动时，应尽量离开小山、小丘或隆起的小道，应尽量离开海滨、湖滨、河

边、池边，应尽量离开铁丝网、金属晾衣绳以及旗杆、烟囱、高塔、孤独的树木附近，还应尽量离开没有防雷保护的小建筑物或其他设施。

3. 雷电活动时，在户内应注意雷电侵入波的危险，应离开照明线、动力线、电话线、广播线、收音机电源线、收音机和电视机天线以及与其相连的各种设施，以防止这些线路或设备对人体的二次放电。调查资料说明，户内 70% 以上的人体二次放电事故发生在相距 1m 以内的场合，相距 1.5m 以上的尚未发现死亡事故。由此可见，在发生雷电时人体最好离开可能传来雷电侵入波的线路和设备 1.5m 以上。应当注意，仅仅拉开开关防止雷击是不起作用的。雷电活动时，还应注意关闭门窗，防止球型雷进入室内造成危害。

4. 防雷装置在接受雷击时，雷电流通过会产生很高电位，可引起人身伤亡事故。为防止反击发生，应使防雷装置与建筑物金属导体间的绝缘介质网络电压大于反击电压，并划出一定的危险区，人员不得接近。

5. 当雷电流经地面雷击点的接地体流入周围土壤时，会在它周围形成很高的电位，如有人站在接地体附近，就会受到雷电流所造成的跨步电压的危害。

6. 当雷电流经引下线接地装置时，由于引下线本身和接地线装置都有阻抗，因而会产生较高的电压，这时人若接触，就会受接触电压危险，均应引起人们注意。

7. 为了防止跨步电压伤人，防直击雷接地装置距建筑物、构建物出入口和人行道的距离不应少于 3m。当小于 3m 时，应采取接地体局部深埋、隔以沥青绝缘层、敷设地下均压等安全措施。

六、防雷装置的检查

为了使防雷装置具有可靠的保护效果，不仅要合理的设计和正确的施工，还要建立必要的维护保养制度，进行定期和特殊情况下的检查。

1. 对于重要设施，应在每年雷雨季节以前做定期检查。对于一般性设施，应每 2～3 年在雷雨季节前做定期检查。如有特殊情况，还要做临时性的检查。

2. 检查是否由于维修建筑物或建筑物本身变形，使防雷装置的保护情况发生变化。

3. 检查各处明装导体有无因锈蚀或机械损伤而折断的情况，如发现锈蚀在 30% 以上，则必须及时更换。

4. 检查接闪器有无因遭受雷击后而发生融化或折断，避雷器瓷套有无裂纹、碰伤的情况，并应定期进行预防性试验。

5. 检查接地线在距地面 2m 至地下 0.3m 的保护处有无被破坏的情况。

第四节　防静电技术

静电是人类很早就发现的一种自然现象。古代就已经有人观察到琥珀在皮毛上摩擦后能够吸引住轻小的纸屑或木屑。后来人们又进一步发现，玻璃棒在丝绸上摩擦，或硬橡胶、塑料制品在毛织物上摩擦，也都具有同样的作用和性质。其实，在日常生活中，只要留心观察，也都可以随时遇到类似的情况。例如，在用干抹布擦玻璃时，许多微小的碎布纤维会纷纷的自动飞上去吸附在玻璃上。又如用塑料梳子在梳

笔记

理头发时，梳子也会将干的头发吸起来，有时甚至还能听到轻微的“嚓嚓”声。尤其在黑夜里，当脱下化学纤维混纺的毛衣时，还可以看到闪亮的火花。所有这些都是摩擦产生静电及其放电时的现象。静电在工业生产中有很大的作用。应用广泛的有：静电喷漆、静电植绒、静电印刷、静电除虫、静电捕鱼等。但它有时却会给生产和生活带来不良影响，如雷电、电容器残留电荷以及生产工艺中造成的静电电击或通过人体放电引起的二次放电事故，特别是静电的火花放电，更往往成为引起火灾危险的隐患。由于人们对静电产生的原因及消除方法还没有完全掌握，对它的危害性又缺乏足够的认识，因此，由静电造成的各种事故时有发生。随着化学、制药工业的飞速发展，化纤、塑料等高分子材料的普遍使用，静电引起的各种危害，也就更日益显露出来。

一、静电的概念

当两种不同性质的物质相互摩擦或接触时，由于他们对电子的吸引力大小各不相同，发生电子转移，使甲物质失去一部分电子带正电荷，乙物质获得一部分电子而带负电荷。如果该物质对大地绝缘，则电荷无法泄漏，停留在物体的内部或表面呈相对静止状态，这种电荷就称为静电。

静电产生的原因有很多，但主要可以从物质的内部特性和外界前提条件影响两个方面来进行解释。

1. 内部特征　由于不同物质使电子脱离原来物体表面所需的能量有所区别，因此，当它们紧密接触时，在接触面上就发生电子转移。逸出能量小的物质易失去电子而带正电荷，逸出能量大的物质增加电子则带负电荷。各种物质逸出能量的不同是产生静电的基础；静电的产生与物质的导电性能有很大关系，它以电阻率来表示。电阻率越小，导电性能越好。根据大量实验资料得出结论：电阻率为 $1\times10^{10}\Omega\cdot m$ 的物质最易产生静电；而大于 $1\times10^{14}\Omega\cdot m$ 或小于 $1\times10^{8}\Omega\cdot m$ 的物质则都不易产生静电。如物质的电阻率小于 $1\times10^{4}\Omega\cdot m$，因其本身具有较好的导电性能，静电泄漏较快。但如汽油、苯、乙醚等，它们的电阻率都在 1×10^{9}～ $1\times10^{12}\Omega\cdot m$，静电都容易产生和积聚。因此，电阻率的大小是静电能否积聚的条件。

2. 外部作用条件　两种不同的物体在紧密接触、迅速分离时，由于相互作用，使电子从一物体转移到另一物体的现象（摩擦起电）。其主要表现形式除摩擦外，还有撕裂、剥离、拉伸、撞击等。在制药生产过程中，粉碎、筛选、滚压、搅拌、喷漆、抛光、干燥等工序都会发生类似的情况；另外还有附着电荷（某种极性离子或自由电子附着在与大地绝缘的物体上，也能使该物体产生带静电的现象）；感应起电；极化起电等。

二、静电的危害

如果在接地良好的导体上产生静电后，静电会很快泄漏到地面。但如果是绝缘体，则电荷会越积越多，形成高的电位。当带电体与不带电或静电电位很低的物体接近时，如电位差达到300V以上，就会发生放电现象，并产生火花。静电放电的火花能量，若已达到或大于周围可燃物的最小着火能量，而且可燃物在空气中的浓度或含量也已在爆炸范围极限以内，就能立刻引起燃烧或爆炸。

在制药工业中，物料输送、搅拌、干燥、滚压、装卸、取样等工序都能产生大量的

静电荷。当人体接近这些带电体时，往往有可能造成电击事故。由于静电电压很高，当人受到静电电击时，其使人作出猛烈的反应，可能引起坠落、摔倒等二次事故，还可以使工作人员神经紧张，妨碍工作。在静电放电长期作用下，还可能产生职业危害。人体带电放电常见的情况有 ①人与人之间相互接触放电；②人与其他金属接地体之间放电；③两脚之间放电，当人穿着绝缘鞋，而两脚与地面摩擦程度不同，电位也有差异，在两脚靠近时就会发生脚间放电。

在生产过程中，如果不清除静电，将会妨碍生产进行和降低产品质量。例如，静电使粉体吸附于设备、管道等物体，将会影响粉体的过滤和输送。静电还能使纤维缠绕、电器设备吸附尘土，从而影响正常生产或因电子元件的误动作而发生安全事故等。

三、静电的消除

制药生产中的静电去除应从消除起电的原因、降低起电的程度和防止积聚的静电对个岗位工位器件的放电等方面入手综合解决。消除起电原因最有效的方法之一是采用高电导率的材料来制作操作室的地坪、各种面层和操作人员的衣鞋。比电阻小于 $10^5\Omega\cdot m$ 的材料实际上是不会起电的。

1．抗静电地板　为了使人体服装的静电尽快地通过鞋及工作地面泄漏于大地，工作地面的导电性起着很重要的作用，因此对地面抗静电性能提出一定要求。抗静电地板主要技术指标应为，表面电阻值 10^6～$10^8\Omega$ 之间，半衰期小于 0.12 秒，起电电压（温度 21℃±1.5℃，相对湿度 30%）≤2500V。

必须指出，抗静电地板对静电来说是良导体，而对 200V、380V 交流工频电压则是绝缘体。这样既可以让静电泄漏，又可在人体不慎误触 220V、380V 电源时，保证人身安全。

2．饰面采用低带电性材料　操作室的饰面材料应采用低带电性材料，即要求导电性能较好的饰面材料，并设置可靠的接地措施。防静电接地装置的电阻值以 100Ω 为合适，采用导电橡胶或导电涂料时，与接地装置接触面积不小于 $10cm^2$。静电接地必须连接牢固，有足够的机械强度。

3．非金属地面材料加入导电材料　操作室的非金属地面材料中掺入乙炔炭黑粉或者铜、铝等粉屑，以增大地面的电导率。此外，为提高非金属固体材料面层的导电性，可将表面活性剂涂覆在树脂材料的表面，也可掺入树脂中，构成表面活性剂的地面。

4．物理接地法　加速电荷的泄漏以减小起电程度可通过物理方法来实现，接地法即是消除静电的一种有效方法，这种方法简单、可靠，不需要很大的费用。接地既可以将物体直接与地面相接，也可以通过一定的电阻与地相接，直接接地法用于设备、插座板、夹具等导电部分的接地，对此须用金属导体以保证与地可靠接触。当不能直接接地时，就采用物体的静电接地，即物体内外表面上任意一点对接地回路之间的电阻不超过 $10^7\Omega$，则这一物体可以认为是静电接地。

5．调节湿度法　控制生产车间的相对湿度在 40%～60% 之间，可以有效地降低起电程度，减少静电发生，提高相对湿度可以使衣服纤维材料的起电性能降低。研究表明，当相对湿度超过 65% 时，材料中所含的水分足以保证积聚的电荷全部泄漏掉。其他介质的表面电导率也随湿度提高而提高。不过应注意过高的相对湿度将对产品质量产生不良影响。

6. 化学方法　化学处理是减少电器材料上产生静电的有效方法之一。它是在材料的表面涂覆特殊的表面膜层和采用抗静电物质。例如，利用化学处理，在地坪和工作台介质面层的表面上以及设备和各种夹具的介质部分上涂覆一层比电阻小于$10^5\Omega\cdot m$，暂时性或永久性的表面膜。这种导电膜既可涂在整个介质表面，也可涂在其局部地方。为了保证电荷可靠地从介质膜上漏泄掉，必须保证导电膜与接地金属导线之间具有可靠的电接触。

7. 空气电离法　利用静电消除器来电离空气中的氧、氮原子，使空气变成导体，就能有效地清除物体表面的静电荷。常用的静电消除器有以下两种。①感应式静电消除器，它还可分为钢件接地感应式、刷型感应式、针尖感应式等；②高压式静电消除器，它主要有外加式、工频交流式、可控硅、交流高频高压式等。

四、静电安全防护

静电的主要危害是引起火灾和爆炸，电击伤人和妨碍生产，而在各种危害中，火灾和爆炸最为重要，而静电必须具备如下条件方能酿成火灾和爆炸危害：①具备产生火花放电的电压；②具备产生静电电荷的条件；③具备能够产生火花的足够能量；④有能够引起火花放电的合适间隙；⑤放电周围有易燃易爆混合物。

上述五个条件缺一不可，因此消除静电，只要消除上述其中之一，就可达到消除静电危害的目的。通常消除静电危害的主要途径是，创造条件，加速工艺过程中所产生静电的泄漏和中和，限制静电的积累；控制工艺过程，限制静电产生。

1. 生产场所危险程度的控制

(1) 减少摩擦起电：在传动装置中，应减少皮带与其他传动件的打滑现象。如皮带要松紧适当，保持一定的拉力，并避免过载运行等。尽可能采用导电胶带或传动效率高的导电的三角带。

(2) 在输送可燃气体、易燃液体和易燃易爆物体的设备上，应采用直接轴传动（或联轴器），一般不宜采用皮带传动；如需用皮带传动，则必须采取有效的防静电措施。

(3) 限制易燃和可燃液体的流速，可以大大减少静电的产生和积聚。当液体平流时，产生的静电电量与流动速度成正比，且与管道的内径大小无关；当液体紊流时，产生的静电量则与流速的1.75次方成正比，并与管道内径的0.75次方成正比。

2. 工艺控制　这种方法是从材料的选择、工艺设计、设备结构等方面采取措施，控制静电的产生，使之不超过危险程度。

五、人体的防静电措施

由于静电电击而造成直接死亡的现象极少，所以应把因受电击发生二次伤害作为目标。同时操作人员应懂得，由于人体所带的静电可导致其他伤害，这就要求加强规章制度的执行，并掌握一些必要的知识。

1. 为防止人体带电，在有防爆要求的车间内，不得使用塑料，橡胶等绝缘地面，并尽可能保持湿润。

2. 工作人员在进入有防爆要求的车间内前，应穿戴防静电工作服，并清除身体上的静电，如抚摸接地的金属板、棒等，方可进入。

第五节　噪声控制技术

由于噪声是声源向空气中以弹性波形式辐射出来的一种压力脉冲，在环境中不积累、不持久，也不远距离扩散。当声源停止发声噪声立即消失。噪声对人体产生危害，必须有三个因素存在，即声源、传播途径、接受者。因此，在采取控制噪声的措施时，也必须从这三方面去考虑。采取单一措施，往往难以彻底解决。

降低声源的噪声是控制噪声最基本、最直接、最有效的措施。当声源已经固定，难以降低时，隔离噪声的传播也很有效。当作业者必须到声源现场工作时，做好个人维护，也是防止噪声危害的有效措施之一。

一、噪声的基本概念

声音是物体的振动通过介质传播到人的听觉器官的主要感觉。介质包括固体、液体、气体。声音产生于震动，人说话靠声带的震动，鼓的敲响靠鼓膜的震动。如果用力按住鼓面，震动就会停止，鼓就不响了。震动成声不仅存在于固体，液体、气体同样存在，如波浪声就产生于液体的震动，汽笛声则产生于气体的震动。各种各样的声音，可以分为两大类：一类是乐音，一类是噪音。所谓乐音，一般是指比较和谐悦耳的声音，是物体做有规律的振动产生的。而噪声，从物理学观点讲，就是各种不同频率和强度的声音的杂乱组合。从生理学角度讲，凡是使人烦躁讨厌的、不和谐的声音都可以统称为噪声。如生产中采油机发出的声音、汽车的喇叭声、飞机发动机的噪声等。

声音由频率和强度两个因素组成。在单位时间内物体的震动次数叫频率。频率的单位是“赫兹（Hz）”，也就是每秒钟振动的次数。声音的高低，与频率有直接关系。振动越快，频率越大，声调就越高；相反，振动越慢，频率越低，音调就越低。声音不但有高低之分，还有强弱之分。表示声音强度的单位是分贝（dB）。例如，轻声耳语约20dB，马路上吵闹声约80dB，电锯声约110dB，喷气飞机发出的声音约140dB。

物体振动发出的声音，可以通过各种途径传播到人的听觉器官——耳朵，再通过神经传递给大脑，引起听觉。耳朵是十分灵敏的压力传感器，当声波进入外耳道，引起鼓膜振动，就可以听到声音，即使仅振动十亿分之一米，也可以感觉到。但是，正常人听觉感受的频率是有一定范围的，约在16～20 000Hz之间，即频率小于16Hz和大于20 000Hz的声音都听不到。而且，在这个范围内人对4000～5000Hz的频率又最敏感。

二、噪声的种类和分布

在制药生产过程中，各种机器和工具发出的噪声称为工业噪声。由于其产生原因不同，一般分为空气动力噪声、机械噪声、电磁噪声三类。动力噪声是指由于气体的振动而引起的噪声，如离心风机、罗茨鼓风机、空气压缩机、锅炉排气机等；机械噪声是指由于固体震动而引起的噪声，如各种机床、球磨机的齿轮之间的摩擦及碰撞声，碎石机、编织机、电锯及泵房发出的噪声等；电磁噪声是由于电器的空隙中交变力相互作用引起的，如发电机、电压器等。

笔记

三、噪声对人体的危害

超过 85dB 的噪声对人长期作用后，可以产生听力损害。有人对在噪声环境中劳动的新工人进行测试，即分别测试新工人上班前后所能听到的最小声音的分贝数，发现下班后比上班前的听力下降 10～15dB。当新工人到安静的地方休息几分钟后就逐渐恢复了原来的听力(分贝)，这种现象叫做"听力适应"。这是人体对外界环境的一种保护行为，属于生理性调节。但是，这种"听觉适应"是有一定限度的。如果长期在噪声环境下工作"听觉适应"就会变得迟钝，听力就会下降。当人们进入一个噪声很大的环境中感到极端的刺耳不习惯。如"雷"贯耳，过了一段时间感到雷声不那么大了，耳朵的感觉适应了，其实雷声还是那么大，震耳欲聋，不过是你的耳朵变聋一些罢了。听力下降 30～50dB，飞过耳旁的蚊子也听不到，并且离开噪声环境后，耳朵里还会感到有嗡嗡的响声，这种现象叫做"听觉疲劳"。此时，内耳听觉器官并未损坏，但他是发生噪音性耳聋的信号。噪声的声调越高，越容易引起"听觉疲劳"。

1. 噪声性耳聋　长期在有强烈噪声的环境中工作又得不到恢复时，就可能损伤听神经细胞而失去听觉，这样出现的耳聋就叫"噪声性耳聋"。生产工人发生噪声性耳聋，属职业病范畴。

噪声性耳聋按程度不同可分为以下级别，例如原来普通话声 60dB，听起来只有 30dB 那么响，那么听力损失为 30dB。若听力损失在 10dB 以内，没有多大影响；在 30dB 以内，叫轻度噪声性耳聋；在 30～60dB，叫中度噪声性耳聋；在 60dB 以上，叫重度噪声性耳聋；损失在 80dB 以上，在耳边大声喊叫也无从知晓。

2. 其他方面的危害　噪声还能对人体其他系统和器官造成危害，可以引起神经衰弱，如头晕、失眠、多梦、疲乏无力、记忆力衰退、注意力不集中等症状；对心血管系统也有不良作用，如心跳加快或减慢、心律不齐、血管痉挛和血压升高等症状。

3. 容易造成操作事故　生产环境中的噪音，往往会妨碍工人之间的语言联络，干扰了信息传递，甚至引起错误操作，这就容易造成生产性事故。

四、噪声的控制

对产生噪声的生产过程和设备，采用新技术、新工艺、新设备、新材料及机械化、自动化、密闭化措施，用低噪声的设备和工艺代替强噪声的设备和工艺，从声源上根治噪声，使噪声降低到对人体无害的水平。具体可采用以下几项措施：

1. 选择低噪声设备、改进加工工艺　如选择低噪声设备代替老的、噪声大的设备，用电孤气刨代替风铲等。

2. 提高机械设备的加工精度和安装技术　如提高机械加工及装备的精度，平时注意维修保养，正确校准中心，找好动态平衡，采取阻尼减震等。

3. 采用消声器降低噪声　利用声的吸收、反射、干涉等原理，使用既能使气流通过又能降低噪声的装置达到消声目的。常见消声器可分为阻性和抗性两类。阻性消声器主要通过管道内的吸声材料吸收声能；抗性消声器是利用管道截面突变或通过大的空腔而产生声波的反射或压缩震动而使声音能消耗，适用于消除某些特定频带的噪声。

4. 隔离噪声或阻断传播　隔离噪声就是在噪声源和听者之间进行屏蔽、输导以

吸收和阻止噪声的传播。在新建、扩建和改造企业时，同时考虑采取预防噪声的措施，如合理的布局，采取屏障及吸声等措施。

(1) 合理布局把噪声强的车间和作业场所与职工生活区分开：工厂内部的强噪声设备与一般生产设备分开；也可以把同类型的噪声源，如空压机、真空泵等集中在一个机房内，以缩小噪声污染面并便于集中处理。

(2) 利用和设置天然屏障：利用天然地形如山岗、土坡、树木、草丛或已有的建筑屏障等，阻断或屏蔽一部分噪声的传播，种植有一定密度和宽度的树丛和草坪，也能导致声音的衰弱。

(3) 隔振与阻尼：这是减弱固体噪声的常用方法，可采用弹簧减震器、橡胶、塑料、玻璃棉、泡沫塑料等材料做减震材料。用防震涂料漆、橡皮、塑料等涂或粘在振动板上，可降低振动板的噪声辐射。

5. 将声能转变为热能　将入射在物质表面的声能转变为热能，从而产生降低噪声的效果。一般可用玻璃纤维、聚氨酯泡沫塑料、微孔吸声砖、软纸纤维板、矿渣棉等作为吸声材料。吸声材料的吸声性能通常用吸声系数 a 表示。吸声系数 a 等于被材料吸收的声能与入射到材料上的总声能之比（$a=E_{吸}/E_{总}$），a 越大表明材料的吸声性能越好。如在多孔材料、多孔薄板做罩内填超细玻璃棉等都是很好的吸声材料。

6. 将噪声隔离在传播的途径中　把声源封闭在一个有限空间中，使其与周围环境隔绝，如隔声间、隔声罩等。隔声结构一般采用密实、质量重的材料，如砖墙、钢板、混凝土等。对隔声壁要防止共振，尤其是机罩、金属壁、玻璃窗等质轻结构具有较高的固体振动频率，在声波作用下往往发生共振，必要时可在轻质结构上涂一层损耗系数大的阻尼材料。若声源很大，不能将其封闭时，如氮肥的压缩车间，可以建隔声操作室，操作室观察窗应采用双层厚玻璃，玻璃间抽真空。此种隔音操作室效果好的可降噪 20～30dB，完全可达到工艺卫生要求标准。

7. 利用声源的指向性来控制噪声　声波的传播是具有指向性的，我们可以利用这一特性，对环境污染面大的工业高强声源的传播方向进行合理选择和布置，对车间内的小口径高速排气管道，应引至室外让高速气流向上高空排放，如把排气管道与烟道连接，也能减少噪声对环境的污染。

五、个人防护

当生产环境中噪声没有消除的情况下，采取个人防护措施也是必要的、有效的措施。要根据《工业企业职工听力保护规范》的规定选用护耳器。常用护耳器有耳塞、耳罩和防声帽。

耳塞是放在耳道内的防声器，由经过特殊处理后的特制塑料、橡胶等制成。耳塞可分为大中小三型，应选择适合使用者耳道的型号配戴。其隔声效果对低频降低 10～15dB；对中频降低 20～30dB；对高频降低 30～40dB。另外还有许多简易的耳塞，如棉花蘸油、棉花加醋、弹性塑料、橡皮泥等，都可以起到隔声效果。某职工医院在纺织厂曾做过试验，纺织工人能坚持日日带上“耳棉”者，经过六个月后随访检查，结果发现这些工人的听力得到了保护；未坚持使用者的听力明显下降，达到损伤的程度。

防声耳罩是用海绵、软橡胶、泡沫塑料及棉花等多孔性柔软材料制成的，能遮盖外耳廓周围部分，隔声效果比耳塞好，但造价高，体积大，较笨重，工作不便，而且配戴时间久了，会感到耳朵疼痛。

防声帽实际上就是用皮革制作的头盔，里面有棉层，比较严密。这种防声帽除防声外，还可防寒及防外伤。隔声效果比上述两类好。但比较笨重、闷热、操作不方便。适于北方地区到室外作短时间巡回检查时使用。

控制噪声是创建清洁文明工厂的重要内容之一。每个员工都应积极参与噪声的治理工作，爱护和保养好各项防噪措施，使它更好的发挥效用。

知识链接

音量类比、噪声的利用

1. 音量类比　20db 窃窃私语；40db 正常交谈声音；50db 大声说话声；70db 街道环境声音；75db 人体耳朵舒适度上限；80db 嘈杂的办公室、高速公路上的声音；90db 嘈杂酒吧环境声音、电动锯锯木头的声音；100db 气压钻机声音、压缩铁锤捶打重物的声音；110db 螺旋桨飞机起飞声音、摇滚音乐会的声音；125db 喷气式飞机起飞的声音；130db 火箭发射的声音；190db 导致死亡。

2. 噪声的利用　噪声除草，科学家发现，不同的植物对不同的噪声敏感程度不一样。根据这个道理，人们制造出噪声除草器。噪声诊病，自 21 世纪初以来，科学家制成一种激光听力诊断装置，它由光源、噪声发生器和电脑测试器三部分组成。使用时，它先由微型噪声发生器产生微弱短促的噪声，振动耳膜，然后微型电脑就会根据回声，把耳膜功能的数据显示出来，供医生诊断。噪声发电，科学家发现人造铌酸锂具有在高频高温下将声能转变成电能的特殊功能。科学家还发现，当声波遇到屏障时，声能会转化为电能，英国的学者就是根据这一原理，设计制造了鼓膜式声波接收器，将接收器与能够增大声能、集聚能量的共鸣器连接，当从共鸣器来的声能作用于声电转换器时，就能发出电来。噪声除尘，美国科研人员研制出一种功率为 2kW 的除尘器，它能发出频率 2000Hz、声强为 160dB 的噪声，这种装置可以用于烟囱除尘，控制高温、高压、高腐蚀环境中的尘粒和大气污染。噪声克敌，利用噪音还可以制服顽敌，“噪音弹”能在爆炸间释放出大量噪音波，麻痹人的中枢神经系统，使人暂时昏迷。

学习小结

1. 学习内容

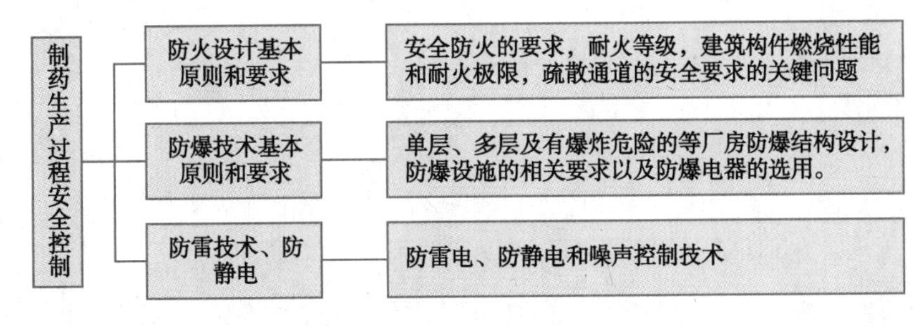

2. 学习方法

本章应从厂房安全防火、防爆的要求入手，理解厂房耐火等级，建筑构件燃烧性能和耐火极限，同时了解安全生产以及生产中涉及的雷电、静电、和噪声控制的相关

知识。为安全生产奠定良好的基础。

（李瑞海 王俊淞）

复习思考题

1. 简述耐火等级。
2. 简述厂房层数和占地面积的防火要求。
3. 简述建筑构配件耐火性能要求。
4. 简述疏散通道的安全要求。
5. 简述厂房防爆设计与要求。
6. 生产中如何做到人体的防雷？
7. 生产中如何消除静电？
8. 生产中噪声的防护措施有哪些？
9. 生产中防止触电事故的措施有哪些？
10. 生产中触电急救有哪些方面？

第十三章

工程概算（预算）与产品效益

学习目的

掌握工程投资各项费用的组成；熟悉工程造价的含义及组成，资本金的含义、分类及来源，固定资产折旧方法等；了解其他费用及预备费用的内容及概算方法。

学习要点

工程项目的投资估算与概算等相应的工程造价文件中的项目设置应符合国家及行业的相应规定，工程设计概算应由专业设计单位负责，产品经济效益的预算与评价应结合制药工程项目的具体情况并符合行业的相关要求。

工程项目指在一个制药工程建设项目中，具有独立的设计文件，竣工后可以独立发挥生产能力或效益的工程，也称单项工程，它是整个建设项目的重要组成部分。工程造价即工程的建造价格，工程造价的三要素为量、价、费。工程造价一般应包括投资估算、设计概算、修正概算、施工图预算、工程结算、竣工结算等。

工程项目的概（预）算是工程设计上对工程项目所需全部建设费用计算结果的笼统名称。在不同设计阶段其名称和所含内容各有不同，确定的过程与计算方法也不同。工程项目的概预算在总体设计阶段叫估算；初步设计阶段叫总概算；技术设计阶段叫修正概算；施工图设计阶段叫预算。工程项目在设计阶段投资的概预算和成本估算是制药工程项目可行性研究的重要组成部分，也是该工程项目进行经济评价和投资决策的基础。

产品的经济效益是指在产品生产过程中，所取得的有用成果（有用价值）与为取得这一有用成果所消耗的活劳动和物化劳动（即投入的生产要素的价值）进行比较，其比值就称为产品的经济效益，即产品生产过程中的产出与投入之比。投入一定时，产出越大，经济效益越好；产出一定时，投入越小，经济效益越好。

第一节　工程项目造价的确定和管理

工程项目造价通常包含两层含义，其一指宏观的建筑工程造价，它是医药工程项目从筹建、开工到竣工、交付使用所发生的全部费用；其二也可具体指某一个单项工程的建筑安装工程造价，它是为单项工程（一幢楼房或一座厂房）的建造和安装而发生的费用。

笔记

一、建设项目

基本建设是指国民经济各部门为了实现扩大再生产而进行的增加固定资产的建设工作，是建一座工厂、一所学校、一个居住小区等建设工作的统称。建设项目是指具有一个设计任务书，按一个总体设计进行施工，经济上实行独立核算、行政上具有独立的组织形式的建设工程。建设项目是基本建设的具体体现。

基本建设项目又称建设项目，为便于对建设工程进行管理和确定建筑产品的价格，将其划分为建设项目、单项工程、单位工程、分部工程和分项工程五个层次。

一个建设项目中，可包括几个单项工程(如：固体制剂车间、液体制剂车间、厂区办公楼等)，也可以只包括一个单项工程；一个单项工程可包含几个单位工程(如给排水、电气照明、工业管道安装等)；一个单位工程可包含几个分部工程；一个分部工程也可包含几个分项工程。

二、建设工程造价

建设工程造价是指建设项目有计划、按程序地进行固定资产再生产所需费用和铺底流动资金一次性费用的总和，包括建筑安装工程费用、设备和工器具费用及工程建设其他费用等。

建筑安装工程费用又称建筑安装工程造价，是建筑安装工程价值的货币表现。建筑安装工程造价是建设单位支付给施工单位的全部费用，是建筑安装工程产品作为商品进行交换所需的货币量。建筑安装工程造价由建筑工程费用和安装费用两部分组成。设备、工器具费用是指按设计文件的要求，建设单位或其委托单位购置或自制的达到固定资产标准的设备、新建、改扩建项目配置的首套工器具及生产家具所需的费用；工程建设其他费用是指除上述两项费用以外的从工程筹建到工程竣工验收、交付使用为止的整个建设期间，为保证工程建设顺利完成和交付使用后能够正常发挥效用而发生的各项费用。

三、建设工程造价的确立过程

要搞好基本建设，必须遵循一整套的基本建设程序。基本建设程序是指基本建设项目从决策、设计、施工到竣工验收的全过程中，各项工作必须遵循的先后次序。基本建设程序依次分为决策阶段、设计阶段、建设准备阶段、施工安装阶段、生产准备阶段、竣工验收阶段以及后评价阶段。

建设项目的划分与建设工程造价的组合有着密切关系。建设项目的划分是由总到分的过程，而建设工程造价的组合是由分到总的过程，其具体组合过程如下：

首先，确定各分项工程的造价，先由若干分项工程的造价组合成分部工程的造价；再由若干分部工程的造价组合成单位工程的造价；进而由若干单位工程的造价组合成单项工程的造价；最后，由若干单项工程的造价汇总成建设项目的总造价。按工程建设的不同阶段，编制相应的工程造价文件。

由于建设项目工期长、规模大、造价高，需要按建设程序分阶段建设。因此，建设工程的不同阶段需要多次计价，以保证工程造价的科学性。在建设项目的不同阶段，需编制的造价文件如图13-1所示。

笔记

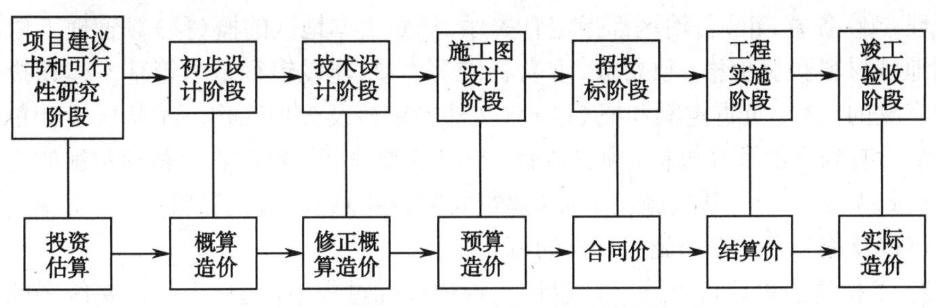

图 13-1　建设工程不同阶段的造价文件图

从投资估算、设计概算、施工图预算到工程招标承包合同价，再到各项工程的结算价和最后工程竣工验收基础上的产生实际造价，整个计价过程是一个由粗到细、由浅入深，最后确定工程实际造价的过程。整个计价过程中，各个环节之间相互衔接，前者制约后者，后者补充前者。

四、工程造价的确定方法

工程造价的确定方法有传统的工程概（预）算的编制和工程量清单计价法两类。

1. 工程概（预）算的编制　工程概（预）算的编制是根据不同设计阶段的具体内容和国家规定的定额、指标和各种取费标准，预先计算和确定每项新建、改扩建、迁建和恢复工程的全部投资额的文件。针对不同的设计阶段，编制的概（预）算文件可分为初步设计总概算、扩大初步设计修正总概算和施工图预算等。

工程概（预）算制度是指基本建设概（预）算的编制审批方法和各种基础数据、定额、指标、材料预算价格的编制、使用、管理办法以及预算工作的组织管理的总称，是工程造价管理的重要组成部分，有关工程概（预）算制度的具体内容如下：

(1) 各设计阶段工程概（预）算文件的编制与审批：根据国家规定，大、中型建设项目一般都应按初步设计和施工图设计两个阶段进行设计并编制出相应的概（预）算文件。技术复杂且缺乏经验的建设项目将分为初步设计、技术设计和施工图设计三个阶段并编制相应的概（预）算文件。

两阶段设计包括初步设计 - 编制设计总概算；施工图设计 - 编制施工图预算。

三阶段设计包括初步设计 - 编制设计总概算；技术设计 - 编制修正总概算；施工图设计 - 编制施工图预算。

初步设计和设计总概算经上级主管部门批准后，建设单位要及时将其分送给设计单位、施工企业和建设银行等。设计单位必须严格按照批准后的初步设计和总概算进行施工图的设计和施工图预算的编制。建设银行要严格按总概算控制投资，掌握拨款、贷款等。

(2) 工程建设概（预）算基础资料的制定与管理：工程建设概（预）算基础资料包括工程建筑面积、工程量计算的规则、建筑工程定额、各类建设费用的组成及取费标准的确定。我国对基础资料制定和管理的原则是集中统一领导和分级管理相结合。

(3) 基本建设概（预）算的组织机构：我国基本建设概（预）算的各个时期，中央都指定专门部委进行组织领导工作。其基本组织过程如下：① 由国家计委、建设部和各主管部门负责设立并管理基本建设预算工作机构，同时负责概（预）算制度的制定

与管理。② 各省、市、自治区都指定有关厅、局负责本地区的概(预)算管理工作、如:编制地区材料预算价格、独立费、取费标准等。③ 建设银行是主管基本建设投资拨款和贷款的银行,负责定额和概(预)算文件的审核及管理工作。④基层设计单位大部分都设有独立的预算机构、预算科室,专门负责预算资料的收集整理和编制工程设计概(预)算文件。⑤基层施工单位(建筑安装企业)也设有预算科室,负责施工图预算的审核及施工企业内部施工预算的编制工作。

2. 工程量清单计价方法　在建设工程招投标过程中,招标人按国家统一的工程量计算规则编制工程量清单,投标人根据工程量清单自主报价,并按照经评审的低价中标的工程造价进行计价的方式称为工程量清单计价方法。

五、工程造价管理及改革趋势

我国工程造价的管理模式有传统的管理模式 - 基本建设概(预)算定额管理和市场经济计价模式 - 工程量清单计价管理。随着我国经济体制的改革和市场经济的不断发展,工程造价管理正在由静态走向动态,由国家统一管理转向由企业和市场经济调节计价,为了与国际工程造价管理方法接轨,制药工程造价已呈多元化的管理模式。

1. 我国传统的工程造价管理模式　长期以来,我国建筑工程造价管理实行的是基本建设概(预)算定额管理模式。在这种模式下,由国家的建设工程主管部门(建设部、国家计委、财政部等)制定和颁发一系列建筑工程定额和工程取费标准等工程造价管理文件,包括建筑工程全国统一劳动定额、建筑工程全国统一的预算定额、建筑工程全国统一工程量计算规则、建筑安装工程费用组成的若干规定等文件,在宏观上指导各省、市、自治区的概(预)算的编制工作。各地区依据全国统一标准,结合本地区的材料、人工、机械设备的具体情况,制定相应的建筑工程预算定额、概算定额、概算指标等,进行本地区概(预)算的指导和管理工作。

在传统的工程造价管理模式下,工程预算定额是编制施工图设计预算的法定依据;是编制建设工程招标标底的法定依据;也是投标报价以及签订工程承包合同的法定依据,任何单位和个人在使用中必须严格执行,不能违背工程预算定额所规定的原则。工程预算定额的指令性过强而指导性不足,其不足反映在具体表现形式上,主要是施工手段消耗部分统得过死,把企业的技术装备、管理水平及施工手段等本应属于竞争内容的活跃因素固定化了。因为定额的限制,企业缺乏自主权,不能够形成很强的竞争意识。定额管理模式是计划经济时代的产物,属于静态管理模式。

2. 工程造价的动态管理　随着经济体制改革的深入,工程造价从过去的"静态"管理向"动态"管理过渡。为了适应建设市场改革的要求,提出了"控质量、指导价、竞争费"的改革措施,工程造价管理由静态管理模式逐步转变为动态管理模式。其中对工程预算定额改革的主要思路是量价分离,即工程预算定额中的材料、人工、机械台班的消耗量与相应的单价分离。同时,进一步明确了建设工程产品也是商品,以价值为基础,改革建设工程和建筑安装工程的造价构成;全面推行招标投标承发包制度,择优选择工程承包公司、设计单位、施工企业和设备材料的供应单位,使工程造价管理逐渐与国际管理接轨;更加重视项目决策阶段的投资估算工作,切实发挥其控制建设项目总造价的作用;强调设计阶段概(预)算工作必须能动地影响设计,优化设

笔记

计，充分发挥其控制工程造价、促进合理使用建设资金的作用。以上措施在建筑市场经济中起到了积极的作用。

3. 市场经济计价模式 - 工程量清单计价　随着我国市场化经济的基本形成，建筑工程投资多元化的趋势已经呈现。随着招标投标制、合同制的全面推行，以及加入WTO后与国际接轨的要求，一场国家取消定金，把定价权交给企业和市场，由市场形成价格的工程造价改革正在进行。

2003年7月1日，经建设部批准，《建设工程工程量清单计价规范》（以下简称《计价规范》作为强制性标准，在全国统一实施。《计价规范》规定全部使用国有资金或国有资金投资为主的大中型建设工程应按计价规范规定执行；明确了工程量清单是招标文件的组成部分，并规定了招标人在编制工程量清单时必须遵守的规则。

工程量清单是表现拟建工程的分部、分项工程项目、措施项目及其他项目名称和相应数量的明细清单。它是由招标人按照《计价规范》中规定的项目编码、项目名称、计量单位和工程量计算规则进行编制的。工程量清单计价的特点是有了全国统一的计算价值规则，有效地控制了工程消耗量标准，实现了价格的彻底放开，建筑企业可以自主报价，市场通过有序竞争形成工程造价。

工程量清单计价的实施，有效地改善了建筑工程投资和经营环境；工程造价随市场变化而浮动，建筑市场更加透明、更加规范化，更进一步体现了投标报价中公平、公正、公开的原则，防止了暗箱操作，有利于避免腐败现象的产生；促使施工企业采取一切手段提高自身的竞争能力，在施工中采用新工艺、新技术及新材料，努力降低成本，以便在同行中保持领先地位。

第二节　工程投资估算

工程投资估算是指在工程项目建设的规划及可行性研究阶段，依据现有的市场技术、环境及经济，工程项目建设单位向国家计划部门申请工程项目立项或国家及建设主体对拟立项目进行决策，确定工程项目在规划及项目建议书等不同阶段的投资总额而编制的造价文件。工程投资总估算包括主体工程及协作配套工程所需的建设投资估算、外汇需要量估算、流动资金估算及建设贷款利息的初步计算，老厂改、扩建和更新改造要简要说明原有固定资产原值及净值等情况。

拟建工程项目必须通过全面的可行性论证，才能决定其是否正式立项或投资建设。在可行性论证过程中，除了考虑到国民经济发展的需要和技术上的可行性外，还要考虑经济上的合理性。投资估算是在建设前期各个阶段工作中，作为论证拟建工程项目在经济上是否合理的重要文件，是制药工程项目的决策、筹资和控制造价的主要依据。投资估算对整个工程的总造价起到控制作用，是工程项目造价的最高限额。

一、投资的组成

工程项目总投资由工程项目建设投资、流动资金、固定资产投资方向调节税和建设期借款利息组成。工程项目建设投资包括工程费用、其他费用、专项费用及预备费用。按照财务报表的要求，工程项目建设投资也可划分为固定资产、无形资产、递延资产和预备费四个部分。

(一)工程费用

工程费用包括设备购置费、建筑工程费及安装工程费，属于固定资产。设备购置费包括①工程项目需安装及不需安装的全部设备的费用，如制药工程企业进行主要生产、辅助生产、公用工程、服务性工程、生活福利项目、厂外工程等所需全部制药工艺设备、机电设备、仪器、仪表及运输车辆等；②工、器具及生产家具购置费；③备品备件购置费；④设备内部填充物的购置费；⑤生产用的贵重金属及材料购置费；⑥成套设备订货手续费；⑦车辆购置附加费；⑧设备运杂费。

建筑工程费用包括建筑物工程费用；构筑物工程费用；大型土石方场地平整及厂区绿化费用；属于民用工程的煤、气、水、电、空调等费用。

安装工程费用包括全部制药工艺所需各类专用设备、机电设备、仪器仪表的安装、配线费用；工艺供热及给排水等管道安装费用；设备内部填充内衬费用；设备、管道保温防腐工程费用；生产车间内水、电、气、供暖、通风、照明及避雷等工程的安装费用；工业锅炉安装费用等。

(二)其他费用

其他费用包括其他固定资产费用、无形资产费用及递延资产费用。其他固定资产费用包括土地征用及拆迁补偿费、超限设备运输特殊措施费、工程保险费、锅炉及压力容器检测费、施工机构迁移费；无形资产费用包括勘察设计费、技术转让费、土地(场地)使用权；递延资产费用包括建设单位管理费、生产准备费、联合试运转费、办公及生活家具购置费、研究试验费、城市基础设施配套费。

(三)预备费用

预备费用包括基本预备费和涨价预备费。基本预备费是指工程项目在可行性研究及投资估算阶段难以预料的工程和费用。如施工中工程量增加、变更设计、自然灾害及预防、竣工验收时为鉴定隐蔽工程而进行必要的挖掘和修复所需费用等；涨价预备费是指工程项目建设中因价格上涨而引起工程造价变化而预测、预留的费用，如设备涨价、建筑工程费上涨等。

(四)专项费用

专项费用包括流动资金、固定资产投资方向调节税及建设期贷款及利息。流动资金是指项目建成投产后为维持正常生产经营所必不可少的周转资金，流动资产减去流动负债即为所需流动资金；固定资产投资方向调节税是指依照《中华人民共和国固定资产投资方向调节税暂行条例》应交纳的费用；建设期贷款及利息是指项目建设中向银行借款应计的货款及利息。

二、投资估算

投资估算包括工程费用、专项费用、预备费用及其他费用的估算。投资估算的精确度越高，投入估算工作的人力、时间和金钱越多。对投资准确估算的前提条件是要有详细的施工图和说明书，但在工程项目建设的前期，准确估算投资是不可能的，因此可采用指数法对制药工艺装置的投资进行估算。

(一)工程费用估算

制药工程费用估算通常包括设备购置费用估算、建筑工程费用估算、安装工程费估算。

笔记

1. 设备购置费用估算　设备购置费用的估算包括①需安装及不需安装的全部设备的费用：通用设备按设备制造厂报价或出厂价及中国机电产品市场价格计，应采用可行性研究报告编制时基年价格；非标设备按设备制造厂的报价或国家规定的非标设备指标计价，或由医药工程项目的不同情况确定。②工、器具及生产家具购置费：工、器具及生产家具购置费指建设项目为保证初期正常生产所必须购置的第一套不够固定资产标准(2000 元以下)的设备、仪器、工卡模具、器具等的费用。一般按固定资产费用中占工程设备费用的比例估算，新建项目按设备费用 1.2‰～2.5‰估算，改扩建及技术改造项目按设备费用的 0.8‰～1.5‰估算。③备品备件购置费：备品备件购置费指直接为生产设备配套的初期生产所必须备用的，用以更换机器设备中易损坏的重要零部件及其材料的购置费。由制药行业不同情况而定，一般按设备价格 5‰～8‰估算。④设备内部填充物的购置费，如制药原料、化学药剂、催化剂、触媒、设备内填充物、设备用的油品等购置费，按生产厂家报价或出厂价计。⑤生产用的贵重金属及材料购置费按生产厂家报价或出厂价计。⑥成套设备订货手续费按设备总价的 1%～1.5% 估计列入。⑦车辆购置附加费，以车辆实际销售价格为依据，费率为 10%。⑧设备运杂费，根据建厂所在不同地区规定的运杂费率(7%～11.5%)，按设备原价的百分比计，列入设备费内。

2. 建筑工程费用估算　建筑工程费用分为直接费用、间接费用、计划利润和税金。直接费用由人工费、材料费、施工机械使用费和其他直接费组成。间接费用由施工管理费和其他间接费组成。计划利润为竞争性利润率，税金包括营业税、城市维护建设税及教育附加税。直接费用依据设计图纸计算工程量，按建厂所在不同地区建筑工程概算综合指标估算。房屋面积按每平方米造价，冷却塔、水池等按每座造价估算；以建筑工程直接费为基础，按建厂所在不同地区的间接费率计取间接费用；以建筑工程的直接费和间接费之和为基础，按照费率的 7% 计取计划利润；营业税以建筑工程的直接费、间接费及计划利润之和为基础，按照费率 3% 计取；城市维护建设税各地区不同，按营业税 5%～7% 计算；教育附加税按营业税 3% 计征。

3. 安装工程费估算　安装工程费用分为直接费用、间接费用、计划利润和税金。具体费用内容同建筑工程费用。一般按每吨设备、每台设备或占设备原价的百分比估算直接人工费用；其他费用估算方法同建筑工程费的估算。

(二)其他费用估算

其他费用估算包括其他固定资产费用估算、无形资产费用估算及递延资产费用估算。

其他固定资产费用包括土地征用及拆迁补偿费、超限设备运输特殊措施费、工程保险费、施工机构迁移费、锅炉及压力容器检测费。土地征用及拆迁补偿费根据建厂所在不同地区政府颁发的土地征用、拆迁、补偿费和耕地占用税、土地使用税标准估算；超限设备运输特殊措施费指超限设备在运输过程中需拓宽路面、加固桥梁、码头改造等发生的特殊措施费，视具体情况列入费用，超限指长度长于 18 米或宽大于 3.8 米或高度高于 3.1 米或净重大于 40 吨的设备；工程保险费指项目在建期间对施工工程实施保险的费用，依据保险公司的保险费率估算；锅炉及压力容器检测费指按规定付给国家授权检验部门的锅炉及压力容器检测费，一般按应检验设备价格的 6‰～10‰估算；施工机构迁移费指施工企业由原住地迁移至工程所在地所需的一次性搬

笔记

迁费用，按建筑安装工程费的1%～1.5%估算(实行招标投标项目不列入)。

无形资产费用包括勘察设计费、技术转让费及土地(场地)使用权费用。勘察设计费指为本工程项目提供项目建议书、可行性研究报告及设计文件所需费用；技术转让费指为本工程项目提供技术成果转让所需费用，按科研院所生产设计部门的技术转让费估算；土地(场地)使用权指投资方将企业现有的土地(场地)使用权的价值作为投资，按国家发改委、建设部《工程勘察设计收费标准》有关规定及项目相关协议估算。

递延资产费用包括建设单位管理费、生产准备费、联合试运转费、办公及生活家具购置费、研究试验费、城市基础设施配套费。

建设单位管理费指建设项目从立项、筹建、建设、联合试运转、竣工验收、交付使用及后评价全过程管理所需的费用，以固定资产费用中的工程费用为计算基础，按不同产品及规模分别制定的建设单位管理费率计算，对改扩建及技改项目应降低管理费率；生产准备费指新工程项目企业为保证竣工后进行必要生产准备所发生的费用，如人员培训费、提前进厂人员费，按不同建设规模，新增人员每人5000～10 000元，培训费每人2000～6000元估算；联合试转费指工程竣工前联合试运转所发生的费用大于试运转收入的差额部分的费用，根据不同规模，以项目固定资产中工程费用为计算基础，按0.3%～2.0%计；办公及生活家具购置费指为新项目初期正常生产、生活和管理所必须补充的办公、生活家具及用具所需费用，新项目以可行性报告定员人数为基础计算，每人1000～1200元，改、扩建、技改项目每人500～700元；研究试验费指为本工程项目提供验证设计参数资料等所必须进行的试验及施工中必须进行的试验、验证所需费用，如人工费、材料费、试验设备仪器使用费等，按可行性研究报告提出的试验研究项目内容及要求估算；城市基础设施配套费指建设项目按规定向地方交纳的城市基础设施配套费用，按建设项目所在不同地区政府规定的征收范围及费用标准估算。

(三)预备费用估算

基本预备费以固定资产、无形资产和递延资产之和为计算基础，按9%～15%估算。涨价预备费的估算指从工程项目编制可行性研究到工程项目建成为止，以固定资产、无形资产和递延资产之和为计算基础，按分年度投资比例估算及按国家公布的最新固定资产投资价格指数估算。

(四)专项费用估算

专项费用估算包括流动资金估算、固定资产投资方向调节税估算及建设期贷款及利息估算。

流动资金为工程项目建成投产后为维持正常生产经营所必需的周转资金，流动资产减去流动负债即为所需流动资金，按流动资金构成分项估算或参照同类生产企业百元产值占用流动资金额分析计取或按项目一个半月到三个月的总成本费用减去贷款利息估算；固定资产投资方向调节税按国家规定缴纳，根据国家产业政策及项目经济规模实行差别税率，税率、税目依据国家规定税率表执行；建设期贷款及利息指工程项目在建设中向银行借款应计的货款及利息，依据银行贷款年利率计算贷款利息额。

(五)工艺装置的投资估算

工艺装置是指工程项目中所涉及的工艺流程和主要工艺设备。在工艺装置的投

笔记

资估算中，因没有详细的施工图和说明书，一般用概算法估算每个设备的单价，再用指数法估算出拟建工艺装置的投资。

1. 概算法　在可行性研究阶段，与工艺装置有关的工作已达一定的程度，已经有了工艺流程图及主要工艺设备表，引进设备也通过对外技术交流编制出了引进设备一览表。根据这些设备表和各个设备的单价，可逐一算得主要工艺设备的总费用。再根据这些数据，计算出工艺设备总费用。装置中其他专业设备费、安装材料费、设备和材料安装费也可以采用工程中累积的比例数逐一推算出，最后得到该工艺装置的总投资。在此估算过程中，每个设备的单价通常是按概算法得出的。

对于非标设备，按设备表上的设备质量(或按设备规格估测质量)及类型、规格，乘以统一计价标准(如三部委颁发的“非标设备统一计价标准”)的规定计算得，或按设备制造厂询价的单价乘以设备质量测算；对于通用设备，按国家、地方主管部门当年规定的现行产品出厂价格或直接询价；对于引进设备，要求外国设备公司报价或采用近期项目中同类设备的合同价乘以物价指数测算。

2. 指数法　在工程项目的早期，通常在项目建议书阶段，使用指数法匡算工艺装置的投资。

(1) 规模指数法：规模指数法的计算公式如式(13-1)

$$C_1 = C_2\left(\frac{S_1}{S_2}\right)^n \tag{13-1}$$

式中：C_1—拟建工艺装置的建设投资；

C_2—已建成工艺装置的建设投资；

S_1—拟建工艺装置的建设规模；

S_2—已建成工艺装置的建设规模；

n—装置的规模指数。

一般取装置的规模指数 n=0.6。对于试验性生产装置和高温高压的工业性生产装置，n=0.3～0.5；当采用增加装置设备大小达到扩大生产规模时，n=0.6～0.7；当采用增加装置设备数量达到扩大生产规模时，n=0.8～1.0；对于生产规模扩大 50 倍以上的装置，用指数法计算误差较大，一般不用。

(2) 价格指数法：价格指数法的计算公式如式(13-2)

$$C_1 = C_2\left(\frac{F_1}{F_2}\right)^n \tag{13-2}$$

式中：C_1—拟建工艺装置的建设投资；

C_2—已建成工艺装置的建设投资；

F_1—拟建工艺装置建设时的价格指数；

F_2—已建成工艺装置建设时的价格指数。

价格指数 n 是指各种机器设备的价格以及所需的安装材料和人工费再加上一部分间接费，按一定百分比根据物价变动情况编制的指数。

规模指数法和价格指数法适用于拟建设装置的基本工艺技术路线和已建成的工艺装置基本相同，只是生产规模有所不同的工艺装置建设投资的估算。

中外合资项目投资的估算

中外合资项目建设可行性研究报告及投资估算，一般都是由国外投资方与国内委托编制部门共同完成，因此投资估算有国内形式及按外方要求的形式两份，并且有中文本及外文本，但投资总数应相同。

三、资金筹措

工程项目能够进行的前提条件是有必要的建设资金，在可行性研究阶段应给出各种资金来源的具体依据，对不同投资来源的资金进行资金筹措方案的对比，筛选出最优方案并作为工程项目财务评价的基础。

1. 资本金的含义及分类　工程建设项目一般实行资本金制度。投资项目资本金是指在投资工程项目总投资中，由投资者认缴的出资额。资本金对工程投资项目来说是非债务性资金，工程项目法人不承担这部分资金的任何利息和债务；投资者可按其出资的比例依法享有所有者权益，也可转让其出资，但不得以任何方式抽回。投资工程项目资本金的具体比例应由项目审批单位及银行评估并经国务院批准。

制药企业筹集的资本金主要分为国家资本金、法人资本金、个人资本金以及外商资本金等。国家资本金为有权代表国家投资的政府部门或者机构以国有资产投入企业所形成的资本金；法人资本金为其法人单位以其依法可以支配的资产投入企业所形成的资本金；个人资本金为社会个人或者本企业内部职工以个人合法财产投入企业所形成的资本金；外商资本金为外国投资者以及我国香港、澳门和台湾地区投资者投入企业所形成的资本金。

2. 货币资本金的来源　在企业筹集的资本金中，吸收的无形资产的出资不能超过企业注册资金的20%。投资者以货币方式认缴的资本金，其资金来源主要应为：①各级人民政府的财政预算内资金、国家批准的各种专项建设基金、“拨改贷”和经营性基本建设基金回收的本息、土地批租收入、国有企业产权转让收入、地方人民政府按国家有关规定收取的各种费用及其他预算外资金；②国家授权的投资机构及企业法人的所有者权益(包括资本金、资本公积金、盈余公积金和未分配利润、股票上市收益资金等)、企业折旧资金以及投资者按照国家规定从资金市场上筹措的资金；③社会个人合法所有的资金；④国家规定的其他可以用作投资项目资本金的资金。

按国家规定，新建、改扩建项目必须将项目建成投产后所需的30%的铺底流动资金列入投资计划。因此，工程项目流动资金分为30%的自有流动资金和70%的流动资金借款。全额流动资金计入总投资，铺底流动资金计入筹资额即纳入计划部门投资计划规模的筹资额。

第三节　工程项目的概算

工程项目的设计概算指设计单位在初步设计和扩大初步设计阶段，根据初步设计图纸及设计说明书、概算定额规定的工程量计算规则、各项费用的取费标准资料、

笔记

此类工程概预算资料和设计概算的编制方法，预先测算工程造价的文件。在初步设计及简单技术项目的设计方案中均应包括概算篇章。工程项目的概算文件较投资估算准确性有所提高，但又受投资估算的控制。修正概算是在扩大初步设计阶段对概算进行的修正调整。修正概算较概算造价准确，但受概算造价控制。设计概算是设计文件的重要组成部分，是医药工程项目设计文件不可分割的组成部分，设计单位一定要保证设计文件的完整性。设计概算文件一般包括设计项目总概算、单项工程综合概算和单位工程概算。工程项目的概算应有主要材料表。概(预)算编制工作均应由专业设计单位负责。

编制工程项目概算文件时应注意：①编制时要严格执行国家部委及各地区的有关经济政策和法令法规，同时还要完整的反映设计内容和施工的现场条件，客观的预测和搜集工程项目建设场地周围影响造价等动态因素，确保工程项目设计概算的真实性和正确性。②经批准的初步设计概算作为项目的最高限价。最高限价是确定和控制建设项目全部投资法定性的文件；是编制固定资产投资计划的依据；是实行投资包干的依据；是设计单位推行“限额设计”的依据；是签订建设项目总承包合同和贷款合同的依据；是控制施工图预算和考核设计经济合理性的依据。施工阶段设计预算不得任意突破初步设计总概算。③凡设计总概算投资若突破已被批准的可行性研究报告估算的许可幅度时，应对设计进行重新修正，重新编制设计概算。否则，应重新补报可行性研究估算调整报告。④设计概算应由专业设计单位负责编制，建设单位应主动向设计单位提供编制概算所必需的有关资料和文件，一个工程项目若由几个设计单位分工负责时，应由一个主体设计单位负责提出统一概算的编制原则和取费标准，并协调好各方面的衔接工作。⑤设计总概算文件应包括：封面、签署页及目录、编制人员上岗证书号、编制说明、总概算表、建设工程“其他费用”费率及计算表、单项工程综合概算和单位工程概算表等。

一、工程项目的总概算

工程项目的总概算是反映建设工程项目总投资的文件，包括建设项目从筹建开始到设备购置、建筑工程、安装工程的完成及竣工验收交付使用前所需的全部建设资金。总概算一般是按一个独立体制生产厂进行编制，如属大型联合企业，且各个分厂又具有相对独立性或独立经济核算单位，也可分别编制各分厂的总概算，联合企业总概算则按照各分厂总概算汇总，编制总厂的总概算。

1. 总概算项目设置的内容　总概算项目包括建设项目概算投资和动态投资两部分。建设项目概算投资包括工程费用、其他费用和预备费；工程费用包括主要生产项目、辅助生产项目、公用工程项目、给排水、供电及电讯、供汽、总图运输、厂区外管、服务性工程项目、生活福利工程项目、厂外工程项目、工器具的费用及生产家具购置费等。动态投资包括建设期设备及材料上涨价格、固定资产投资方向调节税、建设期贷款利息(包括延期付款利息)、市场汇价及汇率变动预测及铺底流动资金等。

2. 总概算编制方法和要求　编制总概算时要求文字简洁，确切的阐明有关事项，扼要概括工程全貌。总概算一般应包括以下主要内容：

(1) 工程项目概貌：简述建设项目性质(如新建、扩建、技术改造或合资)；建设地点；概括总投资结构、组成和建筑面积；建设周期；主要生产产品品种、规模和公共工

笔记

程等配套情况；对于引进项目，还应说明引进内容及国内配套工程等主要情况。

(2) 资金来源与投资方式：说明资金来源(如中央、地方、企业或国外投资)，说明投资方式(如拨款、借贷、自筹、中外合资、合作等)。

(3) 工程项目的设计范围及设计分工。

(4) 编制依据：列出该工程项目批文及有关文件依据；列出“可行性研究报告”批文和有关“立项”文件(必须写明批文的主管部门名称，批文文号及批文时间)；列出与委托设计单位签订的合同、协议及文号。

(5) 分别列出下列各项所采用的指标、价格、费用费率的依据：包括建筑工程、安装工程、设备及材料价格；其他费用的费率和依据；施工综合费率(如其他直接费、间接费、计划利润等)。引进项目列出项目报价、结算条件、支付币种、外币市场汇价、减免税依据及“二税四费”从属费用的计算依据。

(6) 建筑、安装“三材”(钢材、水泥、木材)用量等材料分析表。

(7) 环境保护及综合利用、劳动安全与工业卫生、消防三项分别占工程费用投资的比例。

(8) 有关事项说明：包括把总概算投资与批准的可行性研究估算进行对照分析，说明与原批文要求的对照情况；把工程项目中应计入的项目及费用而未计入的情况予以说明并阐明理由；“固定资产投资方向调节税”计取的税率理由等。

二、综合概算

综合概算是反映一个单项工程(车间或装置)投资的文件，综合概算也可按一个独立建筑物进行编制。

单项工程系指建成后能独立发挥生产能力和经济效益的工程项目，单项工程综合概算是编制总概算工程费用的重要组成部分和依据，也是其相应的单位工程概算的汇总文件。

综合概算按照单位工程概算的项目编制，一般按下列顺序填列：一般土建工程；特殊构筑物；室内给排水工程(包括消防)；照明及避雷工程；采暖工程；通风、空调工程；工艺设备及安装工程；电力设备及安装工程；电讯及安全报警工程；车间化验室设备。编制综合概算采用的表格见表 13-1。

表 13-1　综合概(预)算表

序号	工程项目名称	概(预)算价值(万元)	单位工程概(预)算价值(万元)													
			工艺				电气		自控		照明	避雷	采暖通风		室内供排水	建、构筑物
			设备	化验	安装	管道	设备	安装	设备	安装			设备	安装		
1	2	3	4	5	6	7	8	9	10	11	12	13	14	15	16	17

编制：　　　　校核：　　　　审核：　　　　年　　月　　日
证号：　　　　证号：　　　　证号：

三、单位工程概算

单位工程系指具有单独设备、可以独立组织施工的工程。单位工程概算是编制单项工程综合概算中单位工程费用的依据，是反映单项工程综合概算中各单位工程投资额的文件。

(一) 单位工程概算的内容

单位工程的费用包括建筑安装工程费及建筑工程费。费用组成包括直接费、其他直接费、间接费、其他间接费、计划利润、税金等六项。其中直接费由材料费(包括辅助材料)、人工费及机械使用费组成。

1. 建筑工程的内容　建筑工程也叫基本建设，是指新建、改建或扩建的列为固定资产投资并达到国家规定的建设项目。建筑工程是一个独特的物质生产领域，与其他物质生产部门的产品相比，具有总体性、单件性和固定性等特点；产品生产过程具有施工流动性、工期长和生产连续性的特点。

建筑工程的内容包括①一般土建工程，包括主要生产、辅助生产、公用工程等的厂房、库房、行政及生活福利设施等建筑工程费；②构筑物工程，包括各种设备基础、操作平台、栈桥、管架(廊)、烟囱、地沟、冷却塔、水池、码头、铁路专用线、公路、道路、围墙、大门及防洪设施等工程费；③为生活服务的室内给排水、煤气管道、照明、避雷、采暖、通风等的安装工程费；④大型土石方、场地平整以及厂区绿化等工程费。

2. 建筑安装工程费用的内容　建筑安装工程费用包括直接费、间接费、计划利润及税金。各项费用的具体说明如下：

(1) 直接工程费：直接工程费是与每一单位建筑安装产品的生产直接有关的费用，根据施工图所含各部分项数量与单位估价表所确定单价的乘积计算确定。

直接工程费由直接费、其他直接费及现场经费组成。直接费由人工费、材料费、施工机械使用费和其他直接费组成。人工费由直接从事建筑安装工程的施工工人和附属辅助生产工人的基本工资、附加工资和工资性质的补贴组成；材料费指为完成建筑安装工程所耗用的材料、构件、零配件和半成品的价值以及周转材料的摊销费，材料费应按建筑安装工程预算定额规定的机械台班数量和当地材料预算价格计算确定；施工机械使用费指建筑安装工程施工使用施工机械所发生的费用，其费用按照建筑安装工程预算定额规定的机械台班数量和台班价格计算确定。其他直接费用，指预算定额分项和施工管理费定额以外的现场生产所需用的水、电、汽，冬、雨季施工增加费，夜间施工增加费，流动施工津贴以及因场地狭小等特殊情况而发生的材料二次搬运费，其计算方法各地区不同。流动施工津贴作为独立费列项。冬、雨季施工增加费及夜间施工增加费也可以包括在施工管理费内。现场经费包括临时设施费和现场管理费。

(2) 间接费：间接费包括企业管理费和独立费。企业管理费是指为组织和管理建筑安装施工所发生的各项经营管理费用；独立费是指为进行建筑安装工程施工需要而发生，但不包括在直接费和施工管理费范围内，应单独计算的其他工程费用，如临时设施费、远征费、劳保支出、流动资金贷款利息、技术装备费、施工图包干费等。

(3) 计划利润：计划利润指国营施工企业实行计划利润制度所计取的利润。

(4) 税金：税金指国家对建筑安装企业承包建筑安装工程、修缮业务及其他工程

作业所取得的收入应征收的营业税、城市维护建设税和教育附加费。

（二）建筑单位工程概算书的编制方法

建筑单位工程费应根据主要建筑物（主厂房等）的设计工程量，按工程所在省、市、自治区制定的建筑工程概算指标（或定额）进行编制；为生活服务的室内水、暖、电及煤气等的安装工程费应根据设计工程量，可参照《化工建设概算定额》和《化工建设建筑安装工程费用定额》或工程所在地的“平方米造价大指标”进行编制；根据直接费和其他直接费，按规定的间接费费率计算间接费和其他间接费，汇总概算成本。根据概算成本，按规定的取费标准计算利润和税金，编出单位工程概算书。各省、市、自治区都有各自的费率标准。

（三）建筑单位工程概算编制的依据

建筑单位工程概算编制时应遵循全国统一的相关规定、定额指标和行业标准。其编制依据主要有如下几个方面：

1. 定额和地区单位估价表　定额和地区单位估价表是计算直接费的主要依据，工程量的计算都必须以所选用的定额为依据。一般的定额包括计算规则和定额单价两部分，所计算的工程量必须符合定额内容。定额主要有土建工程及安装工程两类。

土建工程参照建筑工程概算定额（指标）、建筑工程预算定额及建筑工程综合预算定额。

安装工程参照全国统一安装工程预算定额（各省、市、自治区单位估价表）及各专业部委设计概算定额（指标）。

2. 工程的设计蓝图和说明　直接费计算的内容是设计要求的，编写人员必须熟悉设计内容，更应熟悉和掌握设计意图、结构主体、建筑构造和建筑标准等。

3. 取费标准　按各省、市、自治区有关现行规定的取费标准计算。

4. 施工过程　在施工过程中应了解设计要求、施工方法、施工机械安排以及施工中有关的特殊措施。从而充实编制内容，正确计算出投资实际造价。

5. 统一计算方法　计算方法的统一可以避免在工程量计算时漏算，尤其是比较复杂的工程，更需要坚持统一方法。如土建工程计算方法可按建筑行业统一的方法计算。

6. 概（预）算定额的活口部分的处理办法　在工程项目的实际施工过程中，一些建筑材料的型号和用量会随施工情况及市场供需情况不断调整，某些运输费用会随着实际运输路线状况而有所变化，因上述原因而引起的费用变化称为概（预）算定额的活口部分。活口部分在工程项目的可行性研究和设计阶段是无法预测的，只能在工程的实际施工阶段才能确定。

概预算定额的活口部分主要包括钢筋调整、当混凝土标号与设计不符时调整标号的差价、超高费、机械进出场费、超距运费、主材价格为暂估价时按时价调整的费用及上下限规定。活口部分的计算方法按建筑行业的规定及实际施工情况计取。

四、设备工程概算

医药工程项目中的设备工程指该工程项目所涉及的设备、工器具及生产家具、备品备件、各种原料、药品及材料、设备中的填充物、各种润滑油、贵重金属铂、金、银及其制品等的购置过程，其费用包括设备原价、设备运输杂费及设备成套供应业务费。

笔记

（一）设备购置费的内容

设备购置费包括：①需要安装和不需要安装的全部设备的购置费，包括：主要生产、辅助生产、公用工程项目中的制药工艺（专用）设备、机电设备、化验仪器、自控仪表、其他机械、Φ300 以上的电动阀门以及运输车辆等。②工、器具及生产家具购置费，系指为保证建设项目初期正常生产所必须购置的第一套不够固定资产标准（2000元以下）的设备、仪器、工卡模具、器具以及柜、台等费用。③备品备件购置费，系指直接为生产设备配套的初期生产所必须备用的用以更换机器设备中比较容易损坏的重要零部件及其材料的购置费。④各种制药原料、化学药品、设备内的一次性填充物料、润滑油等的购置费。⑤贵重金属铂、金、银及其制品、其他贵重材料及其制品等的购置费。

（二）设备和材料划分

为了同国家计划、统计、财务等部门划分的口径一致和计算费率等问题，编制概算时必须对设备和材料进行正确划分。

医药工程项目建设所涉及设备与材料划分为如下几项：工艺及辅助生产设备与材料、工业炉设备与材料、电气设备与材料、通信设备与材料、自控设备与材料、给排水、污水处理设备与材料、采暖通风设备与材料。设备规格及工程量要按照初步设计“设备一览表”所列内容进行编制。

（三）设备费的编制办法

设备费包括设备原价、设备运输杂费以及可能发生的设备成套业务费。①设备原价，通用设备可按国家或地方主管部门当年规定的现行产品出厂价格计算；非标准设备可按照设计时所选定的专业制造厂当年提供的报价资料计算；国外引进设备以合同价（或报价）为依据，并根据其不同交货条件，分别计算“二税四费”从属费用（国外海运费、运输保险费、银行财务费、外贸手续费、关税、增值税）。②设备运杂费，以设备原价为基础，按不同地区运杂费率计算。③设备成套供应业务费，系指设备成套公司根据发包单位按设计委托成套设备供应清单进行承包供应所收取的费用，一般按有关规定费率计取，若设备不需成套供应，则不计此费用。

知识链接

引进设备的国内运杂费

引进设备材料的国内运杂费，指合同确定的在我国到岸港口或与我国接壤的陆地交货地点到建设现场仓库或安装地点或施工组织指定的堆放地点，所发生的铁路、公路、水路及市内运输的运费和保险费，货物装卸费、包装费、仓库保管费等。引进设备的运杂费率与建厂地区有关，约1.5%～4.5%。

五、设备安装工程概算

安装工程是指医药工程项目中的主要生产项目、辅助生产项目、公用工程项目及服务项目中所涉及的本体设备及随机带来的附属设备的开箱检查、清洗、设备就位安装、找平、找正、调整及试运转等过程。

1. 设备安装工程费的内容　主要生产、辅助生产、公用工程项目中需要安装的

工艺、电气（含电讯）、自控、机运、机修、电修、仪修、通风空调、供热等通用（定型）设备、专用（非标准）设备及现场制作的设备的安装工程费；工艺、供热、供排水、通风空调、净化及除尘等各种管道的安装工程费；电气（含电讯及供电外线）、自控及其他管线（缆）等的安装工程费；现场进行的设备（含冷却塔、污水处理装置等）内部充填、内衬、设备及管道防腐、保温（冷）等工程费；为生产服务的室内给排水、煤气管道、照明、避雷、采暖通风等的安装工程费；工业炉、窑的安装及砌筑、衬里等安装工程费。

2. 设备安装工程费的编制方法　设备安装工程费的编制包括设备费、材料费及安装费。

(1) 设备费：根据初步设计的设备工程量，按照设备类型及规格采用"概算指标"或"预算定额"，以元 / 台、元 / 吨、元 / 套进行逐项计算；也可以采用类似工程扩大指标以 % 计算费用。

(2) 材料费及安装费：主材费用根据初步设计的工程量，按照不同材质及规格采用近期"概算指标"或"预算定额"逐项计算；也可采用当年市场销售价计算，但必须把材料运杂费及安装损耗量计入材料原价。材料安装费可按照"预算指标"或"概算定额"编制或采用类似工程扩大指标百分比进行计算。其他工程费用包括其他直接费、间接费、其他间接费、计划利润及税金，按照部颁"指标"或地方"定额"编制概算，或按相应的部颁或地方规定费率计算。为了简化计算，可把上述费用合并为"综合费率"进行计算。关于取费内容、费率和计算程序可参阅相关的参考资料。

六、其他费用和预备费

其他费用包括土地使用费、建设单位管理费、研究试验费、生产准备费、办公和生活家具购置费、联合试运转费、勘察设计费、施工机构迁移费、锅炉和压力容器检验费、临时设施费、工程保险费、工程建设监理费、总承包管理费、锅炉和压力容器检验费、临时设施费、工程保险费、工程建设监理费、总承包管理费及动态投资部分费用。预备费包括基本预备费及工程造价调整预备费。设计概算中的其他费用、预备费等的编制办法如下：

（一）其他费用

其他费用包含内容及编制方法如下：

1. 生产准备费　生产准备费指新建企业或新增生产能力的企业，为保证竣工交付使用进行必要生产准备所发生的费用。包括生产人员培训费及生产单位提前进厂费。生产人员培训费：

$$培训人数×[400元/人+850元/(人×月)×培训期(月)] \quad (13\text{-}3)$$

生产单位提前进厂费：

$$设计定员(人数)×80\%×[380元/(人×月)×提前进厂期(月)] \quad (13\text{-}4)$$

通常提前进厂期 8～10 个月。

2. 土地使用费　土地使用费指建设项目通过划拨或土地使用权出让方式取得土地使用权所需土地征用及迁移补偿费或土地使用权出让金。土地征用及迁移补偿费包括征用耕地安置补助费、征地动迁费、土地补偿费；土地使用权出让金指根据建设用地、临时用地面积，按工程所在省、市、自治区政府规定颁发的各种补偿费、补贴费、安置补助费，税金按土地使用权出让金标准计算。

笔记

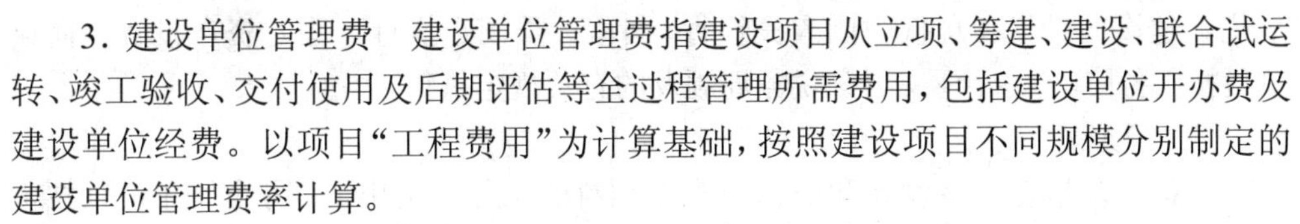

3. 建设单位管理费　建设单位管理费指建设项目从立项、筹建、建设、联合试运转、竣工验收、交付使用及后期评估等全过程管理所需费用，包括建设单位开办费及建设单位经费。以项目“工程费用”为计算基础，按照建设项目不同规模分别制定的建设单位管理费率计算。

$$建设单位管理费 = 工程费用 \times 建设单位管理费率 \qquad (13\text{-}5)$$

4. 研究试验费　研究试验费指为本建设项目提供或验证设计参数、数据资料等进行必要的研究试验及按设计规定的施工中必须进行试验验证所需费用，以及支付科技成果、先进技术等的一次性技术转让费。按照设计提出的研究试验内容和要求进行费用估算。

5. 联合试运转费　联合试运转费指新建企业或新增加生产工艺过程的扩建企业，在竣工验收前，按照设计规定的工程质量标准，进行整个车间（装置）的负荷或无负荷联合试运转所发生的费用支出大于试运转产品等收入的亏损部分。此项不发生可以不列，若支出与收入相抵也可不列。

6. 勘查设计费　勘查设计费指为本建设项目提供项目建议书、可行性研究报告及设计文件等所需费用，按国家计委颁发的工程勘查设计收费标准和有关规定进行编制。

7. 办公和生活家具购置费　办公和生活家具购置费指为保证新建、改建、扩建项目初期正常生产、使用和管理所必须购置办公和生活家具、用具的费用。新建工程以设计定员（人数）为计算基础，按每人800元计；改扩建工程以新增设计定员（人数）为计算基础，按每人550元计。

8. 锅炉和压力容器检验费　按劳动部的有关规定计算。

9. 施工机构迁移费　施工机构迁移费指施工机构根据建设任务的需要由原驻地迁移到另一地区所发生的一次性搬迁费用。在施工单位未确定前，设计概算可按建筑安装工程费的1%计算；施工单位确定后由施工单位编制迁移费预算，预算的基础数据、计算方式、费用拨付规定按相关规定计算。

10. 工程保险费　工程保险费系指建设项目在建设期间需要对正在施工的工程实施保险部分所需费用。按国家及保险机构有关规定计算。

11. 临时设施费　临时设施费系指建设期间建设单位所用临时设施的搭设、维修、摊销费用或租赁费用，临时设施费以项目“工程费用”为计算基础：

$$临时设施费 = 工程费用 \times 临时设施费率 \qquad (13\text{-}6)$$

12. 总承包管理费　总承包管理费系指具有总承包资质和条件的工程公司，对工程建设项目进行从项目立项后开始，直到生产考核为止全过程的总承包组织管理所需的费用。以总承包项目的工程费用为计算基础，以工程建设总承包费率2.5%计算；该费用不单独计列，从建设单位管理费及预备费中支付。

13. 工程建设监理费　工程建设监理费系指建设单位委托取得法人资格、具备监理条件的工程监理单位，按合同和技术规范要求，对承包商（设计及施工）实施全面监理与管理所发生的费用。按国家物价局、建设部规定的收费标准执行；该费用以第一部分工程费用为计取基数，分别计列在第二部分其他费用中的安装工程费和建筑工程费栏内；该费用不单独计列，发生时从建设单位管理费及预备费中支付。

14. 动态投资部分　动态投资部分包括建设期贷款利息及固定资产投资方向调

笔记

节税。建设期贷款利息按中国人民银行、国家计委规定执行。固定资产投资方向调节税按国务院、国家计委、国家税务局颁发的有关规定执行。

（二）预备费

预备费是指在初步设计和概算中难以预料的工程的费用，其用途如在进行技术设计、施工图设计和施工过程中，在批准的初步设计和概算范围内所增加的工程和费用；由于自然灾害所造成的损失和预防自然灾害所采取的措施费用；设备、材料的差价；在上级主管部门组织竣工验收时，验收委员会（或小组）为鉴定工程质量，必须开挖和修复隐蔽工程的费用。预备费分为基本预备费和工程造价调整预备费。

1. 基本预备费　基本预备费的计算公式如下：

$$基本预备费=计算基础费\times基本预备费率 \tag{13-7}$$

其中：

计算基础费＝工程费用＋建设单位管理费＋临时设施费＋研究试验费＋生产准备费＋土地使用费＋勘查设计费＋生产用办公及生活家具购置费＋制药工艺装置联合试运转费＋工程保险费＋施工机械迁移费＋引进技术和进口设备其他费；

$$基本预备费=计算基础费\times8\%$$

2. 工程造价调整预备费　根据工程的具体情况，科学的预测影响工程造价诸因素的变化，综合计取工程造价调整预备费。

七、施工图预算

施工图是指工程开工前，根据已批准的施工图纸，在施工方案（或施工组织设计）已确定的前提下，按照预算定额规定的工程量计算规则和施工图预算编制方法预先编制的工程造价文件。施工图预算造价较概算造价更为详尽和准确，但同样要受前一阶段所确定的概算造价的控制。施工图预算的编制需由设计院专业预算人员完成。

施工图预算是决定医药工程项目价格的依据，它为工程的基本建设的计划管理、设计管理和施工生产管理提供了科学的依据，它对推进经济责任制，合理使用国家资金，提高基本建设投资效果都有十分重要的意义。

（一）施工图预算编制的依据

医药工程项目一般都是由土建工程、设备工程、安装工程等组成，而每项工程又由多项单位工程组成，如建筑工程包括土建工程、采暖、给排水、电气照明、煤气、通风等单位工程。各单位工程预算编制要根据不同的预算定额及相应的费用定额等文件来进行。一般情况下，在进行施工图预算的编制之前应掌握以下主要文件资料：

1. 设计资料　设计资料是编制预算的主要工作对象，它包括经审批、会审后的设计施工图，设计说明书、设计选用的国标及市标、各种设备安装及构件图集、配件图集等。

2. 工程预算定额及其有关文件　预算定额及其有关文件是编制工程预算的基本资料和计算标准，它包括已批准执行的预算定额、费用定额、单位估价表、该地区的材料预算价格及其他有关文件。医药工程项目概（预）算定额可参考化工建设概（预）算定额等相关参考资料。

3. 施工组织设计资料　经批准的施工组织设计是确定单位工程具体施工方法、

施工进度计划、施工现场总平面布置等的主要施工技术文件，这类资料在计算工程量及费用计算中都有重要作用。

4. 工具书等辅助资料　在编制预算工作中，有一些工程量直接计算比较烦琐，也较容易出错，为了提高工作效率，简化计算过程，预算人员往往需要借助一些工具书如五金手册、材料手册等，在编制预算时直接查用，对一些较复杂的工程，更要收集该工程所涉及的辅助资料。

5. 招标文件　招标文件中招标工程的范围决定了预算书的费用内容组成。

(二) 施工图预算的编制程序

编制施工图预算应在设计交底及会审图纸的基础上进行，具体步骤如下：熟悉施工图纸和施工说明书；搜集各种编制依据及资料；熟悉施工组织设计和现场情况；学习并掌握工程定额内容及有关规定；确定工程项目计算工程量；整理工程量；计算其他各项费用、预算总造价和技术经济指标；对施工图预算进行校核、填写编制说明、装订、签章及审批。

(三) 施工图预算书的编制方法

工程项目一般由几个单项工程组成，而单项工程又由几个单位工程组成。如建筑工程预算书就是由土建工程、给排水、采暖、煤气工程、电气设备安装工程等几个单位工程预算书组成，现仅以土建工程单位工程预算书的编制方法叙述如下：

1. 填写工程量施工表　根据施工图纸及定额规定，按照一定计算顺序，列出单位工程施工图预算的分项工程项目名称；列出计量单位及分项工程项目的计算公式，计算工程量采用表格形式进行；计算出的工程量同项目汇总后，填入工程数量栏内，作为选取工程直接费的依据。

2. 填写分部分项工程材料分析表和汇总表　以分部工程为单位，编制分部工程材料分析表，然后汇总成为单位工程工料分析表。

按工程预算书中所列分部分项工程中的定额编号、分项工程名称、计算单位、数量及预算定额中分项工程定额相对应的材料量填入材料分析表中，计算出各工程项目消耗的材料用量，然后将材料按品种、规格等分别汇总合计，从而反映出单位工程全部分项工程材料的预算用量，以满足施工企业各项生产管理工作的需要。

3. 填写分部分项工程造价表。

4. 填写建筑工程直接费汇总表　将建筑工程各分部工程直接费及人工费汇总于表格中，作为计取现场管理费和其他各项费用的依据。

5. 填写建筑工程预算费用计算程序表　建筑工程预算费用包括直接费、现场管理费、企业管理费、利润、税金、建筑工程造价。

6. 施工图预算的编制说明包括工程概况及编制依据。

7. 填写建筑工程预算书的封面。

八、工程项目的合同价和结算价

工程项目在编制投资估算及概(预)算后，在后续项目投标及工程施工阶段，还有合同价和结算价，在竣工验收时产生实际工程造价。合同价、结算价及实际工程造价都不能突破投资的最高限额。

合同价是指在工程招投标阶段通过签订总承包合同、建筑安装工程承包合同、设

笔记

备材料采购合同以及技术和咨询服务合同所确定的价格。建设工程合同一般表现为三种类型,即总价合同、单价合同和成本加酬金合同。工程结算价是指一个单项工程、单位工程、分部工程或分项工程完工后,经建设单位及有关部门验收并办理验收手续后,施工企业根据施工过程中现场实际情况的记录、设计变更通知书、现场工程更改签证、预算定额、材料预算价格和各项费用标准等材料,在工程结算时按合同调价范围和调价方法,对实际发生的工程量增减、设备和材料价差等进行调整后计算和确定的价格。结算价是该结算工程的实际价格。结算一般有定期结算、阶段结算和竣工结算等方式。

竣工决算是指在竣工验收后,由建设单位编制的反映建设项目从筹建到建成投产(或使用)全过程发生的全部实际成本的技术经济文件,是最终确定的实际工程造价,是建设投资管理的重要环节,是工程竣工验收、交付使用的重要依据,也是进行建设项目财务总结和银行对其实行监督的必要手段。竣工决算的内容由文字说明和决算报表两部分组成。

第四节 产品效益预算

产品成本是指制药企业用于生产和销售某种产品所需费用的总和,是制药企业为生产某种产品所消耗的物化劳动和活劳动,即制药企业为生产该种产品所支付的生产费用、工资费用及其他费用的总和。产品成本的高低是考核一个工程项目经济效益大小的重要因素,是判定产品价格的重要依据之一,是为经济效益分析提供基础数据的必要步骤,也是考核企业生产经营管理水平的一项综合性指标。

一、成本分类及组成

根据研究工程项目确定的目标成本是工资设计、资金筹措、产品定价及产品方案等的重要依据。成本费用估算内容按照《工业企业财务制度》执行。

目标成本与目标成本利润率及产品价格的关系式如下:

$$目标成本=\frac{价格\times(1-税率)}{1+目标成本利润率} \tag{13-8}$$

1. 成本的分类　产品成本按其与产量变化的关系分为可变成本、固定成本及边际成本。可变成本是指在产品总成本中,随产量的增减而成比例地增减的那一部分费用,如原材料费用等;固定成本是指与产量的多少无关的那一部分费用,如固定资产折旧费、管理费用等;边际成本是指增加一个单位产品时可变成本或总成本增加的数值。

按费用发生的范围不同,产品成本分为车间成本、工厂成本及销售成本;按计量单位不同,产品成本分为总成本和单位成本;按成本分摊方式不同,产品成本分为直接成本和间接成本;按计算费用指标来源不同,产品成本分为计划成本、设计成本及实际成本。在现金流量表计算过程中也用到经营成本的概念,经营成本是指总成本费用扣除折旧费、维修费、摊销费和借款利息的剩余部分。

2. 成本的组成　总成本费用包括生产成本、管理费用、销售费用及财务费用。各项费用的含义及内容如下:①生产成本包括各项直接支出费用(直接材料费、燃料

笔记

及动力费、直接工资和其他直接支出费)及制造费用(制造费用是指为组织和管理生产所发生的各项费用)。②管理费用是指企业行政管理部门为管理和组织经营活动发生的各项费用。③财务费用是指为筹集资金而发生的各项费用。④销售费用是指为销售产品和提供劳务而发生的各项费用，如企业在销售产品、自制半成品和提供劳务等过程中发生的各项费用以及专设销售机构的各项经费等。

二、成本的估算

产品成本的估算包括生产成本的估算、管理费用估算、销售费用估算及财务费用的估算。各类费用的估算方法如下：

1. 生产成本估算　生产成本的费用包括直接材料、直接工资、其他直接支出、制造费用及副产品回收的费用。其计算公式如下：

生产成本 = 直接材料 + 直接工资 + 其他直接支出 + 制造费用 - 副产品回收　(13-9)

(1) 直接材料费：直接材料包括企业生产经营过程中实际消耗的原材料、辅助材料、备品配件、外购半成品、燃料、动力、包装物及其他直接材料；原材料系指经过加工构成产品实体的各种原材料和外购半成品；辅助材料系指不构成产品实体，但有助于产品形成的材料。直接材料费 = 消耗定额 × 该种材料价格；材料价格指材料的入库价，入库价 = 采购价 + 运费 + 途耗 + 库耗；途耗指原材料采购后，运进企业仓库前的运输途中的损耗，与运输方式、原材料包装形式、运输管理水平等因素有关；库耗指企业所需原材料入库和出库间的差额，库耗与企业管理水平等有关。

(2) 燃料及动力费：燃料系指直接用于产品生产，为生产提供热能的各种燃料，如重油、石油气等；动力系指用于生产的水、电、汽、风等。燃料费用的计算方法与原材料费用相同，动力费用 = 消耗定额 × 动力单价；动力供应有外购和自产两种情况，动力外购指向外界购进动力供企业内部使用，如向本地区热电站购进电力等，此时动力单价除供方提供的单价之外，还需增加本厂为该项动力而支出的一切费用；自产动力指厂内自设水源地、自备电站、自设锅炉房供蒸汽、自设冷冻站、自设煤气站等，自产各种动力均需按照成本估算的方法分别计算其单位车间成本，作为产品成本中动力的单价。

(3) 直接工资和其他直接费用：直接工资是企业直接从事产品生产人员的工资、奖金、津贴和各种补贴；其他直接支出费指直接从事产品生产人员的职工福利费等，一般按实际发生额计算。

(4) 扣除副产品的成本计算：副产品采取按厂内价格在产品成本中扣除的方法，在成本中扣除的副产品原则上不直接体现利润。

(5) 制造费用：制造费用包括生产单位(分厂、车间)管理人员工资、职工福利费、折旧费、维简费、维修费及其他制造费用；其他制造费用包括办公费、差旅费、劳动保护费、水电费、保险费、租赁费(不包括融资租赁)、物料消耗、环保费等。为简化计算，除折旧费、修理费以外的其他制造费用可按定额计算；现有企业的项目应根据企业实际情况确定定额并计取其他制造费用；新建企业可按给定的其他制造费用定额进行计算。现有企业每年的修理费按实际情况计取，新建企业按固定资产原值的规定比例计取。

(6) 固定资产折旧计算：根据计资(1984)2580号文，建设期利息全部计入固定资

产价值；预备费全额计入固定资产原值；投资方向调节税全部计入固定资产原值。固定资产原值计算公式：固定资产原值 = 建设投资 - 无形资产 - 递延资产 + 投资方向调节税 + 建设期利息。固定资产折旧年限按国家有关规定执行；固定资产预计净残值率按固定资产原值的规定比例计取。

采用平均年限法计算折旧的计算公式：年折旧率 =（1- 预计净残值率）/ 折旧年限 ×100%。允许加速折旧的项目，其机器设备可用下述两种方法计算折旧：采用双倍余额递减法的折旧计算公式：年折旧率 =2/ 折旧年限 ×100%，年折旧额 = 固定资产净值 × 年折旧率；采用双倍余额递减法，应在折旧年限最后两年，将固定资产净值减预计净残值后的净额平均摊销。采用年数总和法的折旧计算公式：

年折旧率 = 2/ 折旧年限 ×100%，年折旧额

=（固定资产原值 - 预计净残值）× 年折旧率　　(13-10)

2．管理费用估算　管理费用包括公司经费、工会经费、职工教育经费、劳动保险费、待业保险费、董事会费、咨询费、审计费、税金（房产税、车船使用税、土地使用税、印花税等）、土地使用费、土地损失补偿费、技术转让费、技术开发费、无形资产摊销、开办费摊销、业务招待费以及其他管理费用。在可行性研究报告阶段，管理费里面的折旧费和修理费并入制造费用中的折旧费和修理费中。为简化计算，除摊销费（折旧费和修理费）以外的其他管理费用可按定额计取。现有企业的项目应根据企业实际情况确定定额并计取管理费。新建企业可按给定的其他管理费用定额进行计算。

无形资产按规定期限平均摊销。没有规定期限的按不少于 10 年摊销。递延资产中的开办费按不少于 5 年分期摊销。以经营方式租入的固定资产改良支出，在租赁有效期内分期摊入制造费用或管理费用

3．财务费用估算　财务费用包括企业生产经营期间发生的利息支出（减利息收入）、汇兑净损失、调剂外汇手续费、金融机构手续费以及筹资发生的其他财务费用等，按实际发生额计算。

4．销售费用估算　销售费用包括应由企业负担的运输费、装卸费、包装费、保险费、委托代销手续费、展览费、广告费、租赁费（不含融资租赁费）和销售服务费用，销售部门人员工资、职工福利费、办公费、差旅费、修理费、折旧费、物料消耗、低值易耗品摊销等。销售费用 = 销售收入 × 销售费用率；现有企业的项目应根据企业实际情况计取销售费用率；新建企业可按给定的销售费用率进行计算。

5．总成本估算　总成本是指项目在一定期间内（一般为 1 年）为生产和销售产品而消费的全部成本和费用；总成本计算公式如下：

总成本费用 = 制造成本 + 管理费用 + 销售费用 + 财务费用　　(13-11)

或：

总成本费用 = 外购原材料、燃料及动力 + 工资及福利费 + 修理费 +

折旧费 + 摊销费 + 利息支出 + 其他费用　　(13-12)

三、产值与销售收入

销售收入或收益是产品作为商品实现销售收入后所得到的收入，销售收入指按工艺所提生产负荷条件下的产量（假定全部销售）和预测价格计算年销售收入。销售收入 = 收益 = 单价 × 销售量，此处的单价为按实现销售时的交易价格计算，如果是预

笔记

测收入,则按预测市场价格计算。

产值是以货币计算和表示产品数量的指标,一种产品的产值是其年产量与产品单价(一单位产品的价格)的乘积,即产值=产品单价×年产量

四、税金

制药工程项目的流转税金及附加税,包括增值税、消费税、城乡维护建设税及教育费附加。

1. 增值税　按《中华人民共和国增值税暂行条例》计算增值税。计算公式如下:

$$应纳税额=当期销项税额-当期进项税额 \tag{13-13}$$

其中:

$$销项税额=销售收入(即含税销售额)\div(1+增值税率)\times增值税率$$

$$进项税额=购货支出\div(1+增值税率)\times增值税率$$

纳税人进口货物,按照组成计税价格和规定的税率计算应纳税额,不得抵扣任何税额。组成计税价格和应纳税额计算公式为:组成计税价格=关税完税价格+关税+消费税,应纳税额=组成计税价格×税率。

购进固定资产的进项税额不得从销项税额中抵扣,外国政府、国际组织无偿援助的进口物资和设备免征增值税,纳税人出口应税货物,按国家规定的出口退税办法计算增值税。

2. 消费税　按照《中华人民共和国消费税暂行条例》计算消费税。汽油和柴油实行从量定额办法计算应纳税额。计算公式如下:

$$应纳税额=销售数量\times单位税额 \tag{13-14}$$

应税人自产自用的应税消费品及用于连续生产应税消费品的,不纳税;纳税人出口应税消费品,免征消费税(国务院另有规定的除外)。

3. 城乡维护建设税　按国家有关规定计算应缴税额。

4. 教育费附加　教育费附加额=流转税额×附加率

五、利润

制药企业的利润所得一般按如下公式计算:

$$利润总额=销售收入-总成本费用-流转税金及附加-营业外净支出 \tag{13-15}$$

$$所得税后利润=利润总额-所得税额 \tag{13-16}$$

按照国家规定计算所得税额,应纳税额=应纳税所得额×所得税率;应纳税所得额=利润总额-准予扣除项目金额。

所得税后利润,除国家另有规定者外,按照下列顺序分配:被没收的财物损失,支付各项税收的滞纳金和罚款(项目财务评价不予考虑);弥补企业以前年度亏损;提取法定盈余公积金,按税后利润扣除前两项后的10%提取,盈余公积金已达注册资金的50%时可不再提取;提取公益金,按税后利润扣除前两项后的5%～10%提取;偿还借款;支付应付利润。

项目发生年度亏损,可以用以后年度的应纳税所得弥补,一年弥补不足的,可以逐年连续弥补,弥补期最长不得超过5年,5年内不论是盈利或是亏损,都作为实际弥补年限计算。5年内不足弥补的,用税后利润等弥补。

笔记

第五节 经济效益评价

对经济效益的评价可以从财务指标评价、不确定性分析及国民经济评价等角度进行。财务评价应遵循现行的财务制度和规定，根据现行市场价格计算工程项目在财务上的收入和支出，并测算一个项目投入的资金所带来的利润，考察项目的盈利能力、清偿能力及外汇平衡等财务状况，据以判别工程项目的财务可行性。财务评价主要进行投资获利分析、财务清偿能力分析和资本结构分析，其主要评价指标有投资利润率、投资利税率、投资回收期、借款偿还期等。

一、财务评价指标体系

财务评价的方法是通过一系列财务报表的编制，来计算投资获利分析、财务清偿能力分析和资本结构分析三方面的评价指标，考察项目的财务状况。财务报表分基本财务报表和辅助财务报表，辅助报表是编制基本报表的依据。

进行财务评价分析时，所需计算的主要指标为：①静态指标包括投资利润率、投资利税率及资本金利润率；②动态指标包括财务内部收益率（FIRR）、财务净现值（FNPV）及投资回收期（Pt）；③其他主要指标包括借款偿还期、资产负债率、流动比率及速动比率。

二、静动态分析法

根据是否考虑资金的时间价值，将财务评价指标分为静态和动态两类评价指标，一般工程项目的财务评价以动态指标为主，静态指标为辅。

（一）静态评价指标

静态评价指标包括投资利润率、投资利税率及资本金利润率的计算。静态指标主要用于投资获利的分析。

1. 投资利润率　投资利润率指工程项目达到设计生产能力后的一个正常生产年份的年利润总额与项目总投资的比率，它是考察项目单位投资年盈利能力的静态指标，投资利润率可根据损益表中的有关数据计算求得，计算公式如下：

$$投资利润率=\frac{年利润总额或年均利润总额}{总投资}\times 100\% \qquad (13\text{-}17)$$

其中：

年利润总额 = 年产品销售收入 − 年产品销售税金及附加 − 年总成本费用

年销售税金及附加 = 年增值税 + 年营业税 + 年资源税 + 年城市维护建设税 + 年教育费附加

项目总投资 = 固定资产投资 + 投资方向调节税 + 建设期利息 + 流动资金。

对生产期内各年的利润总额变化幅度较大的项目，应计算生产期平均利润总额与项目总投资的比率。在财务评价中，对比工程项目的投资利润率，可以判断该工程项目单位投资盈利能力是否达到本行业的平均水平，投资利润率大于或等于行业或部门平均投资利润率的工程项目是可以考虑接受的。

2. 投资利税率　投资利税率指工程项目达到设计生产能力后的一个正常生产年

份的年利税总额或项目生产期内的年平均利税总额与项目总投资的比率。投资利税率可根据损益表中的有关数据计算求得，计算公式如下：

$$投资利税率=\frac{年利税总额或平均利税总额}{项目总投资}\times 100\% \tag{13-18}$$

其中：年利税总额＝年销售收入—年总成本费用

在财务评价中，将投资利税率与行业平均投资利税率对比，可以判断工程项目单位投资对国家积累的贡献是否达到本行业的平均水平。投资利税率大于或等于行业或部门平均投资利税率的项目是可以考虑接受的。

3. 资本金利率　资本金利率指工程项目到达设计生产能力后的一个正常生产年份的年利润总额与资本金的比率，它反映投入项目的资本金的盈利能力。资本金利率的计算公式如下：

$$资本金利润率=\frac{年利税总额或平均利税总额}{资本金}\times 100\% \tag{13-19}$$

（二）动态指标

动态指标包括财务内部收益率（*FIRR*）、财务净现值（*FNPV*）、投资回收期（P_t），主要用于工程项目的清偿能力分析。

1. 财务内部收益率（*FIRR*）　财务内部收益率指工程项目在整个计算期内各年净现金流量的现值累计等于零时的折现率，它反映工程项目所占用资金的盈利率，它既考虑了资金的时间价值，又考虑了工程项目整个寿命期的效益，是财务评价的一个重要动态指标。财务内部收益率可根据财务现金流量表净现金流量，用试差法或图解法计算求得，财务内部收益率满足式（13-20）

$$\sum_{t=1}^{n}(CI-CO)_t\times(1+FIRR)^{-t}=0 \tag{13-20}$$

式中：CI—现金流入量；

CO—现金流出量；

$(CI-CO)_t$—第 t 年的净现金流量；

n—计算期；

$\sum_{t=1}^{n}$—计算期总和。

在财务评价中，将计算出的全部投资或自有资金（投资者的实际出资）的财务内部收益率（FIRR）与行业的基准收益率或设定的折现率（i_c^*）进行比较，当 FIRR≥i_c^*时，即认为此工程项目的盈利能力已满足最低要求，在财务上是可以考虑接受的。

2. 投资回收期（P_t）　投资回收期指以项目的净收益抵偿全部投资（固定资产投资、投资方向调节税和流动资金）所需要的时间，它是考察项目在财务上的投资回收能力的主要动态评价指标，投资回收期（以年表示）一般从建设开始年算起。投资回收期可根据财务现金流量表（全部投资）中累计净现金流量计算求得，详细计算公式为

$$投资回收期(P_t)=(累计净现金流量开始出现正值的年份数)-1+(\frac{上年累计净现金流量的绝对值}{当年净现金流量}) \tag{13-21}$$

在财务评价中，将计算出的投资回收期(P_t)与行业的基准投资回收期(P_c)比较，当 $P_t \leq P_c$ 时，表明该工程项目的投资能在规定的时间内收回，也即投资回收期小于或等于基准投资回收期的项目是可以考虑接受的。

3. 财务净现值(*FNPV*)　财务净现值指按行业的基准收益率或设定的折现率，将工程项目计算期内各年净现金流量折现到建设初期的现值之和，它反映了工程项目在计算期内盈利能力的动态评价指标。财务净现值可根据财务现金流量表计算求得，其计算公式为式 13-22

$$FNPV = \sum_{t=1}^{n}(CI - CO)_t \times (1 + i_c^*)^{-t} = 0 \tag{13-22}$$

式中：i_c^*——设定的基准收益率或折现率。

其他符号的定义与内部收益率表达式中各符号含义相同。财务净现金值大于或等于零的项目是可以考虑接受的。

(三) 其他财务评价指标

其他财务评价指标包括资产负债率、借款偿还期、流动比率、速动比率及已获利息倍数。用于该工程项目的清偿能力和资本结构分析。

1. 资产负债率　资产负债率为工程项目的总负债和总资产之比，反映项目各年所面对的财物风险程度及偿债能力的指标。

$$资产负债率 = \frac{负债合计}{资产合计} \times 100\% \tag{13-23}$$

2. 借款偿还期　借款偿还期指在国家财政规定及工程项目具体财务条件下，以工程项目投产后可用于还款的资金偿还工程建设投资国内借款本金和建设期利息(不包括已用自有资金支付的建设期利息)所需要的时间。借款偿还期可由资金来源与运用表及国内借款还本付息计算表直接推算，以年表示。当借款偿还期满足贷款机构的要求期限时，即认为项目是有清偿能力的。

3. 流动比率　流动比率为流动资产与流动负债之比，反映工程项目各年该付流动负债能力的指标。

$$流动比率 = \frac{流动资产}{流动负债} \tag{13-24}$$

一般认为取值为 2∶1 是较适宜比例。

4. 速动比率　速动比率反映项目快速偿付流动负债能力的指标。

$$速动比率 = \frac{流动负债总额 - 存货}{流动负债总额} \tag{13-25}$$

一般要求其值大于 1 比较稳妥

5. 已获利息倍数　利息倍数为税前营业利润(*EBIT*)与利息费用之比，反映了工程项目的利润偿付利息的保证倍率。

$$已获利息倍数 = \frac{EBIT}{利息费用} \tag{13-26}$$

一般要求已获利息倍数大于 2，否则付息保障程度不足。

(四) 财务评价方案比较

财务评价中的任何一个指标，在使用时都要审慎，因为不同财务指标都是从不同

笔记

的角度反映工程项目的经济效益，各财务指标都有着不同的优点和局限性，因此，比较财务方案时应注意情况不同，侧重选用财务指标不同。财务评价指标比较时应注意：

1. 投资额不同，但相差不大的方案，可选用净现值比率进行比较。财务净现值比率（*FNPVR*）是指财务净现值（*FNPV*）与所需投资的现值的比率。它反映了投资额不相同的项目进行多方案比较时所采用的一个指标。

$$FNPVR=FNPV/I_P \tag{13-27}$$

式中：I_P—建设投资现值与流动资金现值之和。

一般在多个方案比选条件下，应选财务净现值比率大的方案。如果工程项目建期不超过一年，投资值则不需要折现。

2. 工程项目投资额相差较大的方案，可选用财务净现值和财务净现值率进行综合比较。

3. 投资额相同的财务方案，应选用净现值或内部收益净现值作为指标进行比较。

4. 投资额不同的方案，可以采用差额投资内部收益率法进行比较。差额投资内部收益率指两个工程项目的投资方案各年净现金流量差额的现值之和等于零时的折现率。

差额投资内部收益率大于或等于基准收益率（或社会折现率）时，投资大的方案较优，反之，则投资小的方案较优。

5. 比较效益基本相同但难于估算的财务方案时，可用最小费用法，包括费用现值比较法和年费用比较法；比较计算周期不相等的财务方案时，可计算等额年值指标。

三、财务报表

财务评价的方法是通过一系列财务报表的编制，来计算投资获利分析、财务清偿能力分析和资本结构分析的评价指标，考察工程项目的财务状况。财务报表分基本报表和辅助报表两类，辅助报表是编制基本报表的依据。

（一）基本报表

基本财务报表包括财务现金流量表、损益表、资金来源与运用表、资产负债表及财务外汇平衡表。各财务报表的内容如下：

1. 现金流量表　现金流量表是以工程项目作为一个独立系统，以全部投资作为计算基础，计算全部投资所得税前和所得税后的财务内部收益率、财务净现值及投资回收期等评价指标，考察工程项目全部投资的盈利能力，为各个投资方案（不论其资金来源及利息多少）进行比较建立共同的基础。财务现金流量反映了工程项目计算期内现金流入和现金流出的现金收支状况，用以计算各项财务动态和静态指标，进行工程项目财务盈利能力分析。

按工程投资计算基础的不同，财务现金流量表分为全部投资现金流量表及自有资金现金流量表。全部投资现金流量表是在不考虑资金来源及构成（即全部投资均视为自有资金）的情况下，用以计算全部投资财务内部收益率、财务净现值、投资回收期等财务评价指标，考察工程项目全部投资的盈利能力。自有资金现金流量表适用于自有资金投资效益的评价，也适用于涉及外资的项目，该表以国内资金作为计算基础，将国外借款利息和本金作为现金流出，用以计算国内投资财务内部收益率及财务

笔记

净现值等评价指标，考察国内工程投资项目的盈利能力及国外借款对项目是否有利。

2. 损益表 损益表反映了工程项目计算期内各年的利润总额、所得税及税后利润的分配情况，用以计算投资利润率、投资利税率、资本金利润率等财务指标。

3. 资金来源与运用表 资金来源与运用表反映了工程项目计算期内各年的资金盈缺情况，用于选择资金筹措方案和确定偿还借款计划，并为编制资产负债表提供依据。

4. 资产负债表 资产负债表综合反映了工程项目计算期内各年末资产、负债和所有者权益的增减变化及对应关系。用以考察资产、负债及所有者权益的结构是否合理，依据此表可以计算资产负债率、流动比率及速动比率，并进行财务清偿分析。

5. 财务外汇平衡表 财务外汇平衡表适用于有外汇收支的项目，用以进行外汇平衡分析，财务外汇平衡表应以经济效益为前提，应设计合理可行的外汇平衡方案。

（二）辅助报表

辅助财务报表有固定资产投资估算表、流动资金估算表、投资计划与资金筹措表、主要产出物和投入物使用价格依据表、单位产品生产成本估算表、固定资产折旧估算表、无形资产及递延资产摊销估算表、借款还本付息计算表。具体报表内容参见相关的财务管理要求。

四、不确定性因素分析

对工程项目的经济评价中，由于经济计算所采用的数据多数来自预测或估计，其中必然包含某些不确定因素及风险，为使财务评价结果更符合实际情况，提高经济评价的可靠性，减少工程项目的风险，需要对工程项目的财务评价做不确定性分析，分析这些不定因素的变化对工程项目投资经济效果的影响。

不确定性因素分析包括盈亏平衡分析、敏感性分析和概率分析。盈亏平衡分析只用于工程项目的财务评价，敏感性分析和概率分析可同时用于工程项目的财务评价和国民经济评价。

（一） 盈亏平衡分析

盈亏平衡分析是通过分析工程项目正常生产年份的销售收入、可变成本、固定成本和盈利等之间的相互关系，计算出当产品的销售收入等于生产成本时（即盈亏平衡时的产量）的售价、销售量和成本三个变量之间的最佳盈利方案，分析预测产品产量（生产能力利用率）对工程项目盈利能力的影响。

盈亏平衡点的值小，说明该工程项目适应市场需求变化的能力越大，项目的抗风险能力越强。

（二）敏感性分析

敏感性分析是通过分析、预测影响工程项目的主要因素发生变化时对经济评价指标的影响，从中找出敏感性因素，并确定其影响程度。在工程项目计算期内可能发生变化的因素有产品产量（生产负荷）、产品价格、产品成本或主要原材料与动力价格、固定资产投资、建设周期及外汇兑换率等。敏感性分析通常是分析这些因素单独变化或多因素同时变化对内部收益率的影响，还可分析其对静态投资回收期和借款偿还期的影响。各因素的变化幅度一般为正常情况的±(10%～20%)，工程项目对某种因素的敏感程度可以表示为该因素按一定比例变化时引起评价指标变动的幅度，

笔记

也可以表示为评价指标达到临界点(如财务内部收益率等于财务基准收益率或经济内部收益率等于社会折现率)时允许某个因素变化的最大幅度,即极限变化。一般是分析全部投资内部收益率对各个因素的敏感程度,进行敏感性分析时可绘制敏感性分析图。

敏感性分析只能给出工程项目评价指标对不确定因素的敏感程度,但不能明确不确定因素发生各种变化的可能性的大小,以及在该可能性下评价指标的影响程度,可通过概率分析弥补敏感性分析的不足。

(三)概率分析

概率分析是运用概率方法和数理统计方法,对风险因素的概率分布和风险因素对评价指标的影响进行定量分析,在工程项目的可行性研究中,风险分析是研究分析产品的销售量及销售价格、产品成本、建设投资、建设周期及外汇兑换率等风险变量可能出现的各种状态及概率分布,计算工程项目评价指标内部收益率(IRR)、净现值(NPV)等概率分布,以确定工程项目偏离预期指标的程度和发生偏离的概率,判定该工程项目的风险程度,为工程项目投资的决策提供依据。

本章小结

1. 学习内容

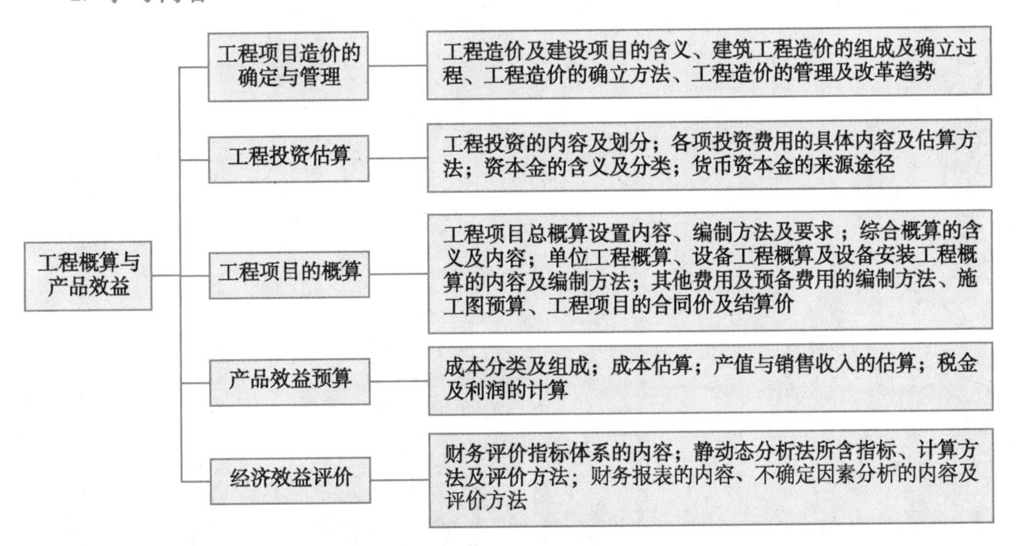

2. 学习方法

通过对具体的医药项目设计的实际情况,使学生理解工程投资各项费用的组成及估算方法、工程概算的内容及编制方法、成本的组成及估算方法、财务评价指标体系及经济效益评价的意义,熟悉工程造价的含义和组成、工程造价的确立过程及确立方法、资本金的来源、工程投资概算编制应注意的问题、税金及利润的估算,并了解财务评价的意义。

(王宝华　贺　敏)

复习思考题

1. 工程投资估算的意义及工程投资包括的内容是什么?

2. 货币资本金的主要来源有哪些？

3. 工程项目概算的意义及编制时注意的问题是什么？

4. 估算产品成本的意义是什么？产品成本由哪几方面组成？生产成本由哪几部分组成？

5. 经济效益评价的意义是什么？财务评价包括哪些指标？

6. 不确定性分析各指标的含义及意义是什么？

7. 简述建筑工程造价的含义及划分方法。

笔记

第十四章

药品生产确认与验证

学习目的

了解确认与验证及其目的和意义；掌握药品生产确认、药品生产验证的内容和方法；熟悉确认与验证的文件管理。

学习要点

通过本章的学习，使学生掌握药品生产确认与验证的基本程序，掌握设计确认、安装确认、运行确认以及性能确认的方法及确认过程；掌握工艺验证、分析方法验证、清洁验证以及计算机化系统验证的方法；掌握确认与验证的文件管理。

《药品生产质量管理规范（2010年修订）》（简称药品GMP）于2011年1月17日经卫生部令第79号发布，自2011年3月1日起施行。在GMP的第七章明确要求：制药企业应进行药品生产确认与验证。确认是证明厂房、设施、设备能正确运行并可达到预期结果的一系列活动。验证是证明任何操作规程（或方法）、生产工艺或系统能达到预期结果的一系列活动。GMP第一百三十八条规定：企业应当确定需要进行的确认或验证工作，以证明有关的操作的关键要素能够得到有效控制。确认或验证的范围和程度应当经过风险评估来确定。第一百三十九条规定：企业的厂房、设施、设备和检验仪器应当经过确认，应当采用经过验证的生产工艺、操作规程和检验方法进行生产、操作和检验，并保持持续的验证状态。规定明确指出确认工作对象主要针对厂房、设施、设备和检验仪器。其中厂房和设施主要指药品生产所需的建筑物及工艺配套的空调系统、水处理系统等公用工程。设备和检验仪器主要指生产、包装、清洁、灭菌所用的设备及用于质量控制（包括用于中间过程控制）的检测设备、分析仪器。验证主要考察生产工艺、操作规程、检验方法和清洁方法。相关工作的负责部门负责进行厂房、设施、设备等的确认及相关验证，并起草相关的确认与验证方案和报告，质量管理负责人负责审核和批准验证方案和报告，并与生产管理负责人共同确保完成各种必要的验证工作，确保关键设备经过确认。药品生产确认与验证工作应有组织的按照计划进行准备与执行，并按照批准的程序和方法实施。GMP第一百四十五条规定：企业应当制定验证总计划，以文件形式说明确认与验证工作的关键信息。第一百四十六条规定：验证总计划或其他相关文件中应当作出规定，确保厂房设施、设备、检验仪器、生产工艺、操作规程和检验方法等能够保持持续稳定。验

笔记

证总计划为一个简洁清晰的概况性文件，其作用在于确定确认和验证策略、职责以及整体的时间框架。确认和验证是一个涉及药品生产全过程、涉及 GMP 各要素的系统工程，是药品生产企业将 GMP 原则切实具体地运用到生产过程中的重要科学手段和必由之路。其目的在于证明有关操作的关键要素能够得到有效控制，以真实数据证实厂房设施、设备、硬件、操作规程（或方法）、生产工艺或系统达到标准和预定目标。

知识链接

1. 企业负责人

企业负责人是药品质量的主要责任人，全面负责企业日常管理。为确保企业实现质量目标并按照本规范要求生产药品，企业负责人应当负责提供必要的资源，合理计划、组织和协调，保证质量管理部门独立履行其职责。

2. 质量管理负责人

（1）资质：质量管理负责人应当至少具有药学或相关专业本科学历（或中级专业技术职称或执业药师资格），具有至少五年从事药品生产和质量管理的实践经验，其中至少一年的药品质量管理经验，接受过与所生产产品相关的专业知识培训。

（2）主要职责：①确保原辅料、包装材料、中间产品、待包装产品和成品符合经注册批准的要求和质量标准；②确保在产品放行前完成对批记录的审核；③确保完成所有必要的检验；④批准质量标准、取样方法、检验方法和其他质量管理的操作规程；⑤审核和批准所有与质量有关的变更；⑥确保所有重大偏差和检验结果超标已经过调查并得到及时处理；⑦批准并监督委托检验；⑧监督厂房和设备的维护，以保持其良好的运行状态；⑨确保完成各种必要的确认或验证工作，审核和批准确认或验证方案和报告；⑩确保完成自检；⑪评估和批准物料供应商；⑫确保所有与产品质量有关的投诉已经过调查，并得到及时、正确的处理；⑬确保完成产品的持续稳定性考察计划，提供稳定性考察的数据；⑭确保完成产品质量回顾分析；⑮确保质量控制和质量保证人员都已经过必要的上岗前培训和继续培训，并根据实际需要调整培训内容。

3. 生产管理负责人

（1）资质：生产管理负责人应当至少具有药学或相关专业本科学历（或中级专业技术职称或执业药师资格），具有至少三年从事药品生产和质量管理的实践经验，其中至少有一年的药品生产管理经验，接受过与所生产产品相关的专业知识培训。

（2）主要职责：①确保药品按照批准的工艺规程生产、贮存，以保证药品质量；②确保严格执行与生产操作相关的各种操作规程；③确保批生产记录和批包装记录经过指定人员审核并送交质量管理部门；④确保厂房和设备的维护保养，以保持其良好的运行状态；⑤确保完成各种必要的验证工作；⑥确保生产相关人员经过必要的上岗前培训和继续培训，并根据实际需要调整培训内容。

4. 质量授权人

（1）资质：质量受权人应当至少具有药学或相关专业本科学历（或中级专业技术职称或执业药师资格），具有至少五年从事药品生产和质量管理的实践经验，从事过药品生产过程控制和质量检验工作。

笔记

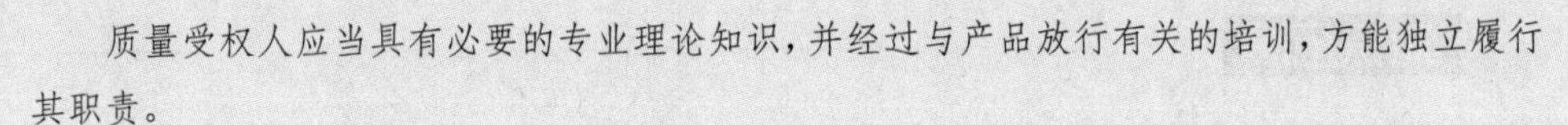

质量受权人应当具有必要的专业理论知识，并经过与产品放行有关的培训，方能独立履行其职责。

（2）主要职责：①参与企业质量体系建立、内部自检、外部质量审计、验证以及药品不良反应报告、产品召回等质量管理活动；②承担产品放行的职责，确保每批已放行产品的生产、检验均符合相关法规、药品注册要求和质量标准；③在产品放行前，质量受权人必须按照上述第2项的要求出具产品放行审核记录，并纳入批记录。

质量管理负责人和生产管理负责人不得互相兼任。质量管理负责人和质量受权人可以兼任。应当制定操作规程确保质量受权人独立履行职责，不受企业负责人和其他人员的干扰。

第一节　药品生产确认

厂房、设施、设备等的生命周期包含设计、采购、施工、测试、操作、维护、变更以及退役，而药品生产确认工作应贯穿生命周期的全过程，确保生命周期中的所有步骤始终处于一种受控的状态。药品生产确认包括设计确认（DQ）、安装确认（IQ）、运行确认（OQ）和性能确认（PQ）。GMP第一百四十条规定应当建立确认与验证的文件和记录，并能以文件和记录证明达到以下预定目标：设计确认应当证明厂房、设施、设备的设计符合预定用途和本规范要求；安装确认应当证明厂房、设施、设备的建造和安装符合设计标准；运行确认应当证明厂房、设施、设备的运行符合设计标准；性能确认应当证明厂房、设施、设备在正常操作方法和工艺条件下能够持续符合标准。

一、设计确认

设计确认（Design Qualification，DQ）是有文件记录的对厂房、设施、设备等的设计所进行的审核活动，确保设计符合用户所提出的各方面需求。经批准的设计确认是后续确认活动（安装确认、运行确认、性能确认）的基础。设计确认包括项目：用户需求说明文件；技术标准文件；对比用户需求说明和技术标准；风险分析。用户需求说明文件是从用户角度对厂房、设施、设备等所提出的要求。需求的程度和细节应与风险、复杂程度相匹配，主要针对待设计的厂房、设施、设备等从GMP、安全、环保角度考虑法规方面的要求；从地面承重、安装尺寸、可用的公用系统（压缩空气、洁净蒸汽等）、洁净级别、车间环境条件（温度、湿度等）、可用的能源配置、材质要求（重点考虑接触产品的部件）角度考虑安装方面的要求与限制；从原辅料、包装材料、产品的规格标准、设备效率、产能、工艺参数范围（速度、温度等）角度考虑运用要求；从自动控制过程、计算机化系统角度考虑电气、自动控制要求；从电气或机械锁、电气保护、压力保护等角度考虑安全要求；从设备供应商应提供的文件（技术图纸、备件清单、操作手册、维护计划等）角度考虑文件方面的要求。技术标准文件是从设计者角度对厂房、设施、设备等怎样满足用户需求所进行的说明。技术标准应根据用户需求说明文件中的条款准备，包括必要的技术图纸等。并将用户需求条款与设计条款进行逐条的比对。通过风险分析确定后续确认工作的范围和程度，并制定降低风险的措施。

笔记

知识拓展

1. 用户需求说明　需求说明(User Requirement Specification，简称URS)主要描述在满足相关法规及标准的前提下，用户通过设施设备、厂房、系统等达到生产、检验或管理的目标所需要的条件文件。包括GMP、环保等法规方面的要求；尺寸、材质、动力类型、洁净等级等安装方面的要求和限制；产能、效率、工艺参数等功能方面的要求文件方面的要求。

2. 工厂验收测试　验收测试(Factory Acceptance Test，简称FAT)是指设备供应商在做完工厂内部测试后，应以书面形式通知业主，业主及其代表将根据需要参加并监督有关仪表、自控设备和控制系统的工厂验收试验，仪表、自控设备和控制系统的最终工厂测试通常应包括以下方面的内容：外观检查；尺寸检查；材料测试；功能测试；性能测试；压力试验等。

3. 现场验收测试(Site Acceptance Test，简称SAT)为了验证系统经运输和安装后功能正常，设备发到业主后，根据设计安装到使用区域后，设备供应商与业主代表共同根据生产要求对设备进行验收，检验设备综合性能是否符合要求。

如制药设备设计确认是对设备设计与选型的确认，通常指对待订购设备技术指标适用性的审查及对供应厂商的选定，也就是确认设备的选型及论证材料是否齐全和符合要求，其主要的检查项目有：

1. 设备性能的适用性　设备的性能是生产产品和工艺流程的纽带，检查设备选型是确保设备是否符合国家现行政策法规，是否符合GMP要求，保证药品生产质量的重要环节；首先，要确认在功能设计上是否考虑到设备的净化功能和清洗功能，操作上是否安全、可靠、便于维修保养，其次要检测设备是否具有在线检测和监控的功能，并确保对易燃、易爆的设备安装了有效安全的防爆装置，最后，还要评估设备在运行中是否有过载、超压报警和相应保护措施等可能发生的非正常情况，并针对主要问题提出适合的解决方案。

2. 设备的性能参数及各项技术指标要求　性能参数反映了设备的主要功能和应用，设备性能参数是否符合国家、行业或企业标准，是否具有先进、合理及明显的技术优势，结构设计是否合理方便、运用简单，这主要表现在：第一，设备与药物接触的部位设计应平整、光滑、无棱角、凹槽而且不粘，易于清洗；第二，对于密封装置要设计合理、安全，并且不会对药物造成污染；第三，设备的外观设计应美观、简洁，易于操作、观察、检修；例如材料，特别是与物料直接接触部位的材料，包括金属材料和非金属材料以及标准件、紧固件等，这些材料应符合GMP要求，必要时应出据材料质量保证书或化学分析报告。

3. 供应商的基本情况和可信性　供应商提供的相关文件是对设备了解的主要依据，由于使用方往往只是掌握产品的宣传性(样本)和使用性(操作说明)，但是资料缺乏产品验证的相关资料，加之使用方对产品的了解存在局限性而不易完成和开展对设备的验证。因此要仔细核察制造商质量检验部门是否依据技术文件、性能参数及相关标准进行检验。

二、安装确认

安装确认(Installation Qualification，IQ)是为保证生产工艺所用的各种装置(如机

器、测量设施、公用系统和生产区）按既定标准适当选择、正确安装并能运行而完成的各种检查和测试。安装确认方案应确认设计与实际安装相一致，安装确认方案必须在进行安装确认前批准，并由经培训的人员执行安装确认。新建或改建厂房、设施、设备等应进行安装确认。安装确认应包括但不局限于以下的检查项目：将到货的实物与订单、发货单、设计确认文件等进行对比，检查设计确认文件中所规定的文件（如操作说明、备件清单、图纸等）是否齐全，以确认到货的完整性；对照图纸检查安装情况（机械安装、电器安装、控制回路等）、加工情况（如焊接、排空能力、管路斜度、盲管等）、设备等的标识（如内部设备编号的标识、管路标识）、设备设施等与动力系统（如供电）的连接情况、设备设施等与公用设施（如压缩空气系统、冷水系统等）的连接情况以确认安装与连接情况；初始清洁情况；对厂房、设备、设施等的控制或测量用的仪表进行校准需求的评估，并对需校准的仪表等建立校准方法，完成初始校准；收集并归档由供应商提供的操作指导、维护和清洁的要求，建立设备设施等的工作日志，审核技术图纸等确认为最新状态；制定新设备的校准需求和预防性维护的需求。

如制药设备安装确认，即对设备安装情况的确认，主要指机器设备安装后进行的各种系统检查及技术资料的文件化工作，安装确认是由设备制造商、安装单位及制药企业分别派人员参加，主要是对安装的设备进行试运行评估，这样可以确保工艺设备等能否在设计运行范围内正常运行。

1. 设备安装确认的范围　设备安装确认的范围包括安装设备的外观检查，测试的步骤、文件、参考资料和合格标准，以证实设备的安装确实是按照制造商的安装规范进行的，所有设备必须成功地完成设备安装确认。

2. 设备安装确认的方案　设备安装确认之前，先要拟定一个方案或计划，协调各部门完成这一工作，方案中至少要包含以下内容：①安装确认的目的：以文件形式记录所确认的设备在安装方面的要求、合格标准，证实并描述该设备的安装位置正确，使用目的明确，成功地完成确认可以证明此设备是按制造商的规范及生产工艺的要求安装的；②安装确认的合格标准：首先必须完成安装确认必测的项目，收集整理所有的数据，其次要在设备正式用于生产前，确认中发现的修正和偏差必须加以解决并得到批准；③各有关部门的职责：设备安装确认需有关部门合作才能完成，所以在方案中须明确各部门的责任。

三、运行确认

运行确认（Operational Qualification，OQ）是确认所有可能影响产品质量的设备在各个方面都在预期的范围之内运行。运行确认应在安装确认完成之后进行。运行确认应包括但不局限于以下内容：设备的基本功能、系统控制方面的功能（如报警、自动控制等）、安全方面的功能（如设备的急停开关功能、安全联锁功能等）等功能测试；应确认相关人员的培训已经完成，其中应至少包括设备操作、维护、以及安全指导方面的内容；检查运行确认中所使用到的测量用仪器仪表，确保都经校准；检查相关文件的准备情况（操作规程、预防性维护计划、校准计划、监测计划）。运行确认过程中的测试项目应根据工艺、系统和设备制定，测试条件应包括“极限条件”即操作参数的上下限度，并重复足够的次数以确保结果可靠。

如制药设备运行确认，就是设备各个功能的依次确认，在设备管理中，为设备试

机或试运行。概括来讲，设备主要包括四个方面的功能确认：操作功能、安全功能、警示功能和生产功能。操作功能指设备的可操作性、操作的方便性；安全功能指设备有防护人身伤害的功能；警示功能指设备使用过程中超出规定限度时的报警功能；生产功能是指设备能够生产出合格的产品。由于不同的制剂要有不同的工艺路线装配不同的设备，因此，不同的设备其测试的内容不同，如以自动包衣机测试项目为例：包衣锅旋转速度；进风或排风的量和温度，风量与温度的关系；锅内外压力差；喷雾均匀度、幅度、雾滴粒径及喷雾计量；进风过滤器的效率，震动和噪声。样品检查：包衣时按设定的时间间隔取样（薄膜衣前1小时每15分钟取样一次，第1小时每30分钟取样一次，每次3～6个样品，查看外观、重量变化及重量差异，最后还要检测溶出度）；合格标准：制剂成品符合质量标准；设备运行参数：不超出设计上限，噪声小于85dB，另外在可调范围内可调风温、风量、压差、喷雾计量、转速等。

四、性能确认

性能确认（Performance Qualification，PQ）是确认所有可能影响产品质量的设施、公用工程和设备的各个方面都满足可接受标准。应在安装确认和运行确认完成后执行。通过文件证明当设备、设施等与其他系统完成连接后能够有效的可重复的发挥作用，即通过测试设施、设备等的产出物（如纯化水系统所生产出的纯化水、设备生产出的产品等）证明设备、设施的性能。性能确认中，可使用与实际生产相同的物料，也可使用有代表性的替代物料。测试条件应包括“极限条件”，如设备最高运行速度条件下进行测试。在有些情况下，性能确认与运行确认可结合在一起进行。

如制药设备性能确认是指模拟试生产，即根据草拟并经审阅的操作规程对设备或系统进行足够的空载试验和模拟生产负载试验，这样可以确保该设备在设计范围内能准确运行，并达到规定的技术指标和使用要求，由此来证实设备的稳定性。当设备合格后，就可以进入设备管理的下一个阶段。如果设备验证的结果显示不合格，则按照设备管理中的报废或降级使用等规定进行。如果对测试的设备性能有相当把握，可以直接采用批生产验证，同时完善操作规程。

确认不是一次性的行为。首次确认后，应根据产品质量回顾分析情况进行再确认。厂房、设施、设备等完成确认后应通过变更管理系统进行控制，所有可能影响产品质量的变更应正式的申请、记录并批准。当厂房、设施、设备等发生的变更可能影响产品质量时，应进行评估与风险分析，并通过风险分析确定是否需要再确认以及再确认的程度。经改造或重大维修的设备应当进行再确认，符合要求后方可用于生产。

并不是制药企业内所有的设备设施都需进行确认。应通过风险评估判断设备设施的风险水平及对产品的质量影响，只有那些对产品质量可能产生影响的设备和设施才需要进行确认。

第二节　药品生产验证

药品质量管理体系的建立和不断完善逐渐成为全球制药企业进行质量管理的必然趋势。制药企业应建立药品质量管理体系。该体系包括影响药品质量的所有因

笔记

素，是确保药品质量符合预定用途所需的有组织、有计划的全部活动。其通过对产品的整个生命周期（包括产品开发、技术转移、商业生产和产品终止）中影响产品质量的所有因素进行管理，从而对产品的质量提供全面有效的保证。该体系强调产品质量首先是设计出来的，其次才是制造出来的。因产品的生产过程控制和最终的质量控制无法弥补其设计上存在的缺陷，即产品的最初设计决定了产品的最终质量。故产品质量管理应从制造阶段进一步提前到设计阶段。

验证是药品质量管理体系中的一个基本要素，用来确保工艺、过程、方法或系统能够实现预定的用途。验证的概念起源于美国，是美国FDA对触目惊心的药害事件调查后采取的重要举措。1965—1975年间，美国、英国先后发生410列大输液引起的败血症案例，并有54人死亡。FDA组织特别工作组对生产企业进行全面调查。调查结果表明，与败血症案例相关的输液产品批次并不是由于企业没做无菌检查或违反药事法规的条款将无菌检查不合格的产品投放了市场。而在于无菌检查本身的局限性，设备或系统设计建造的缺陷以及生产过程中的各种偏差及问题。由此意识到，输液产品的污染与各种因素有关，如厂房、空调净化系统、水系统、生产设备、工艺等。其关键在工艺过程，如生产企业的箱式灭菌柜设计不合理，安装在灭菌柜上部的压力表及温度显示仪并不能反映出灭菌柜不同部位被灭菌产品的实际温度；产品密封的完好性存在缺陷，以致已灭菌的产品在冷却阶段被再次污染；管理不善，已灭菌及待灭菌的产品方式了混淆；操作人员缺乏必要的培训等。由此得出结论是“工艺过程失控，缺少运行标准”，即企业在投入生产运行时，没有建立明确的控制生产全过程的运行标准，或是在实际生产运行中缺乏必要的监控，以致工艺运行状态出现了危机产品质量的偏差，而企业未及时察觉，并采取必要的纠偏措施。FDA从此事件中，深切体会到“产品需要检验，然而检验并不能确保药品的质量”。为此从质量管理是系统工程的观念出发，以“通过验证确立控制生产过程的运行标准，通过对已验证状态的监控，控制整个工艺过程，确保质量”为指导思想，强化生产的全过程控制，进一步规范企业的生产及质量管理实践，制定了“大容量注射剂GMP规程”，首次提出了验证的要求。我国《药品生产质量管理规范》（2010版）在1998版的基础上，对验证进行了重新的定义，将确认作为一个独立的概念从验证中分离出来，并扩展了验证的范围，由单纯针对产品的生产验证扩展为包含所有的生产工艺、操作规程和检验方法，并新增了清洁程序验证。

药品生产质量管理规范（2010版）涉及验证工作的共12条。第一百四十条，应当建立确认与验证的文件和记录，并能以文件和记录证明达到以下预定目标：工艺验证应当证明一个生产工艺按照规定的工艺参数能够持续生产出符合预定用途和注册要求的产品。第一百四十一条，采用新的生产处方或生产工艺前，应当验证其常规生产的适用性。生产工艺在使用规定的原辅料和设备条件下，应当能够始终生产出符合预定用途和注册要求的产品。第一百四十二条，当影响产品质量的主要因素，如原辅料、与药品直接接触的包装材料、生产设备、生产环境（或厂房）、生产工艺、检验方法等发生变更时，应当进行确认或验证。必要时，还应当经药品监督管理部门批准。第一百四十三条，清洁方法应当经过验证，证实其清洁的效果，以有效防止污染和交叉污染。清洁验证应当综合考虑设备使用情况、所使用的清洁剂和消毒剂、取样方法和位置以及相应的取样回收率、残留物的性

笔记

质和限度、残留物检验方法的灵敏度等因素。第一百四十四条，确认和验证不是一次性的行为。首次确认或验证后，应当根据产品质量回顾分析情况进行再确认或再验证。关键的生产工艺和操作规程应当定期进行再验证，确保其能够达到预期结果。第一百四十五条，企业应当制定验证总计划，以文件形式说明确认与验证工作的关键信息。第一百四十六条，验证总计划或其他相关文件中应当作出规定，确保厂房、设施、设备、检验仪器、生产工艺、操作规程和检验方法等能够保持持续稳定。第一百四十七条，应当根据确认或验证的对象制定确认或验证方案，并经审核、批准。确认或验证方案应当明确职责。第一百四十八条，确认或验证应当按照预先确定和批准的方案实施，并有记录。确认或验证工作完成后，应当写出报告，并经审核、批准。确认或验证的结果和结论（包括评价和建议）应当有记录并存档。第一百四十九条，应当根据验证的结果确认工艺规程和操作规程。由此可见，药品生产验证是一个涉及药品生产全过程的质量活动，是指能证实任何程序、生产过程、设备、物料、活动或系统确实能达到预期结果的有文件证明的一系列活动。验证是一个证实或确认设计、确立文件和提前发现问题的过程。为药品质量保证的基础工作和常规工作，是质量管理部门的一项常规管理工作。验证主要考察除生产工艺、操作规程、检验方法和清洁方法外，计算机化系统也属于验证的范畴。

验证通常可按照以下几种方式进行：前验证、同步验证、回顾验证、再验证。每种类型的验证活动均有其特定的适用条件。

前验证，也称为前瞻性验证或预验证，通常指厂房、设施、系统、设备、工艺、物料、操作和检验等项目投入使用前必须完成并达到预定要求的验证。这一方式通常用于产品要求高，但没有历史资料或缺乏历史资料，靠生产控制及产品检查不足以确保重现性及产品质量的生产工艺或过程。无菌产品生产中所采用的灭菌工艺，如蒸汽灭菌、干热灭菌以及无菌过滤应当进行前验证，因为药品的无菌不能只靠最终成品无菌检查的结果来判断。对最终灭菌产品而言，我国药典和世界其他国家的药典一样，把成品的染菌率不得超过百万分之一作为标准；对不能最终灭菌的产品而言，当置信限设在 95% 时，产品污染的水平必须控制在千分之一以下。这类工艺过程是否达到设定的标准，必须通过前验证——以物理试验及生物指示剂试验来验证。输液类产品生产中采用的配制系统及灌装系统的在线灭菌程序应当进行前验证，因为企业必须有可靠的手段，在系统出现异常的微生物污染时使污染受控。冻干剂生产用的中小型配制设备的灭菌，灌装用具、工作服、手套、过滤器、玻璃瓶、胶塞的灭菌、最终可以灭菌产品的灭菌、以及冻干剂生产相应的无菌灌装工艺都属于前验证的类型。前验证是这类产品安全生产的先决条件，因此要求在有关工艺正式投入使用前完成前验证。任何工艺、过程、设备或物料必须进行前验证。新品、新型设备及其生产工艺的引入应采用前验证的方式，不管新品属于哪一类剂型。前验证的成功是实现新工艺从开发部门向制造部门转移的必要条件，它是一个新品开发计划的终点，也是常规生产的起点。对于一个新品及新工艺来说，应注意采用前验证方式的一些特殊条件。由于前验证的目标主要是考查并确认工艺的重现性及可靠性，而不是优选工艺条件，更不是优选处方。因此，前验证前必须有比较充分和完整的产品和工艺开发资料。从现有资料的审查中应能确信：配方的设计、筛选及优选

笔记

确已完成；中试性生产已经完成，关键的工艺及工艺变量已经确定，相应参数的控制限度已经摸清；已有生产工艺方面的详细技术资料，包括有文件记载的产品稳定性考查资料；即使是比较简单的工艺，也必须至少完成了一个批号的试生产。此外，从中试放大至试生产中应无明显的"数据漂移"或"工艺过程的因果关系发生畸变"现象。为使前验证达到预计结果，生产和管理人员在前验证之前进行必要的培训是至关重要的。其实，适当的培训是实施前验证的必要条件，因其是一项技术性很强的工作。实施前验证的人员应当清楚地了解所需验证的工艺及其要求，消除盲目性，否则前验证就有流于形式的可能。前验证前由于没有将影响质量的重要因素列入验证方案，或在验证中没有制定适当的合格标准，结果导致验证虽然获得了一大堆所谓的验证文件，但最终起到确立"运行标准"及保证质量作用的事例并不多见。前验证应包括但不局限于：工艺的简短描述；应验证的关键工艺步骤摘要；所要使用设备设施清单（包括称量设备、监控设备、记录设备）及其校验状态；成品放行的质量标准；相应的检验方法清单；建立在线控制及合格标准；拟进行的额外试验和合格标准，以及分析方法验证；取样计划；记录和评估结果的方法；职能部门和职责；建议的时间进度表。

同步验证是指"在工艺常规运行的同时进行的验证，即从工艺实际运行过程中获得的数据来确立文件的依据，以证明某项工艺达到预计要求的活动"。以泡腾片的生产为例，泡腾片的生产往往需要低于20%的相对湿度，而相对湿度受外界温度及湿度的影响，空调净化系统是否符合设定的要求，需要经雨季的考验。这种情况下，同步验证为理性的选择。如果同步验证的方式用于某种非无菌制剂生产工艺的验证，通常要有以下先决条件：有完善的取样计划，即生产及工艺条件的监控比较充分；有经验证的检验方法，方法的灵敏度及选择性等比较好；对所验证的产品或工艺过程已有相当的经验及把握。此时的工艺验证即是特殊监控条件下的试生产，而在试生产的工艺验证过程中，可获得两方面的结果：一是合格的产品；二是验证的结果，即"工艺重现性及可靠性"的证据。验证的客观结果往往能证实工艺条件的控制达到了预期的要求。

回顾性验证系指利用对现有的历史数据进行统计分析、收集证据，以证明程序、生产过程、设备、物料、活动或系统达到预期要求的行为。同前验证的几个批或一个短时间运行获得的数据相比，回顾性验证所依托的积累资料比较丰富，可对大量的历史数据进行回顾分析，从而了解工艺控制状况的全貌，因而其可靠性更强。回顾性验证应具备若干必要条件：通常要求有20个连续批号的数据，如回顾性验证的批次少于20批，应有充分理由并应对进行回顾性验证的有效性作出评价；检验方法经验证，检验的结果可用数值表示并可用于统计分析；批记录符合GMP的要求，记录中有明确的工艺条件（没有明确的工艺条件，得到的数据是无法用作回顾性验证的。以最终混合为例，如果没有设定转速，没有记录最终混合的时间，那么相应批的检验结果就不能用于统计分析。又如，成品的结果出现了明显的偏差，但批记录中没有任何对偏差的调查及说明，这类缺乏可追溯性的检验结果也不能用作回顾性验证）；有关的工艺变量必须是标准化的，并一直处于控制状态（如原料标准、生产工艺的洁净级别、分析方法、微生物控制等）。系统的回顾及趋势分析常常可揭示工艺运行的"最差条件"，预示可能的"故障"前景。回顾性工艺验证还可能促使"再验证"方案的

笔记

制定及实施。回顾性工艺验证通常无需预先制定验证方案，但需要拟定一个比较完整的生产及质量监控计划，以便能够收集足够的资料和数据对生产和质量进行回顾性总结。

再验证是指一项生产工艺、一个系统、设备或一种原材料经过验证并在使用一个阶段以后，旨在证实其“验证状态”没有发生漂移而进行的验证。根据再验证的原因，可以将再验证分为下述三种类型：药监部门或法规要求的强制性再验证；发生变更时的改变性再验证；每隔一段时间进行的定期再验证。强制性再验证和检定包括无菌操作的培养基灌装试验、计量器具的强制检定（计量标准，用于贸易结算、安全防护、医疗卫生、环境监测方面并列入国家强制检定目录的工作计量器具、高效过滤器的检漏）。药品生产过程中，由于各种主观及客观的原因，需要对设备、系统、材料及管理或操作规程做某种变更。有些情况下，变更可能对产品质量造成重大的影响，因此，需要进行验证，这类验证称为改变性验证，如原料、包装材料质量标准的改变或产品包装形式（如将铝塑包装改为瓶装）的改变；工艺参数的改变或工艺路线的变更；设备的改变；生产处方的修改或批量数量级的改变；常规检测表明系统存在着影响质量的变迁迹象。上述条件下，应根据运行和变更情况以及对质量影响的大小确定再验证对象，并对原来的验证方案进行回顾和修订，以确定再验证的范围、项目及合格标准等。重大变更条件下的再验证犹如前验证，不同之处是前者有现成的验证资料可供参考。定期再验证是指每隔一段时间需要进行的再验证。对产品质量和安全性起着决定性作用的关键设备和关键工艺，如无菌药品生产过程中使用的灭菌设备、关键洁净区的空调净化系统等，即使在设备和规程没有变更的情况下也应定期进行再验证。

依据《药品生产质量管理规范》规定，验证主要包括工艺验证、清洁验证、分析方法验证、计算机化系统验证。

一、工艺验证

产品的质量是设计出来（quality by design，QBD）、通过生产来实现的。产品的中间控制和成品检查是保证产品质量的关键环节，为了确保药品的质量，需对生产的每一步都加以监控。因此，工艺验证是为了确保一个工艺能够持续生产出符合预定质量的产品而提供的文字性证据。工艺验证为支持工艺及工艺的性能确认的设备、公用设施及设施的安装确认与运行确认（IQ/OQ）。生产工艺验证处于验证管理的中心地位，它要求实现工艺的可靠性和重现性，确保该工艺在适当的控制下能始终如一的生产出完全符合注册标准 / 法定标准的产品。由于药品具有不同的品种和剂型，每种都有其特殊的质量特性和工艺要求，所以在实际应用中应根据具体产品的剂型和工艺要求，采用既科学又切合实际的验证策略来确定工艺验证的项目，制定合理的验证标准。

工艺验证是必须的，但不局限于：有新产品生产；需要验证的变更工艺，通过观察其操作顺序和生产过程的控制，检查指定的运行参数，分析产物的质量和同质性来进行验证研究。

对于新的生产工艺，根据工艺的风险程度和稳定性，可能会进行前验证或同步验证。对于那些在最终产品的处理和质量表现出一致性的现有工艺，进行同步验证或

笔记

回顾性验证即可。

在产品生命周期的所有阶段，应保证与工艺有关的信息收集和评价一致性，并在其后的产品生命周期中，提高这些信息的可获得性。在整个产品生命周期，可启动不同的研究、发现、观察、关联或确认有关产品和工艺的信息。所有的研究，应根据可靠的原则来计划和进行，妥善记录，并按照适用于生命周期阶段的既定程序予以批准。因此为证明工艺的可靠性、稳定性、重现性，工艺验证进行之前，必须具备以下条件：已经批准的主生产处方、基准批记录以及相关的SOP；基准批记录的建立应基于配方和工艺规程，应该带有专门、详细的生产指导和细则，须建立于验证方案起草之前，并在工艺过程验证开始前得到批准。基准批记录中需规定主要的工艺参数（如原料和辅料的量，包括造粒和包衣过程需要溶液的量；关键工艺过程参数以及参数范围）；设备（包括实验室设备）确认（在生产工艺过程验证前，所以参与验证的设备、设施、系统（包括计算机化系统）都必须完成设备确认。设备确认完成的情况应包括在工艺验证方案中）；影响工艺验证的支持性程序（如设备清洁、过滤、检查和灭菌）都须事先经过确认或验证；关键仪表需进行校准；最终产品、过程中间控制检测、原料和组成成分都应该具备经批准的标准；使用经验证的检验方法；参加验证的人员须在工作前进行培训，并将培训记录存档。

工艺验证应对可能影响产品质量的关键因素进行考查，这些因素通常包括但不限于如下内容：

1. 起始物料　应对产品配方中的所有起始物料进行评估，以决定其关键性。若起始物料的波动可能对最终产品质量产生不良影响或起始原料决定了产品的关键特性（如缓释制剂中影响药物释放的材料），则该起始物料即被认为是关键起始物料。应尽可能在工艺验证的不同批次中使用不同批的关键起始物料。

2. 工艺变量　应对工艺变量进行风险评估，以决定其关键性。若工艺变量的波动可能对产品质量产生显著影响，则被认为是关键的工艺变量。在验证方案中，应对每一个关键变量设置特定的接受标准。关键工艺变量包括，但不限于：工艺时间、温度、压力；电导率；pH值；不同工艺阶段的产率；微生物负荷；已称量的起始原料、中间物料和半成品的储存时间和周期；批内的均匀性、通过适当的取样和检测进行评估。

3. 中间过程控制　在工艺验证中应对重要的工艺变量进行监控，并对结果进行评估。常见剂型生产、包装工艺中常见的关键工艺变量见表：

4. 成品质量测试　产品质量标准中所有的检测项目都需要在验证过程中进行检测。测试结果必须符合相关的质量标准或产品的放行标准。

5. 稳定性研究　所有验证的批次都应通过风险分析评估是否需执行稳定性考察，以及确定稳定性考察的类型和范围。

6. 取样计划　工艺验证过程中所涉及的取样应按照书面的取样计划执行，其中应包括取样时间、方法、人员、工具、取样位置、取样数量等。

7. 设备　在验证开始之前应确定工艺过程中所有涉及的设备，以及关键设备参数的设定范围。验证范围应包含“最差条件”，即最有可能产生产品质量问题的参数设定条件。

药品生产过程中发生影响产品质量的变更或出现异常情况时，应通过风险评估

笔记

确定是否需要进行再验证以及确定再验证的范围和程度。可能需要进行再验证的情况包括但不局限于：关键起始物料的变更；关键起始物料生产商的变更；包装材料的变更（如塑料材质替代玻璃材质）；扩大或减少生产批量；技术、工艺或工艺参数的变更（如混合时间的变化或干燥温度的变化）；设备的变更（设备上相同部件的替换通常不需要进行再验证）；生产区域或公用系统的变更；发生返工或再加工；生产工艺从一个公司、工厂或建筑转移到其他公司、工厂或建筑；反复出现不良工艺趋势或IPC偏差、产品质量问题、或超标结果；在自检过程中或工艺数据趋势分析中发现异常情况。

生产工艺完成首次验证之后，应定期进行再验证以确定它们仍保持验证状态并仍能满足要求，再验证的频率可由企业根据产品、剂型等因素自行制定。周期性的再验证可采用同步验证、回顾性验证或二者相结合的方式进行。验证方式的选择应基于品种和剂型的风险。通常，若回顾验证可以证明工艺的受控状态时，可采用回顾的方式进行周期性验证，但关键工艺过程的周期性再验证不建议采用回顾的方式，而应重复（或部分重复）首次验证中的测试内容。

二、清洁验证

《药品生产质量管理规范》第一百四十三条规定，清洁方法应当经过验证。清洁验证是通过文件证明清洁程序有效性的活动，其目的是确保产品不会受到来自于同一设备上生产的其他产品的残留物、清洁剂以及微生物污染。其重要性证明按照清洁标准操作程序清洁后，通过从目视、化学、微生物限度试验的验证，证明清洁后没有来自上批产品及清洗过程的污染，确保产品质量。方法和效果确认涉及对表面清洁、消毒、产品残留、清洁剂残留和微生物污染的确认。

清洁设备和在线清洁系统的安装和性能描述应在设备的安装确认（IQ）和运行确认（OQ）中体现。清洁验证的项目在描述分析性调查以及随后的清洁过程 / 周期中应用。清洁验证应当提及：清洁的程序；清洁剂及消毒剂；最差条件的选择；取样的方法及取样方法的研究；检测方法，包括化学及微生物检测及检测方法的确认。为了证明清洁程序的有效性，在清洁验证中应至少执行连续三批成功的清洁循环。“连续三批成功”是指三次研究都没有出现失败，除非这些失败是在表中清洗过程中被有意引入的，在总结报告中应说明其影响。

进行清洁验证，应具备的前提条件：清洁程序已批准，其中包括关键清洁程序的参数范围；完成风险评估（对于关键操作、设备、物料包括活性成分、中间体、试剂、辅料、清洁剂、以及其他可能影响到清洁效果的参数）；分析方法经过验证；取样方法已经批准，其中包括取样规程和取样点；验证方案已经批准，其中包括接受标准（根据不同设备制定）。清洁验证中应用的取样方法应详细规定并且经过批准，选择取样方法时应考虑残留物和生产设备的特性。常用取样方法包括化学成分残留取样、微生物污染取样。化学成分残留取样应根据残留物的性质以及生产设备的特点选择取样和测试方法。常用的取样方法包括擦拭法和淋洗法。擦拭法是通过使用棉签等取样工具取适当的溶剂对规定面积的设备表面进行擦拭的取样方法。淋洗法是通过使用适当溶剂对设备表面淋洗之后收集淋洗液的取样方法，其中包括收集清洁程序的最终淋洗水或清洁后使用额外溶剂淋洗的方式。收集最

终淋洗水的方法适用于淋洗水能够接触到全部设备表面的清洁方法，如在位清洁方法。采用额外溶剂淋洗的方法因较难控制取样面积，应尽量选择擦洗法。微生物污染取样，根据生产设备和环境条件，可采用擦拭法（使用无菌棉签）、接触平皿法或淋洗法进行微生物取样。取样点中应包括最差条件，如最难清洁的位置或最难干燥的位置。对清洁验证的接受标准未进行明确规定，制药企业可根据产品、剂型等实际情况制定清洁验证的接受标准，一般有以下的方式：目测标准；活性成分残留水平；辅料；清洁剂；可接受的微生物限度。目测标准主要指设备清洁后无可见残留，包括所有类别的外来物质如水、试剂、溶剂、化学物质等；活性成分残留水平主要针对制剂产品，活性成分的接受标准应根据前一产品的药理活性、毒性以及其他潜在污染因素确定。常用的方法有以下 3 种：一般标准、基于日治疗量的计算标准、基于毒性书记的计算标准。所谓一般标准，指待清除产品（前一产品）活性成分在后续产品中出现应不超过 10mg/kg。所谓基于日治疗量的计算标准，指如果后一产品以及待清除的活性成分日剂量已知，则最大允许携带量可以通过前一产品的最小单剂量与后一产品的最大日服用量计算。所谓基于毒性数据的计算标准，指安全量可基于前一产品的半数致死量进行计算。以上三种方法计算出的标准是指每千克产品中所允许含有的前一产品的质量（mg/kg）。通过后一产品的批量以及接触产品的设备表面积则可换算出单位面积的设备表面上所允许存在的残留量限度。在计算限度时，各参数科考虑从可选的数值中选择“最差条件”，如设备总表面积选择最大的数值，而后一产品的批量选择最小的数值。制定活性成分或活性成分中间体的残留限度可参考上述 3 种方法。针对辅料的清洁限度使用目测标准即可。清洁剂的残留限度计算时，较常用的方法是毒性数据计算法。经风险评估认为合理，也可采用最终淋洗水的总有机碳或电导率。制药企业制定清洁验证的可接受的微生物限度时可考虑产品、剂型、清洁方法以及环境级别等因素。

清洁验证中涉及的测试项目应根据产品的类型通过风险分析而定，通常需考虑以下内容：目测检查（术语为“目视干净”）；活性成分残留；清洁剂残留；微生物污染；难清洁并可能对后续产品造成不良影响的辅料（如色素或香料）。

清洁验证需对待清洁放置时间及清洁后放置时间进行考察，进而确定常规生产中设备的放置时间。待清洁放置时间，即设备最后一次使用与清洁之间的最大时间间隔。清洁后放置时间，即设备清洁后至下一次使用的最大时间间隔。

清洁验证中应采用验证过的分析方法对残留物或污染物进行测试，接受限度应根据所涉及的产品特性而定。对残留物进行测试应使用专属性的分析方法（如色谱法），若使用非专属性的测试方法如总有机碳法、电导率法或紫外吸收法，应证明结果与专属方法的测试结果等效或者采用最差条件对结果进行评估，如使用总有机碳法测量淋洗液中活性成分残留含量时，无法区分测试到的碳来自前一产品活性成分、辅料还是清洁剂。此种情况下，最差条件意味着，测试出的总有机碳全部认为来自于前一产品的活性成分。计算单位面积上污染物的残留量时，设备的总面积应为后一产品生产所涉及的所有设备面积之和。因设备表面的类型和特性（材料、粗糙度）、取样（取样方法、取样材料）和分析方法等的影响，残留物的测量值通常低于真实值。因此应通过真实值与测量值之间的比例关系计算出真实值，从而将计算结果修正到更接

笔记

近真实值的水平。这个比例关系被称作回收因子(Recovery Factor，RF)。回收因子应通过分析方法验证而得到，在方法验证时应针对不同的取样方法以及不同的表面材质分别测试回收因子，一般回收因子总≥1。若测定的回收因子大于2，通常应考虑选择其他更合适的取样和分析方法。

同一个清洁程序可能会应用在不同的产品、工艺和设备上。在清洁验证时不必针对每个独立的因素分别进行测试，而可选择一个“最差的条件”(如最难清洁的产品或最难清洁的设备)，通过只对“最差条件”进行测试进而推断清洁方法对于其他条件同样有效。这样的操作方式称为“分组”。分组时可考虑以下因素，但不局限于：剂型；活性成分的含量；生产设备；清洁方法。最差条件的选择包括但不局限于：待清除物质的溶解性(如最难清除的活性成分)；待清除物质的毒性；设备尺寸和结构(如最大的接触面积或最难清洁的表面)。

清洁验证方案应经质量部门正式批准。方案中应规定清洁程序验证的细节，其中应包括：验证的目的；执行和批准验证的人员职责；对所使用设备的描述；待清洁放置时间；产品、生产系统或设备所使用的清洁规程；需连续执行的清洁循环数量；常规监测的要求；取样规程，包括选择特定取样方法所依据的原则；明确规定取样位置；计算结果时所用的回收因子；分析方法，包括检测限度和定量限度；接受标准，包括设定标准的原则；根据分组原则，验证可以涵盖的其他产品、工艺或设备；再验证的时间。

清洁验证之后应起草最终的清洁验证报告，其中应包括清洁程序是否通过验证的明确结论。报告中应确定对于验证过的清洁程序的使用限制。同时，报告需经质量部门批准。

已验证过的清洁程序通过变更管理进行控制。当下列情况发生时，需进行清洁程序的再验证：当清洁程序发生变更并可能影响清洁效果时(如清洁剂的配方发生变化或引入新清洁剂或清洁程序参数发生改变时)；当设备发生变更并可能影响到清洁效果时；当分组或最差条件发生变化并可能影响到验证结论时(如引入新产品或新设备而形成新的“最差条件”时)；当日常监测中发现异常结果时。另每个清洁程序应定期进行再验证，验证的频率由制药企业根据实际情况制定。与在位清洁系统相比，手工清洁方法应采取更高频率的再评估。日常清洁程序监测结果的回顾可作为周期性再验证。

三、分析方法验证

药品的生产过程中，原料、中间体、成品均需进行检验，检验结果既是过程受控的依据，也是评价产品质量的重要依据，检验结果应具有准确可靠性。而分析方法的验证为检验结果的准确及可靠性提供了有力保障。GMP(2010版)中规定“应采用经验证的检验方法进行检验，并保持持续的验证状态”。其目的是证明该方法与其预期的目的相适应。

药品生产中的检验仪器通常包括测量仪器、计量仪器和分析仪器。测量仪器如计时器、温度计、天平、pH计、分光光度计等；计量仪器如容量瓶、移液管、滴定管等；分析仪器如高效液相色谱(High Performance Liquid Chromatography，HPLC)系统中的检测器等，测量仪器只需进行安装确认和校准，无需进行其他确认步骤；计量仪器

笔记

也只是定期检定即可；唯独分析仪器的确认一般分为安装确认、运行确认、性能确认、预防性维修和再确认五个方面。

安装确认是指资料检查归档、备件验收入库、检查安装是否符合设计和安装要求，有否记录和文件证明的一系列活动。主要内容包括，①按订货合同核对所到货物正确无误，并登记仪器代号、名称、型号、生产厂商名称、生产厂商的编号、生产日期、公司内部固定资产设备登记号及安装地点；②检查并确保有该仪器的使用说明书、维修保养手册和备件清单，并收集、汇编和翻泽（必要时）仪器使用说明书和维修保养手册；③检查安装是否恰当，气、电及管路连接是否符合供货商的要求；④制定使用规程和维修保养规程，建立使用日记和维修记录；⑤制定清洗规程，明确仪器设备技术资料（图、手册、备件清单、各种指南及与该机器设备有关的其他文件）的专管人员及存放地点。

仪器校准是检验方法验证的一个重要环节。它是将已知的标准仪器与待验证仪器进行比较，以准确度、精密度的偏离情况评价待验证仪器合格与否，如气相色谱仪、高效液相色谱仪。在规定的色谱条件下，测定色谱柱的最小理论塔板数、分离度、拖尾因子，并规定变异系数应不大于2.0%。仪器经校准且在有效期内。

性能确认主要是考察仪器运行的可靠性、主要运行参数的稳定性和结果的重现性。通常取某一样品按给定方法进行试验，考察结果是否符合方法设定的要求。性能确认一般与具体分析方法相联系，如系统适用性试验即属于性能确认的范畴。

一般在分析仪器经过较大的变更后进行，如经过修理或其中的元件被更换等，其目的是在证实已确认的状态没有发生飘移。再确认一般只需运行确认和性能确认即可。每件仪器在确认前都应有确认计划，按确认计划进行确认。确认结束后应有仪器确认报告，记录确认过程及原始数据。仪器确认报告应归档保存，以便查阅。

验证的内容主要包括准确度、回收率、精密度、专属性、检测限、线性范围、粗放性和耐用性9个方面。

（一）准确度

准确度是指用分析方法所得测定值的偏离程度，通常以测定值的总平均值与真值之间的差来表示，常以回收率来表示。准确度的测定至少要取方法范围内的3个浓度级别，每个浓度级别至少要测定3次。如某方法的范围是80%～120%，则应取80%、100%、120%三个浓度，每个浓度测定3次，计算9个测定结果的回收率及相对标准偏差，回收率及相对标准偏差均应在规定限度之内。

（二）精密度

精密度是指在规定的测试条件下，同一个均匀样品，经多次取样测定所得结果之间的接近程度。精密度一般用偏差、标准偏差或相对标准偏差（变异系数）表示。精密度又分为重复性、中间精密度、重现性三类。

1. 重复性　重复性是通过在很短的时间间隔里和相同的操作条件下得到的结果来表达精密度。重复性也称作同一次分析的组内精密度。方法重复性的确定至少要取方法范围内的3个浓度级别，每个浓度级别至少要测定3次；或取100%的样品浓度至少测定6次。应自样品制备开始制备6份样品溶液，所得结果的相对标准偏差即为方法重复性。自动进样器重复性的测试，一般取同一样品溶液至少重复进样9次，

笔记

其相对标准偏差应不大于1%。

2. 中间精密度　通过实验室内不同日期、不同分析人员、不同设备等所得结果来表达精密度。中间精密度主要是为考察随机变动因素（如时间、人员、设备等）对精密度的影响，但不必对每个可能的影响因素进行单个的考察，可设计方案对其进行统一考察。

3. 重现性　表示不同实验室间的精密度。一般实验室不进行此项考察，只有当分析方法将被法定标准采用时，才进行重现性试验。建立药典分析方法时常需通过协同检查得出重现性的结果。如紫外分光光度法中吸收系数的确定，需通过5个以上实验室分析，测定结果符合数理统计要求，才能采纳使用，收入标准。

准确度和精密度之间没有必然的联系。测量的精密度不能说明测量值与真值的关系，精密的测量值不一定是准确的，因为引起测量值远离真值的误差可能会对一系列的测量发生同样的影响，而不影响精密度，这即是系统误差的概念。

（三）专属性

专属性系指在其他成分（如杂质、降解产物、辅料等）可能存在下，采用的方法能准确测定出被测物的特性。那些能够在所有可能存在的样品组分中检测被分析物响应值的分析技术，应进行专属性验证。对于鉴别试验，应证明当样品中含有被分析物时呈正反应，当不含被分析物时呈负（阴性）反应。必要时，需证明与被分析物结构相似或相近的物质均不呈正反应。对于杂质的测定，一般取含一定杂质量的样品进行分析，证明此杂质测定其具有适宜的准确度和精密度即可。

（四）检测限

检测限是指样品中被分析物能够检出但无需准确定量的最低量。检测限常常与检测方法的灵敏度相混淆。灵敏度是该方法能检测出待检成分最小浓度或质量的限度。实际上，灵敏度是以响应值对被分析物的浓度或质量作图所得校正曲线的斜率。

1. 非仪器分析目视法　通过用已知浓度的样品分析来确定可检出的最低水平作为检测限。

2. 仪器分析方法　可以非仪器分析所用的目视法来确定检测限，也可用已知浓度的样品与空白试验对照，以信噪比为2∶1或3∶1来确定检测限的最低水平。不论用哪种方法，均需制备相应检测限浓度的样品，反复测试来确定。

（五）定量限

定量限系指样品中被测物能被定量测定的最低量，其测定结果应具一定准确度和精密度。定量限是对样品基质中低含量化合物进行定量分析的一个参数，也常用于杂质或降解产物的测定。定量限常常通过以下方法确定：对已知被分析物浓度的样品进行分析，并确定该成分能够以可接受的准确度和精密度得到定量分析的最低浓度水平，以此来计算定量限。

1. 非仪器分析方法　与检测限的非仪器分析方法所用方法相同，只是所得结果需符合一定的准确度和精密度要求。

2. 仪器分析方法　一般以信噪比为10∶1时相应的浓度作为定量限的估计值，然后配制相应定量限浓度的样品，反复测试来进行确定。

任何检测限或定量限的测量结果可以通过实验进行证实，即利用被分析物的浓

笔记

度水平在这两个范围的样品进行实验。同样重要的是对与检测限和定量限关系密切的其他方法验证参数的评价，如精密度、重现性和准确度等。

（六）线性

线性指在设计的范围内，测试结果与试样中被测物浓度直接呈正比关系的程序。应在规定的范围内测定线性关系。可用同一贮备液精密稀释或分别精密称样，制备一系列的供试品（至少 6 份不同浓度的供试品）进行测定。以测得的响应信号作为被测物浓度的函数线性回归，求出回归方程及相关系数。

（七）范围

范围指能达到一定精密度、准确度和线性，测试方法适用的高低限浓度或量的区间。分析方法的范围应根据具体分析方法以及对线性、准确度、精密度的结果和要求确定。无特殊要求时，通常采用以下标准：①对于原料药和制剂的含量测定，范围应为测试浓度的 80%～120%；②杂质测定，范围应为测试浓度的 50%～120%；③含量均匀度，范围应为测试浓度的 70%～130%，根据某些剂型的特点（如气雾剂），此范围可适当放宽；④溶出度范围应为标准规定范围的 ±20%，如某一剂型的溶出度规定，1 小时后溶出度不得小于 20%，24 小时后溶出度不得小于 90%，则考察此剂型的溶出度范围应为 0～110%；⑤若含量测定与杂质检查同时测定，用百分归一化法，则线性范围应为杂质规定限度的 −20% 至含量限度的 20%；

（八）粗放性

分析方法的粗放性是指在不同实验条件下（如不同实验室、不同实验员、不同仪器、不同批的试剂、不同的分析温度、不同时间等）对同一样品进行分析所得结果重现性。此实验条件应仍在方法规定的限度内。将在不同实验条件下所得结果的重现性与方法的重复性进行比较，来衡量分析方法的粗放性。

（九）耐用性

耐用性指测定条件有小的变动时，测定结果不受影响的承受程度。典型的变动因素有：被测溶液的稳定性，样品提取次数、时间等。液相色谱法中典型的变动因素有：流动相的组成和 pH 值、不同厂牌或不同批号的同类型色谱柱、柱温、流速等。气相色谱法变动因素有：不同厂牌或批号的色谱柱、固定相、柱温、进样器和检测器温度等。如果测试条件要求比较苛刻，则应在方法中写明。

某一方法到底需要进行哪些项目的验证，应根据实际情况而定，并不是所有的方法都必须进行以上的验证试验。

四、计算机系统验证

近二三十年，随着 IT 业的快速发展，IT 技术在制药行业的应用也越来越广泛，自动化制药设备、仪器、生产过程、管理系统不断涌现。随之，在 20 世纪 90 年代，制药业的计算机化系统和计算机化系统验证被正式提出。计算机系统验证属于验证范畴，但是又不同于其他验证，是验证工作中的难点。

计算机化系统由计算机系统和被其控制的功能或程序组成。计算机系统由所有的计算机硬件、固件、安装的设备驱动程序和控制计算机运行的软件组成。被控制的功能可以包括被控制的设备（如自动化设备和实验室或工艺相关的使用仪器）、决定设备功能的操作程序、或者不是设备的而是计算机系统硬件的操作。计算机化系统

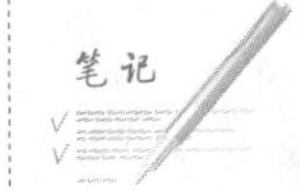

由硬件、软件和网络等组件，与受控的功能和相关联的文件组成。

计算机系统验证是通过建立文件来证明计算机系统的开发符合质量工程的原则，能够提供满足用户需求的功能并且能够稳定长期工作的过程。

计算机系统验证适用于制药企业被确定为与GMP相关的计算机系统，该系统包括以下内容：物料控制及管理系统，如BPCS（业务计划及控制系统）、SAP系统（系统、应用及产品数据处理系统，一种具有材料控制、产品成本核算及需求管理功能的计算机控制系统）等；实验室设备控制系统及信息管理系统（实验室信息管理系统）；生产工艺及控制系统（如PLC，可编程序逻辑控制器）等；公用设施控制系统。

在实施计算机系统验证之前，应首先对计算机系统进行评估及分类，以便针对不同类型的计算机系统实施不同程度的验证。应根据多种因素来决定计算机系统验证的必要范围，如计算机用在哪个系统，属于前验证还是回顾性验证，在系统中是否采用创新元件等。应当将验证看作计算机系统"整个生命周期"的组成环节，这个生命周期包括计划、设定标准、编程、测试、试运行、文档管理、运行、监控和修改更新等阶段。

第三节　文件管理

《药品生产质量管理规范》第一百四十五条，企业应当制定验证总计划，以文件形式说明确认与验证工作的关键信息。第一百四十六条，验证总计划或其他相关文件中应当作出规定，确保厂房、设施、设备、检验仪器、生产工艺、操作规程和检验方法等能够保持持续稳定。第一百四十七条，应当根据确认或验证的对象制定确认或验证方案，并经审核、批准。确认或验证方案应当明确职责。第一百六十二条，每批药品应当有批记录，包括批生产记录、批包装记录、批检验记录和药品放行审核记录等与本批产品有关的记录。批记录应当由质量管理部门负责管理，至少保存至药品有效期后一年。质量标准、工艺规程、操作规程、稳定性考察、确认、验证、变更等其他重要文件应当长期保存。规定确认与验证工作要有文件和记录，并对确认或验证的文件和记录提出要求，文件和记录应能证明所进行的确认或验证能够达到预定的目标。确认和验证文件是厂房、设施、设备等重要的GMP文件，应根据相关的标准操作规程建立并保存，其应能反映出厂房、设施、设备、工艺、分析方法、清洁程序的确认或验证状态。突出了验证生命周期的概念和要求，验证生命周期分为以下六个阶段：计划和需求阶段、设计与建造阶段、开发测试阶段、确认阶段、使用阶段和报废阶段。强调了设计确认阶段的重要性、企业应制定用户需求标准的相关文件；强调每个阶段都由相关的文件组成，企业应根据所要验证设备的复杂程度、对产品质量的影响和风险评估情况在验证方案中确定需要的验证文件。

一、验证总计划

验证总计划总结公司确认和验证的整体策略、目的和方法。它的作用是确定确认和验证的策略、职责以及整体的时间框架。其一般要求包括：应对所有的厂房、设

笔记

施、设备、计算机化系统、与生产、测试或储存相关的规程、方法是否需要确认或验证进行评估；厂房、设施、设备等确认；生产工艺、分析方法、清洁程序或计算机化系统等验证；应能反映上述确认和验证活动的状态；应定期回顾；应及时更新。验证总计划是一个简洁清晰的概况性文件，其他文件（如公司政策文件、SOP、验证方案、报告等）中已经存在的内容只需在验证总计划中列出参考文件编号。应包括以下内容：公司的确认和验证方针，对于验证总计划所包含的操作的一般性描述，位置和时间安排（包括优选级别）等；所生产和检测的产品；各部门的职责和组织结构；所有厂房、设施、设备、仪器等的清单以及确认的需求；所有工艺过程、分析方法和清洁程序的清单以及验证的需求；所有计算机化系统的清单以及验证的需求；确认和验证计算机化系统的文件的格式等。

二、确认的文件

确认的文件包括确认方案和报告。确认方案一般应由用户部门负责起草，并经过质量部门批准。确认方案应至少包括以下内容：确认的原因、目的、范围等；对于待确认的厂房、设施、设备等的描述（其中包括对关键参数或功能的说明）；人员职责；时间计划；风险评估（确定关键参数或功能以及相应的降低风险的措施）；测试内容和接受标准；附件清单。确认活动应在方案批准之后执行。

应建立书面的确认报告，报告应以确认方案为基础。确认报告中应对所获得的结果进行总结、对所发现的偏差进行评价，并得出必要的结论。报告中应包括纠正缺陷所需的变更建议。任何对确认方案的变更都应进行记录并有合理解释。确认报告应至少包括以下内容：对测试结果的总结；对结果的评估；验证中出现的偏差情况；风险分析中确定的降低风险措施的执行情况；确认的最终结论；附件清单。

三、验证的文件

验证文件包括验证方案和报告。验证文件应有独立的文件编号，并且应至少经过质量部门的审核和批准。验证方案是一个授权的计划，其中描述了所有验证过程中必须的测试项目以及接受标准，一般应由用户部门负责起草。验证方案由以下部分组成，但不仅局限于：验证的原因和类型；对于待验证的工艺、规程、方法或系统的简要描述；风险分析的结果，其中描述关键工艺参数；所需采用的分析方法；所需使用的设备类型；需取的样品；需测试或监测的产品特性、以及测试的条件和测试规程；接受标准；时间安排；人员职责；如果适用，验证开始执行的前提条件；如果适用，验证方案的附件清单（如图纸、取样计划等）。

验证报告主要全面记录与反映验证活动、测试结果以及最终的评估，至少应包括：未解决问题的清单；对于验证前提的执行情况的确认；验证方案中规定的中间过程控制及最终测试中获得的结果，包括出现的任何失败的测试或不合格的批次；对所有获得的相关结果的回顾、评估以及与接受标准的对比；对于验证方案的偏差或验证活动中出现的偏差的评估，以及未完成的改正或预防性措施的清单；验证报告的附件清单及 / 或额外的残疾文件（如实验室报告、报表）；对于整个验证的正式批准或拒绝。

笔记

美国和欧盟针对验证和确认的相关指南

机构或组织	文件名称
美国食品药品监督局(FDA)	General Principles of Software Validation(软件验证的基本原则);Final Guidance for Industry and FDA Staff(企业和FDA人员的最终指南)
	Guideline On General Principles of Process Validation(工艺验证通用原则指南)
	EC GMP Annex 11 Computerized Systems(欧盟GMP附录11计算机化系统)
欧洲药品管理局(EMEA)	Annex15 to the EU Guide to Good Manufacturing Practice,Qualification and Validation(欧盟GMP指南附录15,确认和验证)
国际制药工程协会(ISPE)	GAMP5 Risk-Based Approach to Compliance GxP Computerized Systems(GAMP5符合GxP法规要求的计算机化系统的风险管理方法)
药品检查合作组织(PIC/S)	PI 006-3 Validation Master Plan Installation and Operational Qualification Non-Sterile Process Validation Cleaning Validation(验证总计划、安装确认和运行确认、非无菌工艺验证、清洁验证)
	PI 011 Good Practices for Computerized Systems in Regulated"GxP"Environments(在GxP监管环境下的计算机化系统规范)
药品注册标准技术要求国际协调会(ICH)	Q2(R1)Validation of Analytical Procedures:Text and Methodology(分析方法验证:文本和方法学)

学习小结

1. 学习内容

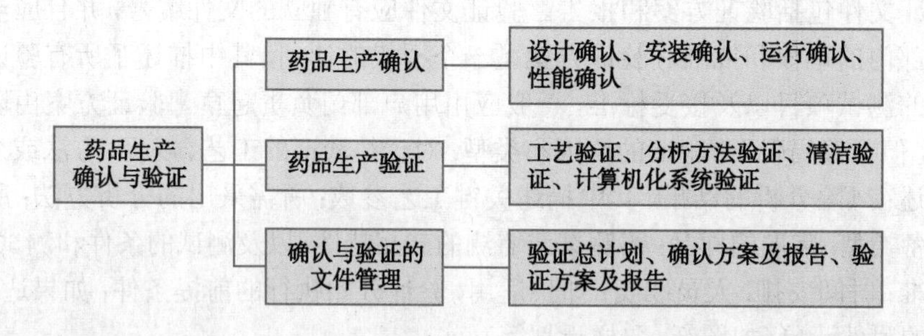

2. 学习方法

本章学习方法要结合实际掌握药品生产确认与验证的几个重点环节及相关方法。药品生产确认要明确设计确认的项目、安装确认的检查项目、运行确认的测试项目、性能确认项目，药品生产验证要明确工艺验证的前提条件及主要考察内容；分析方法验证的内容、清洁验证的前提条件、一般要求、测试项目、取样、接受标准等；计算机化系统验证的内容确认与验证的文件管理。

（张兴德　王俊淞）

复习思考题

1. 什么是确认，对于确认是如何理解的？
2. 什么是验证，对于验证是如何理解的？
3. 什么是设计确认，设计确认包括哪些内容？
4. 什么是安装确认，安装确认包括哪些内容？
5. 什么是性能确认，性能确认包括哪些内容？
6. 什么是运行确认，运行确认包括哪些内容？
7. 工艺验证的前提条件是什么？考察内容是什么？
8. 清洁验证的前提条件是什么？
9. 清洁验证中应用的取样方法有哪几种？
10. 清洁验证的接受标准有哪些？
11. 对验证过程中提出的“最差的条件”如何理解？
12. 分析方法验证的目的是什么？
13. 药品生产的确认方案应包括哪些内容？
14. 药品生产的确认报告应包括哪些内容？
15. 药品生产的验证方案应包括哪些内容？
16. 药品生产的验证报告应包括哪些内容？

笔记

附　制药用水的制备与质量控制

一个制药企业正常运转需要用到各种各样的水，如：饮用水、绿化水、冷却水、制药工艺用水，其中制药工艺用水是指制药工艺过程中用到的各种质量标准的水，也是我们通常所说的制药用水。制药用水作为药品生产中重要的辅料和清洗剂，水质优劣直接影响药品质量，因此制药用水必须达到药典规定的质量指标。

第一节　制药用水的基本概念

各国药典对制药用水的质量及用途均有明确要求和规定，同时各国的GMP都将制药用水的制备和储存分配系统定义为制药生产过程的关键系统。2015版《中国药典》收录有饮用水、纯化水、注射用水及灭菌注射用水四种制药用水。

饮用水(Potable-Water)：通常为自来水公司供应的自来水或深井水，其质量必须符合国家标准《GB5749-2006 生活饮用水卫生标准》。饮用水是制备纯化水的原水，可用于制药用具的初洗用水，中药材、中药饮片的清洗、浸润和提取。

纯化水(Purified water)：为饮用水经蒸馏法、离子交换法、反渗透法或其他适宜的方法制得的制药用水，不含任何附加剂，其质量应符合《中国药典》纯化水项下的规定。采用离子交换法、反渗透法、超滤法等非热处理制备的纯化水一般又称去离子水。采用特殊设计的蒸馏器用蒸馏法制备的纯化水一般又称蒸馏水。纯化水可作为配制普通药物制剂的溶剂或试验用水，不得用于注射剂的配制。

注射用水(Water for Injection)：是以纯化水作为原料水，经特殊设计的蒸馏器蒸馏，冷凝冷却后经膜过滤制备而得的水，其质量应符合《中国药典》注射用水项下的规定。注射用水可作为配制注射剂用的溶剂。

灭菌注射用水(Sterile Water for Injection)：为注射用水依据注射剂生产工艺制备所得的水，其质量应符合《中国药典》灭菌注射用水项下的规定。灭菌注射用水用于灭菌粉末的溶剂或注射液的稀释剂。

一、制药用水的水质要求

制药用水即使名称一致，各个国家和地区的制药用水标准也是不同的。各国药典对纯化水的水质要求见表附-1，对注射用水的水质要求见表附-2。

1. 可使用在线或离线电导率仪。在温度和电导率的限度表(表附-3)中，不大于测定温度的最接近温度值，对应的电导率值即为限度值。如测定的电导率值不大于限度值，则判为符合规定；如测定的电率值大于限度值，则按照2. 进行下一步测定。

表附-1　各国药典对纯化水的水质要求对比表

项目	中国药典 2015 版	欧洲药典 9.0 版（2017 年）	美国药典 40 版（2017 年）
原料水	饮用水	饮用水	饮用水
制备方法	蒸馏法、离子交换法、反渗透法或其他适宜的方法	蒸馏法、离子交换法、反渗透法或其他适宜的方法	适宜的方法
性状	无色的澄清液体；无臭	——	——
酸碱度	符合要求	——	——
硝酸盐	≤0.06μg/ml	≤0.2μg/ml	——
亚硝酸盐	≤0.02μg/ml	——	——
氨	≤0.3μg/ml	——	——
电导率	≤5.1μS•cm-1（25℃）	符合规定	符合规定“三步法”测定电导率
总有机碳	≤0.5mg/L ①	≤0.5mg/L ①	≤0.5mg/L
易氧化物	符合规定①	符合规定①	——
不挥发物	≤1mg/100ml		——
重金属	≤0.1μg/ml	≤0.1μg/ml	——
铝盐	——	不高于 10μg/L，用于生产渗析液时需控制此项目	
细菌内毒素	——	<0.25EU/ml，用于生产渗析液时需控制此项目	——
微生物限度	需氧菌总数≤100CFU/ml	需氧菌总数≤100CFU/ml	菌落总数≤100CFU/ml

①纯化水总有机碳和易氧化物两项可选做一项。

表附-2　各国药典对注射用水的水质要求对比表

项目	中国药典 2015 版	欧洲药典 9.0 版（2017 年）	美国药典 40 版（2017 年）
原料水	纯化水	饮用水或纯化水	饮用水
制备方法	蒸馏	蒸馏	蒸馏法或纯化法
性状	无色的澄明液体；无臭	无色的澄明液体	——
pH 值	5.0～7.0	——	——
氨	≤0.2μg/ml	——	——
硝酸盐	≤0.06μg/ml	≤0.2μg/ml	——
亚硝酸盐	≤0.02μg/ml	——	——
电导率	符合规定“三步法”测定电导率①	符合规定“三步法”测定电导率	符合规定“三步法”测定电导率
总有机碳	≤0.5mg/L	≤0.5mg/L	≤0.5mg/L
不挥发物	≤1mg/100ml	——	——
重金属	≤0.1μg/ml	≤0.1μg/ml	——
铝盐	——	最高 10μg/L，用于生产渗析液时需控制此项目	
细菌内毒素	<0.25EU/ml	<0.25EU/ml	<0.25EU/ml
微生物限度	需氧菌总数≤10CFU/100ml	需氧菌总数≤10CFU/100ml	菌落总数≤10CFU/100ml

①“三步法”测定电导率

表附 -3　温度和电导率的限度（注射用水）

温度 /℃	电导率 /μS·cm^{-1}	温度 /℃	电导率 /μS·cm^{-1}
0	0.6	55	2.1
5	0.8	60	2.2
10	0.9	65	2.4
15	1.0	70	2.5
20	1.1	75	2.7
25	1.3	80	2.7
30	1.4	85	2.7
35	1.5	90	2.7
40	1.7	95	2.9
45	1.8	100	3.1
50	1.9		

2．取足够量的水样（不少于 100ml），置适当容器中，搅拌，调节温度至 25℃，剧烈搅拌，每隔 5 分钟测定电导率，当电导率值的变化小于 0.1μS/cm 时，记录电导率值。如测定的电导率不大于 2.1μS/cm 则判为符合规定；如测定的电导率大于 2.1μS/cm，继续按 3. 进行下一步测定。

3．应在上一步测定后 5 分钟内进行，调节温度至 25℃，在同一水样中加入饱和氯化钾溶液（每 100ml 水样中加入 0.3ml），测定 pH 值，精确至 0.1pH 单位，在 pH 与电导率限度表（表附 -4）中找到对应的电导率限度，并与 2.（电导率）中测得的电导率值比较。如 2.（电导率）中测得的电导率值不大于该限度值，则判为符合规定；如 2.（电导率）中测得的电导率值超出该限度值或 pH 值不在 5.0～7.0 范围内，则判为不符合规定。

表附 -4　pH 值和电导率的限度（注射用水）

pH 值	电导率 /μS·cm^{-1}	pH 值	电导率 /μS·cm^{-1}
5.0	4.7	6.1	2.4
5.1	4.1	6.2	2.5
5.2	3.6	6.3	2.4
5.3	3.3	6.4	2.3
5.4	3.0	6.5	2.2
5.5	2.8	6.6	2.1
5.6	2.6	6.7	2.6
5.7	2.5	6.8	3.1
5.8	2.4	6.9	3.8
5.9	2.4	7.0	4.6
6.0	2.4		

通过对各国药典规定检测项目的对比发现，中国药典标准几乎是最严格的，对纯化水和注射用水的水质要求与欧洲药典更为接近。纯化水和注射用水不同之处主要在于对微生物和内毒素含量要求上，纯化水：内毒素无要求，微生物≤100CFU/ml；注射用水：内毒素≤0.25EU/ml，微生物≤10CFU/ml。二者的区别还在于制水工艺，纯化水的制备工艺又多种选择，但各国药典对注射用水的制备工艺均有限定条件。

二、《药品生产质量管理规范》对制药用水系统的要求

从功能角度分类，制药用水系统分为制备单元、储存与分配系统两部分。制备单元主要包括预处理系统和纯化系统，其功能为连续、稳定地将原水"净化"成符合企业内控指标或药典要求的制药用水；储存与分配系统主要包括储存单元、分配单元和用水点管网单元，其功能为以一定缓冲能力，将制药用水输送到所需要的工艺岗位，满足相应的流量、压力和温度等需求，并维持制药用水的质量始终符合其相应的预定用途要求。

药品生产质量管理规范 GMP（Good Manufacturing Practice），是一套规范药品生产质量管理的强制性标准，对制药用水系统提出了具体要求，企业应当严格执行。

世界卫生组织 2011 年发布的《附录 2 WHO GMP：制药用水》中，单独对制药用水提出要求。

制药用水系统的一般原则：制药用水的制备、储存和分配系统应进行适当的设计、安装、调试、确认和维护，以保证合格制药用水的可靠生产。需要对水的制备过程进行验证，以保证水的生产、储存和分配不超出制药用水系统的设计生产能力。系统产能设计应满足用水要求。所有系统均应具有适当的循环和产出，以保证系统能很好地防止化学和微生物污染。系统的使用均应经过 QA 部门批准。水源和制备得到的水应定期监控化学、微生物或内毒素污染；系统的性能也需要进行监控，所有记录应保存。

指南还对制药用水的质量标准、制药用水在工艺和剂型中的应用、制药用水的纯化方法、制药用水的储存与分配系统、制药用水系统运行中应考虑的因素以及制药用水系统的其他指导和要求等八个方面列出了详细的要求。

中国 GMP 对制药用水的要求与欧盟 GMP 接近，强调"过程控制"和"质量源于设计"。在现代制药企业中，制药用水的生产和使用呈现动态平衡的特征，即不断使用，不断生产。水的质量不是依靠后期检验来保证，而是通过合理设计、适当建造并使用经过验证的程序来控制。遵循 GMP 规范中提到的这些基本原则进行制药用水系统的设计和运行才能让制药用水满足药品生产需要。

第二节　制药用水制备

根据"质量源于设计"的理念，制药用水制备首先要设计制药用水制备系统，确定制药用水的用途，然后确定其符合的质量标准，再选择工艺路线通过何种方式制备、储存和分配；然后进行维修和 GMP 的要求，验证时根据申报的对象来确认文件的内容和标准。充分了解自身需求，对制药用水系统的各个环节进行严格控制，才能使制药企业的工艺用水始终符合质量要求。

一、纯化水的制备

纯化水的制备应以饮用水作为原水，并采用合适的单元操作或组合的方法进行净化处理。《中国药典》限定了蒸馏法、离子交换法、反渗透法或其他适宜的方法，但是并没有规定纯化水的具体制备方法，所以纯化水制备系统没有定型模式，要综合权衡多种影响因素：原水的质量以及季节变动性；用水标准和用水量；制水效率和能耗；制水设备的繁简、管理维护的难易和产品成本；根据各种纯化方法的特点，进行灵活组合应用。

利用纯化法制备纯化水经过了三个发展阶段，第一阶段采用"预处理→阴床/阳床→混床"工艺，系统需要大量的酸、碱化学药剂来再生阴阳离子树脂；第二阶段采用"预处理→反渗透→混床"工艺，反渗透技术的应用极大地降低了工艺中化学药剂的使用量，但还是需要部分化学药剂处理混床；第三阶段采用"预处理→反渗透（RO）→电去离子（EDI）"工艺，有效避免了再生化学药剂的使用，现已成为各国纯化水制备的主流工艺。

二、注射用水的制备

《中国药典》规定注射用水为纯化水经蒸馏所得的水。美国药典规定，注射用水由符合美国环境保护局（EPA）或欧盟或日本或 WHO 要求的饮用水经蒸馏法，或其他文献报道过的经过验证的方法制得。欧洲药典规定注射用水由符合官方标准的饮用水或纯化水蒸馏制备。日本药局方的规定也强调了蒸馏法。由此可见，蒸馏法是国际上及各国公认的制备注射用水的首选方法。随着制药行业的发展与质量管理体系的建立，目前，在美国、日本及其他一些国家或地区，允许通过验证被证明同蒸馏法一样有效且可靠地某些纯化技术，如终端超滤和反渗透技术，用于注射用水的生产。不过，由于反渗透法和超滤法制备的注射用水的工艺属于常温膜过滤法，其微生物繁殖的抑制作用不如蒸馏法制备的高温注射用水，企业必须做大量的维护工作并重点关注其微生物污染的风险。

我国最常用的蒸馏法制备注射用水工艺为：纯化水→超滤→多效蒸馏水机→注射用水。美国药典规定注射用水可以由饮用水制备，并不要求企业必须使用纯化水，当然，美国的饮用水标准与中国的并不相同，但是原水必须经过适当预处理，否则容易锈蚀和腐蚀蒸馏设备。一般把离子交换床或 RO 当用供水预处理使用。所有蒸馏装置都会生锈垢，因此必须作日常目视检查和适当时关机清洗蒸馏器。

三、灭菌注射用水的制备

灭菌注射用水为注射用水经灭菌处理所得的水。一般来说，灭菌注射用水多采用湿热灭菌法，该法是在饱和蒸汽或沸水或流通蒸汽中进行灭菌的方法。由于蒸汽潜热大，穿透力强，容易使蛋白质变性或凝固，所以灭菌效率比干热灭菌法高。对灭菌注射用水，除严格按照《中国药典》的规定进行质量检验外，必须对其灭菌过程进行验证。其验证方案及结果都应以文件形式纳入 GMP 管理之中。

第三节　制药用水系统的验证

制药用水系统的验证是为了证实整个工艺用水系统能够按照设计的目的进行生产和可靠操作的过程。验证工作分为四个方面：确认系统能够完全满足 URS 及 GMP 中的所有要求(DQ);确认系统中采用的所有关键的硬件和软件安装是否符合原定要求(IQ);确认工艺用水系统中使用的设备或系统的操作是否能够满足原定的要求(OQ);确认工艺用水系统采用的工艺是否能够按照原定的要求正常的运转(PQ)。

一、纯化水系统的验证

(一) 设计确认

设计确认应该贯穿整个设计过程,从概念设计到开始采购施工,应为动态过程。设计确认的通用做法是在设计文件最终确定后总结一份设计确认报告,其中包括对URS的审核报告。以下列出制药用水系统的设计确认报告中应该包含的内容。

1. 设计文件的审核　制备和分配系统的所有设计文件(URS、FDS、PID、计算书、设备清单、仪表清单等)内容是否完整、可用且经过批准。

2. 制备系统的处理能力　审核制备系统的设备选型、物料平衡计算书,是否能保证用一定质量标准的供水制备出合格的纯化水、注射用水,产量是否满足要求。

3. 储存与分配系统的循环能力　审核分配系统泵的技术参数及管网计算书,确认其能否满足用水点的流速、压力、温度等需求,分配系统的运行状态是否能防止微生物滋生。

4. 设备及部件　系统中采用的设备及部件的结构、材质是否满足GMP要求,如与水直接接触的金属材质以及表面粗糙度是否符合URS要求,反渗透膜是否可耐巴氏消毒,储罐呼吸器是否采用疏水性的过滤器,阀门的垫圈材质是否满足GMP或者FDA要求等。

5. 仪表确认　系统采用的关键仪表是否为卫生级连接,材质、精度和误差是否满足URS和GMP要求,是否能够提供出厂校验证书和合格证等。

6. 管路安装确认　系统的管路材质、表面粗糙度是否符合URS,连接形式是否为卫生级,系统坡度是否能保证排空,是否存在盲管、死角,焊接是否制定的检测计划。

7. 消毒方式的确认　系统采用何种消毒方法,是否能够保证对整个系统包括储罐、部件、管路进行消毒,如何保证消毒的效果。

8. 控制系统确认　控制系统的设计是否符合URS中规定的使用要求。如权限管理是否合理,是否有关键参数的报警,是否能够通过自控系统实现系统操作要求及关键参数数据的存储。

(二) 安装确认

在安装确认中,一般把制药用水的制备系统和储存分配系统分开进行。

1. 安装确认需要的文件

(1) 由质量部门批准的安装确认方案。

(2) 竣工文件包。工艺流程图、管道仪表图、部件清单及参数手册、电路图、材质证书、焊接资料、压力测试清洗钝化记录等。

(3) 关键仪表的技术参数及校准记录。

(4) 安装确认中用到的仪表的校准报告。

(5) 系统操作维护手册。

(6) 系统调试记录如工厂验收测试和现场验收测试记录。

2. 安装确认的内容

(1) 竣工版的工艺流程图、管道仪表图或者其他图纸的确认。应该检查这些图纸上的部件是否正确安装，标识，位置正确，安装方向，取样阀位置，在线仪表位置，排水控断位置等。这些图纸对于创建和维持水质以及日后的系统改造是很重要的。另外系统轴测图有助于判断系统是否保证排空性，如有必要也需进行检查。

(2) 部件的确认。安装确认中检查部件的型号、安装位置、安装方法是否按照设计图纸和安装说明进行安装的。如分配系统换热器的安装方法，反渗透膜的型号、安装方法，取样阀的安装位置是否正确，隔膜阀安装角度是否和说明书保持一致，储罐呼吸器完成性测试是否合格、纯蒸汽系统的疏水装置安装是否正确等。

(3) 仪器仪表校准。系统关键仪表和安装确认用的仪表是否经过校准并在有效期，非关键仪表的校准如果没有在调试记录中检查，那么需要在安装确认中进行检查。

(4) 部件和管路的材质和表面光洁度。检查系统的部件的材质和表面光洁度是否符合设计要求。比如制备系统可对反渗透单元、EDI单元进行检查，机械过滤器、活性炭过滤器及软化器只需在调试中进行检查。部件的材质和表面光洁度证书需要追溯到供应商、产品批号、序列号、炉号等，管路的材质证书还需做到炉号和焊接日志对应。

(5) 焊接及其他管路连接方法的文件。这些文件包括标准操作规程、焊接资质证书、焊接检查方案和报告、焊点图、焊接记录等，其中焊接检查最好由系统使用者或者第三方进行，如果施工方进行检查应该有系统使用者的监督和签字确认。

(6) 管路压力测试、清洗钝化的确认。压力测试、清洗钝化是需要在调试过程中进行的，安装确认需对其是否按照操作规程成功完成并且文件记录。

(7) 系统坡度和死角的确认。系统管网的坡度应该保证能在最低点排空，死角应该满足3D或者更高的标准保证无清洗死角。

(8) 公用工程的确认。检查公用系统，包括电力连接、压缩空气、氮气、工业蒸汽、冷却水系统、供水系统等已经正确连接并且其参数符合设计要求。

(9) 自控系统的确认。自控系统的安装确认一般包括硬件部件的检查、电路图的检查、输入输出的检查、HMI操作画面的检查等。

(三) 运行确认

1. 运行确认需要的文件

(1) 由质量部门批准的运行确认方案。

(2) 供应商提供的功能设计说明、系统操作维护手册。

(3) 系统操作维护标准规程。

(4) 系统安装确认记录及偏差报告。

2. 运行确认的内容

(1) 系统标准操作规程的确认。系统标准操作规程（使用、维护、消毒）在运行确认应具备草稿，在运行确认过程中审核其准确性、适用性，可以在性能确认第一阶段结束后对其进行审批。

(2) 检测仪器的校准。在运行确认测试中需要对水质进行检测，需要对这些仪器是否在校验器内进行检查。

(3) 储罐呼吸器确认。纯化水和注射用水储罐的呼吸器在系统运行时，需检查其电加热功能（如果有）是否有效，冷凝水是否能够顺利排放等。

(4) 自控系统的确认。a. 系统访问权限。检查不同等级用户密码的可靠性和相应的等级操作权限是否符合设计要求。b. 紧急停机测试。检查系统在各种运行状态中紧急停机是否有效，系统停机后系统是否处于安全状态，存储的数据是否丢失。c. 报警测试。系统的关键报警是否能够正确触发，其产生的行动和结果和设计文件一致。尤其注意公用系统失效的报警和行动。d. 数据存储。数据的存储和备份是否和设计文件一致。

（5）制备系统单元操作的确认。确认各功能单元的操作是否和设计流程一致。a. 纯化水的预处理和制备。原水装置的液位控制，机械过滤器、活性炭过滤器、反渗透单元、EDI单元的正常工作、冲洗的流程是否和设计一致，消毒是否能够顺利完成，产水和储罐液位的连锁运行是否可靠。b. 注射用水制备。蒸馏水机的预热、冲洗、正常运行、排水的流程是否和设计一致，停止、启动和储罐液位的连锁运行是否可靠。

（6）制备系统的正常运行。将制备系统进入正常生产状态，检查整个系统是否存在异常，在线生产参数是否满足用户需求说明要求，是否存在泄漏等。

（7）储存分配系统的确认。a. 循环泵和储罐液位、回路流量的连锁运行是否能够保证回路流速满足设计要求，如不低于1.0m/s。b. 循环能力的确认。分配系统处于正常循环状态，检查分配系统的是否存在异常，在线循环参数如流速、电导率、TOC等是否满足用户需求说明要求，管网是否存在泄漏等。c. 峰值量确认。分配系统的用水量处于最大用量时，检查制备系统供水是否足够，泵的运转状态是否正常，回路压力是否保持正压，管路是否泄漏等。d. 消毒的确认。分配系统的消毒是否能够成功完成，是否存在消毒死角，温度是否能够达到要求等。e. 水质离线检测。建议在进入性能确认之前，对制备系统产水、储存和分配系统的总进、总回取样口进行离线检测，以确认水质。

（四）性能确认

纯化水的性能确认一般采用三阶段法，在性能确认过程中制备和储存分配系统不能出现故障和性能偏差。

第一阶段连续取样2～4周，按照药典检测项目进行全检。目的是证明系统能够持续产生分配符合要求的纯化水或者注射用水，同时为系统的操作、消毒、维护SOP的更新和批准提供支持。

第二阶段连续取样2～4周，目的是证明系统在按照相应的SOP操作后能持续生产和分配要求的纯化水或者注射用水。对于熟知的系统设计，可适当减少取样次数和检测项目。

第三阶段根据已批准的SOP对纯化水或者注射用水系统进行日常监控。测试从第一阶段开始持续一年，从而证明系统长期的可靠性能，以评估季节变化对水质的影响（表附-5）。

表附-5　纯化水性能确认取样点及检测计划

阶段	取样位置	取样频率	检查项目	检测标准
第一阶段	制备系统/原水罐	每月一次	国家饮用水标准	国家饮用水标准
	制备系统/机械过滤器	每周一次	淤泥指数（SDI）	<4
	制备系统/软化器	每周一次	硬度	<1
	制备系统/产水出口	每天	全检	药典或者内控标准
	储罐和分配系统总进总回取样口	每天	全检	药典或者内控标准
	分配系统各用水点取样口	每天	全检	药典或者内控标准

续表

阶段	取样位置	取样频率	检查项目	检测标准
第二阶段	制备系统/原水罐	每周一次	国家饮用水标准	国家饮用水标准
	制备系统/机械过滤器	每周一次	淤泥指数(SDI)	<4
	制备系统/软化器	每周一次	硬度	<1
	制备系统/产水出口	每天	全检	药典或者内控标准
	储罐和分配系统总进总回取样口	每天	全检	药典或者内控标准
	分配系统各用水点取样口	每周最少2次	全检	药典或者内控标准

二、注射用水系统的验证

注射用水系统的验证与纯化水系统的验证工作大致相同，在运行确认中，测试注射用水的取水点应为蒸馏水机的总产水口，测试项目为热原。性能确认的监测内容见表附-6。

表附-6　注射用水性能确认取样点及检测计划

阶段	取样位置	取样频率	检查项目	检测标准
第一阶段	制备系统供水入口	每周一次	纯化水药典规定项目	纯化水药典规定标准
	制备系统出口	每天	全检	药典或者内控标准
	储罐和分配系统总进总回取样口	每天	全检	药典或者内控标准
	分配系统各用水点取样口	每天	微生物、内毒素-每天 化学项目-每周最少2次	药典或者内控标准
第二阶段	制备系统供水入口	每周一次	纯化水药典规定项目	纯化水药典规定标准
	制备系统产水出口	每天	全检	药典或者内控标准
	储罐和分配系统总进总回取样口	每天	全检	药典或者内控标准
	分配系统各用水点取样口	每天	微生物、内毒素-每天 化学项目-每周最少2次	药典或者内控标准

第四节　制药用水系统的运行和维护

制药用水系统的运行管理以降低及消除水中污染为目的。为了有效地控制制药用水系统的运行状态，有必要设定“警戒水平”和“纠偏限度”的运行控制管理标准，这一标准系指微生物污染水平而言。

警戒水平是指微生物某一污染水平，监控结构超过它时，表明制药用水系统有偏离正常运行调节的趋势。警戒水平的含义是报警，尚不要求采取特别的纠偏措施。纠偏限度是指微生物污染的某一限度，监控结构超过此限度时，表明制药用水系统已经偏离了正常的运行调节，应当采取纠偏措施，使系统回到正常的运行状态。警戒水平和纠偏限度可以认为是制药用水系统的运行控制标准，如同GMP是生产过程的标准一样，其目的是建立各种规程，以便在监控结构显示某种超标风险是实施这些规程，确保制药用水系统始终达标运行并生产出符合质量要求的水。

一、制药用水系统的持续监测

制药用水系统的日常运行，应进行在线监控和间隙监控。监控检测的取样频率应能保证工艺用水系统总是处于严格控制之中，能够连续的生产出质量合格的制药用水。

企业在系统验证的数据的基础上设定取样频率，取样点应该覆盖所有的关键区域，例如水处理设备的操作位置。当然，水处理设备取样点的取样频率可以低于使用点。取样时，所取样品应具有代表性。取样器应事先进行消毒，手取样品前，应充分冲洗。含有化学消毒剂的样品在中和后方可进行微生物学分析，用于微生物学分析的样品均应处于保护之中，在取样后立刻进行微生物学检测，或者存放至测试开始之前。

在通常情况下，送、回水管每天取样 1 次，使用点可轮流取样，但需保证每个用水点每月不少于 1 次。对于不合格的使用点，再取样一次；重新化验不合格的制备；重测这个指标，分析原因，采取措施，直至重测这个指标合格。

由于在日常监测中所取的样品取自水处理及分配输送系统中有代表性的地方，取水样品不仅能反映水系统的最终产品水的质量，而且还能反映出系统内每一个制造单元所起的作用及性能指标、每个单元处理前后的水质情况，以及水处理工艺过程中的水样变化情况，即对水处理过程进行全面监控。

二、制药用水系统的维护

水系统日常运行中需要进行全面生产性维护，这需要对每一个特定的水系统都要建立一个预防性维护方案，以确保水系统随时都处于受控状态，确保制药用水的质量。

预防性维护方案主要包括以下几方面的内容：

1. 水系统的标准操作规程　制药用水系统的日常操作及例行维护工作，以及纠正性措施等，都应有书面的标准操作规程(SOP)。这些 SOP 应明确规定要求实行纠正措施的时间。SOP 及记录，要详述每一个工作的功能，安排由谁负责某项工作，并应详细描述怎样做某一项操作等。

2. 关键的质量属性和操作条件监控计划　包括对关键的质量属性和操作参数的记录，以及对计划实施的监控。监控计划应包括：在线传感器或记录仪(如电导率仪及记录仪)的记录文件，实验室测试和操作参数的手工记录文件，同时还应包括监控所需的取样频率、测试结果、评估要求以及实施纠正措施要求，还包括关键仪器的校验。

3. 定期灭菌消毒计划　根据制药用水系统的设计及选择的操作条件，制定必需的定期灭菌消毒计划，以保证水系统内微生物的数量始终处于受控制的状态。

4. 预防性的设备维护方案　应实施预防性维护方案(PMP)，该方案或计划应当阐明进行什么样的预防性维护工作，维护的频率以及如何进行维护，而且应当有书面的记录。

5. 机械系统及操作条件变化的控制　制药用水系统中机械构造形式及操作参数均应处于经常的监控状态下。若有改变，就应当对变化可能使整个水系统产生的影响进行全面评估，紧接着对整个系统重新验证，并确保其合格。在系统作出某些调整后，有关的图纸、手册及 SOP 等也应当进行相应的修订。

制药用水系统维护保养 SOP 应包括以下的内容：

1. 若系统包括离子交换装置，则应建立离子交换树脂的再生程序。

2. 若系统包括反渗透装置，则应建立反渗透膜的消毒程序。

3. 若系统包括EDI装置，则应建立相应的维护保养程序（如电导率的校准等）。

4. 过滤器的消毒及更换程序，包括过滤器规格。

5. 紫外灯灭菌的光强随时间衰减，应进行光强度的监控及紫外灯的更换程序。

6. 储罐及配水管道的灭菌消毒程序。

7. 仪器的校准程序。

8. 活性炭过滤器的消毒及更换程序。

9. 若系统包括臭氧系统，则应建立臭氧发生器保养程序。

在对水系统进行维护保养的操作过程中，应及时记录，并与过去的记录作对比，其对比结果应当一致；当发生偏差时，应究其原因，采取纠偏措施。

（郑　琳　张丽丽）

主要参考书目

[1] 王沛．制药设备与车间设计[M]．北京：人民卫生出版社，2014.
[2] 张洪斌．药物制剂工程技术与设备[M]．北京：化学工业出版社，2010.
[3] 何志成．制剂单元操作与制剂工程设计[M]．北京：中国医药科技出版社，2006.
[4] 王志祥．制药工程学[M]．北京：化学工业出版社，2015.
[5] 张珩．制药工程工艺设计[M]．北京：化学工业出版社，2016.
[6] 中国石化集团上海工程有限公司．化工工艺设计手册（上册）[M]．第4版．北京：化学工业出版社，2009.
[7] 王松汉．石油化工设计手册[M]．第四卷（工艺与系统设计）．北京：化学工业出版社，2002.
[8] 刘宝生．建筑工程概预算与造价控制[M]．北京：中国建筑工业出版社，2004.
[9] 孙震．建筑工程概预算与工程量清单计价[M]．北京：人民交通出版社，2005.
[10] 中国建筑工程造价管理协会化工工程委员会．化工建设概算定额[M]．北京：化学工业出版社，2005.
[11] （美）Frederick E Gould，Nancy E Joyce．工程项目管理[M]．孟宪海译．北京：清华大学出版社，2006.
[12] 车春鹂，杜春艳．工程造价管理[M]．北京：北京大学出版社，2006.
[13] 苏健民．化工技术经济[M]．北京：化学工业出版社，1999.
[14] 王沛．制药工程设计[M]．北京：人民卫生出版社，2008.
[15] 王沛．制药工程[M]．北京：人民卫生出版社，2012.
[16] 马爱霞．药品GMP车间实训教程[M]．北京：中国医药科技出版社，2015.
[17] 杨成德．制药设备使用与维护[M]．北京：化学工业出版社，2017.
[18] 潘涛．废水污染控制技术手册[M]．北京：化学工业出版社，2013.
[19] 潘涛．废水处理工程技术手册[M]．北京：化学工业出版社，2010.
[20] 聂永峰．固体废物处理工程技术手册[M]．北京：化学工业出版社，2013.
[21] 王纯．废气处理工程技术手册[M]．北京：化学工业出版社，2013.
[22] 曾郴林．工业废水处理工程设计实例[M]．北京：中国环境出版社，2017.
[23] 白润英．水处理新技术、新工艺与设备[M]．第2版．北京：化学工业出版社，2017.

全国中医药高等教育教学辅导用书推荐书目

一、中医经典白话解系列

书名	作者
黄帝内经素问白话解(第2版)	王洪图　贺娟
黄帝内经灵枢白话解(第2版)	王洪图　贺娟
汤头歌诀白话解(第6版)	李庆业　高琳等
药性歌括四百味白话解(第7版)	高学敏等
药性赋白话解(第4版)	高学敏等
长沙方歌括白话解(第3版)	聂惠民　傅延龄等
医学三字经白话解(第4版)	高学敏等
濒湖脉学白话解(第5版)	刘文龙等
金匮方歌括白话解(第3版)	尉中民等
针灸经络腧穴歌诀白话解(第3版)	谷世喆等
温病条辨白话解	浙江中医药大学
医宗金鉴·外科心法要诀白话解	陈培丰
医宗金鉴·杂病心法要诀白话解	史亦谦
医宗金鉴·妇科心法要诀白话解	钱俊华
医宗金鉴·四诊心法要诀白话解	何任等
医宗金鉴·幼科心法要诀白话解	刘弼臣
医宗金鉴·伤寒心法要诀白话解	郝万山

二、中医基础临床学科图表解丛书

书名	作者
中医基础理论图表解(第3版)	周学胜
中医诊断学图表解(第2版)	陈家旭
中药学图表解(第2版)	钟赣生
方剂学图表解(第2版)	李庆业等
针灸学图表解(第2版)	赵吉平
伤寒论图表解(第2版)	李心机
温病学图表解(第2版)	杨进
内经选读图表解(第2版)	孙桐等
中医儿科学图表解	郁晓微
中医伤科学图表解	周临东
中医妇科学图表解	谈勇
中医内科学图表解	汪悦

三、中医名家名师讲稿系列

书名	作者
张伯讷中医学基础讲稿	李其忠
印会河中医学基础讲稿	印会河
李德新中医基础理论讲稿	李德新
程士德中医基础学讲稿	郭霞珍
刘燕池中医基础理论讲稿	刘燕池
任应秋《内经》研习拓导讲稿	任廷革
王洪图内经讲稿	王洪图
凌耀星内经讲稿	凌耀星
孟景春内经讲稿	吴颢昕
王庆其内经讲稿	王庆其
刘渡舟伤寒论讲稿	王庆国
陈亦人伤寒论讲稿	王兴华等
李培生伤寒论讲稿	李家庚
郝万山伤寒论讲稿	郝万山
张家礼金匮要略讲稿	张家礼
连建伟金匮要略方论讲稿	连建伟
李今庸金匮要略讲稿	李今庸
金寿山温病学讲稿	李其忠
孟澍江温病学讲稿	杨进
张之文温病学讲稿	张之文
王灿晖温病学讲稿	王灿晖
刘景源温病学讲稿	刘景源
颜正华中药学讲稿	颜正华　张济中
张廷模临床中药学讲稿	张廷模
常章富临床中药学讲稿	常章富
邓中甲方剂学讲稿	邓中甲
费兆馥中医诊断学讲稿	费兆馥
杨长森针灸学讲稿	杨长森
罗元恺妇科学讲稿	罗颂平
任应秋中医各家学说讲稿	任廷革

四、中医药学高级丛书

书名	作者
中医药学高级丛书——中药学(上下)(第2版)	高学敏　钟赣生
中医药学高级丛书——中医急诊学	姜良铎
中医药学高级丛书——金匮要略(第2版)	陈纪藩
中医药学高级丛书——医古文(第2版)	段逸山
中医药学高级丛书——针灸治疗学(第2版)	石学敏
中医药学高级丛书——温病学(第2版)	彭胜权等
中医药学高级丛书——中医妇产科学(上下)(第2版)	刘敏如等
中医药学高级丛书——伤寒论(第2版)	熊曼琪
中医药学高级丛书——针灸学(第2版)	孙国杰
中医药学高级丛书——中医外科学(第2版)	谭新华
中医药学高级丛书——内经(第2版)	王洪图
中医药学高级丛书——方剂学(上下)(第2版)	李飞
中医药学高级丛书——中医基础理论(第2版)	李德新　刘燕池
中医药学高级丛书——中医眼科学(第2版)	李传课
中医药学高级丛书——中医诊断学(第2版)	朱文锋等
中医药学高级丛书——中医儿科学(第2版)	汪受传
中医药学高级丛书——中药炮制学(第2版)	叶定江等
中医药学高级丛书——中药药理学(第2版)	沈映君
中医药学高级丛书——中医耳鼻咽喉口腔科学(第2版)	王永钦
中医药学高级丛书——中医内科学(第2版)	王永炎等